Dietmar Dietrich, Dietmar Loy, Hans-Jörg Schweinzer (Hrsg.)

LON-Technologie

Die Autoren dieses Buches:

o. Univ. Prof. Dr. techn. Dietmar Dietrich, TU-Wien, Österreich	Kapitel 1
Prof. Dipl.-Ing. Peter Fischer, Fachhochschule Dortmund, Deutschland	Kapitel 1,11
Dipl.-Ing. Walter Heil, Fraunhoferinstitut Karlsruhe, Deutschland	Kapitel 1, 9, 12
Dipl.-Ing. Bruno Hilkens, Johnson Controls, Deutschland	Kapitel 6
Prof. Dr.-Ing. habil. Klaus Kabitzsch, TU-Dresden, Deutschland	Kapitel 3, 13
Univ. Ass. Dipl.-Ing. Dr. techn. Dietmar Loy, TU-Wien, Österreich	Kapitel 4, 5, 9
Dipl.-Ing. Peter Palensky, TU-Wien, Österreich	Kapitel 10
Dipl.-Ing. Ratko Tiska, Honeywell Austria, Österreich	Kapitel 2, 8
Dipl.-Ing. Heinrich Reiter, TU-Wien, Österreich	Kapitel 7, 8
Dipl.-Ing. Dr. techn. Richard Schmalek, G. Kappl, Österreich	Kapitel 14
Univ. Ass. Dipl.-Ing. Hans-Jörg Schweinzer, TU-Wien, Österreich	Kapitel 4, 7
Dipl.-Ing. Joerg Stumpp, Fraunhoferinstitut Karlsruhe, Deutschland	Kapitel 10

Dietmar Dietrich, Dietmar Loy,
Hans-Jörg Schweinzer (Hrsg.)

LON-Technologie

Verteilte Systeme in der Anwendung

2., überarbeitete Auflage

Hüthig Verlag Heidelberg

Die Deutsche Bibliothek - CIP-Einheitsaufnahme

LON-Technologie : verteilte Systeme in der Anwendung / Dietmar Dietrich ... (Hrsg.) 2. überarb. Aufl. – Heidelberg : Hüthig, 1999.
ISBN 3-7785-2770-3

Printed in Germany
Druck: Neumann Druck, Heidelberg
Bindung: Wilh. Osswald, Neustadt/Weinstraße

Vorwort zur 2. Auflage

Wenn ein derartiges Fachbuch so schnell vergriffen ist, liegt die Vermutung nahe, daß das mehrere Ursachen hat. Tatsache ist, daß

- die LON-Technologie sich etablieren konnte und auf breite Zustimmung gestoßen ist,
- enormer Informationsbedarf auf dem Sektor LON-Technologie besteht und daß
- die Hochschulen sich „plötzlich“ für die LON-Technologie interessieren.

Woher kommt diese Wende, die nicht nur im LON-Bereich zu beobachten ist? Feldbusse führten im Forschungsbereich ein Schattendasein, da natürlich gigantische Netze, die Städte und Länder vernetzen, auf den ersten Blick interessanter erscheinen. Wer hat sich schon nach der Entwicklung der ersten Personal Computer sofort mit ihnen befaßt? Wissenschaftlich ernst genommen wurden nur die Mainframes, und sieht man sich den Fluß der Forschungsgelder heute an, so gelangt man zur Vermutung, daß sich in diesem Punkt noch nicht viel bewegt hat, obwohl der Personal Computer für die Wirtschaft eine unverhältnismäßig größere Bedeutung hat als Mainframes.

Die Wirtschaft macht erst jetzt Umsätze mit Feldbussystemen. Und erst jetzt bemerkt man, welch ungeheure Kraft hinter diesem Wirtschaftszweig steckt. Man hat festgestellt, daß eine Automation die Erfassung von Sensordaten voraussetzt, und je mehr Daten erfaßt werden können, um so effizienter, schneller und sicherer kann in technische Prozesse jeglicher Art eingegriffen werden. Die vollautomatisierte Fabrik, das vollautomatische Kraftfahrzeug, das „denkende“ Haus, die optimale Energiegewinnung, die kostengünstigste Überwachung von Objekten ist nur mit einer feinen Vernetzung vieler Sensoren möglich, die gewisse Merkmale wie

- Plug-and-Play,
- kostengünstige Wartung,
- mögliche Integration hoher technischer Intelligenz usw.

aufweisen.

Unsere Gesellschaft befindet sich in einem radikalen Umbruch, auch wenn es viele nicht wahrhaben wollen. Eine Steigerung von Qualität, eine Verbesserung von Systemen und Prozessen ist in vielen Bereichen vor allem nur noch über die Vernetzung im low Level der Netzwerke zu erreichen. Damit sind aber ungeahnte Ergebnisse zu erzielen, und die Experten sind sich einig: Wir stehen am Anfang eines Umbruchs, dessen Ende noch nicht einmal erahnt werden kann.

Die Lon-Technologie gehört hierbei zu den modernsten Wegbereitern der Feldbustechnik, da ihre Struktur nicht nur flexibel anwendbar ist, sondern vollständig verteilte und demokratisch operierende Prozesse zuläßt.

Wien, im Frühjahr 1999

Dietmar Dietrich
Dietmar Loy
Hans-Jörg Schweinzer
lontechnologie@ict.tuwien.ac.at

Inhalt

Abkürzungen

0xyyyy .... Hexadezimale Darstellung der Adresse yyyy
ACKD............... Acknowledged PDU
ADPCM .... Adaptive Differential Pulse Code Modulation
ALI .... Application Layer Interface
ALTO .... Advanced Lon Tool
ANSI................ American National Standards Institute
APDU .... Application Protocol Data Unit
API .... Application Programming Interface
APINIT.............. Application Initialization
ASIC................ Application Specified Integrated Circuit
ATM .... Asynchronous Transfer Mode
b'xxxxxxxx .... Binäre Darstellung der Adresse xxxxxxx
BP .... Base Page
CA.................. Collision Avoidance
CAN .... Controller Area Network
CD.................. Collision Detection
CEN .... eine Abkürzung für Europäisches Komitee für Normung
CIM .... Computer Integrated Manufacturing
COM................ Component Object Model [OLE95]
CPU .... Central Processing Unit
CRC .... Cyclic Redundancy Check
CSMA............... Carrier Sense Multiple Access
CV.................. Code Violation
DIP .... Dual in Package
DP.................. Decentralized Peripherals
DPDU .... Diagnostic Protocol Data Unit

DQDB .... Distributed Queue Dual Bus [IEEE8026]
DSP .... Data Stack Pointer
EIB .... European Installation Bus
FAN .... Field Area Network
FCU .... Fan Coil Unit
FDDI .... Fiber Distributed Data Interface
FMS .... Field Message Specification
FWF .... Forwarding Flag
FWT .... Forwarding Table
GLT .... Gebäudeleittechnik
GSM .... Global System for Mobile communications
h'xxxx .... Hexadezimale Darstellung der Adresse xxxx
HiFi .... High Fidelity
HLK .... Heizung, Lüftung, Klimaregelung
HTTP .... Hypertext Transmission Protocol
HVAC .... Heating, Ventilation and Air Conditioning
ID .... Identification Code
IEC .... International Electrotechnical Commission
IEEE .... Institute of Electrical and Electronic Engineers
IP .... Instruction Pointer
ISDN .... Integrated Services Digital Network
ISO .... International Organization for Standardization
LAN .... Local Area Network
LCA .... LonWorks Component Architecture
LNS .... LonWorks Network Services
LON .... Local Operating Network
LPDU .... Link Protocol Data Unit
MAC .... Media Access Control
MAP .... Manufacturing Automation Protocols
MDA .... Media Destination Address
MIP .... Microprocessor Interface Program
MMS .... Manufacturing Message Service

MPDU .... MAC Protocol Data Unit
MSA .... Media Source Address
NDM................ Network Diagnostic Messages
NMM .... Netzwerk Management Message
NMPDU .... Network Management Protocol Data Unit
NPDU .... Network Protocol Data Unit
NSI .... Network Services Interface
NSS.................. Network Services Server
NV .... Netzwerk Variable
OCX .... Dateiendung bei OLE Controls
ODBC............... Open Database Connectivity
OLE .... Object Linking and Embedding
OLE-Control .... auf COM basierender Standard für Softwarekomponenten
OSI .... Open Systems Interconnection
PA .... Process Automation
PAL.................. Phase Alternate Lines
PC .... Personal Computer
PDU .... Protocol Data Unit
PMS .... Peripherial Message Specification
PPDU .... Presentation PDU
PROFIBUS........... Process Field Bus
RAM................ Random Access Memory
RF .... Radio Frequency
RNMM .... Router Network Managment Message
RPC .... Remote Procedure Call
RSP.................. Return Stack Pointer
RTU .... Roof Top Unit
SAP.................. Services Access Point
SAR .... Signature Analysis Register
SCPT .... Standard Configuration Parameter Type
SNVT .... Standard Network Variable Type
SPDU .... Session Protocol Data Unit

SPS .... Speicherprogrammierbare Steuerung

SU.................... Service User

TOS................... Top of Stack

TPDU .... Transport Protocol Data Unit

UnACKD-RPT .... Unacknowledged Repeated PDU

VAV .... Variable Air Volume

WAN .... Wide Area Network

1 Einführung

1.1 Vernetzung, Ursachen und Konsequenzen

Erst die Vernetzung ermöglicht die Ausnutzung der wirklichen Leistung von Rechnersystemen. Lange bevor der Mikroprozessor geboren war, verband man über Datex-Leitungen Großrechnersysteme miteinander. Doch der Durchbruch für die Rechnervernetzung kam erst mit dem LAN (Local Area Network), als der Mikroprozessor wirtschaftliche Realisierungen auch in kleineren Büros zuließ. Als es dann möglich wurde, die LANs über WANs (Wide Area Network) wirtschaftlich vorteilhaft miteinander zu verbinden, glaubte man schon, das hochgesteckte Ziel der vollautomatisierten Fabrik erreicht zu haben. CIM (Computer Integrated Manufacturing) war neben all den anderen Cxx-Kürzeln das Schlagwort dafür, wie es zukünftig weitergehen sollte. Doch nach einiger Zeit, als die Verwirklichung der vollautomatisierten Fabrik trotz des Preisverfalls der Mikroprozessoren und der zugehörigen Speicher ausblieb, wurde der Traum von der vollautomatisierten Fabrik von vielen wieder begraben.

Exakt an diesem Punkt ist LON (Local Operating Network) anzusetzen. Um die Tragweite von LON zu erfassen, muß man diese Hintergründe verstehen, was im folgenden kurz beleuchtet werden soll. Es sind dabei vor allem drei Aspekte, die uns wesentlich erscheinen.

Aspekt 1: Bis ins 17. Jahrhundert wurden weitgehend nur mechanische Werkzeuge entwickelt und vorhandene Energien ausgenutzt. Eine der wesentlichen Voraussetzungen der industriellen Revolution war aus der Sicht der Physik, die Möglichkeit, eine Energieform in die andere zu überführen. So konnte man mit Wärme Webstühle antreiben oder Fahrzeuge bewegen. War man also zunächst weitgehend auf die Arbeitskraft des Menschen angewiesen, konnte man diese nun mehr und mehr durch Maschinen ersetzen. Die Konsequenz war letztendlich der Aufbau großer Fabriken.

Jetzt läuten wir in diesem Sinne die dritte Evolution ein, die Zeit der Informationstechnologie. Wir lernen zunehmend, Informationen mit Hilfe von Maschinen zu verarbeiten, zu speichern, zu transportieren und zu verteilen. Das weltweit drahtgebundene Telefonnetz, der PC (Personal Computer), der Mobilfunk und das Internet sind herausragende Beispiele, die zeigen, wie sehr sich durch die Informationstechnologie eine spannende Veränderung vollzieht. War bis zur industriellen Revolution (Phase 1) die große Zahl der Beschäftigten in der Agrarwirtschaft zu suchen, fand man sie danach (Phase 2) in der Produktion, und es besteht wohl kein Zweifel, daß man sie zukünftig (Phase 3) nur noch dort finden wird, wo man es mit Informationstechnologie direkt zu tun haben wird. Der Computer und seine Vernetzung verhelfen dazu, mehr und mehr Prozesse zu automatisieren.

Feldbusse, und zu diesen zählen wir das LON, sind ein wesentlicher Bestandteil der zukünftigen Netze und stellen somit die Basis für zukunftsrelevante Entwicklungen dar.

Aspekt 2: Die Idee von CIM kam in der Tat sehr früh. Viele Projekte lassen sich jedoch erst jetzt wirtschaftlich umsetzen, seitdem man weiß, wie man Sensoren und Aktoren „in the Field" wirtschaftlich vernetzen kann. Denn zukünftig geht es nicht mehr um 20 oder 30 Komponenten, die miteinander zu koppeln sind, sondern um Zehnerpotenzen mehr. Zählte man noch vor wenigen Jahren 20 bis 50 Sensoren und Aktoren im Kraftfahrzeug, werden heute Zahlen genannt, die in wenigen Jahren bei 500 und höher liegen sollen. Daß dies Rückwirkungen auf die Gebäudeleittechnik, auf Home Systems, auf die Prozeßsteuerung usw. haben wird, steht außer Zweifel.

Die vollständige Vernetzung von Steuerungssystemen wird also erst durch die Feldbustechnik wirtschaftlich machbar.

Aspekt 3: Unsere Denkweise ist noch sehr zentralistisch orientiert. Man betrachte die Organisationsformen in Firmen, Parteien oder anderswo. Wir haben sie auf technische Steuerungen übertragen, weil sie anders wohl auch kaum realisierbar waren. Daß dies nicht der Weisheit letzter Schluß ist, wissen wir schon lange, beispielsweise aus der Natur. Das Gehirn funktioniert überwiegend dezentral, obwohl es aus ökonomischen Gründen zentral gelagert ist. Ziel sollte es also sein, Prozesse möglichst dezentral zu orientieren, Vorteile gibt es genug, auf die in diesem Buch noch intensiv eingegangen werden soll.

LON basiert auf dem Grundgedanken, Intelligenz mit allen Konsequenzen möglichst dezentral zu lokalisieren, und läßt damit völlig neue Realisierungskonzepte ohne die traditionelle SPS (Speicherprogrammierbare Steuerung) zu. Beispiele hierzu werden folgen.

1.2 Steuerung technischer Prozesse

1.2.1 Klassischer Ansatz

Leitsysteme konventioneller Bauweise sind zentrale Systeme, wie im Bild 1-1 gezeigt wird. Von einer „Zentrale" ausgehend, dem Prozeßrechner, werden Daten von Sensoren oder Geräten abgerufen und nach der Bearbeitung wieder an die Sensoren oder Geräte

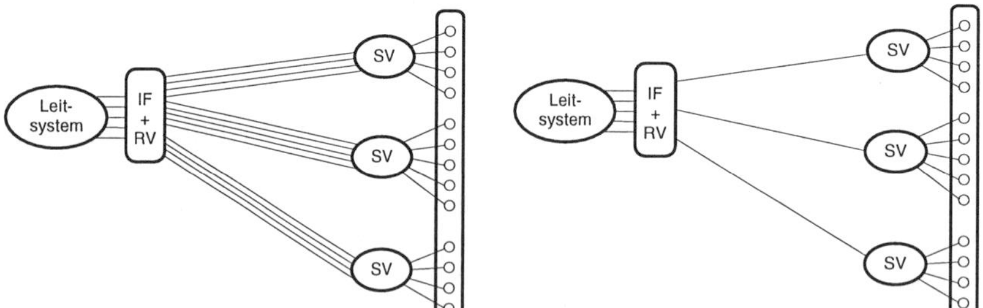

Bild 1-1: *Zentrale Prozeßsteuerung*
(a) Stichleitungsprinzip, (b) Integration von Datenkonzentratoren
IF: Interface, RV: Rangierverteiler, SAG: Sensoren, Aktoren oder Geräte, SV: Subverteiler

rückübermittelt. Die Sensoren sowie die Aktoren besitzen keine Intelligenz. Später ist man dazu übergegangen, Datenkonzentratoren einzusetzen (Bild 1-1b), die die langen parallelen Leitungen ersetzen. Gründe hierfür sind bekannt: bessere elektromagnetische Verträglichkeit, preisgünstigere Leitungsführung, weniger komplizierte Verdrahtungstechnik, Einsparung von Klemmleisten usw. Umständlich ist dabei das jeweilige Umsetzen zwischen den Übertragungsverfahren, vor allem, da die Einheitlichkeit in vielen Fällen nicht gegeben war. Der wesentlichste Nachteil war die immer komplexer werdende zentrale Leitstation. Mit dem Aufkommen der integrierten Bausteine wurden die Speicherprogrammierbaren Steuerungen zunehmend interessanter, auch weil die Normung in der Praxis angenommen wurde und die Mikroprozessortechnik dafür sorgte, daß die Preise für die Hardware drastisch fielen.

In der Zwischenzeit ist wiederum ein neuer Trend zu verzeichnen: Die SPS wird zunehmend durch einen Industrie-PC (Personal Computer) ersetzt. Das hat gleich mehrere Vorteile. Zum einen verwendet man damit eine extrem preisgünstige Hardware, zum anderen kann man handelsübliche, ebenfalls preiswerte Software implementieren, die darüber hinaus von anderen Firmen gewartet und laufend modernisiert wird. Man muß immer weniger selbst realisieren und warten. Das einzige Problem kann noch die Wahl des geeigneten Realtime-Programms sein, doch bietet der Markt hier schon einiges an.

1.2.2 Dezentraler Ansatz

Seit einiger Zeit werden Bussysteme, und im speziellen auch Feldbussysteme[1], verwendet (Bild 1-2). Sie gelten im Gegensatz zu Datenkonzentratoren als wirtschaftlich interessanter. Doch genau hier muß klar differenziert werden. Es geht nicht allein darum, daß Feldbusse nur wirtschaftlich günstiger als konventionelle Systeme sind. Feldbusse stellen eine neue Technologie dar, die eine andere - neue - Denkweise für einen Systementwurf zuläßt. Feldbusknoten beinhalten die Möglichkeit, Intelligenz in den Knoten dezentral zur Steuerung, Regelung und Prüfung zu verwenden. Das impliziert im Extremfall ein System, bei dem keine zentrale Steuerung mehr vorliegt (im Fall von SPS-Systemen kann man

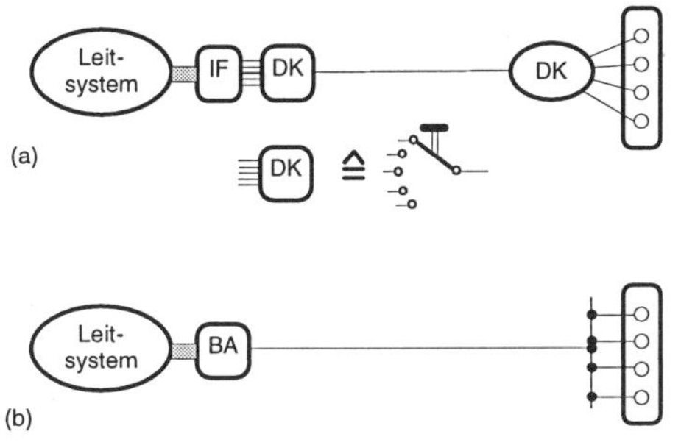

Bild 1-2: *Dezentralisierung eines Bussystems*
(a) Verbindung über Datenkonzentratoren, (b) Verbindung über Bussysteme
DK: Datenkonzentratoren, IF: Interface, BA: Busadapter

[1] Auf die genaue Differenzierung zwischen den unterschiedlichen Bussystemen wird später eingegangen.

vielleicht bildhaft davon sprechen, daß die SPS-Funktionen auf die verschiedenen Knoten des Netzwerkes, wie Sensor- und Aktorknoten, Anzeigeknoten usw. verteilt werden). Daß dies eine andere Denkweise ermöglicht, soll folgendes Beispiel verdeutlichen:

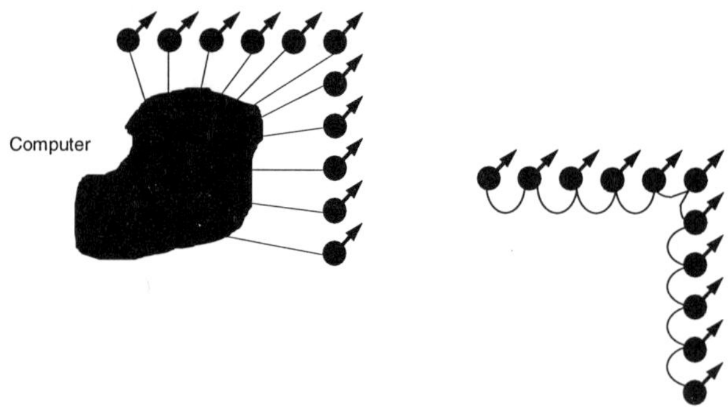

Bild 1-3: *Unterschied zwischen der zentralen und der dezentralen Steuerung eines Systems*

Man stelle sich eine Schar von Flugenten vor, die in einer Dreiecksformation fliegen (Bild 1-3). Werden sie zentral gesteuert, muß der zentral angeordnete Computer für jede Ente laufend die Flugbahn berechnen. Wird nun eine Ente von einem Jäger abgeschossen, bedeutet dies, daß der Computer über entsprechende Algorithmen die entstehende Lücke durch Flugbahnänderungen der anderen Enten wieder ausgleichen muß. Daß diese Algorithmen in einem so komplexen System wie einem zentralen Rechner nicht einfach zu implementieren sind, ist einleuchtend.

Geht man, wie im Bild 1-3 auch gezeigt, dazu über, die Enten über einen „Feldbus“ zu vernetzen, braucht man in jede Ente nur zu implementieren, daß sie in einem bestimmten Abstand und in einem bestimmten Winkel zur vorderen Ente zu fliegen hat. Wird nun eine Ente herausgeschossen, schwingt sich das System relativ schnell von selbst wieder ein, das Schließen der entstandenen Lücke erfordert keinen zusätzlichen Aufwand. Die Intelligenz in jeder Ente kann als relativ gering eingestuft werden.

Selbstverständlich können im zentralen System entsprechend einfache, prozeßnahe, parallele Prozesse wie beim Feldbussystem integriert werden. Doch ist einleuchtend, daß eine solche Lösung bei der Entwicklung eines zentralen Systems nicht naheliegt. Ein zentrales System verleitet den Entwickler, zentralorientiert zu denken und damit entsprechend komplexere Algorithmen zu implementieren. Zudem kommt beim zentralorientierten System auf jeden Fall das aufwendige Multitasking-Betriebssystem hinzu, was hohe Entwicklungs- sowie vor allem hohe Wartungskosten verlangt. Feldbusknoten werden dagegen in großer Stückzahl eingesetzt, und sind somit relativ preisgünstig produzierbar.

1.3 Kommunikation als Grundlage verteilter Systeme

1.3.1 Systemhierarchien

Die Vernetzung von Systemen hat so umfangreiche Ausmaße angenommen, daß eine flache Struktur nicht mehr sinnvoll ist. In allen Bereichen der Automatisierungstechnik hat man deshalb eine vertikale Systemhierarchie (Bild 1-4) gewählt[2], in der in den unterschiedlichen Schichten aufgrund der unterschiedlichen Funktionen auch unterschiedliche Kommunikationssysteme zum Tragen kommen. Im Bild 1-4 ist beispielhaft das Modell eines automatisierten Betriebes mit den fünf unterschiedlichen Ebenen dargestellt. Links davon befinden sich die Netze, die man diesen Ebenen zuordnen kann. Es ist einleuchtend, daß die Anzahl dieser Ebenen und ihre Art von dem jeweiligen Profil abhängen. Für die Gebäudeautomatisierung sieht es völlig anders aus als in der Prozeßleittechnik oder der Verfahrenstechnik. Auch ist selbstverständlich, daß es auf die Randbedingungen ankommt, welche Netze in welchen Ebenen installiert werden; die Praxis zwingt hier zu einer flexiblen Denkweise. Doch ist es wichtig, Begriffe zu definieren, damit man zumindest weitgehend eine einheitliche Sprache spricht.

Dem Buch sei folgende Sprachregelung zugrundegelegt: Ausgehend von der allgemein gültigen Definition des LAN (beispielsweise IEEE 802.3) sollen alle Netze, die hierarchisch darunter angesiedelt sind, FANs (Fieldbus Area Networks) genannt werden (Bild 1-4). Der Differenzierung nach „Sensor- und Aktorbussen" oder „Multiplexbussen" oder anderen soll hier nicht gefolgt werden, da ihr meist reine Marketing-Interessen zugrunde liegen.

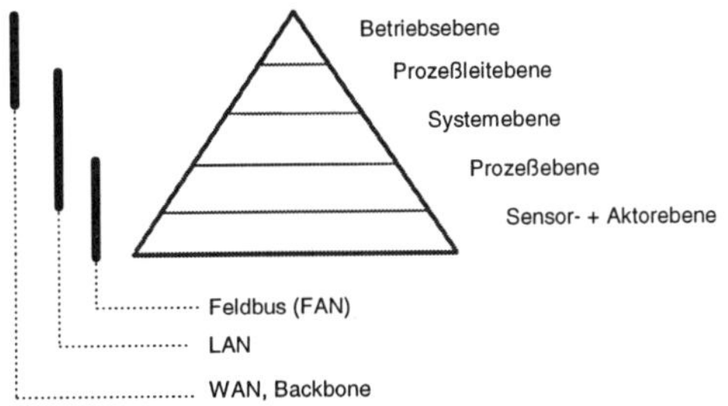

Bild 1-4: *CIM-Pyramide (Vertikalverteilung von Aufgaben)*

Oberhalb der LANs sind die WANs (Wide Area Networks) zu sehen, über die beispielsweise LANs, aber in bestimmten Fällen auch FANs miteinander zu verbinden sind (Beispiel: direkte Kopplung von LonWorks über ISDN). Der Vollständigkeit halber sei erwähnt, daß über den WANs die GANs liegen, die sogenannten Global Area Networks, die Satelliten- beziehungsweise Transatlantiknetzwerke.

1.3.2 Schichtenmodell

Um nun die Kommunikation in einem Netzwerk zwischen den Knoten zu beschreiben, hat man in der ISO (International Organization for Standardization) zur Vernetzung von Rechnersystemen (man dachte damals vor allem an die Vernetzung über WANs und LANs) ein Modell entwickelt, dem man in Anlehnung an das Wort ISO den Namen OSI (Open System Interconnection) gab. Als volle Bezeichnung hat sich auch der Begriff ISO/OSI-Modell durchgesetzt. Die Vorgehensweise war relativ einfach. Man sammelte

---

[2] In diesem Zusammenhang wurde in der Automatisierungstechnik auch der Begriff „CIM-Pyramide" geprägt (CIM: Computer Integrated Manufacturing).

alle notwendigen Funktionen, die man für eine Kommunikation für erforderlich hielt, und ordnete sie in einem hierarchischen Siebenschichtenmodell an (Bild 1-5). Zu wenige Schichten sollten es nicht sein, damit der Vorteil der Modularisierung zum Tragen kommt. Zu viele Schichten durften es nicht werden, da zwischen den Schichten Schnittstellen definiert werden müssen, die einen sogenannten vertikalen Kommunikationsaufwand bedeuten, der ein System-Overhead darstellt. Man einigte sich auf die magische Zahl sieben.

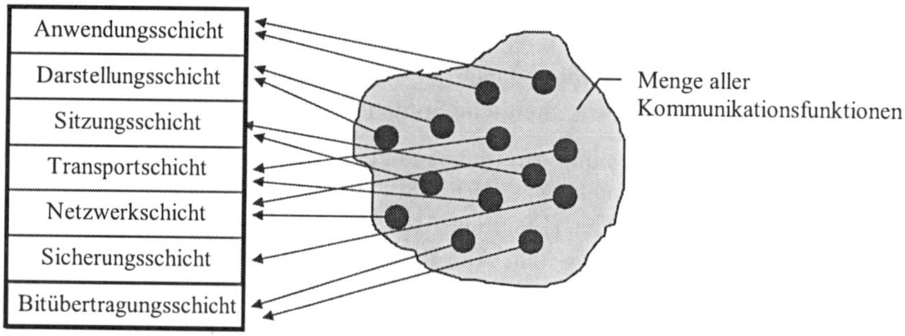

Bild 1-5: *7-Schichtenmodell (OSI/ISO-Modell)*

Hierarchisch sollte die „Kommunikationssäule" sein, um die Abläufe möglichst einfach gestalten zu können, was vor allem auch den zeitlichen Abläufen sehr entgegenkommt.

Man dachte damals weniger an Realtime-Funktionen, man dachte schon gar nicht an zukünftige Feldbussysteme. Trotzdem sah man später das ISO/OSI-Modell als geeignetes Modell an, um Feldbusse zu spezifizieren und zu beschreiben. Da es nahezu allen Kommunikationssystemen zugrundegelegt wird, ist darüber hinaus eine weitgehend einheitliche Denkweise vorhanden, was die vielleicht damit eingekauften Nachteile zum Teil ausgleicht.

Wie Tabelle 1-1 zeigt, werden in der untersten Schicht alle physikalischen und mechanischen Parameter festgelegt. Sie gilt deshalb als physikalische Übertragungsschicht. In der darüberliegenden Schicht wird das Zugriffsverfahren auf den Bus festgelegt, beschrieben, wie der Rahmen gebildet wird und wie die Datensicherung zwischen den beiden lokal getrennten Kommunikationspartnern, also der Point-to-Point-Verbindung, erfolgt. Wird also zwischen zwei Teilnehmern eine Vermittlung geschaltet, sind mindestens zwei Point-to-Point-Verbindungen angeordnet, die völlig unterschiedlich sein können.

In der Schicht 3 erfolgt das Routing, also die Wegewahl. Im Telefonnetz werden hier die Wege nach den Telefonnummern geschaltet, weshalb sie im Deutschen auch „Vermittlungsschicht" genannt wird. Die Schicht 4 hat End-to-End-Funktionen. So ist sie dafür verantwortlich, daß die Rahmen des sendenden Teilnehmers auch in Speicherprogrammierbare Steuerung der richtigen Ordnung beim Empfänger ankommen. Man spricht hier von der Flußkontrolle.

In der Schicht 5 werden Sitzungen organisiert, das heißt, die gleichzeitige Kommunikation zwischen verschiedenen Teilnehmern. Ihre Aufgabe ist es auch, die Teilnehmer, wenn notwendig, zu identifizieren, und die Sitzungen nach Unterbrechungen wieder zu synchronisieren. In Schicht 6 werden die gemeinsamen Zeichen (Sprache) vereinbart, genauso wie Zeichenumsetzer.

Tabelle 1-1: *Schichten und Funktionen des ISO/OSI-Modells*

	Bezeichnung	**Funktionen**
7	Application Layer Anwendungsschicht	Kommunikationsdienste für die Anwendung
6	Presentation Layer Darstellungsschicht	Sprach- und Zeichenanpassung
5	Session Layer Sitzungsschicht	Auf- und Abbau von Sitzungen, Teilnehmeridentifikation
4	Transport Layer Transportschicht	Auf- und Abbau von End-to-End-Verbindungen, Flußsteuerung
3	Network Layer Vermittlungsschicht	Routing
2	Data Link Layer Sicherungsschicht	Bildung der Rahmen, Point-to-Point-Datensicherung, Mediumszugriffssteuerung
1	Physical Layer Bitübertragungsschicht	Festlegung aller physikalischen und mechanischen Parameter

Schicht 7 nimmt wie Schicht 1 eine Sonderstellung ein, sie bildet die Schnittstelle zur Außenwelt. Sie muß die Dienste für die Applikation (Anwendung) bereitstellen. Sie hat diese Dienste zu erfüllen oder von den unteren Schichten abzufordern, die wiederum ihrerseits diese Dienste erfüllen müssen, indem sie sie selbst verrichten oder der nächst unteren Schicht abverlangen (hierarchisches System).[3]

Betrachtet man nun unterschiedliche Anwendungsbereiche (Profile, Gewerke), wie beispielsweise das der Prozeß- und das der Gebäudeautomatisierung, fällt auf, daß die Anforderungen gänzlich unterschiedlich sind. Bei der Prozeßautomatisierung schaltet man aus Erfahrung (Sicherheit) nie zu viele Knoten an einen Strang. Verständlich, daß man aus diesem Grund für Feldbusse in diesem Bereich keine Knotenzahl von mehreren 100 oder sogar 1000 anstrebt. Kann man sich aber in der Anzahl der Knoten beschränken und dabei auch auf Vermittlungsknoten (Router) verzichten, wird die Schicht 3 nicht benötigt, womit dann aber auch die Schicht 4 wegfallen kann. Der Gewinn ist enorm, es fallen mehrere Schnittstellen in der Kommunikationssäule weg, das System wird schneller und auch preiswerter.

In der Gebäudeleittechnik will man dagegen möglichst viele Knoten haben. Wenn darüber hinaus Nutznetze für Licht-, Heizungs-, Klimasysteme usw. mit Alarm- und Sicherheitssystemen vermascht werden sollen, ist es auch wichtig, daß die Knoten auf unterschiedlichen Wegen ihre Daten miteinander austauschen können. Damit werden hier wiederum die Schichten 3 und 4 notwendig.

---

3 Man kann sich auch ein demokratisches System vorstellen, doch wäre der Aufwand unvergleichlich höher.

Diese Überlegungen zeigen auch: Das ISO/OSI-Modell schreibt es nicht zwingend vor, alle Schichten im realen System zu integrieren. Es ist jederzeit möglich, Funktionen von bestimmten Schichten, die ansonsten „leer“ blieben, einfach anderen Schichten hinzuzufügen. So haben fast alle Feldbusse der Prozeßautomatisierung nur drei Schichten, während die der Gebäudeautomatisierung zumindest über fünf verfügen. LonWorks hat als einer der wenigen Feldbusse alle sieben Schichten implementiert. Das hat zwei Gründe. Der erste Grund findet sich in nahezu allen Büchern von ECHELON: LonWorks soll überall einsetzbar sein, in der Gebäudeleittechnik genauso wie in der Kraftfahrzeugtechnik. LonWorks soll helfen, die vollständige Vernetzung zu erreichen.

Der zweite Grund wird nicht so offen ausgesprochen, weil er von vielen falsch verstanden werden könnte: Die Technologie entwickelt sich weiter. Es ist deshalb abzusehen, und entsprechende Entwicklungen sind im vollen Gange [Loy 97], daß der LonWorks-Knoten drastisch an Performance gewinnt. Müssen also zur Zeit noch Abstriche bezüglich der Reaktionszeiten gemacht werden, gilt dies in Zukunft für einen großen Teil der Prozesse nicht mehr.

Noch ein paar Bemerkungen zum Schichtenmodell. Zwei Kommunikationsrichtungen werden unterschieden (Bild 1-6). Die Kommunikation zwischen einer Schicht *n+1* und der darunterliegenden Schicht *n* verläuft über Schnittstellen auf der Basis der definierten Dienstspezifikationen. Die obere Schicht gilt als Service User (SU), die darunterliegende Schicht als Service Provider (SP). Der Ablauf zwischen den Schichten erfolgt über Service Access Points (SAPs), wobei eine Entity (Einheit) der darüberliegenden Schicht mehrere in der darunterliegenden Schicht ansprechen kann. Das ist wichtig, wenn beispielsweise eine Schicht einen anderen Weg schalten möchte. Sie kann dies über die Wahl des speziellen SAPs erreichen.

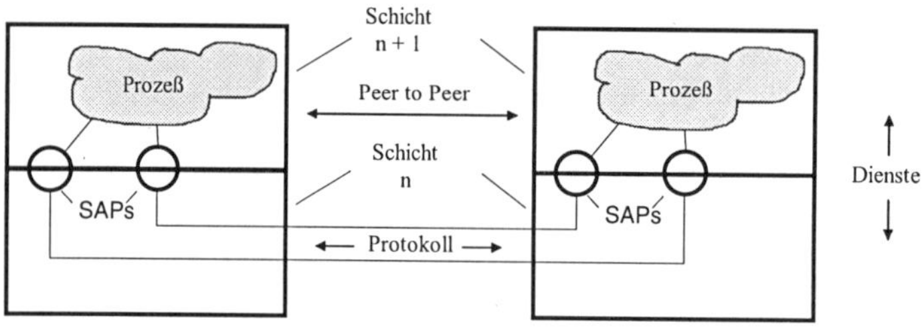

Bild 1-6: *Verbindungsmöglichkeiten über SAPs (Services Access Points)*

Die horizontale Kommunikation, die Kommunikation zwischen zwei gleichen, sich gegenüberliegenden Schichten, läuft über Protokolle (man spricht dann von einem Peer-to-Peer-Protokoll). So existieren bei sieben Schichten auch sieben Protokolle.

1.3.3 Topologien

Vernetzungsstrukturen können sich auf die Physik *und* auf die logische Struktur beziehen. Eine Aussage wie: „Das Netz baut auf einer Ring- oder Busstruktur auf“ ist nicht ausreichend. So ist denkbar, daß einem Feldbus ein physikalischer Bus zugrunde liegt und dem ein logischer Ring übergeordnet wird. Aber auch der umgekehrte Fall ist denkbar. Ob diese Architekturen immer sinnvoll sind, muß im Einzelfall diskutiert werden. Da LonWorks verschiedene topologische Strukturen zuläßt, die alle ihre Berechtigung haben, und zur Abgrenzung gegenüber anderen Systemen sollen hier die wichtigsten Prinzipien dargestellt werden.

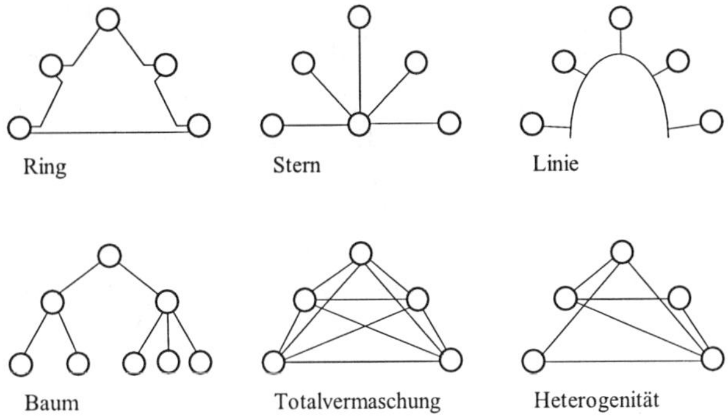

Bild 1-7: *Topologische Strukturen*

Die einfachste zu realisierende Struktur ist der Ring (Bild 1-7), bei dem alle Knoten über Point-to-Point-Verbindungen miteinander verkettet sind. Verschiedene Übertragungsmechanismen sind denkbar. Der schnellste im Feldbusbereich ist das „Schieberegisterverfahren". Jeder Knoten verfügt über ein Schieberegister, durch das die kommenden Daten nur durchgeschoben werden. Da alle Knoten logisch hintereinandergeschaltet sind, bildet der *Ring* somit ein großes Schieberegister, bestehend aus den einzelnen Knoten-Schieberegistern. Eine explizite Adressierung entfällt, ein Rahmen wird am Anfang gekennzeichnet, nach der Konfigurationsphase kann sich dann jeder Knoten selbst ausrechnen, welche Bits für ihn reserviert sind. Unter der Annahme, daß alle Knoten mit der höchstmöglichen Datenrate Daten senden und empfangen sollen, ist dieses System das mit den theoretisch geringsten Reaktionszeiten.

Doch sind auch Ringe anderer Art in der Praxis interessant. Man stelle sich einen Ring vor, bei dem die Knoten bidirektional senden und empfangen können. Wird ein Ring dieser Art einmal unterbrochen, bleibt immer noch die andere Übertragungsrichtung, um alle Knoten zu erreichen. Für Systeme, bei denen es auf eine hohe Zuverlässigkeit[4] ankommt (Überwachungssysteme beispielsweise), ist dies eine oft notwendige Voraussetzung. LonWorks läßt auch diese Art der Topologie zu.

Beim Stern laufen alle Informationen über einen zentralen Knoten. Ähnlich wie beim Ring sind demnach auch hier alle Knotenverbindungen Point-to-Point-Verbindungen, was das System seitens der Kommunikationstechnik, aber auch seitens der Verkabelung oft einfach macht. Viele LANs, denen physikalisch eine Linien- oder Ringstruktur zugrundeliegt,

---

[4] Die Zuverlässigkeit gibt an, mit welcher Wahrscheinlichkeit ein System zu einem bestimmten Zeitpunkt verfügbar ist. Der Begriff ist nicht mit dem Begriff der Verfügbarkeit zu verwechseln, der die Wahrscheinlichkeiten angibt, wieviel Zeit ein System zur Verfügung steht im Verhältnis zu der Zeit, in der es gewartet beziehungsweise in Reparatur ist (also nicht verfügbar ist).

haben verkabelungsmäßig eine derartige Sternstruktur. Doch das Sternsystem, das sich auf breiter Basis zuerst durchgesetzt hat, ist das der Vermittlungssysteme. Der Grund ist wiederum in den Kosten zu sehen. Die wesentlichen Funktionen von Vermittlungssystemen liegen in der zentralen Kommunikationseinrichtung. Die Terminals (Telefongeräte, Faxgeräte, PCs usw.) verfügen dagegen über relativ geringe Kommunikationsintelligenz, was sie preiswert macht. Nur so konnten auch schon vor dem Preisverfall der Elektronik Terminals enorm preisgünstig verkauft werden. Die Performance und die Intelligenz liegen in der Zentrale, was vor allem deren Wartung einfach macht.

Die Vorteile hat man aber auch in der Leittechnik relativ rasch erkannt: die SPS (Speicherprogrammierbare Steuerung) ist ein klassisches zentrales System. Auch die Einführung der intelligenten I/Os (Ein-/Ausgabeeinheiten) hat in der Prozeßautomatisierung und der Verfahrenstechnik bisher keine wesentlichen Marktverschiebungen erreichen können, die SPS konnte bisher immer noch ihre Dominanz behaupten, und es wird noch sehr viel Überzeugungsarbeit geleistet werden müssen, bis sich auch die dezentralen Systeme auf breiter Basis einführen lassen.

Der Bus, besser bezeichnet mit Linie[5], ist die wohl am weitesten verbreitete topologische Struktur. Um von vornherein einem gängigen Mißverständnis entgegenzuwirken, sei ein mechanischer Aspekt vorweggenommen. Obwohl jeder Knoten elektrisch nur einen Anschluß zu der Linie hat, wird trotzdem mechanisch entweder ein Doppelanschluß oder ein T-Anschluß benötigt; ein Aufwand, der oft unterschätzt wird. Der Anschluß schluckt oft einen wesentlichen Teil der Kosten eines Knotens, und nicht umsonst setzen sich in vielen Bereichen serielle Systeme durch, obwohl parallele eine höhere Performance liefern könnten.

Das zentrale Problem bei der Linie stellt die Zugriffsproblematik dar. Bezüglich der verschiedenen Möglichkeiten, die man bisher entwickelte, sei auf [Tane 90, Färb 84 u. a.] verwiesen, die dort sehr breit diskutiert werden. An dieser Stelle sei nur auf einen ganz entscheidenden Aspekt eingegangen. Für viele Anwendungen sind Realtime-Anforderungen nötig. Unter Realtime versteht man dabei, daß das System bestimmte Reaktionszeiten zu garantieren hat. Folgendes Beispiel verdeutlicht diesen Begriff: Tritt man in einem Kfz auf die Bremse, will man die Garantie haben, daß die Wirkung ohne Verzögerung eintritt.

Doch beleuchten wir dieses Beispiel näher. Eine Binsenweisheit ist, daß es auf die Reaktionsverzögerungszeit insgesamt ankommt, also die Summe aller Verzögerungen des Prozesses. Die Verzögerung, die durch den Bus hervorgerufen wird, darf deshalb nur minimal gegenüber den anderen sein und den Prozeßablauf nicht „merklich“ stören. Nun kommt aber noch ein weiterer Aspekt hinzu, der oft übersehen wird. Viele Systeme fordern Realtime, wobei man aus wirtschaftlichen Gründen einschränkend hinzufügen mußte, daß sie mit hoher *Wahrscheinlichkeit* garantiert werden muß. Was hat es für einen Sinn, wenn die Zuverlässigkeit eines Systems mit nur relativ mäßigen Werten angegeben werden kann (beispielsweise, weil viele nichtfehlertolerante elektronische Systeme eingebunden sind), andererseits aber dann die Zugriffszeit „absolut“ garantiert sein muß? Wenn sie mit einer

[5] In der Praxis wird der Begriff „Bus“ in zweifacher Hinsicht verwendet. Zum einen ist damit die „Linie“ selbst gemeint, auf der anderen Seite aber setzt man den Begriff „Bus“ auch als Metabegriff ein und versteht beispielsweise unter verschiedenen Busformen eben den Ring, den Stern usw.

wirtschaftlich vertretbaren Wahrscheinlichkeit garantiert werden kann, ist das völlig ausreichend. Es ist dies ein Gedanke, der bei LonWorks bezüglich des Zugriffsverfahrens aufgegriffen wurde (LonWorks garantiert die Zugriffszeit nur mit einer festzulegenden Wahrscheinlichkeit, die jedoch so definiert werden kann, daß LonWorks auch in bestimmten Systemen eingesetzt werden kann, die der Sicherheit von Menschen dienen) und dadurch eine Perfomance-Steigerung an anderer Stelle ermöglichte. Näheres hierzu in Kapitel 4.

An dieser Stelle nur noch eine kurze allgemeine Erläuterung zu Zugriffsverfahren. Im LAN-Bereich haben sich vor allem zwei Verfahren durchgesetzt, das Token-Verfahren und das CSMA/CD-Verfahren (Carrier Sense Multiple Access /Collision Detection). Das Token-Verfahren ist im Prinzip einfach zu erläutern (leider aber gegenüber dem CSMA/CD im allgemeinen aufwendig in der Implementierung). Pro Bussystem wird den Knoten ein Token zugewiesen, den im jeweils festzulegendem Algorithmus ein Knoten erhält. Wer den Token hat, darf senden (den Bus belegen). Bei der Implementierung muß darauf geachtet werden, daß im Funktionsablauf nicht gleichzeitig zwei oder mehr Token auftauchen, der Token verloren geht usw. CSMA bedeutet, daß die Knoten zunächst in das Medium „horchen", bevor sie aktiv werden (listen before talk). CD bedeutet, daß mit Kollisionen gerechnet und diese detektiert sowie aufgelöst werden müssen. Um Kollisionen aufzulösen, gibt es wiederum mehrere Verfahren: Prioritätssteuerungen auf der Basis der Zufallszahlenvergabe oder einer festen vorgegebenen Zahlenvergabe, Prioritätensteuerung über den Gerätetyp usw.

Im Bereich der Feldbusse stellt sich diese Thematik weitaus komplexer dar. Aufgrund der unterschiedlichen Anforderungen gibt es dort eine ganze Palette von unterschiedlichen Zugriffsverfahren. So wurde beispielsweise für CAN (Controller Area Network) das CSMA/CA eingeführt, wobei /CA für Collision Avoidance steht. Gemeint ist damit, daß sich beim Zugriff die jeweils höchstpriorisierte Message direkt gegenüber den anderen durchsetzt, ohne daß die jeweiligen Informationen beim Senden zerstört werden, und damit wertvolle Zeit verloren geht. Beim PROFIBUS, der für die Industrieautomatisierung entwickelt wurde, wo es vor allem auf eine breite Palette verschiedener Funktionalitäten ankommt sowie klare Real-time-Bedingungen gestellt werden, wird an die Master ein Token vergeben. Die Slaves werden von den Master gepollt. Desweiteren gibt es Feldbusse, die nach dem Slot-Prinzip oder dem Schieberegister-Prinzip funktionieren. Eine allgemeine Vorstellung der Prinzipien ist an dieser Stelle nicht möglich, in den folgenden Abschnitten müssen wir uns auf einige wenige beschränken.

Leider ist darüber hinaus die Einheitlichkeit der Begriffe nicht gegeben und auch ihre Bedeutung wechselt sogar. Sind die Begriffe Token-Verfahren und CSMA/CD noch stabil, ist es ratsam, bei den anderen Begriffen jeweils konkret nachzuprüfen, welches Verfahren dahintersteckt. Bei LonWorks wird der Begriff predective p-persistant CSMA verwendet, der, wie schon erwähnt, in Kap. 4 näher erläutert wird.

Nun zu den restlichen drei topologischen Strukturen, wie sie in Bild 1-7 dargestellt sind. Der Baum als Netzwerk hat vor allem deshalb eine große Bedeutung, da die Netzwerke zunehmend komplexer werden, sie also in „Ebenen" aufzusplitten sind (vgl. Bild 1-4). Dabei werden in der Prozeßautomatisierung, in der Gebäudeleittechnik usw. für die verschiedenen Ebenen oft unterschiedliche Netzwerktechnologien verwendet. ECHELON und Motorola wollen dabei noch einen anderen Weg beschreiten. Wird das LonTalk-Protokoll auf entsprechend leistungsstarken Mikroprozessoren implementiert, ist es nach

Meinung von Motorola leistungsstark genug, um es auch in höhere Netzebenen (Bild 1-4) integrieren zu können. Diesen Umstand sollte man auf jeden Fall berücksichtigen.

Die Totalvermaschung und die Heterogenität als topologische Netzwerkstruktur haben im Bereich der FANs noch keine wesentliche Bedeutung. Die Totalvermaschung findet man im wesentlichen in sicherheitsrelevanten Systemen (z. B. im Airbus) oder in Großrechnersystemen. Heterogenität läßt sich in Strukturen wie Linie, Ring usw. zerlegen, deren Kopplung applikationsspezifische Aspekte beinhaltet und deshalb ebenfalls hier nicht von Interesse ist.

1.3.4 Das Zeitverhalten der Kommunikation, Einfluß auf die Applikation (Realzeitproblematik)

Die Logik eines Anwendungsprogramms, das aufgrund von Sensordaten nach einer Bearbeitungsphase Aktordaten ausgibt, beruht im allgemeinen darauf, daß diese Sensordaten sich zum Zeitpunkt der Wirkung der Aktordaten nicht soweit geändert haben, daß aus dieser Änderung mehr als differentiell[6] veränderte Aktordaten resultieren würden. Die Forderung lautet also, daß die gesamte Zeit von der Messung durch einen Sensor bis zum Beginn der Wirkung eines Aktorbefehls so klein ist, daß sich das Sensordatum nur unwesentlich ändert. Diese Gesamtzeit setzt sich zusammen aus der Meßzeit des Sensors, falls dieser durch das Anwendungsprogramm erst zur Messung aufgefordert wird, der Übertragungszeit zum Anwendungsprogramm, der Bearbeitungszeit durch das Anwendungsprogramm, der Übertragungszeit zum Aktor und der Umwandlungszeit des Aktors (im allgemeinen in mechanische Bewegung). Bild 1-8 zeigt den Zusammenhang zwischen Meßwerten, Ausgabewerten und der Zeit. Ist die oben erwähnte Gesamtzeit kleiner als $2 \cdot \Delta t$, so ist der Fehler des Ausgabewertes differentiell, wobei zu beachten ist, daß Δt nicht konstant, sondern umgekehrt proportional zur Ableitung des Meßwertes nach der Zeit ist. Das bedeutet nichts anderes, als daß bei schnellen Meßwertänderungen die Zeit von der Messung bis zur Wirkung des Aktors kleiner sein muß als bei langsamen Änderungen.

Sind die Einzelkomponenten dieser Gesamtzeit oder die Gesamtzeit allein hinreichend genau bekannt, kann das im Anwendungsprogramm berücksichtigt und damit die Systemdynamik verbessert werden, falls es aus der Kenntnis des zu steuernden physikalischen oder chemischen Prozesses notwendig ist. Unangenehmer als die absolute Gesamtzeit einer solchen Übertragung ist ein Jitter, also eine nicht vorhersagbare Varianz der Übertragungszeit, die sich speziell bei Regelungsvorgängen störend bemerkbar macht. Jitter werden hauptsächlich durch Synchronisationsvorgänge von Programmen und durch Kommunikation verursacht, weniger durch Sensoren und Aktoren. Der durch Kommunikation erzeugte Jitter hat im allgemeinen mehrere Ursachen. Diese sind protokollbedingt, abhängig von der realen Implementierung des Protokolls und von der Lastsituation auf dem Übertragungsmedium. Kombinationseffekte treten ebenfalls auf. Bei Token-Zugriffsverfahren gibt es einen protokollbedingten Jitter, der zusätzlich lastab-

---

[6] Gemeint ist eine kleine Wertänderung, die man als differenzierbare Funktion (der Zeit) als *differentielle Änderung* bezeichnen kann. Streng mathematisch ist dies falsch, da binäre Zahlenfolgen (als Funktion der Zeit) nicht zu einer differenzierbaren Funktion führen, es sei denn, die Funktion wird stückweise durch differenzierbare Funktionen ersetzt.

hängig ist. Bei allen CSMA/Cx-Zugriffsverfahren entsteht grundsätzlich lastabhängiger Jitter[7], zum einen, wenn Verzögerungen durch das "Carrier Sense multiple Access" entstehen, zum anderen, wenn Kollisionen auftreten, also vorzugsweise bei hohen Lasten, während bei kleinen Lasten der Jitter mehr und mehr verschwindet. Lastabhängiger Jitter entsteht durch Busbelegungszeiten; diese wiederum hängen von der Telegrammlänge und der Übertragungsfrequenz ab. Praktisch alle Protokolle, die in Firm- oder Software realisiert sind, erzeugen implementierungsabhängigen Jitter. Nur bei zentraler, zeitgesteuerter Medienvergabe kann Jitter vermieden werden, allerdings zum Preis relativ großer Verzögerungszeiten speziell bei kleinen Buslasten.

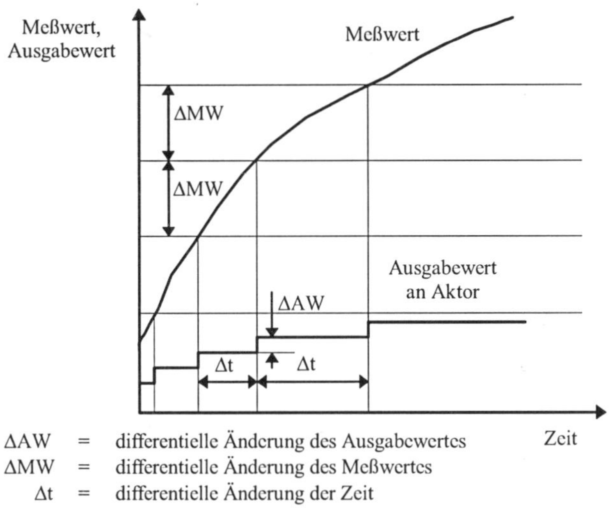

***Bild 1-8:** Meßwert und Ausgabewert als Funktion der Zeit*

1.3.5 Strategie der Kommunikation auf Applikationsebene

Die Strategie der Kommunikation in Feldbussystemen auf Applikationsebene muß im Zusammenhang mit der Funktionalität der einzelnen Knoten und den Medienzugriffsverfahren gesehen werden. Die klassische Sichtweise zentraler Funktionalitäten operiert mit den Begriffen „Master“, „Slave“, „Polling“ „garantierte maximale Zugriffszeit“ und „deterministisches System“. Diese Begriffe beziehen sich in der Regel auf nicht intelligente Sensorik und Aktorik, für die Kfz solche Eigenschaften wichtig sind. Aus dieser Sichtweise sind die Feldbussysteme mit zentraler Medienvergabe oder Token-Zugriffsverfahren entstanden. Diese Verfahren weisen im Falle hoher Busbelastung ein vorhersagbares Verhalten auf und nähern sich leistungsmäßig dem Optimum.

Verwendet man Feldbussysteme mit CSMA-Zugriffsmethoden wie LON, muß man eine Strategie verfolgen, die Bussättigung vermeidet. Die Vorteile des Medienzugriffs beim LON liegen in der (mit einer von der Belastung abhängigen Wahrscheinlichkeit) ver-

[7] Natürlich ist lastabhängiger Jitter letztlich auch protokollbedingt.

schwindenden Buszugriffszeit bei kleinen Buslasten. Es kommt also darauf an, die Buslast von vornherein zu minimieren und nur dann Daten zu übertragen, wenn dies auch wirklich nötig ist. Die einfachste Methode, den durch Buslast bedingten Jitter klein zu halten, ist, die Übertragungszeit für ein Telegramm klein zu halten, da der Jitter nicht größer als die Übertragungszeit sein kann. Bei einem Feldbus wie LON kann das mit folgenden Maßnahmen erreicht werden:

- *Verzicht auf Polling:* Ein Sensor sendet nur, wenn sich der ermittelte Wert geändert hat (Schlagwort: send on delta).
- *Ereignistelegramm:* Ein Sensor sendet ein Ereignistelegramm, wenn ein zuvor (per Telegramm) vereinbarter Meßwert, z. B. Temperatur, Druck oder Pegel erreicht worden ist. Der notwendige zyklische Vergleich zwischen vereinbartem Wert und aktuell gemessenem Wert erfolgt innerhalb des Sensorknotens mit hoher Frequenz, ohne den Bus zu belasten. Da das Ereignistelegramm durch einen genauen Vergleich und mit sehr geringer Verzögerung ausgelöst wird, benutzt man es zur Steuerung. Damit können Meßwerttelegramme, die durch die "Send-on-delta"-Funktion[8] erzeugt werden, zur Visualisierung verwendet und das "delta" entsprechend gröber eingestellt werden.
- *Maximale Telegrammrate:* Es wird für den Sensorknoten eine maximale Telegrammrate (oder minimale Telegrammwiederholzeit) angegeben, die nicht überschritten werden darf. Damit wird das „Überschwemmen" des Busses mit Telegrammen bei schnellen Meßwertänderungen vermieden.
- *Isolieren von Bussegmenten:* Durch Router können nur lokal benötigte Telegramme vom Rest des Feldbusses isoliert werden. Als Beispiel sei eine schnelle Regelung genannt, bei der die Istwertrückführung über den Bus geschieht. Durch das notwendige kleine „delta" bei der „send on delta"-Funktion entsteht eine hohe Telegrammrate, die nur für den Regler benötigt wird.

1.3.6 Werkzeuge

Wie schnell sich der Feldbus in den einzelnen Bereichen durchsetzen wird, wird maßgeblich von seinen Werkzeugen bestimmt. Man denke an das klassische Beispiel der 16-bit-Mikroprozessoren. Nach der Entwicklung der ersten drei „Großen" ließen die Performance-Analysen der damaligen Zeit keinen Zweifel: Der 8086 schnitt am schlechtesten ab. Wesentlich leistungsstärker war der 68000, doch die höchste Performance der drei hatte der Z8000 mit seinem enorm flexiblen Registersatz. Er war aber auch der erste, der vom Markt verschwand, und der 68000 erreichte nie auch nur annähernd das Marktvolumen des 8086. Man kann viele Gründe dafür aufführen, doch ein entscheidender war: Die Firma Zilog, die den Z8000 entwickelte, schaffte es nicht rechtzeitig, dem Markt entsprechend gute Werkzeuge anzubieten. Was hilft es, wenn man einen Prozessor hoher Performance hat, dann aber enorme Kosten in die Systementwicklung und die Wartung stecken muß, weil keine vernünftigen Werkzeuge zur Verfügung stehen? Der verantwortliche Ingenieur, der darüber entscheidet, welche Bausteine eines Feldbusses für ein

[8] Es werden Meßwerte nur dann übertragen, wenn sie sich vom vorher gesendeten Wert um mindestens „delta" unterscheiden.

Projekt verwendet werden sollen, muß die Gesamtkosten sehen, und das sind nicht nur die Chipkosten, sondern auch die Entwicklungs- und Folgekosten.

Kein Zweifel, mit der Einführung der Neuron-Chips stand zeitgleich mit dem LonBuilder auch ein brauchbares Werkzeug zur Verfügung. An weiteren wird laufend gearbeitet. Vergleicht man die Ergebnisse mit denen anderer Feldbussysteme, liegt man in dieser Hinsicht an der Spitze. Nur, reicht das?

Letztendlich geht es nicht darum, den Anwender davon zu überzeugen, daß LON besser ist als ein anderer Feldbus, sondern darum, klarzulegen, daß mit verteilten Systemen, also Feldbussystemen, effizientere Lösungen geschaffen werden können als mit der konventionellen Technologie. So ist in der Automatisierungstechnik gegen die klassische SPS anzutreten, in der Kraftfahrzeugtechnik gegen die konventionelle Verkabelung usw. Für diese klassischen Systeme existieren aber seit langem ausgezeichnete Werkzeuge; demzufolge gilt es, bessere zu entwickeln, um leistungsstärkere Systeme bereitzustellen.

Um dieses hochgesteckte Ziel zu erreichen, ist es sinnvoll, einen neuen Ansatz zu formulieren und die Werkzeugtechnologie in diesem Bereich zu überdenken. Da dies einen wesentlichen Mosaikstein für die zukünftige Entwicklung der Feldbussysteme darstellt, soll dieser Aspekt hier im Rahmen der Einführung zumindest kurz angesprochen werden. Das Stichwort heißt: Vollständigkeit und Durchgängigkeit aller Tools nach dem Top-down-Prinzip.

Der Gedanke ist nicht neu. Vor allem im Bereich der Informatik hat man sich schon lange vorgenommen, digitale Hardwareschaltungen möglichst nicht bis auf Transistorbasis, sondern ausschließlich auf einem viel höheren, abstrakten Niveau zu entwerfen, ohne daß umständliche Zwischenschritte für den Designer entstehen, die es notwendig werden lassen, daß er sich in allen Details der elektrischen Schaltungstechnik bis hin zu physikalischen Zusammenhängen auskennen muß. Wie weit dies tatsächlich zu realisieren ist, sei dahingestellt.

Im Feldbusbereich muß ein ähnliches Ziel angestrebt werden: der ausschließliche Entwurf auf hohem, abstraktem Niveau, ohne Sachkenntnisse im Detail. Doch liegen die Verhältnisse im Feldbusbereich gegenüber der digitalen ASIC-Entwicklung insofern anders, als stark unterschiedliche Anwendungsgebiete und stark differierende Feldbusrealisierungen kaum zu einem einheitlichen Bild führen werden. Es ist aber klar, daß bei einer ausreichend hohen Intelligenz der Knoten, der Werkzeuge sowie der Steuereinheiten die Feldbusvorgaben so umfassend und trotz des hohen Abstraktionsgrades so allgemein spezifiziert werden können, daß ein weitgehend automatisierter Ablauf der Integration, der Konfiguration usw. erfolgen kann. Daß diese Tools für die Integration, die Konfiguration, die Protokollanalyse, das Monitoring, das Debugging, den Betriebstest, die Wartung usw. nicht von einer einzigen Firma gestellt werden können, ist selbstverständlich, denn allein die unterschiedlichen Einsatzgebiete verlangen unterschiedliche Systeme. Was mit Vollständigkeit und Durchgängigkeit nach dem Top-down-Prinzip gemeint ist, sei an einem kurzen Beispiel der Home Systems dargestellt, wie es sich zukünftig abspielen müßte.

Entwirft ein Architekt ein Haus, wird er zunächst in seine räumlichen Entwürfe (Bild 1-9, linkes Oval) die Schalter, Lampen, Temperatursensoren, Brandmeldesensoren, Fensterrollomotoren usw. mit den Typenbezeichnungen eintragen. Dann wird die topologische Zuordnung der Sensoren und Aktoren aufgrund gewisser Sicherheitsbestimmungen und Leistungsbetrachtungen und aus Gründen der Beleuchtungstechnik in physikalische Gruppen geordnet und zusammengestellt (Bild 1-9, mittleres Oval). Zuletzt wird die logische Zuordnung der Knoten festgelegt, also welcher Schalter wann welche Lampe usw. ein- und ausschaltet. Der Rest müßte nun nahezu vollautomatisiert ablaufen. Das bedeutet, der Rechner entwirft daraus die räumlichen Belegungs- und die Verkabelungspläne für den Elektriker, die Programme für die Feldbusknoten, die Stücklisten, die Testalgorithmen usw. Eine Bearbeitung durch Feldbusingenieure muß weitgehend entfallen können.

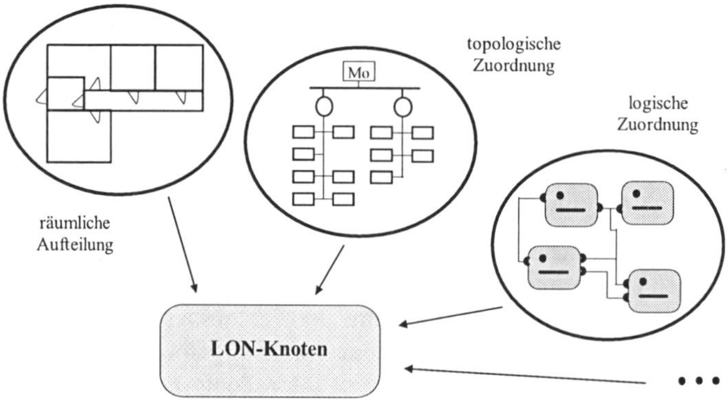

Bild 1-9: *Durchgängigkeit der Tools (Mo: Monitor)*

Zu diesen notwendigen Entwicklungs-Tools kommen nun Tools, mit denen der Kunde Umkonfigurationen und einfachste Testfunktionen vornehmen, und der Serviceingenieur vor Ort oder von seiner Firma aus die Wartung übernehmen kann usw.

Von dieser Idee ausgehend baut der LonBuilder schon auf einem anderen Emulationskonzept auf, das man üblicherweise von der Mikroprozessorentwicklung her kennt. Der Hardwareteil ist als Einschubsystem mit 7 Steckplätzen, die mit LON-Knoten bestückt werden können, konzipiert. Ein IBM-kompatibler PC bildet die Steuereinheit und ist über ein Interface-Adapter mit dem LonBuilder verbunden.

Der wichtigste Einschub ist ein Network Management Node, der die Aufgabe hat, vom PC kommende Konfigurationsdaten über das optional im Gehäuse verdrahtete LON-Netz an die entsprechenden Zielknoten weiterzuleiten. Die übrigen 6 Steckplätze können vom Anwender beliebig mit anderen Knoten aufgefüllt werden. Dazu stehen dem Benutzer Neuron-Chip-Emulatoren, Router und Knoten in Form von verschiedenen Single Board Computern (SBC) zur Auswahl. Mit den Emulatoren ist es möglich, detailliert die Arbeit der einzelnen Knoten zu beobachten und so einen Überblick über die Netzwerkfunktion zu erhalten.

Die Software am PC unterstützt die Möglichkeit, Anwendungsprogramme für die Knoten zu entwickeln (Editor, Compiler, Debugger), Netze zu erstellen und zu konfigurieren (Network Manager) und die Netzwerkfunktion zu überprüfen. Die dazu notwendigen Programmteile werden von einer gemeinsamen Oberfläche aus bedient.

Die mobile Verwendung des LonBuilder an Produktionsstätten oder bei Gebäudeinstallationen ist aufwendig. Das Gerät an sich ist relativ groß, hinzu kommt dann noch der PC, in den die Interface-Einsteckkarte zu integrieren ist. Zudem ist die Anschaffung teuer und all die Leistungsmerkmale des LonBuilders sind vor Ort nicht immer notwendig.

Doch hierauf soll im Kapitel 13 näher eingegangen werden. Deutlich wird aber, daß mit dem LonBuilder ein guter Einstieg gelungen ist, dem weitere Entwicklungen folgen mußten und vor allem noch folgen müssen.

1.4 Grundlegende Applikationskonzepte

Die Aufteilung eines gesamten Automatisierungssystems in eine Anzahl von Netzknoten, von denen jeder eine begrenzte Leistungsfähigkeit bietet, bedeutet, daß im Betrieb echte Parallelverarbeitung zwingend notwendig ist. Parallelverarbeitung setzt aber eine relative Unabhängigkeit der Knoten voraus. Unabhängigkeit ist hier so zu verstehen, daß größere Programmteile ablaufen können, ohne dauernden Synchronisationszwängen ausgesetzt zu sein. Synchronisation bedeutet, daß Programme auf ein Ereignis warten, bevor sie weiterarbeiten können. Das heißt, daß während dieser Zeit nur ein Teil der gesamten Systemleistung zur Verfügung steht. Daraus folgt, daß (soweit möglich) Tasks in den Knoten ablaufen müssen, die möglichst unabhängig von den Tasks in anderen Knoten sind. Am einfachsten einsehbar ist dies, wenn Tasks bestimmt werden können, die unabhängig von der jeweiligen Anwendung sind. Faßt man solche Tasks in eigenen Knoten zusammen, so könnte man in anwendungsunabhängige und anwendungsabhängige Knotentypen einteilen. Anwendungsunabhängige Knoten kommen hauptsächlich für die Aufgaben der Dateneingabe, Datenerfassung oder Datenausgabe in Betracht. Anwendungsabhängige Knoten sind diejenigen, die Steuerungs- und Überwachungsfunktionen ausführen. Dies führt zum Konzept der Knotentypen wie Sensorknoten, Eingabeknoten, Aktorknoten, Beobachtungsknoten, Steuerungsknoten und Überwachungsknoten.

Steuerungs- und Regelungsfunktionen benutzen nicht irgendwelche aus direkter A/D-Wandlung gewonnene Integer-Daten, sondern vorverarbeitete, gefilterte Werte in standardisierter Darstellung. Diese Vorverarbeitung geschieht in den Sensorknoten. Zusätzlich können Alarme ausgelöst oder die Über- bzw. Unterschreitung vorgegebener Sollwerte als Ereignis von Sensorknoten gemeldet werden.

Entsprechend können Aktorknoten spezifische Aufgaben übernehmen wie z. B. Zeitfunktionen oder Übergangsfunktionen, die nicht unmittelbar von der individuellen Applikation abhängen. Durch entsprechende Parametrierbarkeit können Sensor- und Aktorknoten in weitem Maße anwendungsunabhängig gehalten werden.

1.4.1 Netzknotentypen

Die LonWorks-Technologie bietet die Möglichkeit, vielfältige Knotentypen aufzubauen. Die Grundfunktionen können dabei unterteilt werden in:

- Datenerfassung,
- Datenausgabe,
- Steuerung, Überwachung,
- Bedienung und Beobachtung.

Die Entscheidung darüber, welche Knoten in einem realen System welche Funktionen enthalten, hängt von einer Reihe von Kriterien ab:

- Eine große Vielfalt an unterschiedlichen Knoten kann zwar eine optimale Anpassung an die jeweilige Aufgabe bedeuten, erfordert aber großen Aufwand an die Wartung und Lagerhaltung.
- Bei großen Stückzahlen von Systemen oder Anlagen spielt der Gesamtaufwand an Hardware die entscheidende Rolle.
- Bestehen besondere Leistungsanforderungen?
- Gibt es geographische Gründe für das Zusammenfassen von Funktionalitäten?

1.4.2 Dekomposition einer Applikation hinsichtlich paralleler Abläufe und hierarchischer Strukturen

Neben der Aufteilung der Gesamtapplikation in Knoten verschiedener Typen bietet sich auch die Möglichkeit, die Steuerungs- und Überwachungsfunktionen in mehrere Knoten gleichen Typs aufzuteilen.

Bei technischen Prozessen finden, außer bei sehr einfachen Prozessen, verschiedene Vorgänge gleichzeitig statt. So werden bei Werkzeugmaschinen z. B. Werkzeugwechsel und Werkstückwechsel oder eine neue Aufspannung des Werkstücks gleichzeitig ausgeführt. Beide Vorgänge sind im wesentlichen voneinander unabhängig, nur am Ende beider Aktionen findet eine Synchronisation statt, da dann ein neuer Bearbeitungsschritt beginnt. Ein wesentliches Merkmal voneinander unabhängiger paralleler Abläufe ist, daß sie nicht die gleichen Ausgaben benutzen. Ein weiteres Merkmal ist, daß man eine Instanz definieren kann, die die Koordination dieser parallelen Abläufe vornimmt, im einfachsten Fall den Start auslöst und das Ende erkennt. Diese Instanz ist in der Hierarchie über den parallelen Abläufen angesiedelt und ist zeitgleich mit den zu koordinierenden Abläufen aktiv. Solche Instanzen und parallelen Abläufe sind auch dadurch gekennzeichnet, daß ihre gegenseitigen Interaktionen und der Datenaustausch zwischen ihnen geringfügig sind. Bei der Dekomposition eines technischen Prozesses versucht man also, Blöcke zu bilden, die diese Eigenschaften aufweisen (Bild 1-10).

Um einem Mißverständnis vorzubeugen: Es kann sinnvoll sein, bei einer mehrachsigen Maschine die einzelnen Achsen als unabhängige Blöcke zu betrachten, die von einer höheren Instanz koordiniert werden, aber nur dann, wenn diese Koordinationsanforderungen geringfügig sind; also bei einer zwei- oder dreiachsigen Bewegung, bei der es nicht auf Bahngenauigkeit ankommt, sondern nur auf die Genauigkeit des Ziels. Dabei können zu Beginn der Bewegung alle Zielkoordinaten und das Geschwindigkeits-Zeitprofil an die einzelnen Achsen übertragen werden. Diese führen dann die Bewegung selbständig aus. Bei einer CNC-Fräsmaschine (CNC: Computerized Numerical Control), die z. B. einen Kreis fräsen soll, ist das sicher nicht nützlich, da aus Genauigkeitsgründen eine sehr enge Koordination der beiden Achsen nötig ist.

Geht man nun von einer Architektur aus, die die Ablaufsteuerung in mehrere Netzknoten verteilt, dann erscheint es sinnvoll, sowohl gleichzeitige Abläufe als auch Instanzen in verschiedenen Hierarchieebenen in verschiedenen Netzknoten zu realisieren. Das bedeutet, daß die Rechenleistung eines Knotens für die jeweilige Teilaufgabe vollständig zur Verfügung steht und damit die Gesamtrechenleistung im System die Summe der Einzelleistungen ist. Dagegen ist es ohne Leistungseinbuße möglich, Abläufe, die sich zeitlich nicht überlappen, in einem Knoten zu realisieren.

Voraussetzung ist jedoch, daß alle Daten, die von den einzelnen Steuerungsknoten gebraucht werden, über die Buskommunikation zur Verfügung gestellt werden. Dies sind Meßwerte, Stati von Aktoren, sowie implizit von Steuerungsknoten ermittelte Stati der gesamten Anlage oder Teilen davon. Begrenzt wird dieses Vorgehen nur durch die Speicherkapazität eines Knotens.

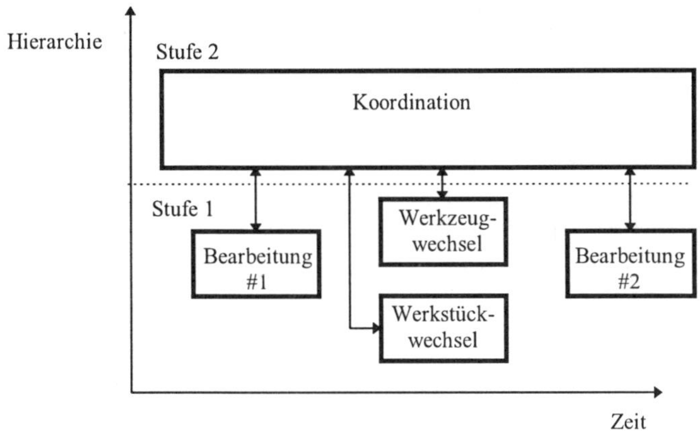

Bild 1-10: *Hierarchische und parallele Blöcke bei einer Werkzeugmaschine*

1.4.3 Steuerung und Überwachung

Ein technischer Prozeß, eine Anlage oder eine Maschine muß nicht nur gesteuert, sondern auch überwacht werden, um Schäden zu vermeiden. Es sollen hier nicht die direkt verdrahteten Sicherheitsketten betrachtet werden, sondern softwaremäßige Überwachungsfunktionen, die nicht direkt aus Meßwerten (auch binären) von Sensoren abgeleitet werden können.

In einem zentralen Automatisierungssystem sind Steuer- und Überwachungsfunktionen oft nicht voneinander zu trennen. Zum einen laufen sie auf derselben Hardware, zum anderen werden sie von derselben Person programmiert, ja sie können sogar miteinander vermascht sein. Dies macht die Software komplex und damit anfällig für Entwurfsfehler. Zudem muß die Verfügbarkeit des zentralen Steuer-und Überwachungssystems entsprechend hoch sein.

Überwachungsfunktionen zeichnen sich dadurch aus, daß sie während der gesamten Einschaltdauer einer Anlage oder eines technischen Prozesses aktiv sind. Sie verarbeiten Daten aus dem Prozeß und geben nur dann Daten an Aktoren, Steuerung und Leitsystem aus, wenn ein gefährlicher Zustand droht oder sich Systemfunktionen nicht gemäß der entsprechenden Spezifikation verhalten. Wichtig ist, sie brauchen in der Regel keine Kenntnis von den Steuerungsabläufen zu haben. Das gibt die Möglichkeit, Überwachungsfunktionen in eigenen Monitorknoten zu realisieren und sie von anderen Personen definieren zu lassen als denjenigen, die die Steuerung programmieren. Außerdem kann die Steuerung ohne Rücksicht auf eventuelle Fehler programmiert werden, weil die Überwachungsfunktionen beim „heißen“ Test bereits aktiv sind und der Anlage kein Schaden entstehen kann.

Überwachungsfunktionen liegen in der Hierarchie an oberster Stelle. Sie greifen in das Steuerprogramm ein, bedienen Ausgaben, sperren Aktoren für Steuerfunktionen und Bedienpersonal. Bild 1-11 zeigt das entsprechend erweiterte Schema vom Bild 1-10.

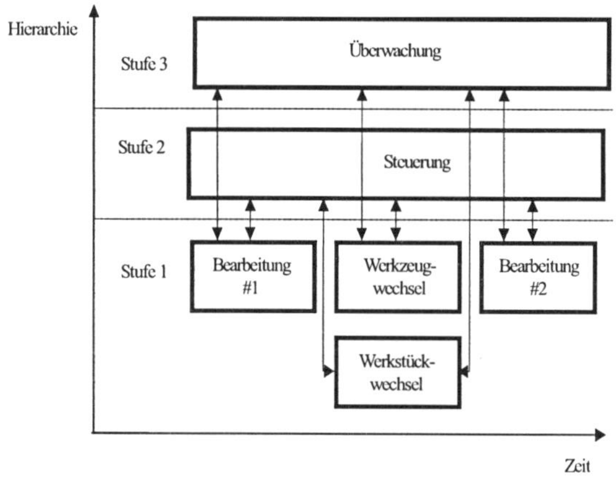

Bild 1-11: *Hierarchische und parallele Blöcke mit Überwachungsfunktion bei einer Werkzeugmaschine*

Eine Umsetzung der im Bild 1-10 und im Bild 1-11 gezeigten Struktur in ein Netzwerk mit verteilter Steuerung zeigt Bild 1-12. Die Kästchen sind als Netzknoten zu verstehen, die Beschriftung in den Kästchen bezeichnen die Funktionen der Knoten. Verbindungen zum technischen Prozeß haben nur Sensor- und Aktorknoten. Alle anderen Knoten sind ihrer Natur nach Steuerungsknoten und kommunizieren nur über den Bus. Die Aufteilung der Funktionen auf die Knoten wird auf der Grundlage vorgenommen, daß diejenigen Funktionen auf verschiedene Knoten verteilt werden, die zeitgleich aktiv sind. Das schließt anwendungsunabhängige Funktionen ein, da diese während der gesamten Betriebszeit der Anlage aktiv sind. Daraus folgt:

- Anwendungsunabhängige Funktionen wie „Datenerfassung“ und „Datenausgabe“ werden in eigenen Sensor- und Aktorknoten durchgeführt. Die Zahl dieser Knoten hängt dabei von der Komplexität und der geographischen Verteilung der Sensoren und Aktoren ab.
- Die Funktionen „Steuerung“ und „Überwachung“ laufen auf verschiedenen Knoten, da sie zeitgleich aktiv sind.
- „Werkstückwechsel“ und „Werkzeugwechsel“ laufen ebenfalls auf je einem eigenen Knoten, da sie sowohl untereinander als auch zu den Funktionen Steuerung, Überwachung, Datenerfassung und Datenausgabe zeitgleich aktiv sind.
- Die Funktionen „Bearbeitung #1, #2“ könnten im Prinzip auf einem der beiden Knoten für die Funktionen „Werkzeugwechsel“ oder „Werkstückwechsel“ ablaufen, da keine zeitgleichen Aktivitäten vorhanden sind. Es kann jedoch aus

Gründen der Modularität und Übersichtlichkeit der Programme oder des Programmumfangs sinnvoll sein, die Funktion „Bearbeitung" in separaten Knoten ablaufen zu lassen.

Die Dekomposition der Automatisierung einer Anlage muß, soll sie zu einer optimalen Steuerungslösung führen, auf der Analyse der realen Anlage beruhen. Neben den bereits genannten Kriterien können Ausfallverhalten, Wartbarkeit und Typenvielfalt der Netzknoten und räumliche Ausdehnung einer Anlage ebenfalls eine Rolle spielen.

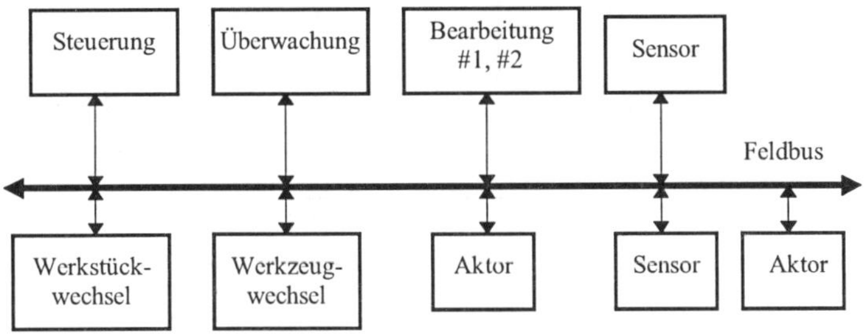

Bild 1-12: *Automatisierungsnetzwerk für die in den Bildern 1-10 und 1-11 dargestellte Werkzeugmaschine*

1.4.4 Segmentierung und Datenfluß

In einem größeren Automatisierungsnetzwerk mit vielen Reglern und/oder einem zentralen Bedien- und Beobachtungssystem, zu dem alle Sensor- und Statusdaten übertragen werden, kann ein einfacher unsegmentierter Bus zu einem Flaschenhals werden. Es wird notwendig, dafür zu sorgen, daß nicht alle Telegramme überall auf dem Bus erscheinen, sondern nur dort, wo sie auch gebraucht werden. Beispielsweise kann eine Regelstrecke mit Istwertrückführung über den Bus einen hohen Datenverkehr verursachen, der jedoch nur lokale Bedeutung hat. Eine Isolation der an diesem Datenverkehr beteiligten Knoten wäre also richtig. Dies ist erreichbar durch Router, die zwei Netzwerkanschlüsse aufweisen und dem selektiven Transport von Telegrammen dienen. Selektionskriterium ist dabei die Zieladresse der Telegramme. Die Unterteilung eines Busses in Segmente mittels Routern kann, bei sinnvoller Anwendung, Segmente mit hohem internem Datenverkehr vom Rest des Netzwerkes abtrennen. Die Gesamtübertragungskapazität des Netzwerkes wird dadurch erhöht.

Router können mit Transceivern unterschiedlicher Übertragungsmedien und Übertragungsraten ausgerüstet werden. Das ermöglicht z. B. hierarchische Busstrukturen mit Teilnetzen geringer Übertragungsrate und einem „Backbone"-Netz mit hoher Datenrate.

Die Segmentierung des Automatisierungsnetzwerkes ist als Entwurfsschritt nach der Aufteilung der Knotenfunktionalität zu betrachten. Bild 1-13 zeigt ein segmentiertes Netzwerk als Beispiel. Der Datenfluß auf dem Subsegment 1 setzt sich zusammen aus dem Fluß zwischen Controller und Sensor 1, dem Fluß zwischen Controller und Aktor 1, sowie dem Fluß zwischen Router und Controller. Auf dem Subsegment 2 bestehen Datenflüsse zwischen den beiden Sensoren und dem Aktor 2, sowie zwischen den Sensoren und dem

Router. Die Datenflüsse, die nicht über den Router zum Backbone-Segment gelangen, können dieses auch nicht belasten.

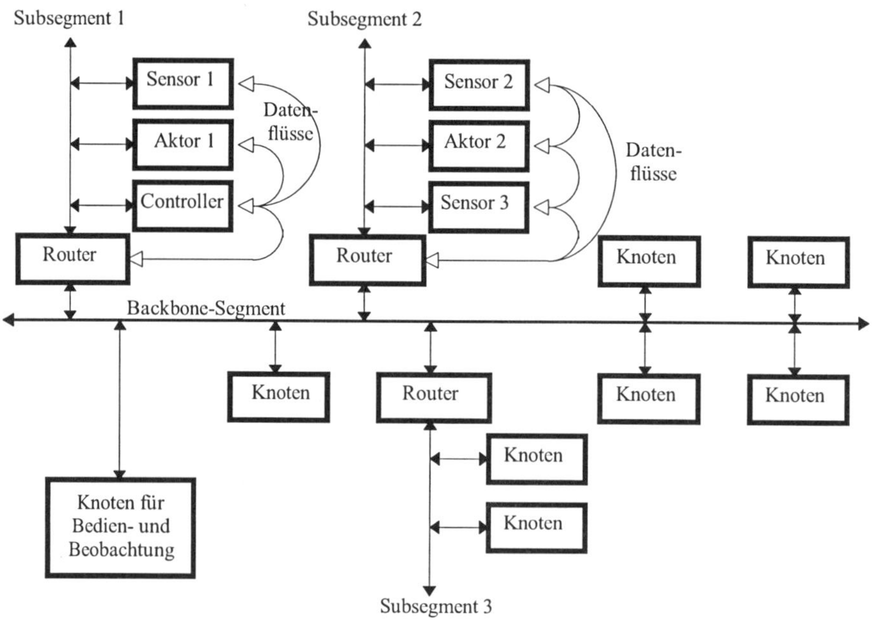

Bild 1-13: Segmentiertes Netzwerk

1.5 Feldbussysteme im Überblick

LANs miteinander zu vergleichen ist, im Verhältnis zu Feldbussystemen, einfach, da man i. a. die Randbedingungen gut zu formulieren vermag. Anders sieht es mit Feldbussystemen aus. Tabellen wie in [Bött 95], in denen die Daten verschiedener Feldbussysteme, wie beispielsweise die Datenübertragungsraten, einander gegenübergestellt werden, erzeugen leicht Widersprüche, da dort der unbedarfte Leser „Äpfel mit Birnen“[9] vergleicht. Sie rufen schnell den Zorn betroffener User Groups hervor, weil der Autor die entscheidenden Vorteile des entsprechenden Bussystems doch nicht genügend herausgestrichen hat oder Informationen nicht vollständig darlegt wurden oder .. . Die Anforderungsvielfalt an Feldbusse ist wesentlich breiter gefächert als bei LANs, warum auch langfristig viele Feldbussysteme parallel weiterhin ihre wirtschaftliche Bedeutung haben werden und inzwischen auch eine große Zahl unterschiedlicher Profile existiert. Ein Versuch,

[9] Das beste Beispiel ist der Vergleich von Bruttodatenübertragungsraten, was laufend vom Marketing ausgenutzt wird. Ihre Gegenüberstellung ist unsinnig, da die Übertragungseffizienz von weiteren Aspekten abhängig ist: Overhead, Protokollfunktionen, Protokollablauf, welche Applikationsdaten übertragen werden, die absoluten Werte oder nur geänderte Werte usw.

Feldbusse zu bewerten und entsprechend zu klassifizieren und zu vergleichen, wurde beispielsweise in [Schm 96] vorgenommen. Der Literaturstelle kann entnommen werden, wie komplex die Thematik ist, und welche Probleme im Detail sie bietet.

Ziel dieses Abschnitts ist es, allein die Merkmale bestimmter Feldbussysteme hervorzuheben, die entscheidend für das betreffende System sind, um es von LON auf möglichst sachliche Art zumindest näherungsweise abgrenzen zu können.

1.5.1 LonWorks

Ansatz und Ziel war es, ein Feldbussystem zu schaffen, das (nach Angaben von ECHELON) ca. 80 % der Einsatzmöglichkeiten für solche Systeme abdeckt. Konzeptionell sollte außerdem die Idee der dezentralen Funktionalität unterstützt werden und, um eine schnelle Verbreitung des Systems zu erreichen, eine umfassende Unterstützung der Anwender geboten werden. Dies führte zu einem Feldbussystem, das sich in seinem Definitionsumfang und der Realisierungsunterstützung deutlich von anderen Systemen abhebt, wenngleich in Einzelheiten durchaus Gemeinsamkeiten oder Ähnlichkeiten mit anderen Systemen zu finden sind.

Geht man im Vergleich nach den Kommunikationsschichten gemäß dem ISO/OSI-Modell vor, dann ist folgendes festzustellen:

- LON unterstützt vom Neuron Chip her „Differential-Manchester-Codierung“. Diese Codierungsart ist nicht neu und wird z. B. bei der IEC-Norm für Feldbusse ebenfalls verwendet. Sie hat den Vorteil, daß sie gleichspannungsfrei ist und deshalb die Energieversorgung über den Bus sowie die potentialfreie Ankopplung von Teilnehmern über Transformatoren zuläßt. Während die physikalische Schicht bei LON etliche Übertragungsfrequenzen und -medien erlaubt, ist dies bei anderen Feldbussen nicht so selbstverständlich. Daß dies nicht nur Vorteile bringt, ist einleuchtend, wenn man die Frage nach der Interoperabilität stellt. Im Moment sieht es so aus, als ob bei LON die Übertragungsrate 78 kbit/s in Verbindung mit Transformatorkopplung und Transceivern, die in weiten Grenzen beliebige unvermaschte Topologien zulassen, die größte Verbreitung finden werden.

- LON benutzt ein CSMA-Medienzugriffsverfahren, das vom Prinzip her kollisionsbedingte Telegrammzerstörungen zuläßt, die Wahrscheinlichkeit dazu jedoch begrenzt. Genannt wird es predective p-persistant CSMA/CD. Dies wird von anderen Feldbussen nicht benutzt. Ihnen wird zumeist das Master/Slave-Prinzip (eventuell auch mit temporären Mastern), das Token-Passing- oder das CSMA/CA-Prinzip zugrunde gelegt, bei dem bitweise arbitriert wird, um telegrammzerstörende Kollisionen zu verhindern.

- Im LON-Adressierungsschema ist die Unterteilung eines Netzwerkes in Subnetzwerke vorgesehen. Damit ist Segmentierung möglich, die mit Routern erreicht wird. Da viele Feldbusse nur die Kommunikationsschichten 1, 2 und 7 definiert haben, gibt es für sie logisch nur ein Netz; die Isolierung von Kommunikationslasten ist dann aber nicht möglich.

- Die Transportschicht ist bei LON eingeschränkt implementiert. Diese Schicht stellt einen bestätigten Dienst zur Verfügung, jedoch keine Segmentierung von

Datenblöcken über mehrere Telegramme hinweg. Durch das Vorhandensein einer Vermittlungsschicht ist die Bestätigung von Telegrammen auf der Transportschicht notwendig, dafür entfällt bei LON die Bestätigung auf Schicht 2.

- Einen besonderen Dienst, der bei anderen Feldbussen nicht zu finden ist, bietet LON in der Sitzungsschicht: die Authentifizierung. Damit wird ein Schutz vor unerwünschtem Eindringen in die Kommunikationsbeziehungen innerhalb eines LON geboten. Dieser Schutz ermöglicht den Einsatz in sicherheitsempfindlichen Systemen.
- In der Anwendungsschicht bietet LON durch implizite Kommunikation mit Netzwerkvariablen eine für den Anwender sehr bequeme Art zu kommunizieren. Die Dienste selbst sind denen anderer Feldbusse vergleichbar, es gibt durch die Poll-Anweisung eine Bestätigung auf Anwendungsebene für lesenden Zugriff auf Daten in anderen Knoten. Für Schreibzugriffe muß dies in der Anwendung explizit programmiert werden.
- Eine sehr wichtige Eigenschaft des LON-Feldbussystems ist die Existenz eines umfangreichen Satzes von Network-Management-Telegrammen, auf denen aufbauend eine Reihe von Werkzeugen für die Konfiguration, Installation, Inbetriebnahme und Wartung auch großer Netze verfügbar ist.

Die Situation bezüglich der Unterstützung bei der Realisierung konkreter Anwendungen ist bei LON etwa wie folgt zu charakterisieren:

- Es gibt im wesentlichen zwei Typen von Chips, die von zwei Herstellern verfügbar sind. Das Kommunikationsprotokoll ist nicht nur als Spezifikation vorhanden, es ist implementiert. Das gilt auch für einige andere Feldbusse, wie z. B. INTERBUS-S oder CAN.
- Auf diesen Chips laufen auch die Anwendungsprogramme und werden mit dem Entwicklungswerkzeug an das Protokoll angebunden. Das ist in ähnlicher Form auch bei CAN oder auch beim PROFIBUS zu finden.
- Compiler und Linker, sowie die Kommunikationssoftware (im Entwicklungswerkzeug enthalten) sind bis jetzt nur über die Firma ECHELON beziehbar. Hier wird jedoch durch die Freigabe des Protokolls 1996 in einiger Zukunft eine Änderung zu erwarten sein.
- Das Thema Interoperabilität spielt bei allen Feldbussen dadurch eine besondere Rolle, da kaum ein einzelner Hersteller alle Komponenten einer feldbusbasierten Anlage liefern wird. Durch die Implementierung des Kommunikationsprotokolls in einem Chip und die Erstellung des Anwendungsprogramms mit einheitlichem Entwicklungswerkzeug sind schon eine Menge Hindernisse für die Interoperabilität aus dem Weg geräumt. Andere Feldbussysteme wie INTERBUS-S oder EIB haben einen ähnlichen Hintergrund. Daß diese Situation aber nicht ausreicht, Interoperabilität zu erzielen, hat sich sehr schnell gezeigt. So wurden bei LON sogenannte „Standard-Netzwerkvariablen-Typen“ eingeführt, die wenigstens die Verträglichkeit der Datentypen sicherstellten. Zusätzlich wurde die LonMark Interoperability Association gegründet, die Richtlinien für die Implementierung von Anwendungsobjekten und sogenannte

„Functional Profiles" erarbeitet, die einen weiteren Schritt in Richtung Interoperabilität bedeuten. Andere, bereits vorhandene Feldbusorganisationen haben schon Profile für ganze Anwendungsklassen erarbeitet und auch die Notwendigkeit erkannt, Interoperabilitätstests und Zertifizierungsverfahren für feldbusbasierte Produkte einzuführen. Es ist zu erwarten, daß in Zukunft auch für LON-Produkte solche Tests und Zertifizierungen stattfinden werden.

Im konzeptionellen Bereich ist bei der Entwicklung des LON ein anderer Weg gegangen worden als bei den meisten anderen Feldbussystemen. Während die meisten Feldbusse für ein spezielles Einsatzgebiet konzipiert und erst später auch in anderen als den ursprünglich avisierten Bereichen eingesetzt wurden (CAN, INTERBUS-S, PROFIBUS), ist LON für ein möglichst breites Einsatzspektrum konzipiert. Das zeigt sich z. B. daran, daß bei den firmwaremäßig unterstützten Ein-/Ausgabeobjekten nicht nur analoge und binäre Werte ausgetauscht werden, sondern auch eine Reihe von Übertragungsprotokollen für Magnetkarten, Infrarotsteuerungen, Incrementalencodern, UARTs und serielle Übertragung von/zu speziellen Speichern (Touch Memories) verfügbar sind.

Eine weitere konzeptionelle Besonderheit ist die deutliche Unterstützung in Richtung dezentraler Struktur der LON-basierten Systeme. Das zeigt sich darin, daß

- die Einteilung von Busteilnehmern (oder Knoten) in „Master" und „Slave" nicht vorkommt,
- die default-mäßige Initialisierung der Datenübertragung von den Sendern ausgeht und „polling" die Ausnahme ist, und
- die Programmteile in den Neuron-Chips durch Ereignisse aktiviert werden, z. B. durch den Empfang von Daten, auch und gerade über das Netz.

1.5.2 PROFIBUS

Der PROFIBUS (Process Fieldbus) [Bend 90] ist europaweit über CENELEC genormt (EN50170), wobei die Normungsaktivitäten nicht als abgeschlossen betrachtet werden können, wenn man beispielsweise an Profile oder spezielle Modifikationen denkt. Zudem bestehen starke Ambitionen, ihn weltweit einzuführen, wobei vor allem in den USA große Erfolge erzielt werden.

Ziel bei der Entwicklung des PROFIBUS war, eine hohe Durchgängigkeit von einfachen Knoten bis hin zu komplexen Steuerungssystemen zu erreichen. Als Ergebnis existieren heute deshalb drei Varianten: der FMS (Fieldbus Messaging Specification), der DP (Decentralized Peripherals) und der PA (Process Automation). Der PROFIBUS/FMS stellt ein komplexes und mächtiges System (Multimaster-System) dar und dient daher auch in vielen Anwendungen, in denen andere Feldbusse für die Sensor-Aktorebene verwendet werden, als Backbone. Der DP ist ein stark abgespeckter FMS, der auf geringe Reaktionszeiten optimiert ist. Er ist ein reines Master-Slave-System, für das spezielle ASICs entwickelt wurden, die kostengünstige Varianten zulassen. Der Typ PA ist für die Prozeßautomatisierung definiert, dem für die Schicht 1 im OSI-Modell der IEC-Standard 1158-2 (eigensicherer Bereich) zugrundegelegt wurde (auch geeignet für den explosionsgefährdeten Bereich).

Der PROFIBUS wurde für die Automatisierungstechnik entwickelt (ist heute aber auch in vielen anderen Bereichen zu finden), bei der die Anzahl der Knoten sich schon aus

Gründen der Handhabung, Zuverlässigkeit und Sicherheit in einem eingeschränkten Rahmen bewegt (im Gegensatz beispielsweise zu Feldbussystemen in der Aktor- und Sensorebene der Gebäudeleittechnik). Man beschränkte sich deshalb auf die topologische Struktur einer Linie (Physical Media), wobei aus elektrischen Gründen diese jedoch in mehrere Stränge, gekoppelt durch Repeater, untergliedert werden kann (Bild 1-14). Da als Übertragungsmedium in erster Linie der EIA-Standard RS485 zugrundegelegt wird, der maximal 32 Knoten zuläßt, ist die Gesamtzahl eines Stranges auf 32 (Master, Slaves, Repeater) beschränkt. Darüber hinaus sind aufgrund zugelassener Totzeiten im Protokoll 3 Repeater in Reihe möglich, wobei maximal 127 Teilnehmer angeschlossen werden dürfen (Bild 1-15). Die 128te Adresse wird für den Broadcast-Ruf verwendet. Theoretisch läßt sich damit ein System mit 31 Repeatern entwickeln. Weitere, sich aus den physikalischen und protokollspezifischen Festlegungen ergebende Werte, gemäß der EN50170 4.1.1, Electrical Characteristics, sind: Stranglänge: 200 m bis 1200 m (je nach Übertragungsrate) mit Repeater auf 4800 m erweiterbar, Teilnehmerstichleitungen (Tubes): 30 cm und Übertragungsraten: 9,6 kbit/s bis 500 kbit/s, (PROFIBUS/DP: 12 Mbit/s).

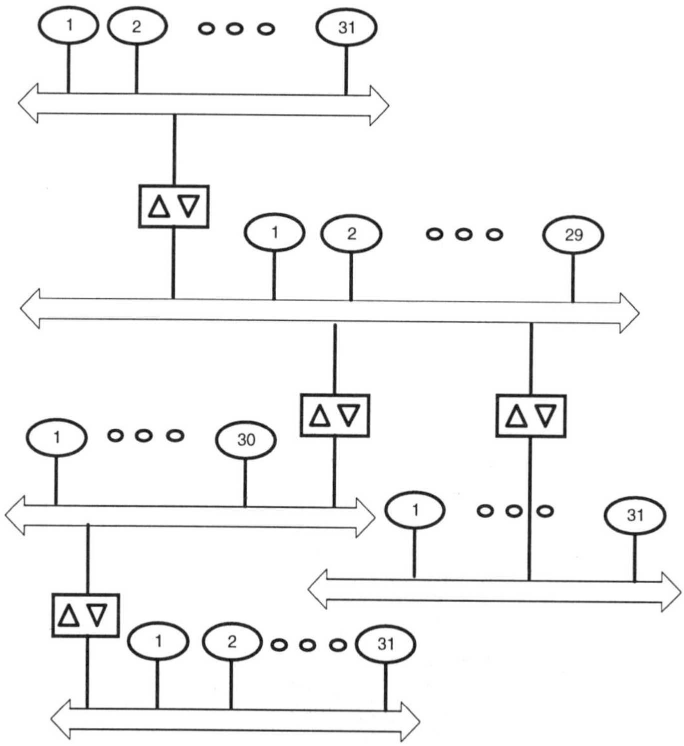

Bild 1-14: *Mögliche Topologie eines PROFIBUS-Systems*

Es stehen mehrere Übertragungsmedien zur Verfügung. Das heute am häufigsten eingesetzte Medium ist das nach der RS485-Spezifikation. Verwendet wird in diesem Fall ein verdrilltes, abgeschirmtes Zweiaderkabel, wobei die Linie beidseitig abgeschlossen werden muß.

Die logisch durchgehende Linie erlaubt es, auf die Schichten 3 und 4 im OSI-Modell zu verzichten[10]. Da man von Systemen ausgeht, in denen Paßworte, Konferenzschaltungen usw. keine Rollen spielen, auch keine unterschiedlichen Nomenklaturen bezüglich der Schicht 6 verlangt sind, verzichtete man beim PROFIBUS gänzlich auf die Schichten 3 bis 6, was das System an sich schnell macht (geringe Anzahl interner Schnittstellen).

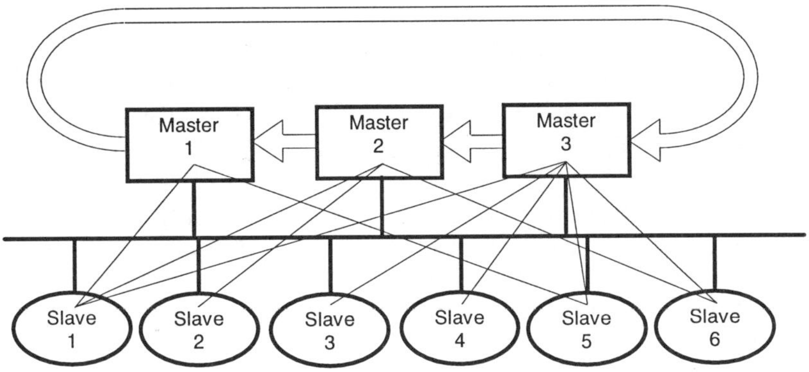

***Bild 1-15:** Physikalische und logische Struktur beim PROFIBUS*

Das Buszugriffsverfahren wird in der Literatur zum Teil als hybrid bezeichnet [Bonf 92], womit gemeint ist, daß es in zweifacher Hinsicht erfolgt. Beim Master-Slave-Prinzip (Bild 1-15) wird einem Master die Buszugriffsberechtigung erteilt. Nur er darf von sich aus auf den Bus zugreifen. Die Slaves dürfen ausschließlich antworten, wenn sie vom Master dazu aufgefordert werden. Welche Slaves wann vom Master abgefragt werden, obliegt dem Master-Knoten, was bei schlechter Programmierung bedeuten kann, daß bestimmte Slaves eventuell kaum zum Zuge kommen. Beim Master-Master-Betrieb sind die Master logisch als Ring verknüpft. Das bedeutet, die Master sind in numerisch aufsteigender Reihenfolge numeriert, und der höchsten Adresse folgt wiederum die niedrigste, um den Ring zu schließen. Die logische Reihenfolge für die Buszugriffsberechtigung geschieht über einen Token (Token Passing), was gegenüber dem CSMA/CD-Verfahren programmtechnisch aufwendiger ist (es muß geprüft werden, ob nicht mehrere Token existieren, ob der Token nicht verlorengegangen ist usw.). Andererseits kann über einen Token-Vergabemechanismus ein deterministisches Verhalten garantiert werden.

Zwei Prioritätsebenen sind definiert, und ein Master wird über die Prioritätsebene 1 stets vorrangig gegenüber den Knoten niedriger Priorität behandelt. Ein hochpriorer Zugriff erfolgt stets nach Abschluß eines Zugriffs durch einen anderen Master. Müssen Knoten, beispielsweise Master-Knoten, ersetzt oder auch nur eingefügt werden, ist es nicht notwendig, das System neu zu initialisieren, sondern man kann einen Knoten im laufenden Betrieb anschließen und zuschalten. Er wird sich dann im Konkurrenzverfahren um den Bus bewerben. Unterschiedliche Prioritätsebenen und Wegnahme beziehungsweise Hinzufügung von Knoten verändern die Buszykluszeit nicht, da bei Hinzufügung weiterer Stationen deren Bearbeitungszeit von der Zeit der anderen abgezogen wird. Bei der

[10] Es ist in der Protokolltechnik üblich, wenn die Funktionen in einer Schicht zu wenig werden, sie einer anderen Schicht zuzuordnen, um den Overhead auf ein Minimum zu reduzieren.

Systemspezifikation muß jedoch berücksichtigt werden, daß bezüglich des Determinismus nur der Worst-Case-Fall angenommen werden kann. Die Time-Slots sind nicht starr vorgegeben. Ein Master muß seine ihm vorgegebene Zeit nicht ausnutzen, er kann seinen Token vorher schon weitergeben. In [Borst 92] heißt es deshalb: „Daher ist der PROFIBUS nur mit Einschränkung als echtzeitfähig anzusehen.“[11]

Auf eine Funktion der Schicht 7 soll noch kurz eingegangen werden, die vom Master-Master- beziehungsweise Master-Slave-Verhalten der Schicht 2 unterschieden werden muß: die Client-Server-Kommunikationsbeziehung. Der PROFIBUS-Knoten kann als Client oder als Server programmiert werden, ihm können aber auch gleichzeitig beide Verhaltensmuster eingeprägt werden. So kann er als Server gegenüber einem Client eine Dienstleistung erbringen, kann aber auch als Client beispielsweise eine Variable vom Server (abort, reject, status, ..) anfordern.

Vergleicht man abschließend die entscheidenden Merkmale des PROFIBUS gegenüber denen von LonWorks, kann pauschal gefolgert werden, daß der /FMS eher als Backbone zu betrachten oder speziell für Multi-Master-Systeme gedacht ist, bei denen hohe Realtime-Anforderungen bestehen, während der /DP ein „Hochgeschwindigkeitssystem“ mit beschränkter Knotenanzahl darstellt. Da zumindest die Protokolle der Master-Knoten stets programmtechnisch implementiert werden und nicht als ASIC vorliegen, ist die Interoperabilitätsproblematik nicht trivial. Ein Grund, warum sich relativ rasch Zertifikationszentren für den PROFIBUS bildeten.

1.5.3 P-NET

Auch P-NET stellt einen Teil der CENELEC-Norm EN50170 dar, über die 1996 abgestimmt wurde. Es ist gleichfalls ein Multi-Master-System (bis zu 32 Master pro Bus), bei dem zwischen Master- und Slave-Knoten unterschieden wird. Im Gegensatz zum PROFIBUS kann jedoch der Master auch als Slave fungieren, wodurch ein anderer Master relativ einfach eine Kommunikationsbeziehung zu diesem Knoten aufbauen kann.

P-NET legt wiederum den Standard RS485 zugrunde, jedoch in leicht veränderter Form. Um die Leistung der Reflexionswellen zu reduzieren [Bött 94], wird das zweiadrige, abgeschirmte Kabel zu einem Ring verbunden (Bild 1-16), was aus physikalischer (und damit auch topologischer) Sicht eine Linie und keinen Ring darstellt.

Der Buszugriff erfolgt nach einem virtuellen Token-Passing-Verfahren: Die Master erhalten zyklisch, in aufsteigender Form, gemäß ihrer Adresse die Buszuteilung, wobei das Verfahren über einen speziellen Zählermechanismus abläuft. Jeder Master kann nur ein Telegramm absetzen, der Slave mit nur einem antworten. Werden gleichzeitig alle Slaves angesprochen, antwortet kein Slave. Die Token-Zykluszeit ist deshalb abhängig von der Telegrammlänge, die begrenzt ist, und davon, wie schnell jeweils ein Token weitergegeben wird, was ebenfalls zeitlich limitiert ist. Damit kann auch P-NET als deterministisches System bezeichnet werden, da der Worst Case exakt berechnet werden kann.

[11] Aussagen dieser Art sind verwirrend. Denn da jedes reale System Ungenauigkeiten enthält, wäre dann dieser Satz auf alle Realtime-systeme anzuwenden. Entscheidend dagegen ist, ob bestimmte Werte garantiert werden können.

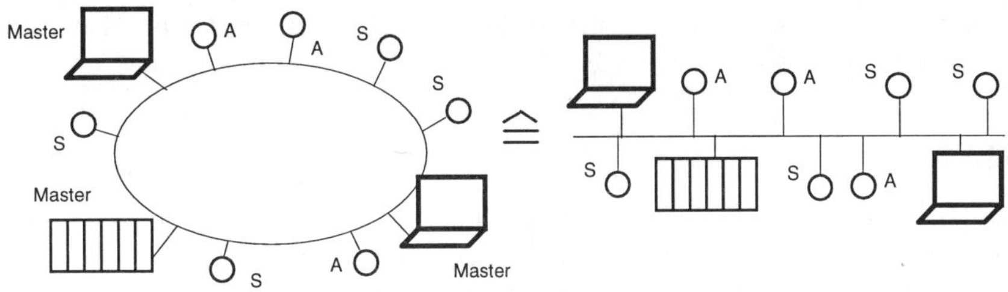

Bild 1-16: *Segmentkonfiguration bei P-NET (links: Struktur der Verkabelung, rechts physikalische Struktur; A: Aktor; S: Sensor)*

Interessant bei P-NET ist vor allem die Segmentierung von Netzwerken. Im P-NET wurde die Schicht 3 nach dem OSI-Modell implementiert, um relativ unabhängige Segmente aufbauen zu können (Bild 1-17), die aber doch über sogenannte Controller miteinander gekoppelt werden können. Im üblichen Sprachgebrauch stellen die Controller somit Router dar. Der Vorteil dieser Router liegt in ihrer Einfachheit. Sie bieten dem Entwickler die Möglichkeit, die Wegefindung über den Router statisch im Programm oder dynamisch online zu organisieren. Dafür speichern die Router beim Durchlauf von Master-Telegrammen Informationen ab, die sie benötigen, wenn die Antworten der Slaves bei ihnen eintreffen.

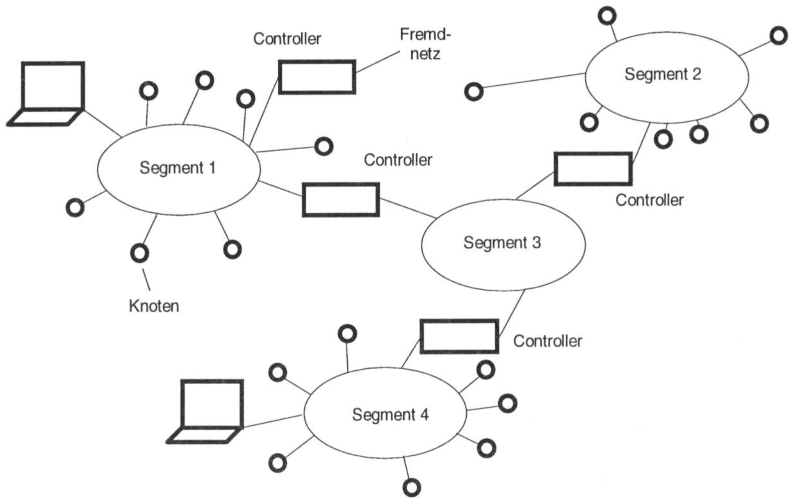

Bild 1-17: *Segmentierung bei P-NET*

Die Übertragungsrate von P-NET ist fest auf 76,8 kbit/s festgelegt, was charakteristisch für das ganze System ist: Es bietet einerseits interessante Funktionen und Möglichkeiten, andererseits hat man sich auf wesentliche Aspekte, Parameter usw. beschränkt, um ein möglichst einfaches, durchschaubares System zu erhalten.

Stellt man nun P-NET wiederum LonWorks gegenüber, ist wie beim PROFIBUS hervorzuheben, daß auch bei P-NET das Protokoll in handelsübliche Controller integriert wird, was wiederum zur Interoperabilitätsfrage führt.[12] P-NET ist ein deterministisches System, das klaren Restriktionen unterworfen ist.

1.5.4 INTERBUS

Der Interbus [Bagi 94], entwickelt von der Firma Phoenix Contact, hebt sich kraß von allen anderen bekannten Feldbussen ab. Ihm liegt eine topologische Ringstruktur zugrunde, die nach dem Schieberegisterverfahren funktioniert. Es ist ein Master-Slave-System. Alle Slaves werden vom Master (genannt Controller) als eine große periphere Einheit betrachtet (ihre Länge richtet sich nach der Anzahl der Prozeßdatenpunkte der Slaves), durch die er einen stets gleich großen Rahmen schiebt, und ihn, um die Anzahl der Bits im Schieberegister zeitlich versetzt, in seinem Empfangspuffer wieder empfängt (Summenübertragungsverfahren) (Bild 1-18). Bevor ein Summenrahmen durchgetaktet wird, stellt jeder Slave seine Daten (zunächst ein ID-Code: Identification Code) für den Master in seinen Sendepuffer (Bild 1-19). Danach schiebt der Master ein Loopback Word (LBW: 16 bit) sowie Steuerworte in den Ring, bis er sein Loopback Word wieder empfängt (Bild 1-20). Damit erhält er gleichzeitig (in seinem Empfänger) die Kennung aller Stationen (Steuerworte der Slaves) und kann jeden Knoten im Ring identifizieren. Der erste Zyklus ist mit diesem Vorgang abgeschlossen. Im zweiten Schiebezyklus wird dem Summenrahmen zu Beginn wiederum ein LBW vorangeschickt, dem dann die Ausgabedaten für die Slaves folgen. Trifft das LBW im Master wieder ein, liegen auch alle Eingabedaten der Slaves im Master vor.

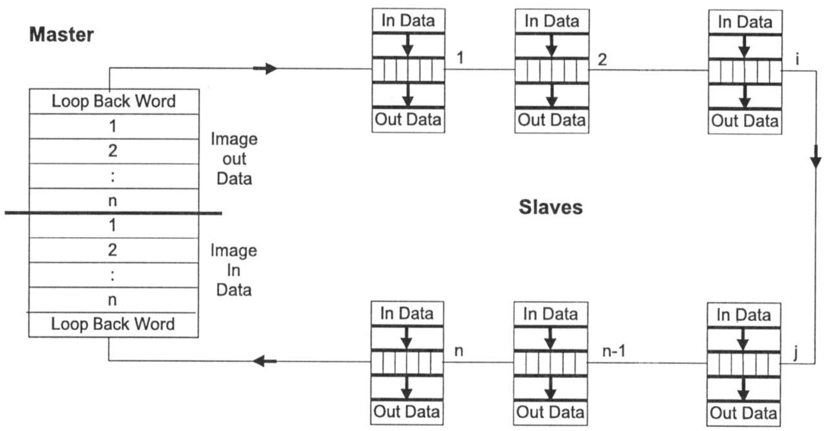

Bild 1-18: Schiebeoperationsprinzip im Interbus

[12] Allerdings soll nicht der Eindruck erweckt werden, als gäbe es bei LonWorks keine Interoperabilitätsfragen, da alle 7 Schichten nach dem OSI-Modell in Silizium (= NEURON) „gegossen“ sind. Durch das fixierte Protokoll ist das Problem aus technischer Sicht nur einfacher.

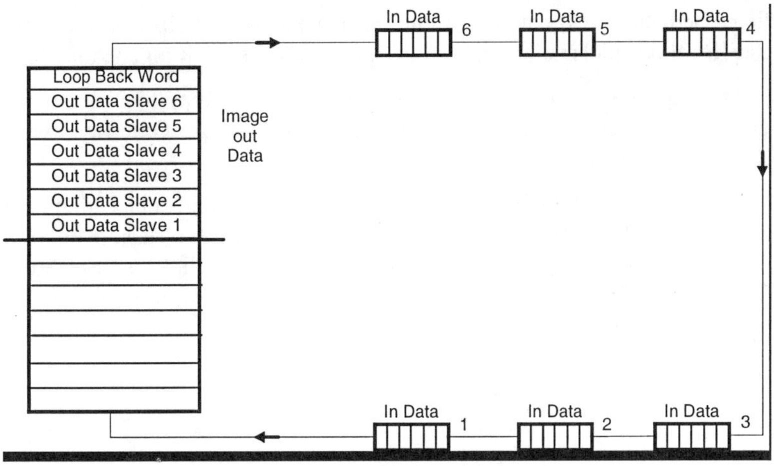

Bild 1-19: *Datenverteilung vor dem Datenzyklus*

Ausgehend von einer gleichen Technologie ist das Interbus-Verfahren somit das Verfahren, das vom Prinzip her alle Stationen in der kürzesten Zykluszeit bedienen kann und einen klaren Determinimus für alle Stationen aufweist. Durch die Schieberegisterstruktur entfällt im zu übertragenden Rahmen ein großer Overhead. Die Adressierung der Knoten ist nicht notwendig, da die Adressen durch die Ringposition direkt vorgegeben sind, die Prioritätenstufen entfallen usw. Der Determinismus wird über die Schiebeoperation erzielt: Zwar hat jeder Teilnehmer seinen eigenen Taktgenerator (alle laufen mit 16 MHz asynchron zueinander), doch synchronisieren sie sich am ersten eintreffenden Bit des ankommenden Datenrahmens.

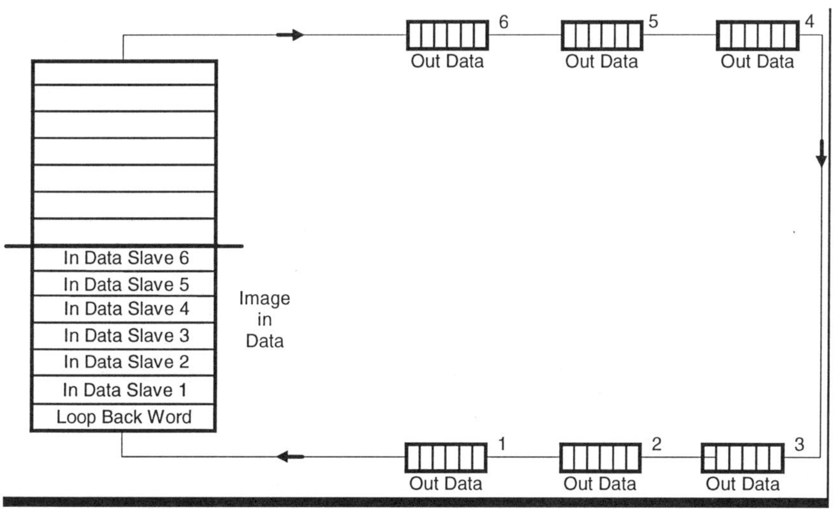

Bild 1-20: *Datenverteilung nach dem Datenzyklus*

Fünf Drähte in einem abgeschirmten Kabel (es ist auch hier der Standard RS485 zugrundegelegt) sind vorgegeben, zwei für jede Richtung, eines für die Masse. Da nun eine

Ringstruktur vorliegt, bedeutet dies, daß 10 Drähte an den Knoten herangeführt werden müssen (beim PROFIBUS beispielsweise sind es nur 4; hier sind Stichleitungen zulässig).

Der Master bietet konsequenterweise zusätzlich die Funktion der Kopplung zu hierarchisch höher angesiedelten Netzen, fungiert somit beispielsweise als Gateway, wenn darüber ein PROFIBUS/FMS als Backbone angesiedelt ist.

Das Summenrahmentelegramm ist beschränkt auf 256 * 16 bit = 4096 bit (ein Teilnehmer hat im allgemeinen ein 16-bit-Schieberegister), um die Speichergröße des Masters und vor allem auch die Zykluszeit nicht zu groß werden zu lassen (im Hinblick auf die Summenrahmenzeit ist es gleichgültig, ob ein Teilnehmer mit einer Datenwortbreite von 32 bit oder zwei Teilnehmer mit je einer Datenwortbreite von 16 bit vorliegen).

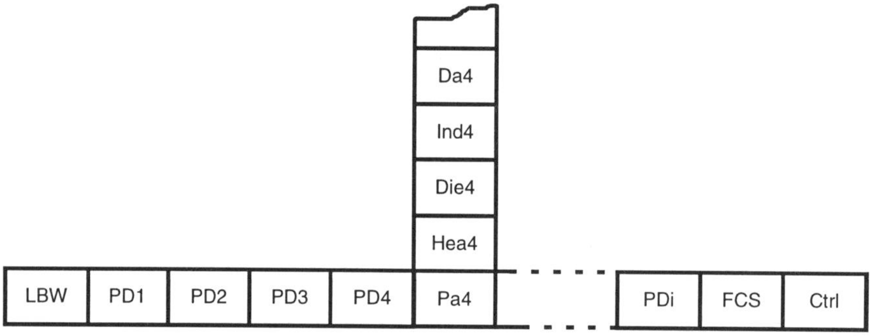

Bild 1-21: *Datenrahmen beim Interbus S*
(Ctrl: Control Word, Da: beliebige Daten, FCS: Frame Check Sequence, Hea: Header, Ind: Index, LBW: Loop Back Word, Pa: Parameter, PDi: Prozeßdaten des Moduls i)

Um auch größere Mengen von Daten übertragen zu können (für eine Parametrierung, Programmdaten usw.), werden diese gestückelt transferiert (Bild 1-21). Diese Daten benötigen deshalb n Summenrahmen, bis die Information vollständig übertragen ist. Doch geht man davon aus, daß Programmdaten und Parametrierungsdaten keine zeitkritischen Daten darstellen.

Die Übertragungsrate beträgt im allgemeinen 500 kbit/s. Damit erreicht man durch die einzelnen Point-to-Point-Verbindungen eine Gesamtlänge von 400 m (Fernbus), mit entsprechenden Leitungstreibern sogar 12,8 km bei Cu-Kabel (bei Glasfaser 80 km). Bei entsprechender Hardware kann das System auch auf 2 Mbit/s ausgelegt werden. Da festgelegt ist, daß durch jeden Teilnehmer die Hin- und die Rückleitung hindurchführt, sind in jedem Teilnehmer auch zwei Leitungstreiber erforderlich (Bild 1-22).

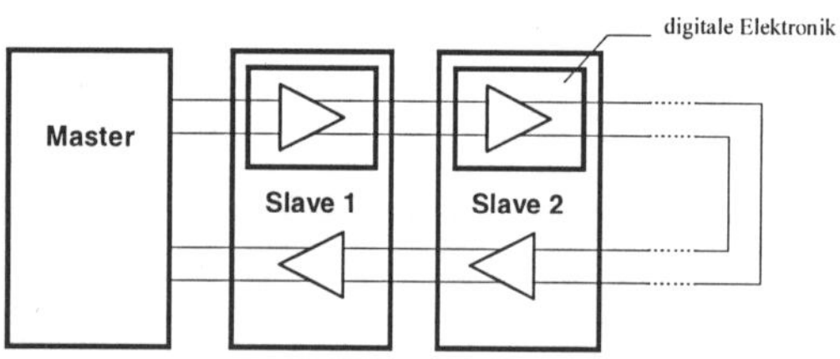

Bild 1-22: *Verstärkeranordnung im Repeater*

Ein Punkt soll noch hervorgehoben werden: Dem Interbus-System wird oft als großer Nachteil bescheinigt, daß die Ringtopologie schnell zu einem Totalausfall des Systems führen kann. Dem sind zwei Dinge entgegenzusetzen. Erstens hat die Praxis gezeigt, daß beim typischen Einsatzort dieses Feldbusses, nämlich der industriellen Automatisierungstechnik, der Ausfall eines Knotens dazu führt, daß der gesamte Prozeß ausgeschaltet werden muß, eine Teilfunktion des Prozesses also nichts nützt. Zweitens hat Phönix Contact aktive Busklemmen (die zur Repeater-Funktion zu zählen sind) entwickelt (Bild 1-23), die eine teilweise Abschaltung von defekten Teilnetzen ermöglichen. Aus Bild 1-23 wird auch deutlich, daß prinzipiell zwischen drei unterschiedlichen Bussystemen unterschieden werden muß: dem Fernbus, von dem bisher immer die Rede war, dem Installationsbus und dem Peripheriebus. Der Installationsbus unterscheidet sich vom Fernbus dadurch, daß er die Versorgungsleitung der Teilnehmer beinhaltet. Der Peripheriebus hat TTL-Pegel, wodurch sich der Abstand zwischen den einzelnen Teilnehmern auf 125 cm beschränkt [Schn 94].

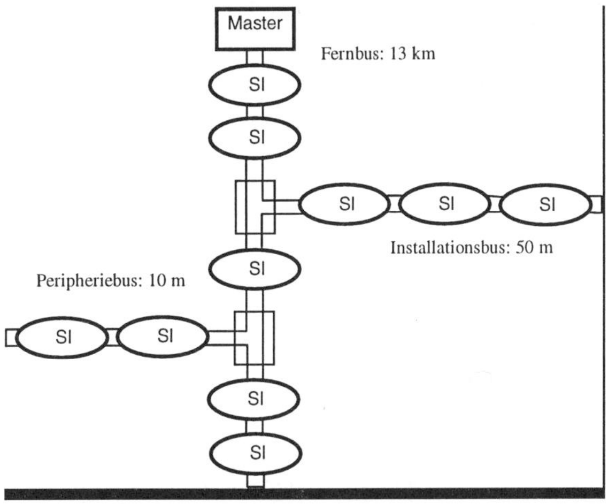

Bild 1-23: *Verkabelungs- und Busstruktur*

1.5.5 CAN

Das Bussystem CAN (Controller Area Network) wurde von der Firma Bosch für den Einsatz im Kraftfahrzeug entwickelt. Es zeichnet sich gegenüber den anderen Bussystemen vor allem hinsichtlich seiner Philosophie bezüglich der Fehlertoleranz aus, die sich nicht nur darauf beschränkt, bestimmte Fehler zu tolerieren. Es sind mehrstufige Fehlererkennungsmechanismen eingebaut sowie eine Selbstkontrolle und Selbststeuerung, die so weit geht, daß sich einzelne Einheiten im Bedarfsfall selbst abschalten können. Das bedeutet, die Sicherheit steht beim CAN im Vordergrund (im Gegensatz zu anderen Bussystemen, bei denen beispielsweise eine hohe Verfügbarkeit der wesentliche Aspekt ist).

Weitere Aspekte, die die Philosophie des CAN mitbestimmt haben, waren der Verzicht auf Flexibilität bezüglich Rekonfiguration und Parameteränderung von Knoten, und damit einhergehend eine einfache Integration beliebiger Knoten in ein bestehendes Netzwerk. Entscheidend waren die Forderungen nach einer extrem geringen Reaktionszeit sowie, die Möglichkeit zu erhalten, preisgünstige Bausteine produzieren zu können.

Eine rasante Verbreitung erfuhr der CAN-Bus, als die Firma INTEL begann, mit Bosch zu kooperieren und entsprechende Bausteine zur Verfügung stellte, und als die Firma Daimler Benz sich entschied, diesen Baustein in ihre Fahrzeuge einzubauen. Damit war garantiert, daß CAN ein Massenprodukt und der Preis für die Bausteine enorm gering sein wird. Die Preise für CAN-ICs liegen heute schon bei etwa 2$ das Stück[13]. Allein diese beide Faktoren, die hohe Fehlertoleranz und der geringe Preis, lassen CAN zu einem enorm wichtigen Konkurrenten auf dem Gebiet der Feldbusse werden. Heute wird CAN in vielen weiteren Bereichen eingesetzt, in der Medizintechnik, der Industrieautomatisierung, der Verfahrenstechnik usw.

Was sind nun die sich daraus ergebenden wesentlichen Leistungsmerkmale des CAN?

Die Adressierung erfolgt nicht stationsorientiert, sondern nachrichtenorientiert. Jede Nachricht wird einem Identifier (Bild 1-24) zugeordnet (11-bit-Wort: 2032 sind zulässig). Knoten sind damit charakterisiert durch die spezifischen Rahmen, die sie senden beziehungsweise erwarten. Das Ersetzen von Knoten, zum Beispiel durch modernere Knoten, erfolgt somit ohne Einstellung von Adressen vor Ort: ein wesentlicher Gesichtspunkt in der Kfz-Industrie.

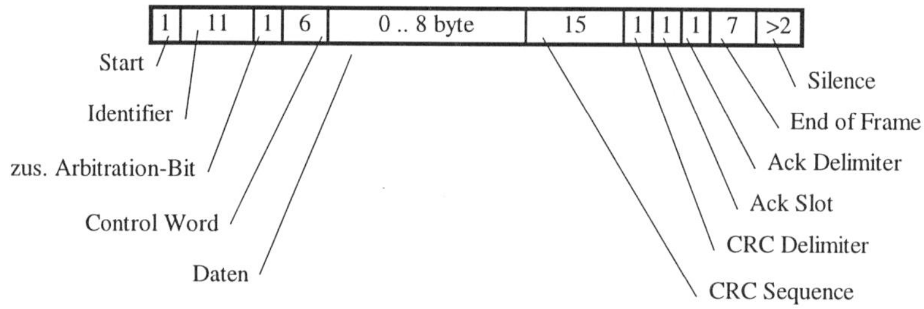

Bild 1-24: *11-bit-Datenrahmen*

Um der Forderung nach geringen Reaktionszeiten gerecht zu werden, legte man folgendes fest: Erstens ist der Datenrahmen starr, die einzige zulässige Variation ist die Anzahl der Datenbytes, zweitens sind die Nachrichten in ihrer Länge stark begrenzt, die kleinste Nachrichteneinheit besteht aus 44 bit, die maximale aus zusätzlichen 8 Byte, drittens wird ein CSMA/CA-Zugriffsverfahren gewählt, und viertens erfolgt die Bestätigung (im untersten logischen Level) der atomaren Einheit noch während des gesendeten Wortes, in dem die Empfänger im Acknowledge-Slot das entsprechenden Bit auf low setzen[14].

Eine nähere Erläuterung bedarf das CSMA/CA-Verfahren[15]. CAN ist ein Master-Master-System. Da es jedoch beim üblichen CD-Verfahren zu Verzögerungen beim Buszugriff kommen kann, wählte man eine bitweise Arbitrierung, indem die Werte *high* und *low*

[13] Bei dieser Angabe ist zu berücksichtigen, daß in diesen preisgünstigen Bausteinen keine Controller enthalten sind.

[14] Dieses Prinzip ist auch die Ursache für die mit keinem anderen Bus erreichbare extreme Abhängigkeit zwischen Datenübertragungsrate und Länge der Busleitung.

[15] CSMA/CA: Carrier Sense Multiple Access with Collision Avoidance

technisch so unterschiedlich realisiert werden, daß *rezessive* ('1') und *dominante* ('0') Bitwerte entstehen. Das heißt, greifen mehrere Einheiten gleichzeitig auf den Bus zu und versuchen ihre Daten abzusenden, hat sich die Einheit von dem Bus zurückzuziehen, von dem ein rezessives Datenbit zuerst von einem dominanten Datenbit einer anderen Einheit überschrieben wird (non-destructive Access). Es wird also der Nachricht Vorrang gegeben, die die höchste Priorität hat (= Identifier mit dem niedrigsten Wert). Die garantierte Antwortzeit gilt somit nur für die Nachricht, die die höchste Priorität hat. Nachrichten mit geringer Priorität können bei einem erhöhten Busverkehr größere Verzögerungen erfahren. Integriert man nun in Schicht 7 einen Algorithmus, der in der Lage ist, Identifier neu zuzuordnen, kann man darüber das deterministische Verhalten des Systems dynamisch beeinflussen.

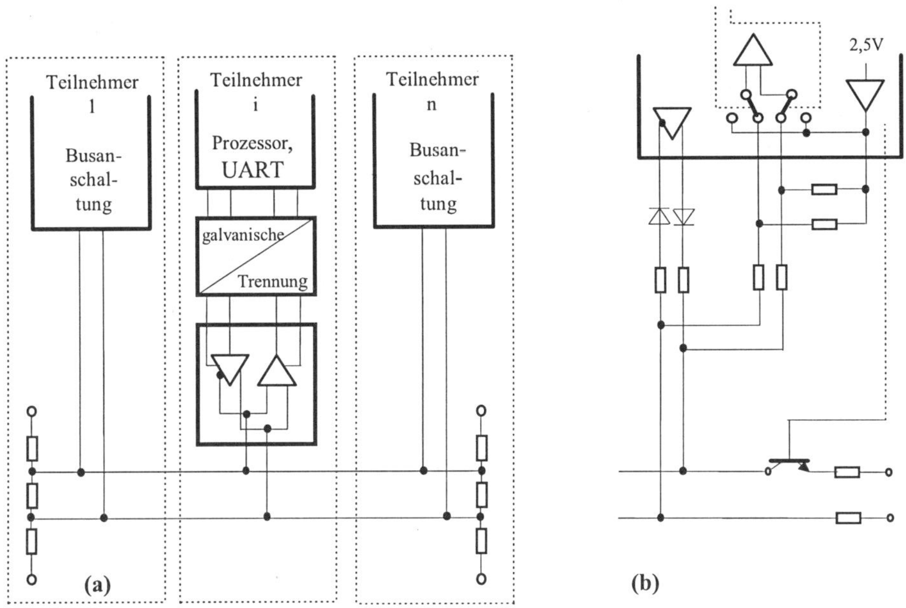

***Bild 1-25:** Busanschaltung beim CAN*

Hervorzuheben beim CAN ist der Aspekt der Sicherheit. Deshalb soll nochmals näher darauf eingegangen werden. Die Fehlertolerierung, Fehlererkennung und -behebung ist mehrschichtig organisiert, muß aber nicht in jedem Fall implementiert werden. Im untersten Level sieht die Physik der Datenleitungen, oberflächlich betrachtet, wie eine RS485 aus (Bild 1-25a). Zur Eliminierung von Störsignalen sind Abschlußwiderstände angebracht, und es ist ein Twisted-pair-Kabel vorgeschrieben. Betrachtet man jedoch detaillliertere Schaltungsdarstellungen, wie beispielsweise die der Low-speed-Version, fallen die zusätzlichen Bauteile auf, die interessante Möglichkeiten zulassen (Bild 1-25b). Hat eine der Übertragungsleitungen einen Kurzschluß gegen Masse oder die Versorgungsspannung, kann über den integrierten Komparator kein Bit mehr detektiert werden. Aus diesem Grund wird diese defekte Leitung dann abgeschaltet, und der Komparator erhält eine Referenzspannung. Die Übertragung kann dann weiterhin asymmetrisch über eine Leitung erfolgen.

Auf dieser Art von Schaltungsmaßnahmen sind alle Einfachfehler abgedeckt und sogar einige Zweifachfehler. Im darüberliegenden Sicherheits-Level, der gesicherten Datenübertragung, sind z. B. das Bit Stuffing (es dürfen maximal 5 Bits gleicher Polarität auftreten) und der CRC-Check berücksichtigt. Die Sicherheitsmaßnahmen im System gehen sogar so weit, daß Knoten sich vom Bus zurückziehen, wenn sie erkannt haben, daß sie laufend den Bus stören (demokratisches Abschaltprinzip).

1.5.6 EIB

Der EIB (Europäischer Installationsbus) basiert auf einem Busstandard aus dem Bereich der Installationstechnik (*instabus*). Mehrere Firmen haben dieses Kommunikationssystem entwickelt, wobei die Firma Siemens für den Chip, die Übertragungstechnik der ersten Version und das Installationswerkzeug verantwortlich war, während die anderen Firmen die Anwendungen spezifizierten. Um die gemeinsamen Interessen besser koordinieren zu können, wurde die *EIBA* gegründet, die *European Installation Bus Association*, mit Sitz in Brüssel.

In Deutschland wurde im November 1992 die Vornorm DIN V VDE 0829 „Elektrische Systemtechnik für Heim und Gebäude (ESHG)" veröffentlicht, die den EIB zum Inhalt hat. Das 7-Schichtenmodell des EIB und die in den einzelnen Schichten realisierten Funktionen sind im Bild 1-26 dargestellt.

Schicht	Verfügbare Dienste	
7	Kommunikationsobjekte, transparente Datenübertragung, Anfrage/Antwort, Zugriffsschutz	Management
6	-	
5	-	
4	Quittierung, Punkt-zu-Punkt-/Gruppen-Verbindungen, Wiederholungserkennung, Sequenzzählung	
3	Wegeauswahl, Erkennung von Linienschleifen	
2	Rahmen, Leitungscodierung, Prüfsumme, CSMA/CA, Prioritäten, Adressierung, Fehlererkennung u. -korrektur	
1	mediumspezifische Schnittstelle und Signaldefinition, EMV-Spezifikationen, Verbindungstechnik	

Bild 1-26: *Schichtenmodell des EIB*

Die Bitübertragungsschicht basiert auf einer Twisted-Pair-Leitung mit bestimmten physikalischen Eigenschaften. Die geschirmte verdrillte Zweidrahtleitung darf ohne Repeater eine maximale Länge von 1000 m haben. Die maximale Entfernung zwischen zwei Teilnehmern darf jedoch nicht mehr als 700 m betragen. An eine Buslinie können bis zu 64 Teilnehmer angeschlossen werden. Zwölf solcher Linien können an einen Bereichskoppler angebunden werden, von denen wiederum bis zu 15 auf einer Bereichslinie kommunizieren können.

Bei den Bus-Topologien sind sowohl Linien-, als auch Stern- und Baumnetz möglich, so daß sich die Topologie den Gegebenheiten eines Gebäudes gut anpassen kann. Die Datenübertragungsrate für die Zweidrahtleitung liegt fest bei 9600 bit/s und ist nicht veränderbar. Als weitere Übertragungsmedien sind vorgesehen: Netzleitungen, Koaxialkabel, Infrarot, Funk und Lichtwellenleiter.

Die Sicherungsschicht benutzt als Buszugriffsverfahren ein CSMA/CA-Verfahren. Die Übertragung erfolgt asynchron mit 8 Datenbits, 1 Paritätsbit (gerade) und 1 Stoppbit. Die Schicht 3 benutzt ebenso wie die Sicherungsschicht verbindungslose Dienste. Die Kommunikation zwischen der Transportschicht und der Anwendungsschicht erfolgt verbindungsorientiert.

Die Dienste, die die Anwendungsschicht dem Anwendungsprozeß zur Verfügung stellt und die der Anwendungsschicht von der Transportschicht zur Verfügung gestellt werden, sind in Tabelle 1-2 dargestellt. Für den Zugriff auf die Kommunikationsobjekte gibt es mehrere Dienste sowie einen Dienst für die transparente Datenkommunikation.

Tabelle 1-2: *Dienste der Anwendungsschicht im EIB*

Dienste der Anwendungsschicht	**Funktionen**
A_VALUE_READ	Werte, Flags und Sendestatus von Kommunikationsobjekten lesen
A_VALUE_WRITE	Werte, Flags und Sendestatus von Kommunikationsobjekten ändern
A_FLAGS_READ	Flags, Parameter und Wertetyp von Kommunikationsobjekten lesen
A_USER_DATA	Daten transparent über eine bereits vorhandene logische Verbindung auf der Transportschicht übertragen

Das Datentelegramm ist maximal 23 Oktette lang und hat den im Bild 1-27 gezeigten Aufbau.

Kontrolle		8 bit
Quelladresse		16 bit
Zieladresse		16 bit + 1 bit
Routing-Zähler	Länge	3 bit, 4 bit
Nutzdaten		max. 16 * 8 bit
Sicherung		8 bit

Bild 1-27: *Aufbau des Datentelegramms*

Die Kommunikationsobjekte selbst enthalten die Informationen

- Kommunikationsnummer,
- Übertragungspriorität,
- Kommunikationsfreigabe,
- Lese- und Schreibfreigabe,
- Leseanforderungs-Flag,
- Sendestatus,
- externes Aktualisierungs-Flag,
- Wertetyp und
- Wert.

Wegen des in Bild 1-27 dargestellten Telegrammaufbaus stehen für die Wertinformationen maximal 13 Oktette zur Verfügung.

Für den Einsatz des EIB in der GLT (Gebäudeleittechnik) sind bisher noch keine Profile definiert worden. Als ersten Schritt dahin hat die EIBA sogenannte *EIBA Interworking Standards (EIS)* spezifiziert, die genormte Anwendungsdienste zur Verfügung stellen. Die Anzahl dieser Dienste vergrößert sich durch die Vorschläge der verschiedenen Arbeitsgruppen der EIBA ständig. Eine willkürliche und unvollständige Auswahl von definierten Diensten sind der Tabelle 1-3 zu entnehmen.

Tabelle 1-3: *Auszug der EIBA Interworking Standards*

EIS	Funktion
EIS 1	(Ein-, Aus-) Schalten
EIS 2	Dimmen
EIS 3	Zeit
EIS 4	Datum
EIS 5	Wert (Temperatur, Spannung usw.)
EIS 6	Skalierung
EIS 7	Antriebssteuerung
EIS 8	Priorität

Anders als bei LON liegt der Schwerpunkt des EIB eindeutig im Bereich der Installationstechnik mit Übergängen für Funktionen der Haus- und Gebäudetechnik. EIB ist deshalb auch nicht für industrielle Anwendungen, wie z. B. Antriebssteuerungen, einsetzbar. Aus diesem Grund sind direkte Vergleiche zwischen LON und EIB nur dann sinnvoll, wenn dieselbe Anwendung für den Vergleich zugrundegelegt wird.

1.5.7 Branchen und Profile

Die in den vorigen Abschnitten beschriebenen Kommunikationssysteme sind, bis auf wenige Ausnahmen, für viele verschiedene Anwendungen aus unterschiedlichen Bereichen der Automatisierungstechnik einsetzbar. Diese Universalität ist ein Plus, da dadurch mehr Komponenten eingesetzt werden und damit der Preis für die Ankopplung an ein solches System sinkt, andererseits aber auch ein Minus, weil die verschiedenartigen Anforderungen häufig nicht optimal umgesetzt werden können und die verschiedenen Realisierungen zu viel Spielraum für die Interpretation der Protokollbeschreibungen haben.

Ein Beispiel dafür ist der PROFIBUS. Parallel zu den Arbeiten an der Anwendungsschicht begann man ein Profil für die Gebäudeautomation [PROF 93] zu erstellen. Mit Hilfe dieses Profils wurde es möglich, die speziellen Belange dieser Branche an die Anwendungsschicht des PROFIBUS anzupassen; man kann in diesem Fall von einem „Branchenprofil" sprechen. Die für LON vorhandenen Profile können als „Anwendungsprofile" bezeichnet werden, da sie in der Regel eine Anwendung oder ein komplexes Gerät beschreiben, wie z. B. eine Klimabox.[16]

Es ist also Aufgabe eines Profils, durch weitere Beschränkung der zur Verfügung stehenden Dienste und Objekte eines Protokolls der Anwendungsschicht die Wahrscheinlichkeit des Zusammenarbeitens verschiedener Kommunikationspartner zu erhöhen. Die genauere Definition des Begriffs Profil und die Verwendung von Profilen bei LON sind im Kapitel 11 beschrieben.

1.6 Zukünftiger Weg der Dezentralisierung

Die Diskussion um Technologien, die morgen existieren werden, vor allem, wenn das „morgen" noch weit entfernt liegt, ist immer schwierig und mit Risiken behaftet. Doch manche Aspekte lassen sich leicht klären. Das einzige, was nicht abzuschätzen ist, ist die Entwicklung technisch günstigerer Lösungen nach heute noch nicht abschätzbaren Erkenntnissen. Bei meinen Überlegungen muß ich vom jetzigen Standpunkt ausgehen und kann nur die Faktoren in Betracht ziehen, die real existent sind.

Aus den vorherigen Abschnitten geht klar hervor: die Protokolle des 7-Schichtenmodells sowie die Definition der Profile sind erst der Beginn einer ganzen Serie von Forschungsschwerpunkten, die sich uns zukünftig eröffnen. Vielleicht lassen sich wichtige unter den folgenden Schlüsselbegriffen zusammenfassen:

- Network Management,
- Redundanz,
- redundant verteiltes Wissen,
- Simulation, Monitoring and Testing Agents und
- Human Machine Interface.

Network Management

Die Anzahl der Netze und deren Knoten wird steigen. Es werden höhere Zuverlässigkeit sowie Verfügbarkeit gefordert werden. Die Verwaltung der Netze muß einfacher und sicherer werden. Alles das sind Forderungen, die ein verbessertes und leistungsfähigeres Network Management verlangen. Allein das Zusammenspiel verschiedener Netze, das Schalten virtueller Kanäle durch unterschiedliche Netze hindurch, das Einloggen in fremde Netze kann nur dann effizient werden, wenn das Network Management der Feldbustechnik noch gezielter als zentrales Forschungsobjekt betrachtet wird und entsprechende Lösungen erarbeitet werden. Verschiedene wissenschaftliche Institute haben das erkannt und widmen diesem Bereich große Aufmerksamkeit. Der Firma ECHELON ist es anzurechnen, daß sie diesen Punkt als eine der ersten Firmen erfaßt und dieses Thema schon ausgiebig bearbeitet und zahlreiche Lösungen vorgeschlagen hat. In den folgenden Kapiteln wird noch intensiv darüber gesprochen.

---

[16] Die LNO Deutschland hat jedoch 1996 Arbeitsgruppen der Gebäudeautomation (GA) ins Leben gerufen, die nun über die LonMarks Association hinaus, Profile für den deutschen Raum definieren.

Redundanz

Redundanz von Knoten wird in mehrfacher Hinsicht gebraucht. Zum einen wird Redundanz in den Knoten gefordert, um die Ausfallwahrscheinlichkeit der Knoten selbst reduzieren zu können. Zum zweiten werden zukünftig, entsprechend niedrige Kosten der Knoten vorausgesetzt, parallele Knoten sinnvoll sein, damit die Zuverlässigkeit des Gesamtsystems nicht durch einen einzigen Knoten drastisch herabgesetzt wird. Drittens wird man, wie heute schon im Schiffs- und Flugzeugbau üblich, parallele physikalische Datenübertragungswege verlangen, die zu einem vermaschten Netz führen, eventuell sogar mit unterschiedlichen physikalischen Übertragungsmedien. Spinnt man diesen Gedanken jedoch weiter und führt man Vergleiche mit der Natur durch, gelangt man konsequenterweise zu Systemen, die über einen „Überschuß" von Knoten verfügen, wobei diese Knoten jedoch weitgehend selbständig agieren. Es wird von demokratischen Prinzipien gesprochen, von Systemen, die sich weitgehend selbst organisieren, und von defekten Einheiten, die sich von sich aus „zurückziehen", wenn sie Schwierigkeiten haben. Begriffe wie das Kunstwort HOLON werden verwendet. Es setzt sich aus dem griechischen Wort „Holos" („das Ganze") und der griechischen Endung „-on" (Teilchen) zusammen (vgl. das Wort Elektron). Damit soll eine Philosophie verdeutlicht werden, die zunehmend eine Abkehr von festen, starr zusammenhängenden Einheiten in Systemen verfolgt. Das könnte beispielsweise bedeuten, daß die Knoten entweder das Wissen über unterschiedliche Konfigurationsmöglichkeiten besitzen und sich dann im jeweiligen Fall die optimale auswählen. Es könnte aber auch sein, daß, wie in der Chaostheorie beschrieben, einfache Knotenalgorithmen zugrunde gelegt werden, die sich selbst ein optimales Gefüge suchen.

Redundant verteiltes Wissen

Wenn der Vergleich zur Natur herangezogen wird, muß noch ein weiteres Prinzip angeführt werden, auf das die Natur selten verzichtet. In der Natur wird Wissen zumeist so angelegt, daß es durch die Ausschaltung einzelner Einheiten nicht zu einer Tragödie für alle kommen muß. Man denke nur an die holografische Informationsspeicherungsmethode des menschlichen Gehirns. Die Zerstörung einzelner Zellen führt maximal zu Detailverlusten. Warum sollte diese Technik nicht auch in Home Systems Anwendung finden? Was spricht dagegen, daß das Wissen eines Hauses redundant auf alle Knoten im Haus verteilt wird? Der Vorteil läge nicht nur darin, daß trotz eines Verlustes von Knoten durch Brand oder eine andere Zerstörung das Wissen nicht gänzlich verloren geht, sondern es könnten auch gewisse Prozesse, Analysen zeitlich und lokal parallel ablaufen. Plausibilitätsprüfungen verschiedenster Art können integriert werden u. v. m. Geht man davon aus, daß Silizium zunehmend weniger kostet, also Speicherplatz nicht die entscheidende wirtschaftliche Rolle spielen wird, sind diese Vorstellungen nicht so abwegig.

Simulation, Monitoring and Testing Agents

Das bisher gesagte führt wiederum konsequenterweise zu den nächsten Schritten. Die Systeme werden zunehmend komplexer und unüberschaubarer. Man vergleiche die Hardware- und Softwaretechnik von früher mit der von heute. Wer früher Qualität und vor allem Sicherheit haben wollte, war akribisch darauf bedacht, alle möglichen Fehler von vornherein auszuschließen. Man denke an Softwaretestmethoden, bei denen man durch Prüfung jedes Software-Statements durch mehrere unabhängige Gutachter versuchte, eine Garantie für die Fehlerfreiheit von Programmen zu erhalten. Eine völlig abwegige Vorstellung bei heutigen umfangreicheren, Programmen. Es wäre wirtschaftlich einfach nicht mehr machbar. Andere Konzepte sind notwendig, wie beispielsweise Simulation, Validierung und Verifikationsalgorithmen, Redundanz, Monitoring on the Fly oder Testing Agents. So kann man sich Qualitäts- oder Sicherheitsmerkmale vorstellen, die von Agents, die im Netz aktiviert werden, aber auch, wenn Ressourcen knapp werden, wieder deaktiviert werden können, laufend überprüft werden. Diese Agents arbeiten nach dem Chaosprinzip und werden nach entsprechend festgelegten Wahrscheinlichkeitsparametern verdichtet oder verdünnt angesiedelt.

Human Machine Interface

Das Human Machine Interface ist als "never ending Story" einzustufen. Es bleibt ein Modell, das es stets zu verbessern gilt, vor allem, je besser das Verhalten, die Aufnahmefähigkeit und die Reaktionsfähigkeit des Menschen begriffen wird. Die Feldbustechnik ist das Gebiet der Sensoren und Aktoren. Um den Menschen, der die Geräte, Maschinen, Netze usw. bedienen soll, aber richtig, besser, schneller, effizienter verstehen und erfassen zu können, wird es zukünftig notwendig sein, ihn über mehrere „Kanäle abzutasten". Gemeint ist damit, daß als zukünftige Human Machine Interfaces neben der Tastatur und eventuell Kameras weitere Sensoren wesentliche Aufgaben übernehmen werden: Mikrofone, Tast-, Geruchs- und Temperatursensoren, um jede Reaktion und Aktion eines Menschen sofort sicher erfassen zu können.

2 Verteiltes System

Unter einem verteilten System soll im folgenden eine Anzahl autonomer, an ein Kommunikations-Subnetz angeschlossener Prozessoren sowie Systeme für die Datenspeicherung verstanden werden, die im Sinne der Erfüllung einer gemeinsamen Aufgabe miteinander agieren. Durch den Informationstransfer über das Kommunikationsnetzwerk koordinieren die verteilten Prozesse ihre Aktivitäten und tauschen Informationen aus.

Die Definition eines verteilten Systems ist im technischen Sinne eng mit dem Transport von Informationen und mit der Organisation der Datenverarbeitung verbunden. Nach [Ens 78] charakterisieren mindestens fünf verschiedene Systemmerkmale verteilte Systeme: die Hardwarearchitektur, die Datenverarbeitung, die Datenspeicherung, die Systemsteuerung und die Systemtransparenz. Verteilte Systeme verfügen im allgemeinen über keinen gemeinsamen Speicher, der zur Interprozeßkommunikation verwendet werden kann. Dadurch entfallen klassische Synchronisations- und Kommunikationsmethoden wie Semaphore oder Shared Memory. Die einzige Möglichkeit zur Kommunikation besteht im Austausch von Nachrichten. Dabei treten Sender und Empfänger als gleichartige Kommunikationspartner auf, wodurch ein unstrukturierter Nachrichtenaustausch entsteht. Der unstrukturierte Nachrichtenfluß fordert effiziente und vor allem austauschbare Kommunikationsdienste, die normalerweise hierarchisch strukturiert sind und viele Freiheitsgrade in der Implementierung verteilter Anwendungen erlauben.

Der Begriff „Verteiltes System" wird heute für ein breites Spektrum von Mehrrechner- und Multiprozessorsystemen verschiedener Bauart verwendet, so daß in vielen Fällen seine Verwendung die Eindeutigkeit verloren hat. Im Rahmen dieses Buches beschäftigen wir uns mit dem Konzept verteilter Systeme für die Vernetzung von Sensoren und Aktoren in Automatisierungseinrichtungen. Ein verteiltes Steuerungssystem stellt eine Anordnung von Knoten dar, die miteinander Daten austauschen, um einerseits eine Meß-, Regel- oder Steueranwendung und andererseits die Kommunikation zwischen Mensch und Maschine zu ermöglichen.

Das Enslowsche Modell im Bild 2-1 fordert, daß ein echt verteiltes System einen hohen Dezentralisierungsgrad für alle fünf oben genannten Bewertungskriterien erreichen muß. Aus verschiedenen Gründen, wie Systemkosten oder fehlenden Werkzeugen für Systemmanagement und Softwareentwicklung, wurden für die Vernetzung auf der Sensor- und Aktor-Ebene in der Gebäude- und in der Prozeßautomation in den vergangenen Jahren am häufigsten Steuerungssysteme mit zentralisierter Datenverarbeitung verwendet. Da die Anforderungen an Flexibilität, Verteilung und Herstellerunabhängigkeit von Automatisierungsanlagen immer größer werden, ist das Interesse für den Einsatz verteilter Steuerungssysteme in den letzten Jahren dramatisch gestiegen. Unter Berücksichtigung des technologischen Fortschrittes im Bereich der Rechnersysteme und der Kommunikationsnetze sowie der ständig fallenden Hardwarekosten ist zu erwarten, daß die Steuersysteme auf der Sensor-Aktor-

Ebene auch als echt verteilte Systeme nach dem Enslowschen Modell zukünftig mit wirtschaftlichen Vorteilen (Modularität und Flexibilität der Software und Hardware, Fehlertoleranz, Herstellerunabhängigkeit u. a.) einsetzbar werden.

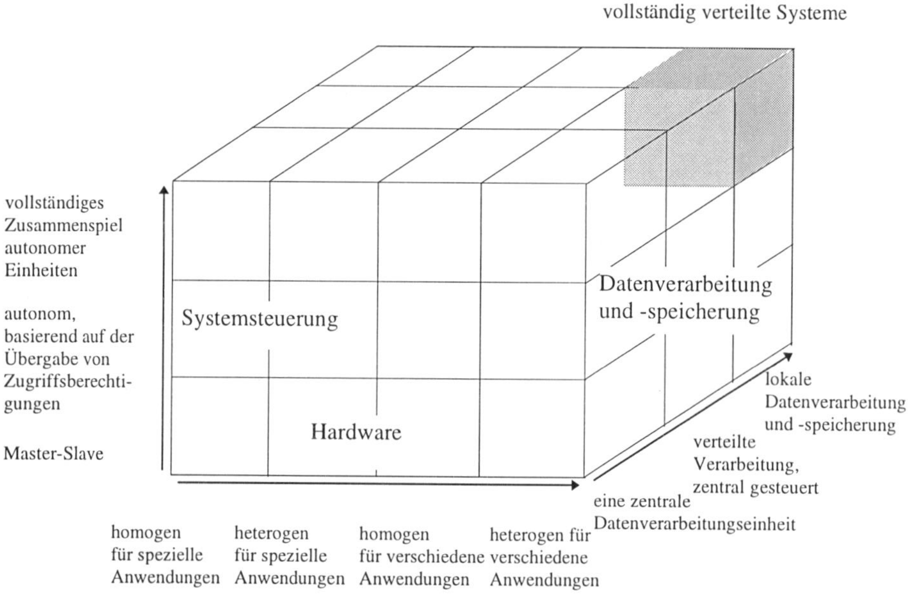

Bild 2-1: *Enslowsches Modell für die Typisierung von verteilten Systemen [Ens 78]*

2.1 Verteilte Systeme auf der Sensor- und Aktorebene

Die Vernetzung intelligenter Teilnehmer stellt eine verteilte Intelligenz zur Verfügung, so daß lokal relevante Entscheidungen vor Ort getroffen werden können und nur globalrelevante Daten über das Kommunikationssystem auszutauschen sind. Die Verteilung von Daten und Funktionen ist meist direkt durch die Anforderungen einer verteilten Anwendung gegeben. Technische Systeme im Bereich der Prozeß- und der Gebäudeautomatisierung setzen sich aus einer Vielzahl autonomer, meist nur lose gekoppelter Teilfunktionen zusammen.

2.1.1 Komponenten eines verteilten Systems für die Sensor- und Aktorebene

Als *Knoten* wird eine Kommunikationseinheit bezeichnet, die mit dem Übertragungsmedium verbunden ist. Jeder Knoten beinhaltet eine logische Intelligenz, im allgemeinen einen Mikroprozessor. Er hat eine Schnittstelle zum gemeinsamen Kommunikationsmedium und unterstützt ein gemeinsames Kommunikationsprotokoll. Die maximale Knotenanzahl ist vom Übertragungsmedium und der Anzahl der Segmente abhängig. Arbeitet das System bei der Adressierung teilnehmerorientiert, d. h., jeder Teilnehmer wird mit seiner

Adresse angesprochen, dann ist dadurch eine weitere Einschränkung für die maximale Knotenanzahl gegeben. Die Anzahl der Busteilnehmer auf einem Segment des Netzwerks hängt vom Übertragungsmedium und vom verwendeten Kommunikationsprotokoll ab. Bei der RS-485-Spezifikation gemäß [EIA 83] sind z. B. maximal 32 Geräte zugelassen.

Das *Kommunikationsmodell* eines verteilten Systems beschreibt die logische Struktur der Schnittstelle des gemeinsamen Kommunikationssystems. Architekturen offener Kommunikationssysteme basieren auf hierarchisch gegliederten Kommunikationsmodellen definieren die Topologien, die Netzanbindung, die Kommunikationsprotokolle und die Funktionen, die vom Server zu erbringen sind. Das *Kommunikationsmodell* ist dafür verantwortlich, daß Übertragungsfehler und Verzögerungen von Nachrichten zwischen räumlich verteilten Stationen bewältigt werden.

Unter *Datenübertragungskomponenten* versteht man elektrische und mechanische Komponenten, die beim Übertragen von Datenbits zwischen zwei an das Netzwerk angeschlossenen Knoten beteiligt sind. Durch die Veränderung einer physikalischen Größe, wie z. B. Spannung, Stromstärke, Lichtstärke, oder Frequenz, erfolgt auf einem *Übertragungsmedium* ein Austausch von Information zwischen zwei Endstationen. Das *Übertragungsmedium* besteht beispielsweise aus paarweise verdrillten Leitungen, Starkstromkabeln, Glasfaserkabel, Freiraum usw. Übertragungsstrecken zur Überbrückung großer Distanzen können eine Regeneration der Signale erforderlich machen.

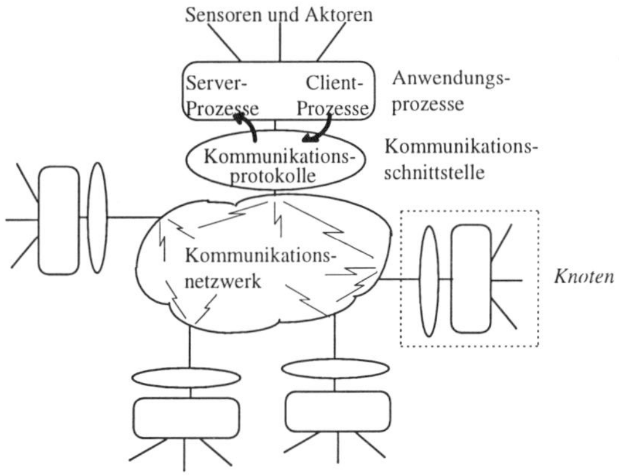

Bild 2-2: *Kommunikationsmodell verteilter Systeme*

Die meisten Anwendungsdienste eines verteilten Systems sind nach dem Client-Server-Modell strukturiert (Bild 2-2). Die häufigsten Client-Server-Dienste sind die Systemdienste zur Verwaltung von Dateien und Systemkomponenten-Namen sowie die Dienste zur ferngesteuerten Programmausführung. Server- und Clientprozesse eignen sich besonders gut zum Aufbau der Kommunikationsobjekte auf Applikationsebene. Die Anwendungsschnittstellen der Server- und Client-Prozesse bieten Elemente zur Programmierung der Kommunikationsabläufe auf einer höheren Abstraktionsebene.

Die *Softwaremodularität* ist eine grundlegende Eigenschaft von flexiblen und erweiterbaren Kommunikationssystemen. Effizienter Entwurf verteilter Systeme als kooperierende Softwarekomponenten fordert den Einsatz hochsprachiger und modularer Entwicklungsmethoden. In einem verteilten System gehören zum Bereich der Mensch-Maschine-Schnittstellen neben der Software zur Programmierung von verteilten Anwendungen auch Softwarewerkzeuge für die Konfiguration und Wartung sowie die Visualisierungswerkzeuge zur Darstellung der parallel ablaufenden technischen Prozesse.

Für die Steuerung der Kommunikationsabläufe, zur dynamischen Erstellung von Verbindungsstrukturen, zur Namensvergabe usw. werden *Konfigurationswerkzeuge* eingesetzt. Diese Konfigurationswerkzeuge ermöglichen den Benutzern eine flexible Netzwerkkonfiguration, um Netzwerktransparenz zu erreichen.

2.1.2 Eigenschaften verteilter Steuersysteme

Durch den Einsatz einer seriellen Datenverbindung sind Installations- und Kabelkosten im allgemeinen geringer als bei herkömmlichen sternförmigen Systemen. Systemerweiterungen sind einfach durchführbar, bei manchen Systemen auch während des Betriebs, und Konfigurations- sowie Wartungsaufgaben können an beliebiger Stelle im System durchgeführt werden. *Verteilte Steuersysteme* sind im allgemeinen durch folgende Eigenschaften gekennzeichnet:

- Verteilte Steuersysteme setzen eine Systemumgebung voraus, in der räumlich verteilte Sensor- und Aktorknoten ausreichende Rechenleistung besitzen, um lokale Daten- und Signalverarbeitung durchführen zu können.
- Der Informationsfluß in einem verteilten Steuersystem ist durch die Vernetzung mittels eines Kommunikationssystems (Steuernetzwerk) gewährleistet.
- Die Länge der Nachrichten beträgt in den meisten Anwendungen nur einige Bits oder Bytes. Die Sensorsignale werden in Feldbusknoten vorverarbeitet, um dann über das Netzwerk die entsprechenden Aktoren zu bedienen.
- Anforderungen an Reaktionszeiten in der Sensor- und Aktorebene der Automatisierungstechnik liegen im Bereich von einigen Millisekunden. In der Gebäudeautomation sind die Reaktionszeiten meistens deutlich langsamer.

Die räumliche Trennung der Systeme bewirkt, daß die Kommunikation der kooperierenden Komponenten nicht über einen gemeinsamen, lokalen Speicherbereich erfolgen kann. Jede Kommunikationsanforderung muß durch expliziten Nachrichtenaustausch geschehen, der im allgemeinen zu einer nicht zu vernachlässigenden Verzögerung führt.

Auf Grund der Vernetzung und der verteilten Intelligenz lassen sich höhere Anforderungen bezüglich Zuverlässigkeit und Redundanz relativ einfach realisieren. Ein einzelner Knoten im Systemverbund, der im allgemeinen als gleichberechtigter Busteilnehmer an der Kommunikation mitwirkt, kann bei Ausfall der Übertragungsstrecke lokalrelevante Entscheidungen treffen, um so einen Notbetrieb aufrecht erhalten zu können.

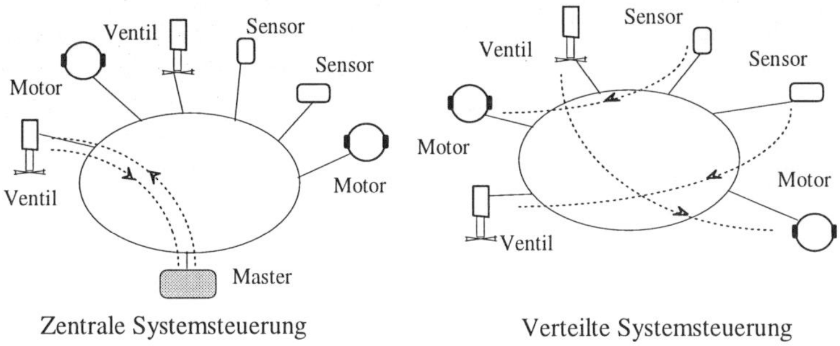

Bild 2-3: *Zentrale vs. autonome Kontrollmechanismen in verteilten Systemen.*

Bild 2-3 stellt das Prinzip einer zentralen Steuerungsstruktur Master/Slave einer verteilten und autonomen Steuerung gegenüber. Die einzelnen Komponenten einer verteilten Systemsteuerung arbeiten autonom auf der Grundlage einer ungesicherten Kenntnis über den aktuellen Status der anderen Komponenten bzw. des Gesamtsystems. Der Ausfall oder das Fehlverhalten von Komponenten wird nur mit Verzögerung bemerkt. Für zeitkritische und sicherheitsrelevante Anwendungen wird aus diesem Grund Monitoring implementiert.

2.2 Verteilte Systeme mit LonWorks-Technologie

Local Operating Networks (LON) eignen sich für Aufbau und Betrieb leistungsfähiger und vor allem weitverzweigter dezentraler Netze. LON-Systeme sind in der Regel verteilt aufgebaut (örtlich verteilte Hardware- und Software-Ressourcen, dynamisch konfigurierbare verteilte Anwendungen, Systemtransparenz und kooperative Autonomie) und können bis zu einige zehntausend Knoten beinhalten. Die Knoten lassen sich für verschiedene Anwendungen entwickeln und im Betrieb konfigurieren. Die Netzwerktechnik in LonWorks bietet die Möglichkeit, verschiedene Übertragungsmedien zu nutzen. Hierzu zählen neben der verdrillten Zweidrahtleitung und dem Koaxialkabel auch Funk, Infrarot, Lichtwellenleiter, Ultraschall, die Übertragung per Netzleitung und andere. Das Bild 2-4 stellt die wichtigsten Merkmale der LonWorks-Technologie dar.

Das LonTalk-Protokoll definiert die Grundregeln für die Kommunikation in einem LonWorks-System. Alle Knoten eines LONs müssen das LonTalk-Kommunikationsprotokoll in vollem Ausmaß unterstützen, da ansonsten die Leistungsfähigkeit und die Offenheit des Systems nicht gewährleistet sind. Die *LonMark Interoperability Association*, gegründet von renommierten Herstellern LonWorks-basierter Produkte, entwickelte die Empfehlungen für die Implementierung von interoperablen LON-Knoten [LONM 92]. Die LonMark-Interoperabilitätsrichtlinien [LONM 94], [LONM 95] stellen eine einheitliche Plattform für die Implementierung interoperabler LonWorks-Systeme bereit. Im Rahmen des LonMark-Programms ist die Konformitätsprüfung und Zertifizierung von LonWorks-basierenden Produkten vorgesehen.

Das LonTalk-Protokoll wird gerade als Kommunikationssystemen für die Gebäude- und Industrieautomatisierung standardisiert. Beispiele dafür sind die Standardisierungen von CEN (Technical Committee 247, Controls for Mechanical building services) im Bereich der *Kommunikationsprotokolle für systemneutrale Datenübertragung von Heizungs-, Lüftungs- und Klima-Anwendungen* in Europa [Fis 95] und BACNet Standard für Netzwerke für die Gebäudeautomation in den USA [New 96]. Im Bereich der *Heimautomation* wird die LonWorks-Technologie in Zukunft eine sehr wichtige Rolle spielen. Ein Beweis dafür ist die, derzeit noch im Anfangsstadium befindliche, Standardisierung der LonWorks-Technologie seitens des technischen Komitees Integrated Home Systems (IHS) der Electronic Industries Association (EIA).

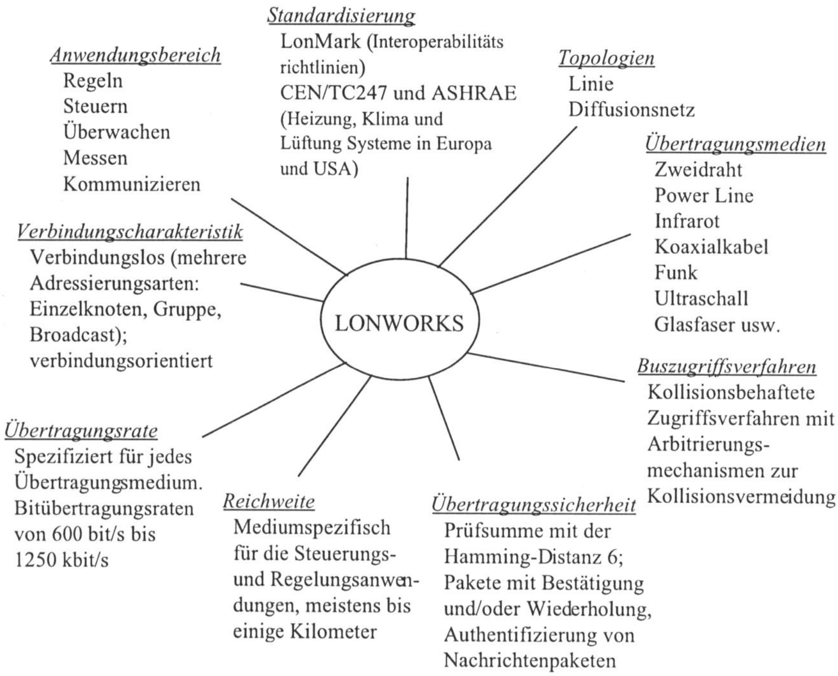

Bild 2-4: *Eigenschaften der LonWorks-Netzwerktechnologie*

Anwendungsbereiche für LON-basierte Systeme sind die Prozeßautomatisierung, die Gebäudeautomation, elektrische Haushaltsgeräte sowie viele andere Produktbereiche mit dezentralen Meß- oder Steuerkonzepten. Der Einsatz von LON-Steuernetzwerken beschränkt sich zur Zeit auf die Anwendungen, die eine Übertragungsgeschwindigkeit von höchstens 1,25 Mbit pro Sekunde und eine Reaktionszeit von größer als 10 bis 20 ms erlauben. Das ist die Zeit, in der Nachrichten zwischen zwei Anwendungsschichten zweier Knoten ausgetauscht werden können. Sie wird auch End-to-End Response Time genannt. In den nächsten Jahren ist zu erwarten, daß sich die Übertragungsrate im LON vervielfachen wird und die Reaktionszeit über das gesamte Netzwerk hinweg drastisch gesenkt wird [Lo 97]. Wie in Bild 2-4 dargestellt, eignet sich jedoch das LonTalk-Protokoll, wie auch viele andere Steuerungsprotokolle, nur sehr bedingt für die Übertragung von Video- und Audiodaten. Da Steuernetzwerke oft über stark gestörte Übertragungsmedien kommunizieren müssen, z. B. in Umgebungen mit hohen elektromagnetischen Störfeldern, ist die gesicherte Übertragung von Nachrichtenpaketen im LON manchmal ein sehr wichtiges

Entscheidungskriterium für den Einsatz dieses Kommunikationsystems. Neben dem 16-bit-Fehlerpolynom (garantiert ist die Hamming-Distanz 6 in jedem Paket), sind auch die End-to-End-Bestätigungen in Diensten der Transportschicht und der Anwendungsschicht des LonTalk-Kommunikationsprotokolls implementiert, um für einen sicheren Übertragungsdienst zu sorgen.

Das Buszugriffsverfahren stellt eine der wichtigsten Eigenschaften eines Steuernetzwerks dar. Ein LON-Netzwerk kann bis zu einige zehntausend Knoten beinhalten, sowie mehrere unterschiedliche Übertragungsmedien in einem Netz unterstützen. Das im LonTalk implementierte Predictive p-persistent CSMA-Buszugriffsvervahren erlaubt allen Knoten einen Buszugriff während des inaktiven Zustands. Dieses Zugriffsverfahren ermöglicht viel bessere Durchsatzraten und kürzere Reaktionszeiten, besonders für kurze zeitkritische Nachrichtenpakete, als das bei genormten Buszugriffsverfahren aus der LAN-Welt [Ker 91] der Fall ist. Das verwendete CSMA-Zugriffsverfahren eignet sich also für den Einsatz in Netzen mit vielen Knoten und vielen zeitkritischen Anwendungen. Jeder LonWorks-Knoten ist physisch mit dem Kommunikationskanal verbunden. Die elektrische Schnittstelle zum Übertragungsmedium (Transceiver) sowie die physische Topologie, die Übertragungsrate und die maximale Entfernung, werden von LonMark-Komitees für eine Vielzahl der Übertragungsmedien festgelegt und dienen als Richtlinien für den Aufbau interoperabler LON-Systeme.

Im folgenden werden einige Anwendungsbeispiele und die Eignung der LonWorks-Technologie für Realisierung dieser Anwendungen betrachtet. Die Auswahlkriterien von Kommunikationssystemen für die Übertragung von Datenströmen müssen auf jeden Fall die Dynamik der zu übetragenden Signale (Signalbandbreite) sowie die benötigte Übertragungszeit der zu übertragenden Nachrichten beinhalten. Bei Steuernetzwerken, die z. B. in der Sensor- und Aktorebene im Maschinen- und Anlagenbau eingesetzt werden, liegen die generellen Anforderungen an die Reaktionszeiten für den Austausch von Steuerinformationen zwischen verteilten Anwendungen unter 3 ms und die Anforderungen an die Leitungslängen liegen im Bereich von über 100 m [BK 93]. Die Auswahlkriterien für den Einsatz von LON basierenden verteilten Systemen können verschiedene Aspekte umfaßen, wie z. B. geringe Installationskosten, leichte Wartung, Kompatibilität, internationale Verfügbarkeit, hohe Zuverlässigkeit und vieles mehr. In Tabelle 2-1 sind einige Informations-, Kommunikations- und Meßwerterfassungsanwendungen dargestellt. Als Entscheidungskriterium für den Einsatz der LonWorks-Technologie als Kommunikationssystem für die aufgelisteten Anwendungen, wird hier die Datenübertragungskapazität zwischen den Anwendungen zweier LON-Knoten genommen. Mit Verwendung von „Microprocessor Interface Program" Systemsoftware[1] und durch die Verwendung von maximalen Paketgrößen kann bei LON eine maximale Netto-Datenübertragungsrate von ungefähr 250 kbit/s

[1] Microprocessor Program Interface (MIP) bezeichnet die Neuron Chip Firmware, die eine Ankopplung des Neuron Chip an einen Host Processor fordert. Dabei müssen die Dienste der Schichten 6 und 7 im Host Processor implementiert werden. Der Vorteil einer solchen Lösung ist die Unabhängigkeit der Anwendungsprogramme von der Speichergröße des Neuron Chips, sowie eine wesentliche Erhöhung der Übertragungsgeschwindigkeit (Anzahl der gesendeten Pakete pro Sekunde) gegenüber der Geschwindigkeit eines Neuron Chips mit vollständig implementierten LonTalk Protokoll.

bei Übertragung mit unbestätigtem Dienst[2] erreicht werden [LONW 95]. Als weitere Kriterien für den Einsatz LonWorks-basierender Systeme können z. B. Quality of Service, Reaktionszeiten oder Determinismus der Zeitintervalle beim Nachrichtenaustausch definiert werden.

Tabelle 2-1: *Eignung heutiger LON-basierten Systeme für die Übertragung analoger und digitaler Meß- und Steuersignale, sowie Sprach- und Videosignale*

Anwendung	**Anzahl der Kanäle**	**Signal-Bandbreite**	**Digitale Datenrate**	**Eignung für die Implementierung mit LON**
PAL-TV [Sims 69]	1	5 MHz	200 Mbit/s	nicht geeignet
Audio Compact Disc [IEC908]	Stereo	2 x 20 kHz	1,4 Mbit/s	nicht geeignet
Hi-Fi [DIN445000]	1	20 Hz-20 kHz	2 Mbit/s	nicht geeignet
ISDN [Tan 89]	1	300 Hz-3,4 kHz	64 kbit/s	nicht geeignet
Telefon (ADPCM) [Kaf 96]	1	300 Hz-3,4 kHz	16 kbit/s	bedingt geeignet
Digitalisiertes Analogsignal	1	1 kHz	10 kbit/s	gut geeignet
Digitaler Sensor Abtastzeiten 10 ms (10 Tasten)	1	10 x 100Hz	10 kbit/s	gut geeignet

2.3 Systementwurf bei LonWorks anhand eines Beispiels

In den bisherigen Abschnitten haben wir die potentiellen Vorteile verteilter Systeme gegenüber zentralen Systemen erläutert. Die Komplexität der Kommunikationssoftware und unflexible Mechanismen zur Kommunikationssteuerung können den Einsatz eines verteilten Systems deutlich erschweren. Um verteilte Systeme schnell und einfach als kooperierende Kommunikationsknoten entwickeln zu können, benötigt man die entsprechenden Managementdienste und -funktionen in den verteilten Komponenten, wie z. B. die Konfigurationsschnittstellen, Verbindungsmodelle, logische Adressierung usw. In diesem Abschnitt betrachten wir einige wichtige Funktionen für den Entwurf von LonWorks-basierenden Systemen. Es wird ein Entwurfsbeispiel einer LonWorks-basierenden, verteilten Steueranwendung anhand einer grafischen Darstellung erläutert. Als Beispiel dient ein Zutrittsüberwachungssystem, das aus einem Chipkartenleser, einem elektronischen Schloß und einem Warnmelder besteht.

[2] Die maximale Datenübertragungsrate für die Übertragung mit bestätigtem Dienst beträgt nur ein Viertel der Übertragungsrate bei unbestätigter Datenübertragung [LONW95].

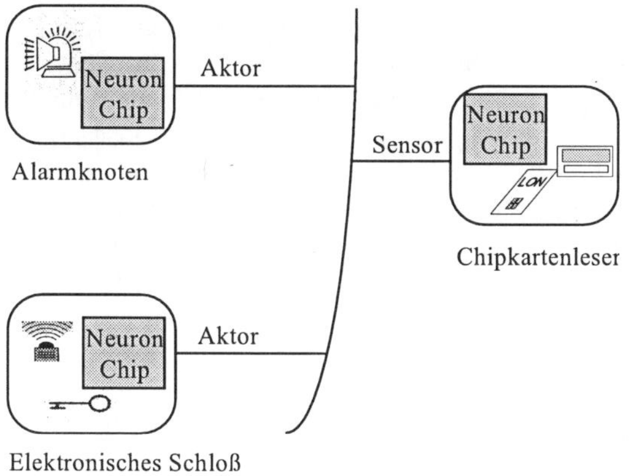

Bild 2-5: *Zutrittsüberwachungssystem als Beispiel einer verteilten Anwendung*

Die physische Struktur des Systems ist in Bild 2-5 als Netzwerk verbundener LonWorks-Knoten dargestellt. Jeder Knoten steuert oder überwacht seine Sensoren oder Aktoren und verwaltet die lokalen Daten. Die Zuordnung der Softwarekomponenten und die logische Verbindungsstruktur muß dafür sorgen, daß folgende Funktionen erfüllt sind:

- Wenn eine Chipkarte im Lesegerät gelesen wird, erkennt das Gerät die Identifikationsnummer der Karte und teilt diese den beiden anderen Knoten im System mit. Der Aktor „Elektronisches Schloß“ empfängt die Nachricht und prüft, ob die vorhandene Identifikationsnummer eine Zutrittsberechtigung hat. Der zweite Aktor „Alarmknoten“ überprüft die Gültigkeit der empfangenen Identifikationsnummer.

- Sobald der Knoten „Elektronisches Schloß“ die Identifikationsnummer überprüft hat, sendet er eine Rückmeldung an den Chipkartenleser-Knoten. Im Falle eines berechtigten Zuganges wird die Person eingelassen, andernfalls zeigt der Chipkartenleser-Knoten die Meldung „ZUTRITT VERBOTEN“.

- Der Alarmknoten prüft, ob die empfangenen Identifikationsnummern im System der Zutrittsüberwachungsanlage bekannt sind, und im Falle eines unbekannten Codes sendet er eine Alarm-Nachricht an die anderen zwei Knoten im System. Danach werden der Chipkartenleser und das elektronische Schloß in einen einbruchsicheren Zustand versetzt und der Alarmknoten warnt vor einer unbefugten Person.

Die Darstellung der verteilten Applikation im Bild 2-6 zeigt die externe Kommunikationsschnittstelle der Knoten und die zugehörigen Hardwarefunktionen. Neben Knoten, die direkt mit ihrer Umgebung agieren, können in LonWorks-Systemen auch Knoten vorkommen, die keine direkte Anbindung zu Sensoren bzw. Aktoren haben. Ihre Aufgaben sind beispielsweise die Berechnung von Regel- und Steueralgorithmen sowie die Überwachung und Diagnose des verteilten Systems. Als Unterschied zu einem Master-Slave-System sei angeführt, daß nicht ein Knoten die Überprüfung und die Kontrolle der verteilten Anwendung übernimmt, sondern mehrere Knoten die Sytemsteuerung und das Netzmanagement kooperativ abwickeln. Diese Eigenschaften verteilter LonWorks-Systeme schaffen das Potential für den Entwurf ausfallsicherer und flexibler, verteilter Anwendungen. Die im Bild 2-6 illustrierten logischen Verbindungen zwischen den Knoten entsprechen der üblichen Darstellung von LON-Kommunikationsobjekten. Pfeile nach innen und nach außen stellen Datenübertragungsobjekte dar, die von einem Anwendungsprogramm verändert und ausgewertet werden können und über das Bussystem anderen Knoten zugänglich sind. Die Standardbeschreibung der Knoten in einem LON-Netzwerk umfaßt die externe Kommunikationsschnittstelle, die Geräte-Dokumentation (z. B. die Modellnummer, die Benutzeranleitung, die Bezeichnung des Standortes usw.) und die Beschreibung der konfigurierbaren Funktionsparameter samt Erweiterungsmöglichkeiten und Parameterbereichen. Im Kapitel 10 werden die Standardbeschreibungsmodelle detailliert erläutert.

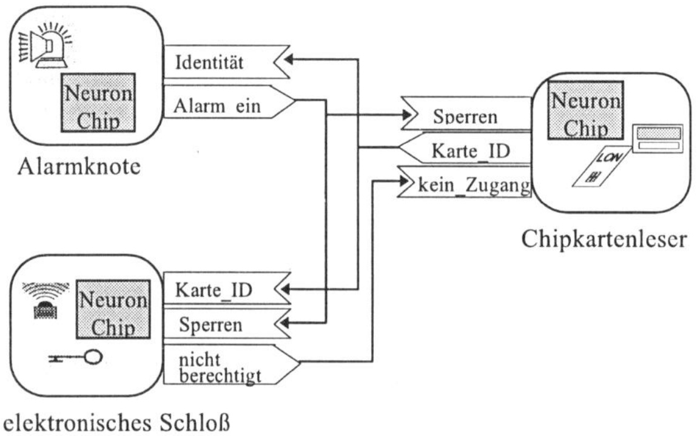

Bild 2-6: *Zutrittsüberwachungssystem als Beispiel einer verteilten Anwendung*

Die logischen Kommunikationsverbindungen zwischen den LON-Knoten im Bild 2-6 können auf verschiedene Art und Weise hergestellt werden. Die Verbindungen zwischen Kommunikationsobjekten werden durch die Konfigurationseinträge in der Adreßtabelle des Neuron-Chips erzeugt. Diese Konfigurationseinträge müssen für jeden an der Verbindung beteiligten Knoten erstellt werden. Logische Kommunikationsverbindungen in LON-basierten Systemen können mit folgenden vier Szenarien festgelegt werden:

- *Vorinstalliert:* LON-Knoten werden beim Hersteller vorkonfiguriert und als vordefinierte Applikation am Einsatzort in Betrieb genommen.
- *Selbst-Installation:* Eine beschränkte Anzahl von Netzwerk-Konfigurationsmöglichkeiten und Knotenfunktionen werden beim Entwurf des LON-Systems vorgesehen. Eine Konfiguration (z. B. die logischen Knotenadressen und die Knotenfunktionen) wird bei der Inbetriebnahme eines Knotens lokal, z. B. über DIP-Schalter, eingestellt.
- *Automatische Installation:* In das System integrierte Netzmanagement-Knoten oder in jedem Knoten integrierte Installationsroutinen sorgen dafür, daß der Endbenutzer keine oder nur minimale Aufgaben während der Installation eines neuen Systems oder des Teilsystems erledigen muß. Da solche Installationswerkzeuge sehr viel Wissen über das vorliegende System benötigen, um die Installationsvorgänge automatisieren zu können, werden solche Szenarien fast ausschließlich in LON-Systemen eingesetzt, in denen alle Knoten von einem

Hersteller entworfen sind oder in Systemen, in denen in allen Knoten nur gleichartige Funktionen vorkommen.

- *Installation im Feld:* Die Konfigurationseinträge für das System, manchmal aber auch für die Anwedungsprogramme, werden bei Inbetriebnahme über das Netzwerk in die Knoten geladen. Die Planung und die Installation des Netzwerks können dabei in zwei getrennten Schritten abgewickelt werden. Die Festlegung von Netzwerkadressen und Konfigurationsparametern erfolgt in der Planungsphase, wobei der endgültige Entwurf des zukünftigen LonWorks-Systems in einer Datenbank gespeichert wird. Bei der Installation im Feld werden die gespeicherten Konfigurationsdaten von einem Netzmanagement-Knoten in die entsprechenden Knoten geladen.

Eine beträchtliche Anzahl von Entwicklungswerkzeugen und Netzmanagementwerkzeugen zur Unterstützung von Planung, Softwareentwicklung, Netzwerkverwaltung und Netzdiagnose ist am Markt erhältlich. Sie unterstützen die oben angeführten Installationsszenarien ganz oder teilweise. Eine genauere Klassifizierung verfügbarer LON-Werkzeuge erfolgt im Kapitel 13.

2.4 Kommunikationseffizienz und Transparenz

Oft kann eine erhebliche Verbesserung der Effizienz einer verteilten Anwendung erreicht werden, indem der Anteil der entfernten Datenzugriffe reduziert wird. In komplexen Steuersystemen werden mehrere hundert Millionen Instruktionen pro Sekunde CPU-Leistung für die Abarbeitung der Steueralgorithmen notwendig. Verteilte Lösungsansätze haben den Vorteil, daß Rechenprozesse an mehreren Recheneinheiten parallel ablaufen können. Ein Nachteil von verteilten Systemen ist der aufwendige Entwurf der Kommunikationsabläufe zwischen den verteilten Prozeßeinheiten. Die Kommunikation in einem verteilten System wird als kritischer und störanfälliger Systemteil bezeichnet. Die Optimierung der Kommunikationsabläufe in verteilten Systemen ist im allgemeinen sehr aufwendig und erfordert technisches Know-how und einschlägige Erfahrung in Installation und Betrieb digitaler Netzwerke. Verbunden mit der Dezentralisierung von Daten und Funktionen kann eine Verbesserung der Verteilung einer Anwendung, also der geeigneten Zuordnung zwischen Daten und bearbeitenden Funktionen, erzielt werden. Die Aufteilung von Daten und Funktionen ist meist durch die Anforderungen einer verteilten Anwendung gegeben. Große Systeme im Bereich der Prozeß- und der Gebäudeautomatisierung setzen sich aus einer Vielzahl autonomer, meist nur lose gekoppelter Teilfunktionen zusammen. Der Grad der Kopplung zwischen einzelnen Funktionen und die Menge der generierten und zu verarbeitenden Daten ist beim Entwurf einer verteilten Anwendung zu beachten. Beim Entwurf LonWorks-basierter Systeme hat man die Möglichkeit zu entscheiden, ob die lokal anfallenden Daten im Knoten gespeichert und verarbeitet oder sofort zu einer anderen Datenverarbeitungseinheit gesendet werden. Es gibt zwei entscheidende Faktoren für die Entwurfsmethodik bei LonWorks. Der erste Faktor betrifft den Speicheraufwand. Kleinere Datenmengen, bis einige hundert Bytes, können beim derzeitigen Neuron Chip im lokalen Arbeitsspeicher abgelegt werden. Eine Erweiterung des Speicherbereiches fordert zusätzliche Speicherressourcen am Knoten sowie die Implementierung einer Speicherverwaltung. Dieser Aufwand kann die Kosten und die Entwicklungszeit der Knoten deutlich erhöhen. Der zweite einschränkende Faktor ist die Verarbeitungsgeschwindigkeit des Knotens.

Die Kommunikation zwischen Knoten einer verteilten Anwendung muß generell über zugrundeliegende Kommunikationsdienste abgewickelt werden. Die bisherigen Ausführungen zeigen, daß eine große Anzahl von Kommunikationsmechanismen für ein universell einsetzbares Steuerungssystem wünschenswert und notwendig ist. Bei der Auswahl der Kommunikationsdienste sind die leistungsbezogenen Charakteristika[3] des Kommunikationssystems besonders zu beachten. Zwischen den Knoten eines verteilten Steuerungssystems können verschiedenartige und vor allem zahlreiche Kommunikationsbeziehungen vorhanden sein, die sich ohne hilfreiche Werkzeuge bei der Programmentwicklung sowie im Betrieb der Anlage nur schwer überschauen und kontrollieren lassen. In verteilten Anwendungen besteht außerdem der Bedarf an dynamischer Modifizierung der Komponenten, wenn z. B. ein Knoten ersetzt werden muß oder wenn die Kommunikationsbeziehungen dynamisch verändert werden sollen.

Verteilte Programmiersprachen bieten Funktionen für die Beschreibung der Kommunikationsprimitive an. Die häufigsten Kommunikationsprimitive liegen heute in Form von RPC (Remote Procedure Call) oder in Form von Kommunikationsobjekten in der Anwendungsschicht des OSI-Modells vor. In der Tabelle 2-2 werden die wichtigsten Eigenschaften einiger verteilter Sprachen gegenübergestellt. Die betrachteten Vergleichskriterien umfassen die Arten des Nachrichtenaustausches, die Parallelität der Kommunikationsprozesse, die Sprachkonstrukte zum selektiven Empfangen von Nachrichten sowie die Mechanismen zur Fehlerbehandlung.

Der Kommunikationsmechanismus in der Sprache Neuron C[4] basiert auf asynchronem Nachrichtenaustausch mit indirekter, auf Kommunikationsobjekten basierender Adressierung. Bei Verwendung von Explicit Messages ist es zusätzlich möglich, Nachrichten mit direkter Adressierung der Zielknoten abzusetzen. Neuron C unterstützt die Abarbeitung nebenläufiger Tasks durch sequentielle Abarbeitung der When-Bedingungen. Die Anzahl und die Art der When-Bedingungen und die dazugehörigen Programmteile werden bei der Programmerstellung definiert. Eine verteilte Anwendung erhält, bedingt durch parallele Verarbeitung und unterschiedliche Paketlaufzeiten, nichtdeterministische Abläufe beim Empfangen von Nachrichten. Die Abarbeitung bevorzugter Nachrichten wird in Neuron C durch die Priorisierung der When-Bedingungen unterstützt.

Die Fehlerbehandlung und Fehlertoleranz hat in verteilten Systemen eine große Bedeutung. In einigen verteilten Sprachen werden die Mechanismen zur Erzielung von Fehlertoleranz, wie z. B. die dynamische Rekonfiguration einer Anwendung, die Replikation von Ausführungseinheiten, die Behandlung von Ausnahmebedingungen, sowie die Implementierung rücksetzbarer Transaktionen unterstützt. Bei LonWorks wird durch die LonWorks Network Services-Architektur[5] [LNS 96] eine Vielzahl auf der Client-Server Kommunikation basierender Mechanismen zur Erhöhung der Fehlertoleranz unterstützt.

---

[3] Im Kapitel 14 werden die Leistungsmerkmale von LON ausführlich erläutert.

[4] Neuron C ist die Programmiersprache zur Programmierung von LON-Systemen.

[5] LonWorks Network Services-Architektur (LNS) wird im Abschnitt 8.3 erläutert.

Tabelle 2-2: *Gegenüberstellung ausgewählter verteilter Programmiersprachen. Eine ausführliche Studie verteilter Programmiersprachen ist in [MS 92] angegeben*

Verteilte Programmiersprache	**Art des Nachrichtenaustausches**	**Unterstützung von quasi-parallelen Prozessen**	**Selektives Empfangen von nichtdeterministischen Nachrichten**	**Fehlertoleranz**
ADA [Bli 91]	Rendezvous-Konzept	Statische oder dynamische Erzeugung von Prozessen	Select-Anweisung	Ausnahmebehandlung
Conic [MKS 89]	Asynchrone Nachrichten, indirekte Adressierung	Dynamische Anzahl von Prozessen	——	Dynamische Rekonfiguration
JAVA [An 96]	Direkte Adressierung (IP Protokoll)	Dynamische Verwaltung von Threads, Objekt-Methoden	Synchronisierte Methoden zur Priorisierung von Threads	Exception Handlers
Neuron C [ECH 92]	Asynchroner Nachrichtenaustausch, Adressierung indirekt (Network Variables) und direkt (Explicit Messages)	statische Anzahl von nebenläufigen Prozessen	priorisierte When-Bedingungen	Überwachung der gesendeten Nachrichten (msg_fails)
Occam [RDP 92]	Synchrone Nachrichten indirekt adressiert (Channels)	Dynamisch erzeugte Anzahl von Prozessen	ALT-Konstrukt	——

2.5 Perspektiven künftiger verteilter Anwendungen

Zwei weitere Entwicklungen der verteilten Systeme scheinen auf der Sensor- und Aktorebene in den nächsten Jahren eine große Bedeutung zu haben.

Verteilte Konfigurationsverwaltung: Die gegenwärtigen Entwicklungen intelligenter Netzwerke unterstützen verteilte Anwendungen, deren Softwarekomponenten sich im Betrieb und bei der Konfiguration selbständig verändern können. Moderne Kommunikationssysteme erfordern verteilte Anwendungen, deren Konfiguration zur Laufzeit nicht nur um Komponenten erweitert bzw. reduziert wird, sondern auch neue und zur Kompilationszeit noch unbekannte Funktionen definieren kann. Diese Systeme enthalten migrierende Softwarekomponenten, die an wechselnden Orten, aber nur für eine begrenzte Zeit Teil der Anwendung sind. Entwicklungen mit solchen Tendenzen erfordern einerseits einen loseren Verbund von Komponenten als in den heutigen Anwendungen sowie andererseits neue Formen der Konfigurationsverwaltung. [Hac 89] kann eine Studie über Leistungssteigerung in Systemen, wo die Migration von Dateien und Prozessen unterstützt wird, entnommen werden.

Integrierte Entwicklungsumgebung: Die Integration von verschiedenen Entwurfsmethoden für eine heterogene Systemumgebung wird in der nächsten Zukunft eine sehr wichtige Rolle für die Verbreitung von verteilten Steuersystemen spielen. Dabei ist es wichtig, eine von einem konkreten Zielsystem unabhängige Repräsentation der Entwurfsdaten von der Spezifikation bis hin zum Test zu realisieren. Dadurch wird vermieden, daß ein Entwickler manuell zwischen verschiedenen Repräsentationen transformieren muß. Außerdem müssen alle relevanten Entwurfsmethoden und die Vereinheitlichung der Datenrepräsentation in Form von integrierten Werkzeugen zur Verfügung gestellt werden. Eine ausführliche Übersicht und Bibliographie dieser Thematik wird in [Heg 93] gegeben.

3 LonWorks-Knoten

3.1 Übersicht

Die verschiedenen Varianten der Neuron-Chips enthalten fast alle wesentlichen Teile eines vernetzbaren Rechnerkerns und können deshalb bereits mit einer geringfügigen Zusatzbeschaltung als autark arbeitsfähige Rechner für einfache Aufgaben verwendet werden (Bild 3-1). Für umfangreichere Anwendungen läßt sich dieser Minimalkern flexibel erweitern.

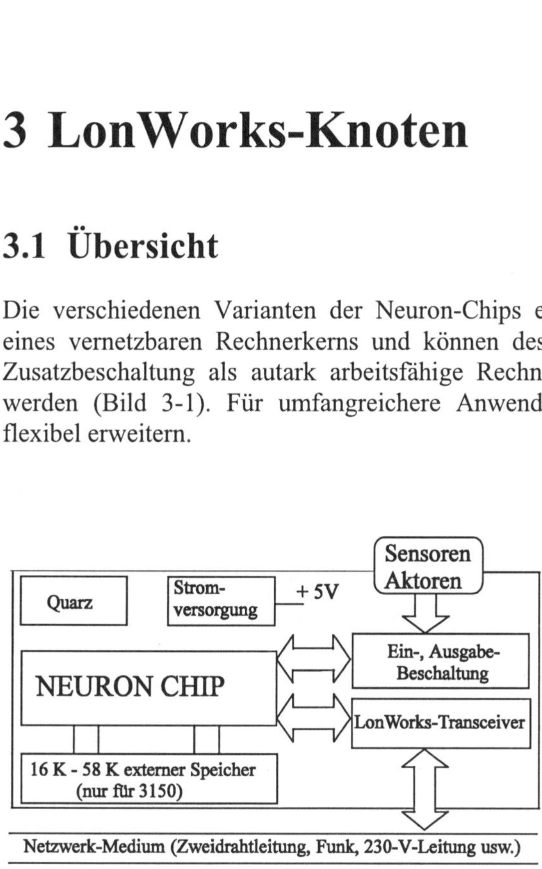

Bild 3-1: *Einbau des Neuron-Chips in einem LonWorks-Knoten*

Jeder Neuron-Chip enthält neben drei miteinander verbundenen Prozessoren bereits intern ROM, RAM, EEPROM, einen 11 bit breiten Ein-/Ausgabeanschluß sowie die 5-bit-Kommunikationsschnittstelle (Communication Port) für die seriellen Anschlüsse der LonTalk-Vernetzung (Bild 3-2). Dabei ist nur ein Prozessor, die Application CPU (3), unmittelbar für die Abarbeitung der Anwenderprogramme zuständig. Die beiden anderen Prozessoren sind dem LonTalk-Protokoll vorbehalten, und zwar die Media Access Control CPU (1) für die Schichten 1 und 2, die Network CPU (2) für die restlichen Schichten 3 bis 6.

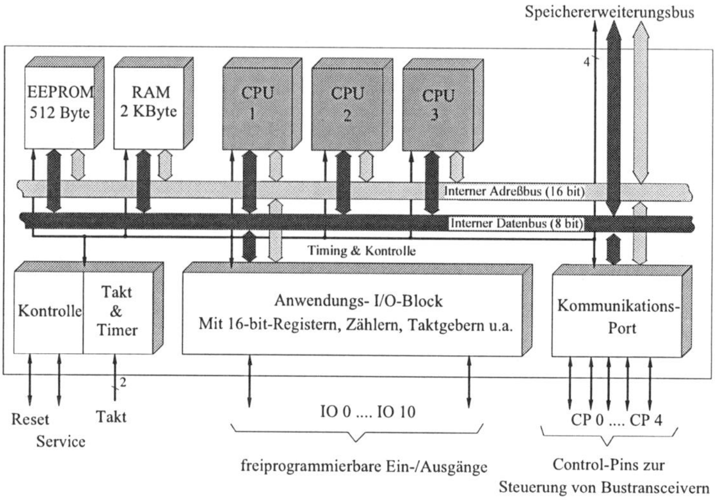

Bild 3-2: *Blockschaltbild des Neuron 3150 Chip*

3.2 Speicher

Die gegenwärtig von Motorola und Toshiba verfügbaren Chips lassen sich zwei Grundtypen zuordnen.

Bei dem für kleine, preiswerte Anwendungen gedachten Typ 3120 sind alle Funktionsblöcke in ein SO-32-Gehäuse integriert (Tabelle 3-1). Das interne, 10 KByte große ROM enthält die Firmware, während die Software des Anwenders in einem 512 Byte großen EEPROM Platz finden muß und daher nur ein C-Programm von etwa zwei DIN-A4-Seiten umfassen kann. Da typische Anwenderprogramme jedoch viele Dienste der Firmware nutzen können und der Maschinencode daher einen hohen Anteil von Betriebssystemaufrufen aufweist, läßt sich trotzdem ein beachtlicher Funktionsumfang unterbringen. Weiterhin werden im EEPROM Konfigurationsdaten des LonTalk-Protokolls sowie bei Bedarf auch Parameter des Anwenders abgelegt und sind so gegen Spannungsausfall gesichert. Deshalb sind Teile des EEPROMs reserviert und nur die übrigen Anteile vom Anwenderprogramm direkt benutzbar.

Für einfachste Anwendungen enthält der Typ 3120 bereits intern alle notwendigen Bestandteile und muß lediglich noch durch einen Oszillatorquarz sowie eine anwendungsspezifische Ein-/Ausgabebeschaltung und die Stromversorgung ergänzt werden. Will man ihn als LonTalk-Netzteilnehmer einsetzen, ist noch ein Transceiver-Baustein hinzuzufügen.

Tabelle 3-1: *Speicherressourcen verschiedener Grundtypen des Neuron-Chips*

	Neuron-Chip		
Merkmal	**3150**	**3120**	**3120E2**
RAM-Bytes	2 048	1 024	2 048
ROM-Bytes	-	10 240	10 240
EEPROM-Bytes	512	512	2 048
nutzbare EEPROM-Bytes	413	418/255	1949
externes Speicherinterface	ja	nein	nein
Gehäuse	PQFP	SOG	SOG
Pins	64	32	32

Der für anspruchsvollere Anwendungen gedachte Typ 3150 ist zum Typ 3120 weitgehend identisch, bietet jedoch mit seinem PQFP-64-Gehäuse zusätzlich eine externe Speicherschnittstelle mit bidirektionalem 8-bit-Datenbus und 16-bit-Adreßbus. Daran sind insgesamt 58 KByte anschließbar, die übrigen 6 KByte werden von den internen Ressourcen belegt. In diesen 58 KByte sind 16 KByte für die Firmware reserviert, die hier z. B. in Form eines EPROMS extern bereitgestellt werden muß, die übrigen 42 KByte können für das Anwenderprogramm verwendet werden. An diesen Bus sind separate Speicherbausteine (ROM, RAM, EPROM, EEPROM, Flash) oder zusätzliche Ein-/Ausgabebausteine (memory mapped) anschließbar und beliebig in 256-Byte-Inkrementen adressierbar.

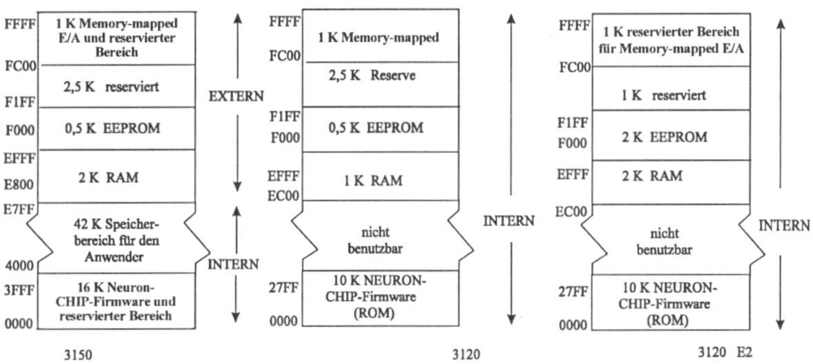

Bild 3-3: *Speicheraufteilung verschiedener Grundtypen des Neuron-Chips*

Jeder LonWorks-Knoten kann die unterschiedlichen Speichertypen in vier getrennten Regionen verwalten (Bild 3-3), wobei der Adreßraum nicht lückenlos belegt sein muß. Der Neuron-C-Compiler bzw. -Linker plaziert die verschiedenen Teile des Anwenderprogramms selbständig in die geeigneten Speicher-Regionen. Durch den Wegfall des internen ROM besitzt der interne RAM mit 2 KByte gegenüber dem Typ 3120 die doppelte Größe.

3.3 Anschlüsse und Ein-/Ausgabe

Tabelle 3-2 erläutert die Anschlüsse des Neuron-Chips, wobei die verschiedenen Grundtypen und Gehäuseformen jeweils nur über eine Teilmenge dieser Anschlüsse verfügen.

Tabelle 3-2: *Beschreibung der Gehäuseanschlüsse des Neuron-Chips*

Pin-Name	**I/O**	**Funktion**
CLK1	Input	Oszillatoranschluß oder externer Takteingang
CLK2	Output	Oszillatoranschluß (bleibt offen, wenn CLK1 als externer Takteingang genutzt wird)
/RESET	I/O (Pull-Up)	Reset-Anschluß (low-aktiv)
SERVICE	I/O (Pull-Up)	Service-Anschluß (Signalausgang während des Betriebs)
IO0 - IO3	I/O	allgemeine E/A-Anschlüsse (20-mA-Stromquellen-Fähigkeit)
IO4 - IO7	I/O (Pull-Up)	allgemeine E/A-Anschlüsse (einer kann als Timer-/Counter-Eingang Nr. 1 spezifiziert werden mit IO0 als Ausgang. I/O4 kann als Timer-/Counter-Eingang Nr. 2 genutzt werden und erhält dann IO1 als Ausgang)
IO8 - IO10	I/O	allgemeine E/A-Anschlüsse (für serielle Kommunikation nutzbar)
D0 - D7	I/O	Datenbus, z. B. zum externen Speicher
R,/W	Output	Lese-/Schreib-Steuerausgang zum externen Speicher
/E	Output	Steuerausgang zum externen Speicher
A15 - A0	Output	Adreßbus, z. B. zum externen Speicher
V_{DD}	Power	5-V-Betriebsspannung (alle V_{DD}-Pins müssen extern verbunden sein)
V_{SS}	Power	Masseanschluß (0V, GND, alle V_{SS}-Pins müssen extern verbunden sein)
CP0 - CP4	Netzwerk	bidirektionale LonTalk-Kommunikationsschnittstelle
NC		ohne internen Anschluß, unbeschaltet

Das Strobesignal /E (Enable Clock) wird vom Neuron-Chip 3150 zur Synchronisation des externen Busverkehrs generiert. Es ist während der zweiten Hälfte des Speicherzugriffs-zyklus low und zeigt damit an, daß der 3150 aktiv Daten liest oder schreibt. Der Lese-/Schreib-Steuerausgang bestimmt die Richtung des Datenbusses. Er ist bei Lesezugriffen high und bei Schreibzugriffen low.

Die unterschiedlichen Typvarianten des Neuron-Chips weisen zum Teil große Unterschiede in ihren elektrischen Betriebsdaten auf. Tabelle 3-3 zeigt als Beispiel die Abhängigkeit der Stromaufnahme von der Taktfrequenz.

Tabelle 3-3: *Stromaufnahme des Typs 3150 bei verschiedenen Taktfrequenzen*

Typ/Taktfrequenz	**Typischer Betriebsstrom**	**Speicher-Zugriffszeit**
3150 bei 10 MHz	32 mA	90 ns
3150 bei 625 kHz	12 mA	
3150 im Sleep-Modus	0,5 mA	

Als Schnittstelle zum Prozeß verfügt der Neuron-Chip über 11 Ein-/Ausgabeanschlüsse auf TTL-Pegel, wobei die als Ausgang konfigurierten Anschlüsse zusätzlich rücklesbar sind. Eine Kombination integrierter Hardwareschaltungen und Firmwarefunktionen bietet bereits viele komfortable Möglichkeiten für die Ansteuerung diverser Typen von Sensoren und Aktoren. Deshalb ist meist nur wenig diskrete Zusatzbeschaltung nötig und auch die Treiberprogramme sind in der Regel sehr einfach. Für die Anschlüsse IO0 bis IO3 sind auf dem Chip auch integrierte 20-mA-Stromquellen realisierbar, mit den Anschlüssen IO4 bis IO7 können programmierbare Pull-up-Widerstände auf dem Chip realisiert werden.

Reichen die 11 vorhandenen Ein-/Ausgabeanschlüsse für anspruchsvollere Anwendungen nicht mehr aus, so läßt sich ihre Zahl beim Typ 3150 über den externen Speicherbus mit den üblichen Memory-mapping-Techniken hinreichend erweitern (Bild 3-4).

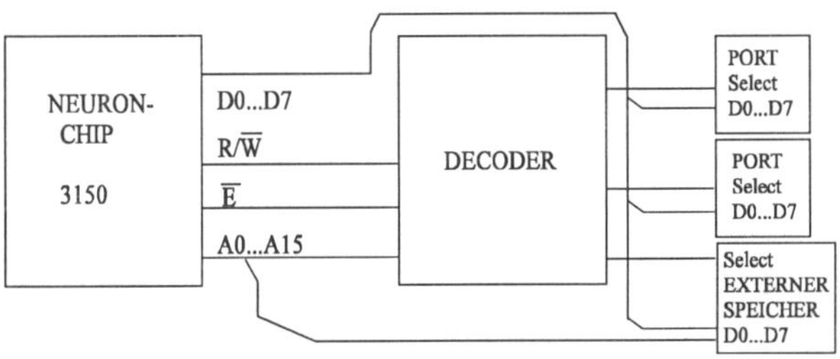

Bild 3-4: *Erweiterung der Ein-/Ausgabe-Anschlüsse nach dem Memory-Mapping-Prinzip*

3.4 Taktversorgung und Timer

Der Neuron-Chip erzeugt den symmetrischen internen Takt, indem er den von außen bestimmten Eingangstakt durch den Faktor zwei teilt. Nutzt man zur Takterzeugung den auf dem Chip integrierten Oszillator, so braucht außen nur noch ein Quarz oder ein Keramikresonator angeschaltet werden (Bild 3-5).

Selbstverständlich kann auch ein externer, völlig eigenständiger Oszillator an den Eingang CLK1 angeschlossen werden. CLK2 sollte in diesem Falle unbeschaltet bleiben. Zur korrekten Synchronisation der Bittakte ist eine Mindestgenauigkeit von 1,5% (15000 ppm) notwendig, während Kompatibilität der LonTalk-Protokolle erst ab einer Genauigkeit von 0,02% (200 ppm) gewährleistet ist. Die Auswahl der Taktfrequenz ist ein Kompromiß zwischen erreichbarer Verarbeitungsgeschwindigkeit und Kommunikationsleistung einerseits sowie den Kosten für Speicher und Decoderlogik andererseits. So braucht ein mit 5 MHz getakteter Neuron-Chip nur EPROM-Zugriffszeiten von 200ns, während der

10-MHz-Betrieb wesentlich teurere Speicher mit 90 ns Zugriffszeit erfordert und überdies einen um 40 % höheren Stromverbrauch aufweist.

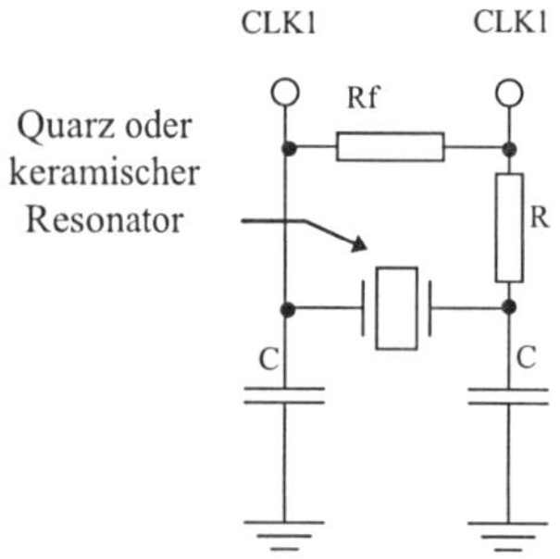

Bild 3-5: *Externe Beschaltung der Takteingänge am Neuron-Chip*

Jeder Neuron-Chip enthält zwei unabhängige Timer-/Counter-Schaltungen (Bild 3-6) mit einer Breite von 16 bit. Diese beiden Timer-/Counter-Blöcke bilden auch den Kern für die Ablaufsteuerung der Ein-/Ausgabeobjekte an der 11-bit-Schnittstelle sowie für die 15 auf Neuron-C-Ebene verwendbaren Software-Timer bzw. die Zeitverwaltung des Schedulers im Betriebssystem.

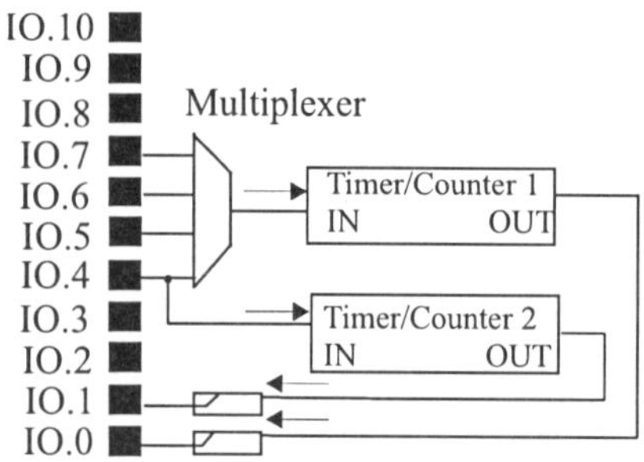

Bild 3-6: *Ein-/Ausgabe- und Timer-/Counter-Hardware am Neuron-Chip*

3.5 Reset, Sicherheitsfunktionen und Sleep-Mode

Der Reset-Anschluß verfügt über eine intern als Pull-up-Widerstand arbeitende Stromquelle. Er kann einerseits durch ein externes Signal in den Resetzustand „Low" gezogen werden, andererseits ist auch eine Aktivierung aus dem Inneren des Chips möglich, z. B. durch:

- Softwareaktivitäten (Anwenderprogramm oder Netzwerk-Reset-Nachricht),
- Timeout von der Watchdog-Schaltung,
- Erkennung einer zu geringen Betriebsspannung (aber nicht alle Typen des Neuron-Chips enthalten interne Reset-Controller).

Der im Reset eingenommene Grundzustand ist herstellerspezifisch für die einzelnen Chip-Typen verschieden festgelegt, die grundsätzlichen Abläufe sind jedoch gleich. Kehrt das Reset-Pin in den „High“-Zustand zurück, startet die Firmware des Neuron-Chips ihren Systemanlauf und arbeitet die nachfolgenden Schritte in der angegebenen Reihenfolge ab:

- Start des Oszillators,
- Stabilisierung des Oszillators,
- Initialisierung des Stacks und interner Selbsttest
- Initialisierung des Service Pin,
- Initialisierung diverser interner Zustände,
- Initialisierung des externen RAMs,
- Berechnung der internen Zufallszahlen,
- Setup des System-RAMs,
- Initialisierung des Communication Ports,
- Initialisierung der Prüfsumme,
- Initialisierung des Sekunden-Timers,
- Initialisierung des Timers.

Während der Initialisierungsphase bleiben alle Output Pins solange hochohmig, bis die Abarbeitung des Anwenderprogramms ihnen definierte Zustände zuweist.

Zur Sicherung eines definierten Verhaltens sollte also beim Einschalten der Betriebsspannung das Reset-Pin solange im „Low“-Zustand gehalten werden, bis sich die Spannungsversorgung stabilisiert hat. Beim Ausschalten der Betriebsspannung muß das Reset-Pin den „Low“-Zustand einnehmen, bevor die minimale Betriebsspannung unterschritten wird und das Anwenderprogramm außer Kontrolle gerät. Solche Probleme treten besonders in Low-cost-Anwendungen auf, wenn Stabilisierungsschaltungen und Reset-Controller eingespart wurden. Tritt Reset während eines EEPROM-Schreibzugriffs auf, so wird das gerade neu geschriebene Byte im EEPROM mit großer Wahrscheinlichkeit verfälscht. Auch deshalb enthalten einige Chip-Typen einen internen Reset-Controller, der das Unterschreiten der minimalen Betriebsspannung erkennt und den Chip während dieser Zeit im Reset-Zustand hält, um unkontrollierte Datenverluste im EEPROM zu verhindern.

Der Reset-Anschluß erfüllt also folgende wichtigen Aufgaben:

- Beim Power-up-Start oder einem extern von Hand ausgelösten Reset wird ein definierter Systemanlauf des Neuron-Chips gesichert.
- Bei schwankender Versorgungsspannung wird ein definierter Wiederanlauf des Chips garantiert, nachdem sich die Spannung wieder stabilisiert hat.
- Nach Abschalten der Betriebsspannung (Power Down) wird der Chip definiert angehalten.
- Wird ein Systemabsturz z. B. nach Adreß- oder Datenfehlern oder durch den Watchdog erkannt, ist ein definierter Wiederanlauf der Software möglich.

- Wird ein Reset vom Neuron-Chip initiert (z. B. Watchdog Timer abgelaufen oder es wurde die Network Management Message *Node Reset* vom Knoten empfangen), so wird dieser aktiv über den Reset Pin nach außen gemeldet.

Die im Neuron-Chip integrierte Watchdog-Schaltung überwacht die Grundfunktionen des Chips und der Speicher und löst bei jedem Ablauffehler einen Reset aus. Die Periodendauer des Watchdogs beträgt bei einer Taktfrequenz von 10 MHz etwa 0,84 s und steigt bei sinkender Taktfrequenz entsprechend.

Die Integrität der internen bzw. externen Speicher kann durch mehrere Prüfsummen sowohl bei jedem Systemanlauf (Reset) als auch kontinuierlich durch Diagnoseroutinen überwacht werden, die im Hintergrund ablaufen. Prüfsummenfehler überführen den Chip in den Zustand „applicationless“ oder lösen ein Reset aus. Bei neueren Versionen kann der Benutzer die von ihm gewünschte Fehlerreaktion selbst festlegen.

Der Neuron-Chip enthält auch verschiedene Diagnose- und Statusregister sowie Stastikzähler, die durch die Firmware ständig aktualisiert werden. Unter anderem ist ein Zähler für Kommunikationsprobleme wie Timeouts, Prüfsummenfehler, Überläufe, ein Merker für fatale Fehlersituationen sowie ein Register zum Speichern der Ursache für das letzte Reset (Watchdog, Reset-Pin, Power-up, Software usw.) implementiert.

Der Neuron-Chip kann durch das Anwendungsprogramm in einen stromsparenden Sleep-Mode versetzt werden. Dabei werden zwar der Systemtakt und alle Timer und Counter abgeschaltet, sämtliche internen Zustandsinformationen einschließlich der Belegung des internen RAMs bleiben jedoch erhalten. Auch alle Ein-/Ausgabeanschlüsse und das Service Pin behalten ihre letzten gültigen Zustände bei und das /E-Pin bleibt inaktiv (high), um Speicherzugriffe zu verhindern.

Der Wiederanlauf (aufwecken) ist dann durch folgende Zustandsänderungen an den Ein-/Ausgabeanschlüssen oder durch Netzwerkaktivitäten möglich, wobei die Wiederanlaufbedingungen programmtechnisch konfiguriert werden können:

- Ein-, Ausgabeanschlüsse IO4 bis IO7 (maskierbar),
- Service-Pin (nicht maskierbar),
- Communication Port (maskierbar).

Wurde ein „Aufweckereignis“ erkannt, startet der Oszillator und nach einer Stabilisierungszeit setzt der Neuron-Chip seine Arbeit fort.

3.6 Neuron ID und Service Pin

Neben seinen Hauptbestandteilen enthält der Neuron-Chip weitere Elemente, die für den praktischen Einsatz wichtig sind, da sie Installation, Diagnose und Wartung vereinfachen.

Für jeden Schaltkreis wird bei der Herstellung eine eigene, 48 bit lange Seriennummer, die Neuron ID, vergeben und so im EEPROM abgelegt, daß sie nicht überschreibbar ist. Da weltweit gesichert ist, daß diese Seriennummern niemals doppelt vergeben werden, läßt sich jeder Chip jederzeit eindeutig identifizieren. LonTalk-Telegramme können die Neuron ID zur Adressierung benutzen, um z. B. Knoten anzusprechen, deren logische Netzwerk-Adresse noch nicht feststeht. Die Neuron ID kann somit als Hilfe bei Installation, Wartung und Überwachung eines Netzwerkes benutzt werden.

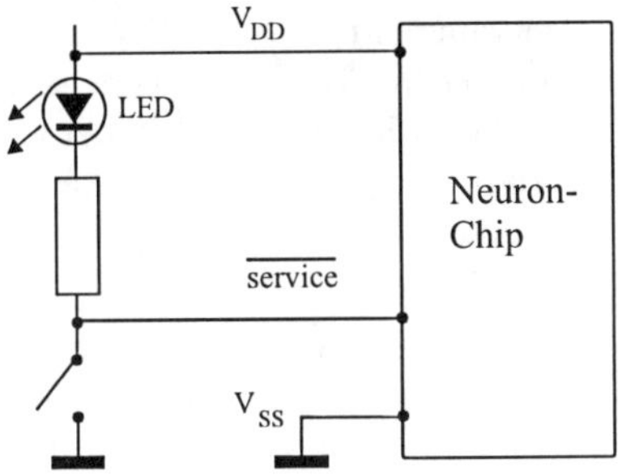

Bild 3-7: *Service-Pin-Beschaltung als Eingang sowie als Ausgang für Service-LED*

Tabelle 3-4: *Bedeutung der Signale des Leuchtdioden-Ausgangs (LED)*

Zustand des Knotens	Verhalten der Leuchtdiode
ohne Konfigurationsdaten und ohne Anwenderprogramm (unconfigured and applicationless)	leuchtet dauernd
ohne Konfigurationsdaten, aber mit Anwenderprogramm	blinkt
vollständig konfiguriert	leuchtet nicht

Der Service-Pin ist bidirektional, wird mit einer Rate von 76 Hz im Tastverhältnis von 50 % zwischen seiner Eingangs- und Ausgangsfunktion umgeschaltet und unterstützt ebenfalls Installation und Diagnose.

Als Ausgang kann er mit 20 mA eine Leuchtdiode steuern, die den aktuellen Zustand des Neuron-Chips für eine einfache Diagnose ohne weitere Hilfsmittel anzeigt (Bild 3-7, Tabelle 3-4). Übermittelt man dem Chip während der Installation eine spezielle Nachricht, die man z. B. an seine Neuron-ID adressieren kann, so meldet er seine Einbauposition auf der Baustelle sowie seinen Zustand über definierte Blinkzeichen (0,5 Hz wenn der Neuron-Chip nicht mit einer Netzwerk-Adreßinformation konfiguriert ist) dieser Leuchtdiode. Dies erleichtert die Übersicht in der Montagepraxis großer Systeme.

Als Eingang erlaubt er die Identifikation des konkreten Neuron-Chips auf der Baustelle in umgekehrter Richtung. Wird der Service-Pin, z. B. mit einem Taster, gegen Masse verbunden, so sendet der Neuron-Chip automatisch ein spezielles Network-Management-Telegramm aus, in dem er unter anderem seine Neuron-ID mitteilt. In beiden Richtungen ist also eine Zuordnung der räumlichen Lage des Bausteins auf der Baustelle und seiner im Projekt verankerten logischen Adresse jederzeit möglich. Das Inbetriebnahmepersonal wird dabei durch geeignete Network-Management-Werkzeuge unterstützt.

3.7 Progammtechnische Besonderheiten

Jeder der drei Prozessoren im Neuron-Chip hat seinen eigenen Registersatz, alle drei nutzen aber ein gemeinsames Rechenwerk für Daten und Adressen und eine gemeinsame Speicher-Zugriffslogik. Die Datenkommunikation zwischen den drei Prozessoren erfolgt über zwei Pufferspeicher (Network Buffer und Application Buffer, Bild 3-8).

Alle Neuron-Chips werden in der Regel in Neuron-C programmiert und alle Entwurfs- und Testwerkzeuge sind für dieses Sprachniveau vorgesehen. Daher braucht der Anwender sich normalerweise nicht für interne Details zu interessieren, z. B. wie der C-Compiler Maschinencode erzeugt und die Hardware des Neuron-Chips zur Laufzeit diesen Code abarbeitet. Auf Wunsch erzeugt der Compiler jedoch auch ein ausführliches Übersetzungsprotokoll, das das Compilat in Assemblernotation enthält.

Eine Anzahl komplexer, häufig benötigter Grundfunktionen sind in einer Firmware-Bibliothek des Neuron-Chips resident vorhanden, so daß sie der Anwender nicht mehr selbst implementieren muß, sondern nur noch als Neuron-C-Sprachelemente aufzurufen braucht:

- die LonTalk-Protokoll-Software,
- der ereignisgetriebene Task-Scheduler,
- das Laufzeitsystem für alle Ein-/Ausgabeobjekte,
- diverse Arithmetik-, Konvertierungs- und Logikfunktionen.

Da der Anwender alle bereits in der Firmware vorhandenen Low-level-Funktionen nicht mehr explizit zu programmieren braucht, erzeugt sein C-Programm einen sehr kompakten Maschinencode, der die geringen Speicherressourcen effizient ausnutzt.

Anwender mit maschinennaher Programmiererfahrung werden im Vergleich zu anderen Prozessoren aber auch viele Möglichkeiten vermissen, die ein direkter Zugriff auf die interne Prozessorarchitektur auf Assemblerniveau normalerweise bietet. Besonders gewöhnungsbedürftig ist das Fehlen einer Interrupt-Logik und aller damit verbundenen Sprachmittel zur Programmunterbrechung. Bei der Lösung ereignisorientierter Programmieraufgaben aus dem Bereich der Echtzeitprogrammierung kann der Anwender also nicht mehr mit den gewohnten Reaktionsgeschwindigkeiten rechnen und muß in der Regel seine Rechtzeitigkeitsanforderungen reduzieren.

Ereignisorientierte Programmierung auf C-Niveau erlaubt stattdessen der im Neuron-Chip implementierte Task-Scheduler, welcher als Betriebssystemkern der Firmware den Ablauf der Anwendungssoftware steuert.

Er registriert das Auftreten von Ereignissen in Hard- und Software und stößt daraufhin die Ausführung der zugehörigen Tasks (When-Bedingung) des Anwenderprogramms an. Durch seine nichtpreemptive Arbeitsweise kann er laufende Tasks jedoch nicht unterbrechen, so daß sich die Reaktionszeiten der Software auf die auslösenden Ereignisse entsprechend erhöhen.

3.8 Kopplung mit Host-Prozessoren

Reichen für bestimmte Anwendungen die Verarbeitungsleistungen oder die Echtzeitfähigkeiten der Application CPU nicht aus, so kann der Neuron-Chip mit anderen, leistungsfähigeren Prozessoren (Hosts) gekoppelt werden. Der Neuron-Chip arbeitet dann als reiner Kommunikationsprozessor und übernimmt nur noch die Abarbeitung des LonWorks-Kommunikationsprotokolls, während die eigentlichen Anwenderprogramme auf dem Host-Prozessor laufen. Meist koppelt man beide Prozessoren mit Hilfe eines von der Firmware gestützten, parallelen Ein-/Ausgabeverfahrens. Dazu muß der Anwender

Programme schreiben, die die Daten im Anwender-RAM zwischenpuffern und so Performanceverluste verursachen (Bild 3-8). Unter der Bezeichnung Microprocessor Interface Program (MIP) gibt es dafür aber auch effizientere Lösungen.

Zur physikalischen Kopplung von Neuron-Chip und Host-Prozessor gibt es drei grundsätzliche Lösungen:

- Die Kopplung über die elf Ein-/Ausgabeanschlüsse des Neuron-Chip unter Nutzung einer bitparallelen, byteseriellen Übertragung (MIP/P50, MIP/P20) ist schneller als übliche Anwenderlösungen.
- Das Prinzip der Memory-Mapping-Erweiterung des Typs 3150 unter Nutzung seiner Adreß-, Daten- und Steuerbusanschlüsse (Bild 3-4) in Verbindung mit einem Dual-Port-RAM und Semaphoren (MIP/DPS) spart auch den Zeitaufwand für die Arbeit der CPU 3 und ist daher noch effizienter.
- Eine Kopplung unter Verwendung eines schnellen UART (Universal Asynchronous Receiver Transmitter UART), der memory-mapped betrieben wird, und einer entsprechenden Treiber-Firmware. Diese Lösung bildet z. B. die Grundlage für universelle Baugruppen wie SLTA und LTS-10, die zur Verbindung mit Personalcomputern benutzt werden.

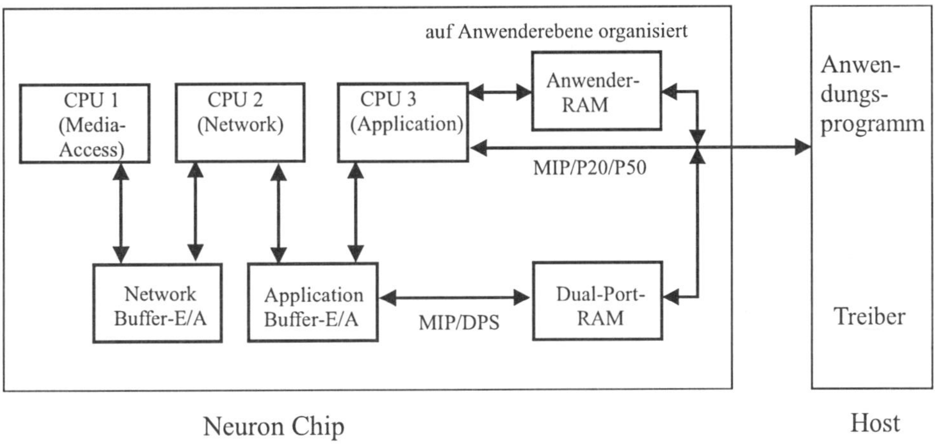

Bild 3-8: *Möglichkeiten für eine Verbindung zwischen Neuron-Chip und Host entweder auf Anwenderebene organisiert oder als MIP in verschiedenen Varianten*

Die zugehörige Software besteht aus einer Komponente für den Neuron-Chip sowie einem Treiber, der auf dem jeweiligen Host laufen muß. Die Komponente für den Neuron-Chip greift auf Schicht 5 in das LonTalk-Protokoll ein und transportiert die entsprechenden Daten zum Host. Sie ist in Neuron-C meist in Form einer when(reset)-Bedingung implementiert, die keinen Austrittspunkt besitzt. Sollten auf dem Chip versehentlich noch andere Anwendungsprogramme vorhanden sein, so werden diese also nie abgearbeitet. Da alle Ressourcen auf dem Chip jetzt ausschließlich dem Kommunikationsprotokoll zur Verfügung stehen, kann der Paketdurchsatz entsprechend gesteigert werden.

Der im Host laufende Treiber stellt das Gegenstück dazu dar und realisiert die verbleibenden Aufgaben der Schichten 5, 6 und 7 auf dem Host. Dort werden also vor allem

Netzwerk-Variable und Netzwerk-Management-Kommandos verwaltet. Treiber sind weitgehend in C geschrieben, müssen aber auch maschinennahe Assemblersequenzen enthalten, um Interrupts und Timer sowie die Ein- und Ausgabehardware zu organisieren. Im Gegensatz zur geschlossenen Lösung im Neuron-Chip (Neuron-C, Scheduler) hat der Anwender jetzt größere Freiheiten beim Einbinden in Betriebssysteme und Sprachen eigener Wahl. Dafür muß er aber in eigener Verantwortung die Einhaltung aller Konditionen sicherstellen, wenn der Host z. B. Teile von Network-Management-Aufgaben abwickeln muß (Binding, Lesen von Netzwerkvariablen). Dafür ist bei entsprechender Leistungsfähigkeit des Host die Zahl der in einem Knoten nutzbaren Netzwerk-Variablen nicht mehr auf 62 beschränkt, sondern darf bis auf 4096 steigen. Am Markt sind Treiber für Hosts aller Leistungsklassen verfügbar: von preiswerten 8-bit-Microcontrollern über 32-bit-Controller bis zu Personalcomputern.

Auf den Treiber setzt das eigentliche Anwendungsprogramm auf, das jetzt vollständig im Host residiert. Erfordert die Aufgabe häufige Veränderungen am Anwendungsprogramm, so ergibt die Trennung in Kommunikationsprozessor und Host als weiteren Vorteil den geringeren Wartungsaufwand, weil jetzt kein neuer EPROM oder Flash für den Neuron-Chip mehr programmiert werden muß und sich alle Änderungen auf den Host beschränken.

3.9 Komponenten für den Aufbau von LonWorks-Knoten

Über den Neuron-Chip, Speicher und minimale Außenbeschaltung im bisher beschriebenen Umfang hinaus gibt es noch weitere Komponenten, die typische Bestandteile von LonWorks-Knoten sind.

Transceiver dienen zur physikalischen Ankopplung des Neuron-Chip an das jeweilige Übertragungsmedium, übernehmen also Pegelwandlung, Modulation, Signalfilterung sowie elementare Protokollfunktionen. Ein typischer Vorzug der LonWorks-Technologie ist die breite Palette unterschiedlichster Übertragungsmedien, für die Transceiver zum Aufbau von Netzen verfügbar sind (Tabelle 3-5).

Tabelle 3-5: *Gebräuchliche LonWorks-Transceivertypen für verschiedene Medien*

Übertragungsmedium	Typische Datenrate	Bemerkungen
EIA-485	bis 1,25 Mbit/s	
Zweidrahtleitung (Twisted Pair)	78 Kbit/s	auch für freie Topologie (Stichleitungen nicht beschränkt)
Zweidrahtleitung (Twisted Pair)	78 Kbit/s	zugleich Hilfsenergieversorgung (link power)
Zweidrahtleitung (Twisted Pair)	bis 1,25 Mbit/s	
Koaxialkabel	bis 1,25 Mbit/s	
über 230V-Wechselstromnetzleitung	2 bis 10 Kbit/s	parallel zur Netzspannung
drahtlos (Funk 49 bis 900 MHz)	1,2 bis 9,6 Kbit/s	Reichweite bis zu 8 km
Infrarot	78 Kbit/s	
Lichtwellenleiter	bis 1,25 Mbit/s	
Lichtwellenleiter, hochverfügbar	1,25 Mbit/s	fehlertolerant durch Dreifach-Redundanz

Network Interfaces sind Baugruppen, die ein LonWorks-Netz mit einem Host-Rechner auf ähnliche Weise verbinden, wie sie im Abschnitt 3.8 (Microprocessor Interface Program) beschrieben wurde. Sie sind einschließlich Treiber für eine breite Palette von Hosts verfügbar (Tabelle 3-6, Tabelle 3-7):

Tabelle 3-6: *Interface-Baugruppen gebräuchlicher Hostrechner zum LonWorks-Netzanschluß*

Interface zum Host	**typischer Host**
ISA-Bus	PC
EIA RS-232	PC (an serielle Schnittstelle) oder Modem
PC-104-Bus	OEM-PC (embedded)
STD32-Bus	PC
VME-Bus	OEM-Rechner
EXM-Bus	OEM-PC (embedded)

Tabelle 3-7: *Verfügbare Treiber für gebräuchliche Hostrechner*

Treiber für Betriebssystem	**Host**
MS-DOS	PC
UNIX	Workstation
MS-Windows (auch als DLL)	PC
MS-Windows NT	PC
für 8-bit-Microcontroller	Motorola 68HC11-Familie
für 32-bit-Microcontroller	Motorola 683xx-Familie

4 LonTalk-Protokoll

4.1 Allgemeines

Ein Kommunikationsprotokoll legt Methoden fest, mit denen zwischen Netzwerkknoten Daten ausgetauscht werden können. Ziel dabei ist, die Kommunikation weitestgehend unabhängig von den auf den Knoten laufenden Anwendungsprogrammen abzuwickeln und damit transparent zu halten.

LonTalk stellt den Anwendungsprogrammen zum Nutzdatenaustausch zwei verschiedene Kommunikationsobjektklassen[1] zur Verfügung:

- Netzwerkvariablen und
- Explicit Messages.

Die Kommunikationsobjekte sind im Application Layer Interface (ALI) eingebettet und werden von der darüberliegenden Applikation verwendet (Bild 4-1). Aufgabe des unter dem ALI liegenden Protokolls (LonTalk) ist es nun, die Kommunikation zwischen den gewünschten Knoten abzuwickeln und, wenn erwünscht, der Applikation anzuzeigen, ob der Datenaustausch korrekt erfolgt ist.

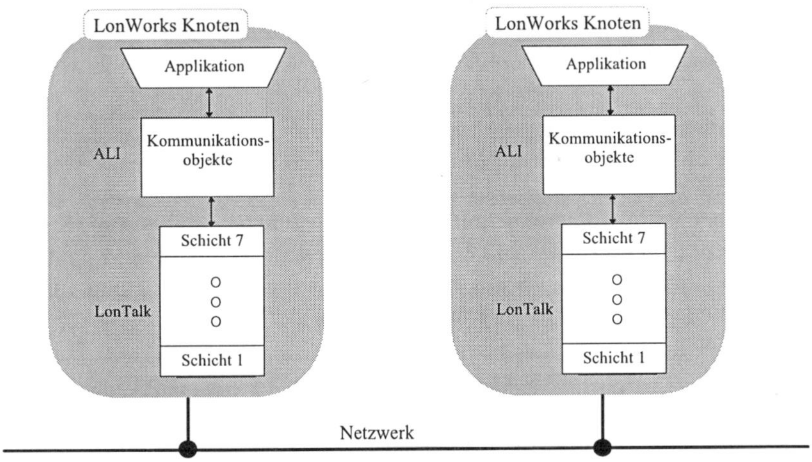

Bild 4-1: *Kommunikation zwischen LonWorks-Knoten*

---

[1] Siehe Kapitel 6

Zusätzlich zu den Protokollen für den Nutzdatenaustausch stellt LonTalk noch Protokolle für das Network Management und die Diagnostik zur Verfügung. Erst damit wird sichergestellt, daß sich ein Netzwerk unabhängig von den auf den Knoten laufenden Anwendungsprogrammen warten, konfigurieren und in Betrieb nehmen läßt. Die Protokolle des Network Managements und der Network Diagnostic basieren auf einem funktionstüchtigen Session Layer und bedienen sich der Funktionalität des Application Layers, um über Dienste des ALI mit der Anwendung zu kommunizieren.

Die nachfolgende Protokollbeschreibung weicht in den Methoden und Bezeichnungen von den in anderen Protokollbeschreibungen verwendeten Formalismen zugunsten des leichteren Verständnisses etwas ab.

4.2 Protokollübersicht und Terminologie

Das LonTalk-Protokoll wurde speziell für die Kommunikation in Steuernetzwerken entworfen. Typische Merkmale für diese Art von Netzwerken sind kurze Meldungen, sehr geringe Kosten für einen einzelnen Netzknoten, eine Vielfalt unterschiedlichster Kommunikationsmedien, meist geringe Bandbreite am Kanal, geringe Wartungskosten sowie die Integrationsfähigkeit unterschiedlichster Hersteller in einem gemeinsamen Netzwerk.

In den folgenden Abschnitten werden die OSI-Schichten 1-7 dargestellt, wobei LonTalk die Schicht 1 nicht auf ein bestimmtes Übertragungsmedium einschränkt, sondern abhängig vom verwendeten Übertragungsmedium und somit vom eingesetzten Transceiver definiert. Nähere Details zum Transceiver Interface können im Kapitel 3 sowie in [LONW 96] nachgeschlagen werden.

4.2.1 Protokollübersicht

Alle sieben Ebenen des OSI-Referenzmodells sowie die korrespondierenden Schichten des LonTalk-Protokolls sind im Bild 4-2 dargestellt. Zu jeder Schicht sind die verfügbaren Dienste in Stichworten angeführt. Ein Überblick über die einzelnen Ebenen und Dienste erfolgt im Anschluß.

Eine Vielzahl von unterschiedlichsten Übertragungsmedien wird vom Physical Layer unterstützt, wobei verschiedenste Schicht-1-Protokolle verwendet werden. Jedes Medium verlangt eigene Verfahren der Leitungscodierung sowie des Buszugriffes. Zum Beispiel wird Differential-Manchester-Codierung auf Zweidrahtleitungen eingesetzt, Spread Spectrum bei der Übertragung über das 230-V-Netz oder FSK-Modulation bei Funkübertragung. Wie in Abschnitt 4.4 gezeigt wird, kann jede beliebige Schicht 1 zum Einsatz kommen, die die drei Basisdienste P_Data_Indication(), P_Channel_Active() und P_Data_Request() unterstützt.

Im MAC (Medium Access Control) Sublayer wird ein kollisionsvermeidendes Buszugriffsverfahren, das predictive p-persistent CSMA (Carrier Sense Multiple Access), bereitgestellt. Der Link Layer stellt einen verbindungslosen Datenübertragungsdienst zur Verfügung, wobei seine Funktionalität auf das Erstellen des Paketrahmens sowie auf die Fehlererkennung beschränkt bleibt. Erkannte Fehler werden an die höhere Ebene gemeldet und dort behoben.

Der Network Layer versendet Datenpakete innerhalb einer Domain als verbindungsloser, unbestätigter Nachrichtendienst. Selbstlernende Router werden unterstützt, doch setzen diese eine baumähnliche Netzwerkstruktur voraus. Im Gegensatz zu selbstlernenden Routern können mittels Routing-Tabellen vorkonfigurierte Router auch in Netzwerken mit physikalischen Schleifen eingesetzt werden, solange gewährleistet ist, daß die logischen Kommunikationsverbindungen baumähnlich sind.

Die wesentlichen Aufgaben des LonTalk-Protokolls bearbeiten der Transport Layer und der Session Layer. Die Unterteilung der Schicht 4 erfolgt (a) in Transaction Control Sublayer zur Detektion von duplizierten Paketen und zur Einhaltung der Paketreihenfolge, (b) in Authentication Server zur Bereitstellung eines authentizierten Datenaustausches, (c) in Transport Layer zur Bereitstellung einer gesicherten End-to-End-Verbindung zwischen einer Quelle und einem oder mehreren Zielknoten. Die Authentizierung einer Nachricht kann bei allen Adressierungsarten des LonTalk-Protokolls mit Ausnahme der Broadcast-Adressierung angewendet werden.

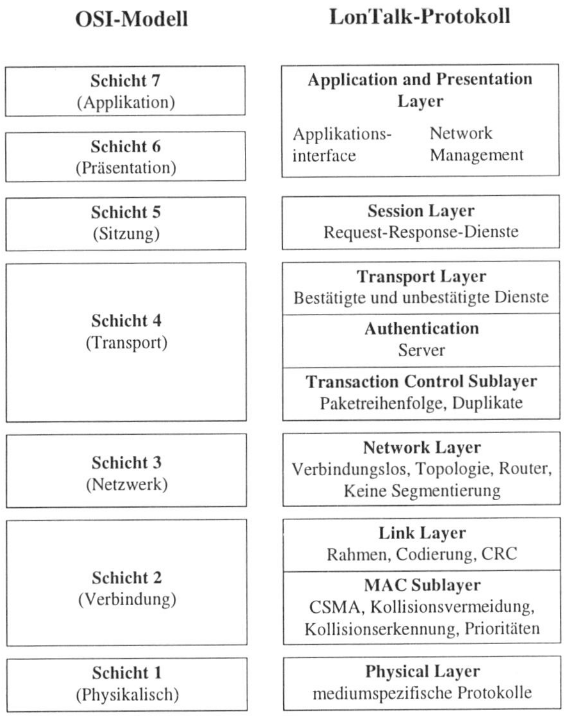

Bild 4-2: *OSI-Referenzmodell mit korrespondierenden LonTalk-Schichten*

Im Session Layer wird ein einfacher Request-Response-Mechanismus für den Zugriff von Clients auf entfernte Server bereitgestellt. Darauf aufbauend können anwendungsspezifische Remote Procedure Calls (RPC) definiert werden. Zum Beispiel verwendet das LonTalk-Network-Management-Protokoll den Request-Response-Mechanismus im Session Layer.

Presentation Layer und Application Layer zusammen bilden das Grundgerüst für Interoperabilität. Im Application Layer werden alle Dienste zum Absenden und Empfangen einer Nachricht bereitgestellt. Hier ist auch das Konzept der Netzwerkvariablen eingebettet. Die von der Anwendung unabhängige Darstellung der Daten im Presentation Layer ermöglicht den einfachen Informationsaustausch zwischen Netzwerkknoten verschiedenster Hersteller.

Bild 4-3 zeigt die wesentlichen Komponenten eines LonTalk-Rahmens in der Betriebsart Differential-Manchester-Codierung. Nach erfolgter Busarbitrierung (x*β2-Zeit, siehe Abschnitt 4.5.2) wird eine Präambel zur Bitsynchronisation ausgesendet und mit einem Startbit (0) die Bytesynchronisierung hergestellt. Es folgen Informationen zum Rahmeninhalt, die Adreßinformation, die Nutzdaten, ein 16-bit-CRC (Cyclic Redundancy Check) und eine abschließende Code Violation (CV), die die Differential-Manchester-Regel verletzt und somit das Rahmenende anzeigt. Während der β1-Zeit ist absolute Ruhe am Übertragungsmedium.

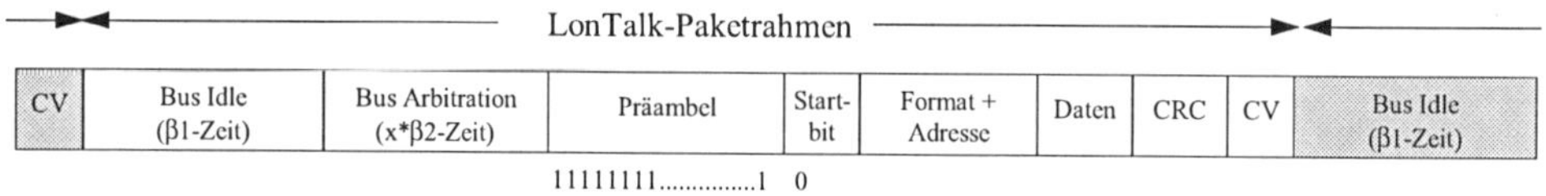

Bild 4-3: *Komponenten eines LonTalk-Paketrahmens*

4.2.2 Terminologie

Die Terminologie bei LonTalk weicht von den Formalismen anderer bekannter Protokollbeschreibungen ab. Daher wird zur einfacheren Einordnung der Begriffe der Text durch erläuternde Bemerkungen ergänzt.

Simple Channel – Einfacher Kanal

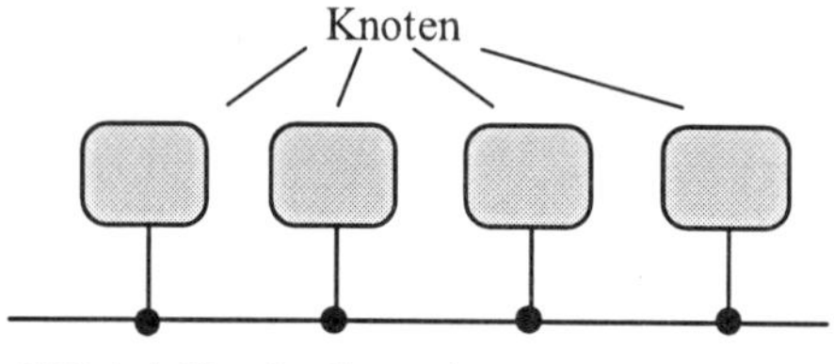

Bild 4-4: *Simple Channel*

Als Simple Channel (Bild 4-4) wird ein physikalisch zusammenhängendes Medium bezeichnet, an das die betrachteten Knoten angeschlossen sind.

Store & Forward Repeater

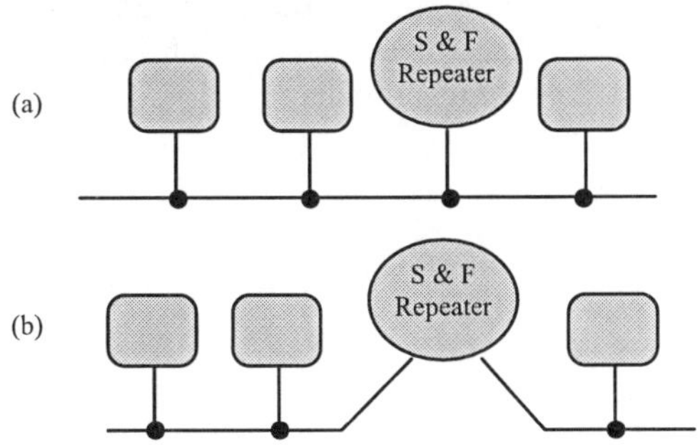

Bild 4-5: *Store & Forward Repeater*

Store & Forward Repeater (Bild 4-5) arbeiten auf der Schicht 1. Sie senden empfangene Datenpakete, ohne sie zu verändern. Dadurch werden Duplikate von Datenpaketen erzeugt. Store & Forward Repeater können (a) entweder am gleichen Medium arbeiten oder (b) auch zum physischen Trennen von zwei Medien eingesetzt werden. Die Verwendung mehrerer Repeater kann zu Packet Loops[2] führen.

Bridge

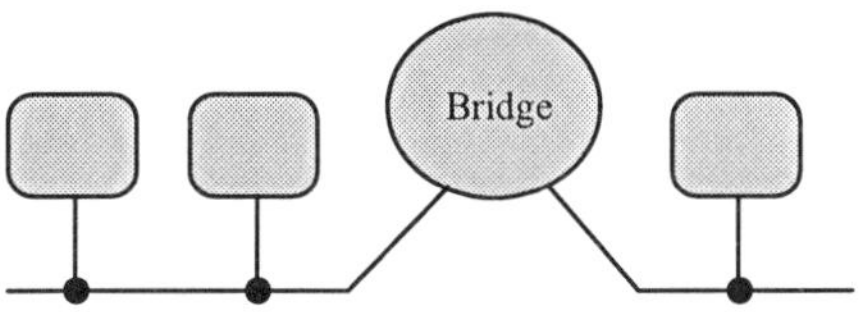

Bild 4-6: *LonTalk Bridge*

LonTalk Bridges (Bild 4-6) verbinden zwei physikalische Medien (Channels) miteinander. Alle Pakete werden von a nach b bzw. umgekehrt weitergereicht, wenn die Sende-Domain mit einer der beiden Domains, in der sich die Bridge befindet, übereinstimmt.

Router

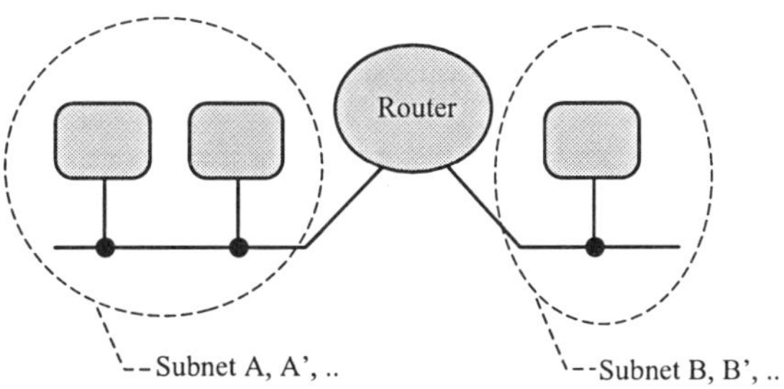

Bild 4-7: *LonTalk Router*

[2] siehe auch 7.4.5 Einfache Looping-Topologie

LonTalk Router (Bild 4-7) reichen Pakete selektiert nach ihrem Ziel-Subnet weiter. Ein LonTalk Router verbindet immer zwei verschiedene Mengen von Subnets (siehe Bild 4-7 - Subnets A, A',.. links und Subnets B, B',.. rechts vom LonTalk Router). Es gilt, daß sich ein Subnet niemals über einen Router erstrecken darf. Ganz allgemein dürfen LonTalk Router Layer-3-Adressen verändern, um Packet Loops zu verhindern.

Gateway

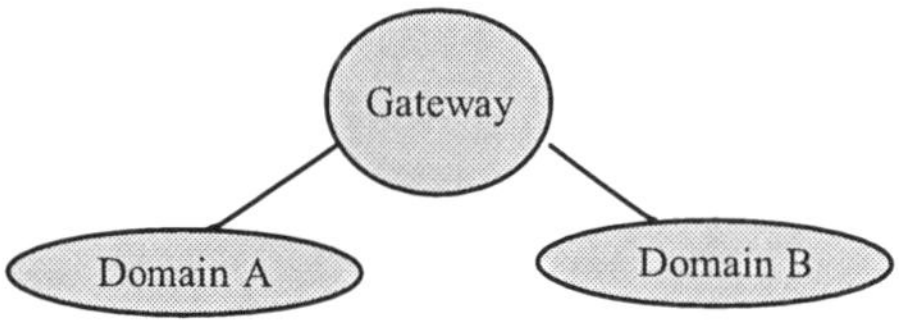

Bild 4-8: *LonTalk Gateway*

Ein Gateway verbindet allgemein zwei Kommunikationsprotokolle über Schicht 7. Ein LonTalk Gateway (Bild 4-8) kann beispielsweise zur Verbindung von zwei verschiedenen Domains verwendet werden.

Bei der nachfolgenden Beschreibung der Dienste der einzelnen OSI-Schichten wird die Nomenklatur aus Bild 4-9, wie sie zur Protokollbeschreibung nach OSI üblich ist [Kern 93], angewendet.

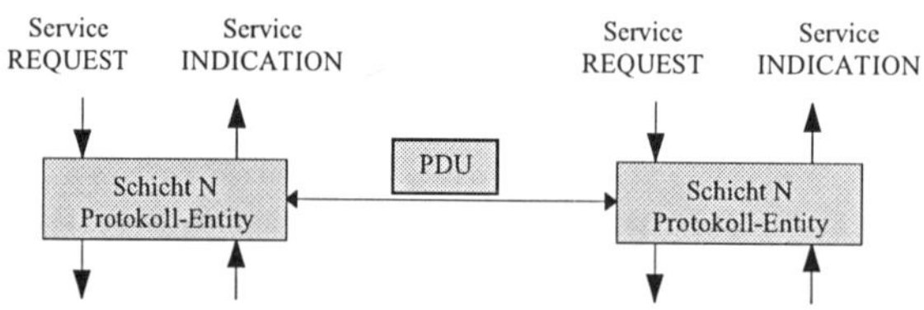

Bild 4-9: *Nomenklatur zur Darstellung der bereitgestellten Dienste*

Nachfolgend werden für die Bezeichnung der verschiedenen Protocol Data Units (PDU) die Abkürzungen aus Tabelle 4-1 verwendet.

Tabelle 4-1: *Abkürzungen der verschiedenen Protocol Data Units*

PDU	Bezeichnung	Nachrichtenart	Schicht
MPDU	MAC Protocol Data Unit	Rahmen	2
LPDU	Link Protocol Data Unit	Rahmen	2
NPDU	Network Protocol Data Unit	Paket	3
TPDU	Transport Protocol Data Unit	Nachricht	4
SPDU	Session Protocol Data Unit	Request Response	5
NMPDU	Network Management Protocol Data Unit	-	6-7
DPDU	Diagnostic Protocol Data Unit	-	6-7
APDU	Application Protocol Data Unit	-	6-7

4.3 Adressierung in LonTalk

Die hierarchische Adreßstruktur in LonTalk basiert auf drei grundlegenden Adreßformaten mit jeweils 3 Komponenten wie in Tabelle 4-2 dargestellt. Jedes transportierte Datenpaket beinhaltet sowohl Quelladresse als auch Zieladresse, wofür die Adreßformate aus Tabelle 4-2 zu Adreßpaaren zusammengesetzt werden. LonTalk-Adressen sind kombinierte Schicht-3- und Schicht-4-Adressen, es gibt keine Schicht-2-Adresse. Domain und Subnet werden beim Routing verwendet und können somit als Komponenten der Netzwerkadresse bezeichnet werden, während die Neuron-ID, eine weltweit einzigartige dem einzelnen Neuron-Chip zugeordnete 48-bit-Identifikationsnummer, als Knotenname bezeichnet werden sollte und somit als Schicht-4-Adresse aufgefaßt werden kann.

Tabelle 4-2: *Drei Basisadreßformate in LonTalk*

Adreßformat
Domain, Subnet, Node
Domain, Subnet, Neuron-ID
Domain, Group, Member

Tabelle 4-2 zeigt, daß die Adreßinformation im LonTalk-Paketrahmen verschieden lang sein kann, wobei die Länge der einzelnen Komponenten, mit Ausnahme der Domain, fest ist. Subnet umfaßt 8 bit und erlaubt 255 Subnetze innerhalb einer Domain, da Subnet 0 reserviert ist. Die Komponente Node weist 7 bit auf, wobei der Wert 0 nicht verwendet wird. Die Group hat ebenfalls 8 bit, und es können somit bis zu 256 Gruppen innerhalb einer Domain gebildet werden. Das Feld Member (Gruppenmitglied) ist 6 bit lang, und die Neuron-ID, wie bereits weiter oben erwähnt, hat 48 bit. Eine Ausnahme bildet die Komponente Domain, die je nach Netzwerkstruktur entweder 0, 1, 3 oder 6 byte lang sein kann. Insgesamt können somit bis zu

$$(\text{Anzahl Subnets}) * (\text{Anzahl Nodes}) = (2^8\text{-}1) * (2^7\text{-}1) = 32385$$

Knoten innerhalb einer Domain adressiert werden, und prinzipiell sind bis zu 2^{48} Domains möglich. Eine nähere Erläuterung der wesentlichen Merkmale von Domain, Subnet, Node, Group und Neuron-ID findet man in den folgenden Abschnitten sowie in Bild 4-10.

4.3.1 Domain

Eine Domain ist ein virtuelles Netzwerk, in dem die gesamte Kommunikation stattfindet. Die Begründung für die Limitierung der Kommunikation auf eine einzige Domain liegt in der Struktur eines LonTalk-Paketrahmens, die sowohl für die Quelladresse als auch für die Zieladresse eines NPDU/TPDU dieselbe Domain-Adreßinformation verwendet. Im Gegensatz zum Internet unterstützt LonTalk keine Inter-Domain-Kommunikation[3], diese muß mittels Gateways auf Applikationsebene abgedeckt werden.

---

[3] Als Inter-Domain-Kommunikation wird die Kommunikation zwischen 2 oder mehreren Domains bezeichnet.

Network Management und Network Administration finden innerhalb der Domain statt. Insbesondere werden Groups und Subnets vom lokalen Domain-Administrator vergeben und haben nur im Zusammenhang mit der Domain eine Bedeutung. Die Länge der Domain-Information variiert z. B. je nach physikalischer Beschaffenheit der Netzwerkstruktur und kann 0, 1, 3 oder 6 Byte betragen.

4.3.2 Subnet und Node

Das Subnet faßt eine Anzahl (0-127) von Netzwerkknoten (Nodes) zu einer Teilmenge der Domain so zusammen, daß innerhalb des Subnets kein Routing stattfindet. Subnets können als logische Kanäle aufgefaßt werden und müssen nicht mit physikalischen Kanälen korrespondieren. Ein oder mehrere Subnets können auf einem physikalischen Kanal oder auf mehreren, die mit Repeater oder Bridge miteinander verbunden sind, abgebildet werden. Mit der 8-bit-Subnet-Adreßinformation können bis zu 255 Subnets innerhalb einer Domain adressiert werden, wobei Subnet 0 ein undefiniertes oder unbekanntes Subnet repräsentiert.

Die Adreßkomponente Node kennzeichnet den einzelnen Knoten innerhalb des Subnets. Ein physikalischer Knoten kann bis zu zwei verschiedenen Subnets mit unterschiedlichen Knotennummern angehören unter der Voraussetzung, daß beide Subnets in unterschiedlichen Domains liegen.

4.3.3 Group, Member

Vergleichbar mit der Subnet-Adreßinformation faßt die Komponente Group einen Satz von Netzkwerkknoten innerhalb einer Domain zu einer Gruppe zusammen. Innerhalb dieser Gruppe kann mit Hilfe der dritten Adreßkomponente Member ein einzelnes Gruppenmitglied identifiziert werden. Verwendung findet Group bei der Gruppenadressierung, die auch als *1-zu-n*-Adressierung bezeichnet werden kann und das Konzept der Netzwerkvariablen trägt. Maximal 256 Gruppen können innerhalb einer Domain gebildet werden, jedoch kann ein einzelner Netzwerkknoten maximal 15 verschiedenen Gruppen angehören.

4.3.4 Neuron-ID

Die 48-bit-Neuron-ID wird bei der Produktion des Knotens unveränderlich und weltweit einzigartig festgelegt und kann somit als Knotenname aufgefaßt werden. Wird die Neuron-ID als Adreßinformation verwendet, so kann sie nur als Zieladresse jedoch nie als Quelladresse dienen. Es steht dazu keine passende Rahmenstruktur zur Verfügung.

4.3.5 Adressierung auf Schicht 3

Zur NPDU-Adressierung werden die grundlegenden Adreßformate aus Tabelle 4-2 zu Quell- und Zieladreßpaare wie in Tabelle 4-3 dargestellt zusammengefaßt. Jede NPDU beinhaltet sowohl Quell- als auch Zieladresse in einer der fünf Varianten #0, #1, #2a, #2b und #3 aus Tabelle 4-3. Typ #0 repräsentiert die Broadcast-Adressierung mit zwei unterschiedlichen Zielgruppen. Ist die Subnet-Adresse null, so werden alle Knoten innerhalb einer Domain, ansonsten alle Knoten innerhalb des Subnets, Ziel der Nachricht. Typ #1 wird zur Gruppenadressierung oder Multicast-Adressierung herangezogen. Die Grundform der Adressierung ist Typ #2a, sie wird auch als Subnet-Node-Adressierung bezeichnet. #2b ist eine Multicast-Adressierung und wird zur Bestätigung von Nachrichten an Gruppen (Acknowledgement) eingesetzt. Abschließend bleibt noch Typ #3, eine Unicast-Adressierung mit der Neuron-ID als Zieladresse, die vorwiegend bei der Installation eines neuen Netzwerkknotens eingesetzt wird, solange dem Knoten noch keine logische Adresse (Subnet-Node) zugeordnet wurde.

Tabelle 4-3: *NPDU/TPDU und SPDU Adressierung*

Typ	Adreßformat	Logische Adreßkomponenten	Ziel
#0	Broadcast	Domain, sourceSub-Node, destSubnet = 0	alle Knoten einer Domain
#0	Broadcast	Domain, sourceSub-Node, destSubnet	alle Knoten eines Subnet
#1	Multicast	Domain, sourceSub-Node, destGroup	alle Knoten einer Gruppe
#2a	Unicast	Domain, sourceSub-Node, destSub-Node	ein Knoten im Subnet
#2b	Multicast	Domain, sourceSub-Node, destSub-Node, Group, Group Member	ein Knoten im Subnet
#3	Unicast	Domain, sourceSub-Node, destSub, Neuron-ID	ein Knoten mit Name=Neuron-ID

Für alle Adreßformate gilt, daß eine Source-Subnet-Adresse = 0 (0 liegt nicht im gültigen Wertebereich der Subnet-Adresse) einen Netzwerkknoten als noch nicht konfiguriert ausweist. Nicht konfiguriert bedeutet in diesem Zusammenhang, daß dem Knoten noch keine logische Adresse (Subnet-Node) zugewiesen wurde. Wie aus Bild 4-10 ersichtlich wird, unterscheiden sich die beiden Adreßtypen #2a und #2b durch ein gesetztes bzw. gelöschtes Most Significant Bit im Adreßfeld des Quellknotens (SrcNode). Grundsätzlich kann Bild 4-10 der Aufbau des Adreßfeldes im LonTalk-Paketrahmen entnommen werden. Das zweite Byte eines Rahmens wird NPDU-Header genannt. Darin wird mit zwei bit der Adreßtyp (AdTyp) und mit weiteren 2 bit die Länge der Domain-Information (DLänge) codiert. Die nachfolgenden Bytes beinhalten die Adreßinformation und sind entsprechend Tabelle 4-3 aufgebaut, mit dem kleinen Unterschied, daß die in der Länge variable Domain-Identifikation ans Ende gereiht wurde. Byte 3 trägt die Subnet-Adresse des Quellknotens und dient Routern sowohl beim Erlernen der Netzwerkstruktur als auch zur Vermeidung von endlos kreisenden Datenpaketen (Packet Loops). Gemeinsam mit der Knotenadresse der Quelle bilden diese beiden Adreßfelder die Zieladresse für Bestätigungspakete (Acknowledgement), Authentisierung (Authentication), Responses beim Request-Response-Dienst und zur Erkennung und Filterung von an den Quellknoten adressierten Datenpaketen.

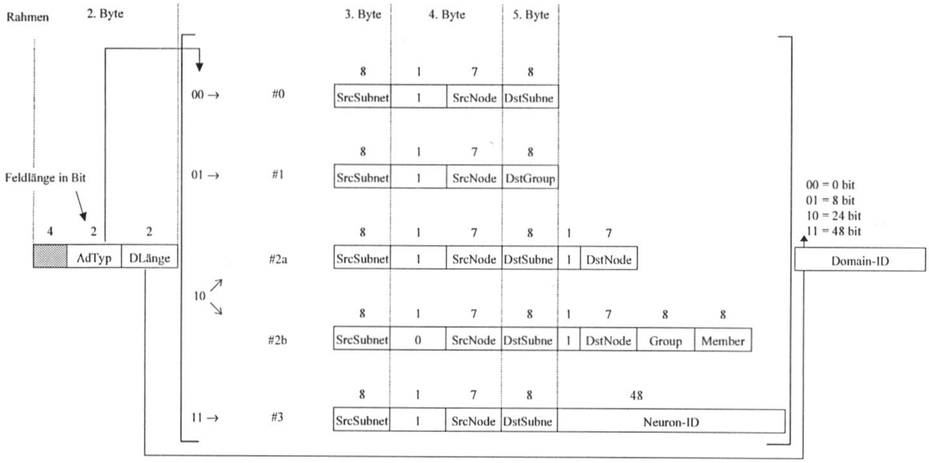

Bild 4-10: *Schicht-3-und-Schicht-4-Adressierung im LonTalk-Paketrahmen*

Am Beispiel einer Lichtsteuerung in zwei Gebäuden mit gemeinsamen Leuchten am Eingangstor werden im Bild 4-11 sowohl die physikalische Topologie als auch die logische Adressierung in LonTalk veranschaulicht. Physikalisch sind die Knoten im ersten Stock von den übrigen Knoten im Gebäude durch die Router-Hardware getrennt. Im Erdgeschoß werden zusätzlich Bridges oder Repeater eingesetzt, um den physikalischen Grenzen der eingesetzten Transceiver (maximale Knotenanzahl am Kanal, Länge des Mediums etc.) zu entgehen.

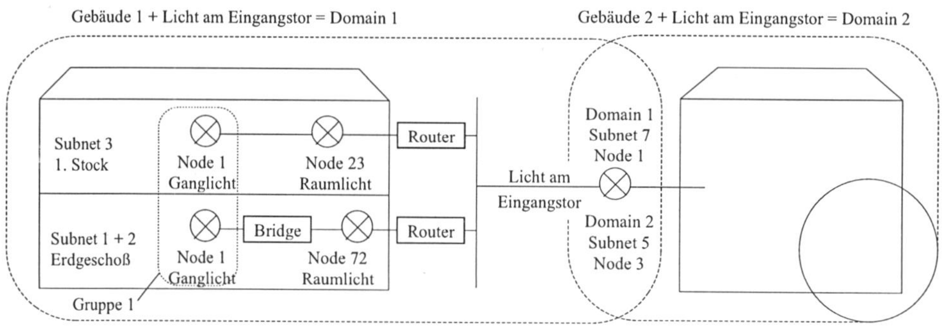

Bild 4-11: *Physikalische Topologie und logische Adressierung in LonTalk*

Die logische Adressierung erfolgt in zwei Domains. Es werden dem Gebäude 1 die Domain 1 und dem Gebäude 2 die Domain 2 zugeordnet. Die gemeinsamen Leuchten am Eingang befinden sich in beiden Domains und können somit von beiden Gebäuden ein- und ausgeschaltet werden. Innerhalb eines Gebäudes wird mittels Router der Netzwerkverkehr auf Stockwerksebene beschränkt, indem den unterschiedlichen Stockwerken unterschiedliche Subnet-Adressen zugeordnet werden. Nur stockwerkübergreifende Nachrichten passieren die Router, die ja bekanntlich anhand der Ziel-Subnet-Adresse das Datenpaket passieren lassen oder aber zurückweisen. Im Gebäude 1 wird dem Ganglicht die Gruppe 1 zugewiesen. Gruppen können sich über Subnets und somit Routergrenzen hinweg ausdehnen und werden nur von der Domaingrenze beschränkt.

4.4 Physical Layer

Der Physical Layer ist in LonTalk nicht für ein bestimmtes Kommunikationsmedium festgelegt, sondern wird abhängig von den Transceiverarten für die verschiedensten Kommunikationsmedien definiert. Das Transceiver Interface kann in [LONW 96] nachgelesen werden. Eine Liste der verfügbaren Transceiver findet sich in den Interoperability Guidelines von LonMark [Lonm 96] sowie im Kapitel 3. Das Spektrum reicht von kabelgebundenen Medien über Funkverbindungen bis hin zu optischen Übertragungsverfahren.

Das Interface zur physikalischen Schicht ist in den oben genannten Unterlagen so weit dokumentiert, daß auch eigene Transceiver, z. B. für die Kommunikation in Hochspannungs-Niederfrequenzverbindungen bei Lautsprecheranlagen, in Modelleisenbahnen usw., entworfen und eingesetzt werden können.

4.5 Link Layer

Schicht 2 nach OSI gliedert sich bei LonTalk in den MAC (Media Access Control) Sublayer und in den Link Layer. Der MAC Sublayer steuert den Buszugriff mit optionaler Priorisierung und Kollisionserkennung. Das Buszugriffsverfahren wird predictive *p*-persistent CSMA (predictive: vorausschauend; persistent: hartnäckig) bezeichnet und kann als kollisionsvermeidendes jedoch nicht kollisionsfreies Zugriffsverfahren eingestuft werden.

Der Link Layer ermöglicht den subnetweiten, unbestätigten LonTalk-Rahmenaustausch in Form von LPDUs mit Fehlererkennung jedoch ohne Fehlerbehebung. Fehlerhafte Rahmen werden am fehlerbehafteten CRC (Cyclic Redundancy Check) erkannt und sofort verworfen. Der Link Layer ist ferner für die Leitungscodierung verantwortlich.

4.5.1 Interface zu den benachbarten Schichten

Das Interface zwischen MAC Sublayer und Link Layer sowie zu den angrenzenden Schichten ist im Bild 4-12 dargestellt. Dabei gestaltet sich das Interface zum Physical Layer mit nur 3 Dienstprimitiven sehr einfach und universell, wenn die folgenden drei Bedingungen eingehalten werden:

- Der physikalische Ruhezustand des Transceivers ist ein energiesparender Zustand.
- Die Bitfehlerrate auf Schicht 2 ist besser als 10^{-4} [LONTALK].
- Der Physical Layer unterstützt die drei Dienste P_Data_Indication(), P_Data_Request() und P_Channel_Active().

Kommuniziert wird mit dem Physical Layer in einer von zwei Betriebsarten. Im Direct Mode wird die Differential-Manchester-Codierung verwendet, im Special Purpose Mode wird bidirektional seriell ohne Codierung übertragen. In beiden Betriebsarten wird eine 16-bit-CRC-Prüfsumme nach CCITT [Swee 91] beim Absenden berechnet und beim Empfang überprüft.

Der Empfang eines Rahmens (LPDU/MPDU) wird vollständig vom Link Layer mittels P_Data_Indication() durchgeführt. Nur der erfolgreiche Empfang eines Rahmens wird gemeinsam mit der Backlog-Information mittels Frame_OK() an den MAC Sublayer gemeldet. Beim Absenden wird der Rahmen (LPDU/MPDU) mit dem M_Data_Request/P_Data_Request Service zuerst an den MAC Sublayer und dann an den Physical Layer weitergegeben. Man beachte, daß die Übertragung mit dem höchstwertigen Byte und ebenso mit dem höchstwertigen Bit beginnt.

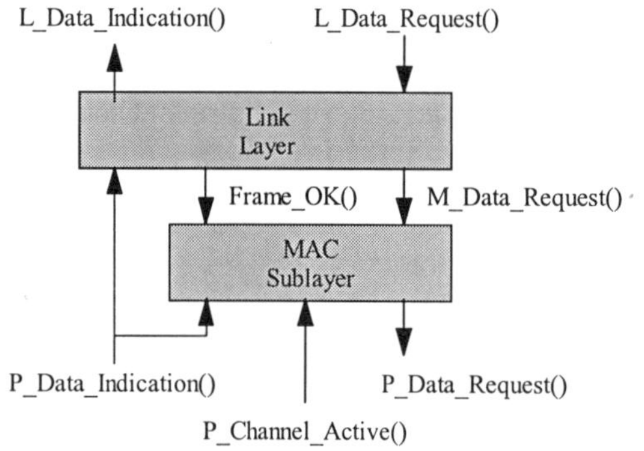

Bild 4-12: *Interface zwischen MAC Sublayer, Link Layer und angrenzenden Schichten*

Die Kollisionserkennung wird zwar vom LonTalk-Protokoll unterstützt, doch von den heutigen Transceiver-Entwürfen nicht verwendet und somit an dieser Stelle nur erwähnt[4].

4.5.2 Buszugriffsverfahren

LonTalk verwendet predictive *p*-persistent CSMA als Buszugriffsverfahren. Wie bei allen CSMA-Verfahren wird auch in LonTalk vor dem Aussenden eines Rahmens auf Busbelegung geprüft. Wird Busaktivität erkannt, so wird der eigene Sendewunsch zurückgestellt und auf Empfang umgeschaltet. Ansonsten wird mit dem Aussenden einer Präambel begonnen. Der Zeitpunkt des Aussendens der Präambel wird nach einem Zufallsprinzip festgelegt, wobei im Gegensatz z. B. zu Ethernet nicht mit einer fixen Wahrscheinlichkeit $p = 1$ sondern mit einer sich an den erwarteten Netzwerkverkehr angepaßten Wahrscheinlichkeit $0 < p \leq 1$ arbitriert wird.

Dieses Szenario mit $p \leq 1$ ist im Bild 4-13 dargestellt. Am Ende des LonTalk-Rahmens herrscht für die Zeit β1 am Bus Ruhe, anschließend beginnt der Arbitrationsvorgang. Dafür werden Arbitrationsfenster W_l bestehend aus jeweils 16 Zeitquanten β2 (β2-Slot), definiert. Im Falle p = 1 wählen Knoten mit Sendewunsch $K_{send,i}$ nach dem Zufallsprinzip einen der 16 β2-Slots S_k $(1 \leq k \leq 16)$, der Knoten mit der kleinsten Slotnummer $(K_{send,min} \mid S_k = min)$ beginnt sofort mit dem Aussenden der Präambel, alle anderen sendewilligen Knoten erkennen Busaktivität und stellen ihren Sendewunsch zurück. Kollisionen

[4] Das von LonTalk verwendete Buszugriffsverfahren vermeidet weitgehend Kollisionen. Eine Kollisionserkennung würde den Datendurchsatz am Netzwerk nur geringfügig verbessern.

können dennoch auftreten, wenn zwei oder mehr Knoten $K_{send,i}$, $K_{send,j}$ die gleiche Slotnummer S_k ziehen.

Die Kollisionswahrscheinlichkeit kann verringert werden, indem man die Wahrscheinlichkeit, daß das Arbitrationsfenster W_L verwendet wird, kleiner als 1 definiert ($p < 1$) und somit die Arbitrationsphase auf mehrere Arbitratrionsfenster W_L ausdehnt (siehe Bild 4-13). Dieses Adaptieren von *p* an das Kommunikationsaufkommen kann dynamisch erfolgen und mit jedem Busarbitrationszyklus neu berechnet werden.

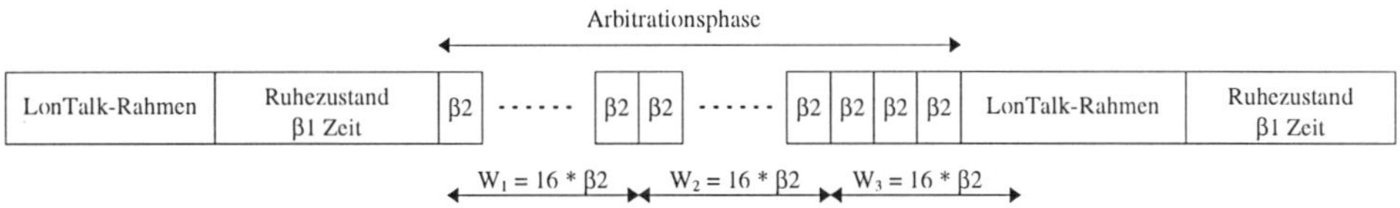

Bild 4-13: *Buszugriff mit predictive* p-*persistent CSMA*

Ein Maß für die Adaptierung von *p* ist die geschätzte Backlog-Information. Darunter versteht man bei LonTalk den erwarteten Netzwerkverkehr in unmittelbarer Zukunft (predictive). So werden z. B. beim Absenden einer zu bestätigenden Nachricht an eine Gruppe von sechs Mitgliedern fünf Bestätigungspakete zurückerwartet (der Absender der Nachricht ist ebenfalls ein Mitglied der Gruppe). Die Backlog-Information ist 5 und wird im Senderahmen als Schicht-2-Information mitgesendet (siehe Abschnitt 4.5.4). Genau genommen wird nicht die gesamte Backlog-Information im Rahmen transportiert, sondern nur das Delta-Backlog[5], das in allen Knoten am Kanal zur Backlog-Information addiert wird. Mit jedem empfangenen Rahmen wird der Backlog (BL) dekrementiert. Ferner wird BL dekrementiert, wenn (BL * *W*)-β2-Slots ohne Busaktivität verstreichen. Die untere Schranke der Backlog-Information ist 1, die obere 64. Der Zusammenhang zwischen Backlog-Information und maximaler Länge der Arbitrationsphase ergibt sich aus (BL * *W*).

4.5.3 Priorisierung

Optional können Kanäle mit Prioritäten ausgestattet werden. Diese Prioritätszeitschlitze folgen unmittelbar dem Ruhezustand β1 (Bild 4-14). Die Anzahl der Prioritätszeitschlitze *n* kann für jeden Kanal separat im Bereich 0 bis 127 gewählt werden, doch müssen alle Knoten am Kanal die gleiche Einstellung treffen. Dem einzelnen Knoten wird nun ein Prioritätszeitschlitz zugeordnet, indem der Knoten seine priorisierten Nachrichten versenden kann. Man beachte jedoch, daß die Entscheidung, ob eine Nachricht priorisiert oder nicht priorisiert versendet wird, beim Knoten liegt und vom Knoten für jede einzelne Nachricht neu entschieden werden muß. Knoten mit der Priorität 1 haben die höchste Priorität, 2 die zweithöchste usw. Es ist auch möglich, daß zwei oder mehreren Knoten die gleiche Priorität zugeordnet wird. In diesem Fall sollte jedoch auf einer höheren Protokollebene der Zugriff auf das Medium koordiniert werden.

[5] Als Delta-Backlog wird das Inkrement bezeichnet, das in jedem Knoten zum tatsächlichen Backlog addiert wird.

Entscheidet eine Applikation, das Paket als Priority-Paket abzusenden, ohne daß dem Knoten eine Prioriät zugeordnet wurde, so wird das Paket als nicht priorisierter Rahmen versendet. Zustäzlich wird jedoch das Priority-Bit in der Schicht-2-Information gesetzt. Passiert dieser Rahmen einen Router und wurde der Ausgangsseite des Routers ein Prioritätszeitschlitz zugeordnet, so verläßt der Rahmen den Router mit der Priorität des Routers. Ist dem Routerausgang keine Priorität zugeordent, wird der Rahmen ohne Priorität weitergeleitet.

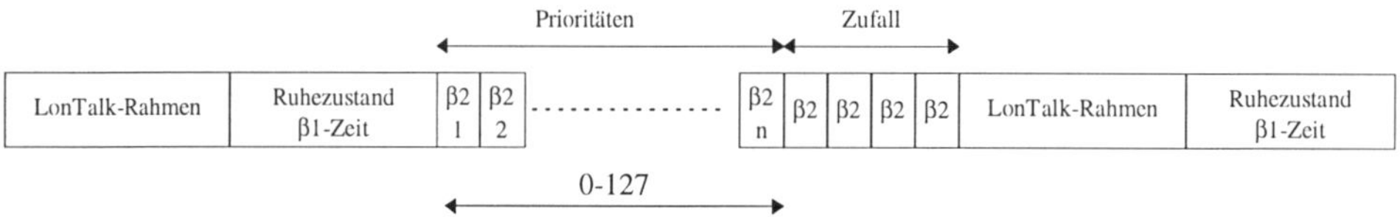

Bild 4-14: *Anordnung der Prioritätszeitschlitze in der Rahmenstruktur*

Werden von einem Knoten unmittelbar hintereinander mehrere Priority-Datenpakete abgesendet, so kann der Übertragungskanal von diesem einen Knoten so sehr belastet sein, daß kein anderer Knoten mehr zum Senden kommt. Als Schutzmechanismus wird folgende Strategie angewandt: Wurde im vorhergehenden Arbitrationszyklus der Prioritätszeitschlitz erfolgreich belegt, so wird im unmittelbar anschließenden Zyklus nicht der Prioritätszeitschlitz sondern ein Zufallszeitschlitz zum Aussenden des Priority-Paketes gewählt. Konnte das Paket in diesem Zyklus nicht erfolgreich ausgesendet werden, so kann im nächsten Zyklus wiederum ein Prioritätszeitschlitz verwendet werden.

Ist der Kanal für länger als $\beta 1 + (\Sigma\ \text{priorityslot}) * \beta 2 + (\Sigma\ W_L) * \beta 2$ in Ruhe, so sind die Knoten nicht mehr synchronisiert und Priority-Pakete werden in Zufallsrahmen ausgesendet. Kehrt der Kanal in den aktiven Betriebsmodus zurück, so wird unmittelbar das Prioritätsschema angewandt.

4.5.4 Rahmenformat MPDU/LPDU

Der Rahmenaufbau von MPDU/LPDU ist im Bild 4-15 dargestellt. Die NPDU wird von weiterer Rahmeninformation umschlossen. Zur Bit-Synchronisation wird eine Präambel bestehend aus „1"-Bits ausgesendet. Unmittelbar anschließend erfolgt die Byte-Synchronisation durch Aussenden eines „0"-Bits gefolgt von der Schicht-2-Header-Information mit dem Priority-Bit, dem Alternate Path Bit und dem Delta-Backlog. Mit dem Alternate Path Bit kann bei erfolgloser Kommunikation auf einen alternativen Verbindungsweg umgeschaltet werden. Die Vorstellung der NPDU erfolgt im Abschnitt 4.6.

Abschließend wird die 16-bit-CRC-Prüfsumme über das gesamte Paket einschließlich der Schicht-2-Header-Information berechnet, gebildet nach dem CCITT-CRC-16-Standard $x^{16} + x^{12} + x^5 + 1$ [Swee 91]. Im Direct Mode wird das Paket mit einer Code Violation (CV) der Differential-Manchester-Codierung beendet, die mindestens 1,25 Bit-Zeiten lang sein muß.

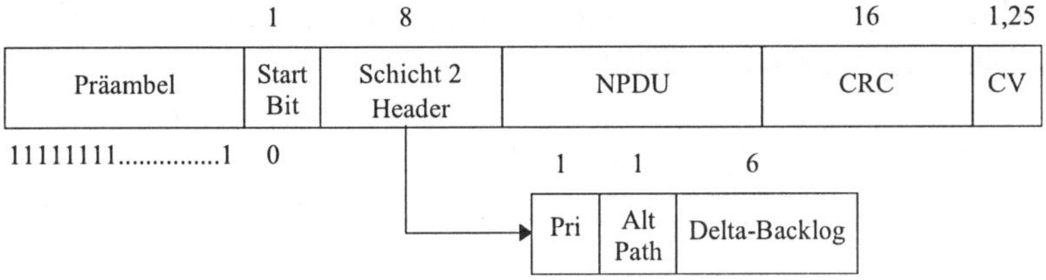

Bild 4-15: *Format von MPDU/LPDU*

4.5.5 Differential-Manchester-Codierung

Im Direct Mode wird die Differential-Manchester-Codierung bei der Kommunikation mit der Schicht 1 angewendet. Differential-Manchester-Codierung zeichnet sich durch Gleichstromfreiheit, Polaritätsunabhängigkeit sowie einfacher Bit-Synchronisation zwischen Sender und Empfänger aus. Hinsichtlich der benötigten Bandbreite können effizientere Leitungscodierungen gefunden werden.

Die Codierung ist einfach. Zu Beginn jeder Bitzeit T erfolgt ein Flankenwechsel. Erfolgt ein weiterer Flankenwechsel, so tritt er in Bitmitte auf. Übereinkunftsgemäß entsprechen einem Flankenwechsel pro Bitzeit eine 1 und zwei Flankenwechsel pro Bitzeit eine 0. Die Codierung ist im Bild 4-16 dargestellt.

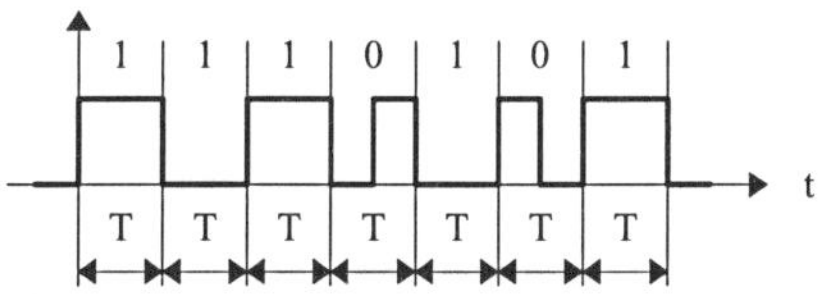

Bild 4-16: *Differential-Manchester-Codierung von „1" und „0"*

4.6 Network Layer

Das LonTalk-Protokoll unterstützt eine Vielzahl an unterschiedlichen Bustopologien (siehe Kapitel 7). Zur Gestaltung der Netzstrukturen stehen Repeater der Schicht 1, Store & Forward Repeater, Bridges und Router zur Verfügung. Repeater leiten den gesamten Netzwerkverkehr vom Kanal auf Seite A zum Kanal auf Seite B; Bridges akzeptieren nur Pakete zur Weiterleitung an die Ausgangsseite, die sich in derselben Domain wie die Bridge befinden. Konfigurierte und selbstlernende Router segmentieren den Netzwerkverkehr nach Subnet-Adressen und trennen somit den lokalen Verkehr innerhalb eines Subnets vom globalen Netzwerkverkehr.

Netzwerke mit mehreren Ausbreitungswegen sind potentiell gefährdet, Paketrahmen für immer im Kreis zu schicken. Eine Abhilfe sind konfigurierte Router, die physikalische Schleifen in logisch baumähnliche Strukturen aufspalten können. Werden selbstlernende Router, Bridges und Repeater eingesetzt, so muß beim Entwurf der Netzwerkstruktur darauf geachtet werden, keine Schleifen einzubauen. Dies kann mit einer baumähnlichen Topologie, wie im Bild 4-17 dargestellt, erreicht werden.

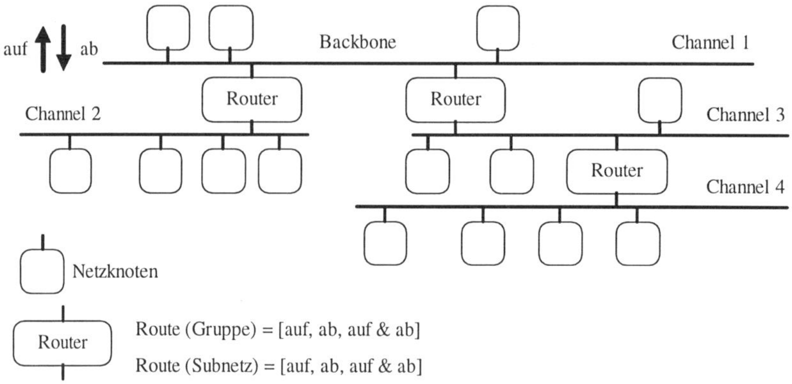

Bild 4-17: *Baumähnliche Netzstruktur vermeidet endlos kreisende Paketrahmen*

Man kann den Dienst, der vom Network Layer zur Verfügung gestellt wird, als verbindungslosen domain-abdeckenden Rahmenaustausch mit folgenden Attributen charakterisieren:

- *Unbestätigter Unicast-, Multicast- und Broadcast*-Nachrichtendienst: Abhängig von der Zieladresse wird der LonTalk-Rahmen entweder an einen Knoten (Unicast), an eine Gruppe von Knoten (Multicast), an alle Knoten innerhalb eines Subnets oder an alle Knoten einer Domain (Broadcast) gesendet. Die erfolgreiche Zustellung der Rahmen erfolgt mit Wahrscheinlichkeit $p \leq 1$.
- *Rahmenverlust:* Der Network Layer stellt keine Rahmenwiederholung oder Rahmenbestätigung zur Verfügung. Durchläuft ein Rahmen mehrere Kanäle, so sinkt die Wahrscheinlichkeit der erfolgreichen Rahmenzustellung.
- Erhalt der *Rahmenreihenfolge*: Rückkopplungsfreie Topologien ohne Store & Forward Repeater, die nur auf einen Kanal wirken, garantieren die Beibehaltung der Rahmenreihenfolge.
- *Keine Nachrichtensegmentierung*: Nachrichten können im Network Layer nicht in Segmente aufgeteilt und anschließend zu einer Gesamtnachricht zusammengesetzt werden[6].

4.6.1 Interface zum Transport Layer

Zwei Dienste werden vom Network Layer zur Verfügung gestellt, Send_Packet() Request und Receive_Packet() Indication, wie im Bild 4-18 dargestellt. Mittels Send_Packet() wird der Schicht 3 Quell- und Zieladresse, der Typ der Protocol Data Unit, die PDU selbst, Informationen zur Priorität, der Delta-Backlog sowie das Alternate Path Bit übergeben. In der Gegenrichtung liefert Receive_Packet() Indication sowohl Quell- als auch Zieladresse

[6] Prinzipiell kann die Segmentierung sowohl in Schicht 4 als auch in Schicht 3 erfolgen [Hals 96].

des empfangenen Rahmens, den Typ der PDU, die PDU und das Priority Bit aus Schicht 2.

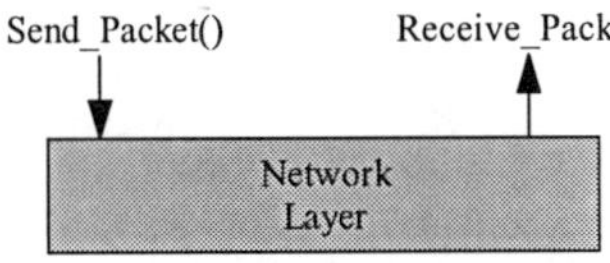

Bild 4-18: *Interface zum Transport Layer*

Grundsätzlich kann man die Funktionalität des Network Layer in zwei Teilbereiche gliedern:

- Erkennen und Vergleichen der Zieladresse im empfangenen Paketrahmen mit der eigenen Knotenadresse und Weiterleiten gültiger Datenpakete an den Transport Layer.
- Extrahieren der Routing-Information aus der NPDU und gezieltes Routen anhand von Router-Tabellen.

4.6.2 Format der NPDU

Eine NPDU (Network Protocol Data Unit) ist wie im Bild 4-19 dargestellt aufgebaut. Zwei Bits sind für die Protokoll-Version reserviert. Derzeit ist dieses Feld ausschließlich mit 00 belegt. Bit 4 und 5 kennzeichnen das Format der eingeschlossenen Protocol Data Unit (PDU). Die Zuordnung von bit 4 und 5 entnimmt man Tabelle 4-4. Bit 2 und 3 kennzeichnen das verwendete Adreßformat (Bild 4-19), und Bit 0 und 1 codieren die Länge der Domain-ID.

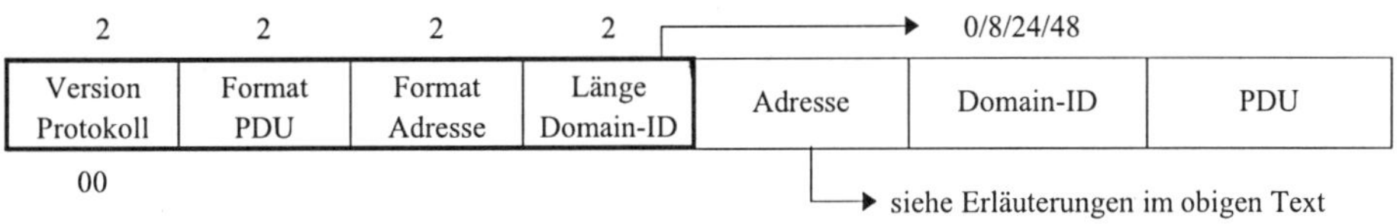

Bild 4-19: *Rahmenformat der NPDU*

Eine Zusammenfassung aller NPDU-Komponenten findet sich in Abschnitt 4.11.

Tabelle 4-4: *Codierung der PDU-Formate im NPDU Header*

Bit 5	**Bit 4**	**PDU Format**
0	0	TPDU
0	1	SPDU
1	0	AuthPDU
1	1	APDU

4.6.3 Router

Router beziehen Ihre Informationen aus der Netzwerkschicht. Ihnen ist ein eigener Abschnitt im Kapitel 7 gewidmet.

4.7 Transport Layer

Ähnlich der Gliederung in Schicht 2, ist bei LonTalk auch die Schicht 4 wie folgt aufgeteilt (Bild 4-2):

- *Transport Layer,*
- *Authentication-Server* für die Authentication des Absenders,
- *Transaction Control Sublayer.*

Die Anzahl der gleichzeitig aktiven abgehenden Nachrichten ist limitiert. Nur eine priorisierte und eine nichtpriorisierte abgehende Transaktion können gleichzeitig ablaufen. Weiterhin ist die Anzahl der gleichzeitig ablaufenden Empfangstransaktionen auf maximal 16 beschränkt.

LonTalk arbeitet mit 4 bit langen Transaktionsnummern, die vom Absender der Nachricht vergeben werden und vom Empfänger zur Erkennung von duplizierten Paketen verwendet werden. Voraussetzung für die erfolgreiche Erkennung von Duplikaten ist entweder ein Netzwerk in dem die Paketreihenfolge beibehalten wird, oder aber, daß alle Pfade vom Quell- zum Zielknoten etwa gleiche Paketlaufzeiten aufweisen. Das Zusammenspiel der verschiedenen Schicht-4-Timer (Transaction Timer, Receive Timer und Retry Count) gewährleistet die zuverlässige Erkennung von duplizierten Paketen.

4.7.1 Dienste im Transaction Control Sublayer

Der Transaction Control Sublayer ist verantwortlich für die Vergabe der Transaktionsnummern beim Absenden einer Nachricht, für die Limitierung der gleichzeitig abgehenden Transaktionen auf eine priorisierte und eine nichtpriorisierte, für die geordnete Reihenfolge der eingehenden Nachrichten beim Empfang sowie für die Erkennung von duplizierten Paketen (Duplikate).

4.7.2 Dienste im Transport Layer

Das Transport-Protokoll vertraut einerseits auf die Einhaltung der Paketreihenfolge sowie die Erkennung von Duplikaten im Transaction Control Sublayer. Andererseits stellt es folgende Dienste zur Verfügung.

- *Zuverlässige Multicast- und Unicast-Übertragung:* Sowohl Multicast innerhalb einer Gruppe als auch Multicast von einem externen Absender an eine Gruppe werden unterstützt.
- *Unbestätigte wiederholte (unacknowledged-repeated) Multicast- und Unicast-Übertragung:* Dieser Dienst unterscheidet sich vom zuverlässigen bestätigten Dienst nur darin, daß keine Bestätigung erwartet wird und der Rahmen auf alle Fälle so oft wiederholt wird, wie im Wiederholungszähler (Retry Count) angegeben ist. Wird der unbestätigte Dienst bei einer Gruppenadressierung eingesetzt, so fällt die Grenze von maximal 63 Mitgliedern in einer Gruppe, und die Gruppengröße ist nur noch durch die maximale Anzahl von Knoten innerhalb einer Domain beschränkt.

LonTalk-Gruppen sind symmetrisch, d. h., jedes Gruppenmitglied kann sowohl Sender als auch Empfänger einer Nachricht sein. Zur Vervollständigung der Ausführungen ist im Bild 4-20 das Interface der Transportschicht zu den übergeordneten Schichten dargestellt. Mit Send_Message() Request wird die Zieladresse, die APDU und das Prioritätsbit der abzusendenden Nachricht übergeben, Receive_Message() Indication meldet eine eingetroffene Nachricht und übergibt die APDU an die höheren Schichten, und Transaction_Completed() Indication meldet eine abgeschlossene Transaktion.

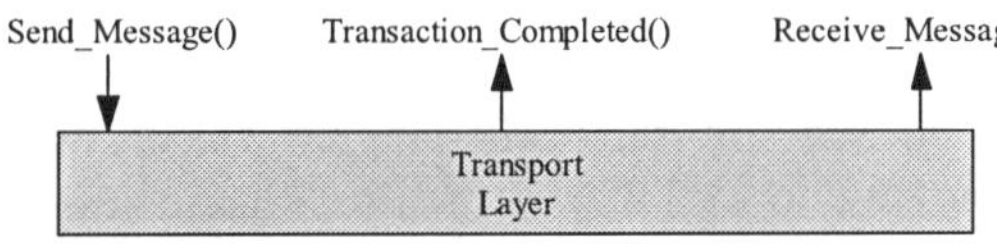

Bild 4-20: *Interface zum Session Layer*

4.7.3 Formate und Typen der TPDU

Die möglichen TPDU-Formate und die Typen der eingeschlossenen PDUs sind in einer Übersicht im Bild 4-21 dargestellt. Das Schicht-4-Header-Byte beinhaltet das Authentication Bit, eine 3-bit-Codierung des eingeschlossenen PDU-Typs sowie die 4-bit-Transaktionsnummer. Im Anschluß erfolgt die Übertragung einer der 5 möglichen PDUs.

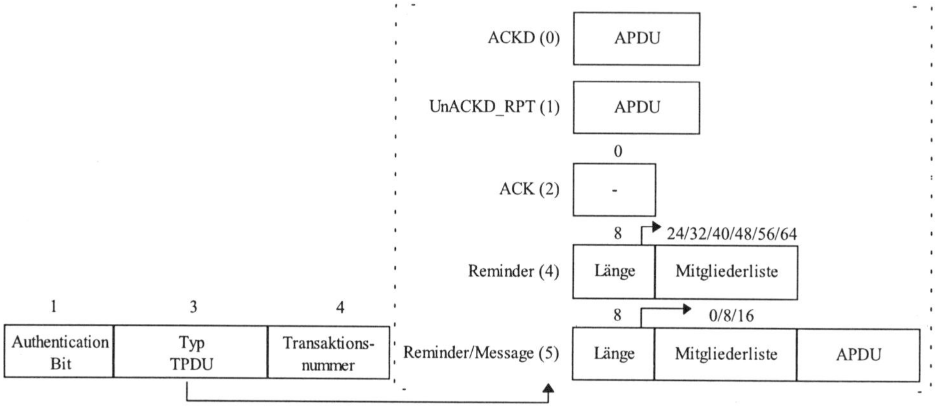

Bild 4-21: *Formate und Typen der TPDU*

Jede TPDU, die eine Bestätigung verlangt, kann durch Setzen des Authentication Bit als ein authentiziertes Datenpaket gekennzeichnet werden. Zur Abwicklung des Authentication-Protokolls wird der Authentication Server benötigt.

Die TPDU für den bestätigten Nachrichtendienst (ACKD) wird für die erste Übertragung einer Nachricht mit den Adreßformaten #1, #2a und seltener #3 verwendet. Im Gegensatz zur unbestätigten TPDU muß diese TPDU von allen Zielknoten bestätigt werden. Ferner wird diese TPDU als Unicast Reminder eingesetzt, d. h., zur Rahmenwiederholung von der Quelle zum Ziel, falls keine Bestätigung (Acknowledge) im Absendeknoten eintrifft. Multicast Reminder werden weiter unten behandelt.

Die TPDU für den unbestätigten wiederholten Nachrichtendienst (Unacknowledged-Repeated Message) UnACKD_RPT ist identisch mit ihrem bestätigten Gegenstück (ACKD) mit dem Unterschied, daß beim Empfang dieser TPDU keine Bestätigung ausgesendet wird. Einfache unbestätigte Nachrichten ohne Wiederholung haben keinen TPDU-Header und unterstützen daher nicht die Erkennung von Duplikaten.

Die Bestätigungs-TPDU (ACK) hat die Länge null. Für Bestätigungen wird entweder das Adreßformat #2a (Unicast Acknowledgement) oder #2b (Group Acknowledgement) verwendet. Das Transaktionsnummernfeld beinhaltet die zu bestätigende Transaktionsnummer.

Die Erinnerungs-TPDU (Reminder) wird bei Multicast Transaktionen eingesetzt, um gezielt nach ausstehenden Bestätigungen nachzufragen. Der Typ 4 wird verwendet, wenn die höchste Mitgliedernummer einer Gruppenbestätigungsmeldung ≥ 16 ist. Die Mitgliederliste der TPDU kennzeichnet alle bereits bestätigten und noch unbestätigten Gruppenmitglieder. Eine 0 an der Stelle X bedeutet, daß Mitglied X noch nicht bestätigt hat und zur Bestätigung aufgefordert wird, hingegen deutet eine 1 auf eine bereits empfangene Bestätigung hin. Die Länge der Mitgliederliste (24/32/40/48/56/64) kann dynamisch an die Gruppengröße angepaßt werden, wobei mit dem Sonderfall Länge = 0 alle Mitglieder zur Bestätigung aufgefordert werden. Bestätigungen werden jeweils mit dem TPDU-Paar Reminder/ACKD angefordert. Für Gruppengrößen < 16 kann der kombinierte Typ 5 eingesetzt werden.

Die Reminder/Message-TPDU (Typ 5) hat dieselbe Aufgabe wie Typ 4, wird jedoch verwendet, wenn die höchste Mitgliedernummer aller bisher empfangenen Bestätigungen kleiner als 16 ist. Diese TPDU enthält sowohl die Mitgliedernummer als auch die APDU in einer einzigen Nachricht. Für kleine Gruppengrößen kommt der Typ 5 zum Einsatz, für große Gruppen das TPDU-Paar Reminder (4) und ACKD (0).

4.7.4 Wiederholung auf Schicht 4

Die Anzahl der Wiederholungen (Retries) sollte groß genug gewählt werden, so daß eine erfolgreiche Nachrichtenübermittlung mit einer akzeptablen Wahrscheinlichkeit, z. B. über 99 %, erreicht wird. Eine genaue Analyse in [LonT 96, S. 52] zeigt, daß in den meisten Fällen mit 2 bis 5 Wiederholungen ein zufriedenstellendes Ergebnis erzielt wird.

Ein möglicher Protokollablauf einer Multicast-Kommunikation auf Schicht 4 mit Verlust der Nachricht-TPDU als auch der Bestätigung-TPDU wird im Bild 4-22 dargestellt. Der Sender sendet eine Nachricht-TPDU an den Empfänger, die jedoch verloren geht. Da diese Nachricht-TPDU nie beim Empfänger ankommt und somit keine Bestätigung ausgesendet wird, wiederholt der Sender nach Ablauf des Transmit Timer die Nachricht mit dem TPDU-Paar-Reminder/Message. Die Message-TPDU wird empfangen und und ein Bestätigungsrahmen (Bestätigung-TPDU) ausgesendet, der jedoch auf dem Weg zum Sender verloren geht. Wiederum wird vom Sender nach Ablauf des Transmit-Timer mit einem Reminder/Message-TPDU-Paar der Empfänger aufgefordert, seine Bestätigung auszusenden. Es wird vom Empfänger eine neue Bestätigung-TPDU ausgesendet, die letztendlich vom Sender fehlerfrei empfangen wird und somit die Transaktion mit Transaction_Completed() abschließt.

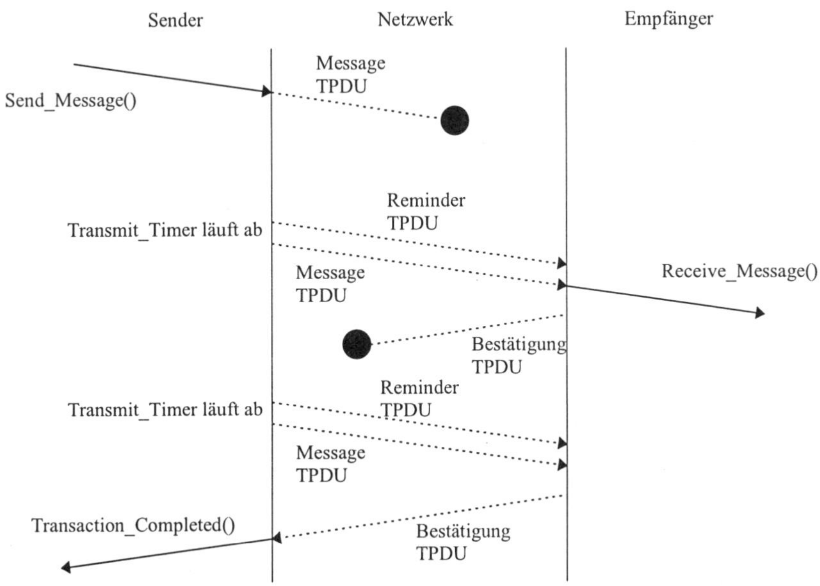

Bild 4-22: *Transport-Protokoll-Diagramm mit Verlust von Nachricht und Bestätigung bei Multicast-Nachrichtenübermittlung*

4.7.5 Timer der Schicht 4

Das Transport-Protokoll bedient sich dreier Timer. Der Transmit Timer bestimmt den zeitlichen Abstand der Nachrichtenwiederholung auf Schicht 4, der Repeat Interval Timer bestimmt den zeitlichen Abstand der Wiederholung für den unbestätigten Wiederholungsdienst (Unacknowledged Repeated) und der Receive Timer legt fest, wie lange ein Empfangsprozeß aktiv ist. Der Transmit Timer wird mit jeder ACK TPDU (Bestätigungsrahmen) bzw. mit dem Empfang eines Authentifizierungsaufrufes rückgesetzt, hingegen wird ein neuer Receive Timer bei Empfang einer Nachricht oder eines Reminder/Message-Paares mit neuer Transaktionsnummer gestartet. Konkrete Zahlenwerte für die drei Timer sowie für den Wiederholungszähler werden in Kapitel 5 vorgestellt.

4.7.6 Authentication-Server

Das Authentication-Protokoll steht sowohl dem Transport Layer als auch dem Session Layer zur Verfügung. Die Grundlage bildet der Dienst der Erkennung von duplizierten Datenpaketen im Transaction Control Sublayer.

Authentication (Beglaubigung) erlaubt dem Empfänger einer Nachricht, auf Wunsch die Identität des Absenders der Nachricht zu überprüfen. Dabei werden die beiden Teilnehmer mit Herausforderer (Challenger) und Herausgeforderter (Challengee) bezeichnet. Der Herausforderer initiiert den Prozeß der Authentication mit dem Absenden einer Zufallszahl Z an den Herausgeforderten. Dieser antwortet mit $V_G = S_G(Z, \textit{Nachricht})$, einer Verschlüsselung von Z sowie der ursprünglichen *Nachricht* unter Verwendung eines privaten Schlüssels S_G. Die Identität des Herausgeforderten wird nun überprüft, indem der Herausforderer die Verschlüsselung mit seinem eigenen Schlüssel durchführt $V_H = S_H(Z, \textit{Nachricht})$ und sein Ergebnis V_H mit V_G vergleicht. Verwenden sowohl Herausforderer als auch Herausgeforderter den gleichen Schlüssel $S_H = S_G$, so liefert das Authentication-Protokoll ein Pass- im anderen Fall ein Fail-Signal.

4.7.6.1 Dienste im Authentication-Server

Mittels Initiate_Challenge() wird der Herausforderer aufgefordert, den Authentication-Prozeß zu starten und eine 64-bit-Zufallszahl auszusenden. Der Herausgeforderte antwortet mit Reply() an den Herausforderer. Mit Process_Reply wird der Vergleich der Ergebnisse durchgeführt und als Antwort Pass oder Fail zurückgemeldet.

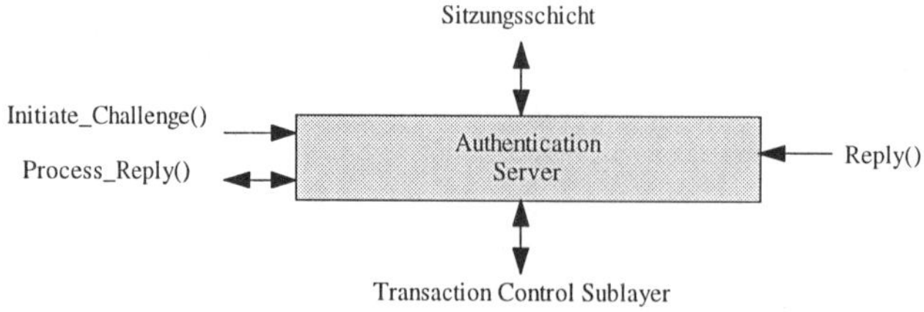

Bild 4-23: *Die Dienste des Authentication-Server stehen sowohl dem Transport Layer als auch dem Session Layer zur Verfügung*

4.7.6.2 Formate und Typen des Authentication-Server

Der Authentication-Server steht sowohl dem Transport Layer als auch dem Session Layer zur Verfügung. Es obliegt dem Absender einer Nachricht, den Authentication-Prozeß durch Setzen des Authentication Bit in der TPDU bzw. SPDU zu starten. Wird ein TPDU bzw. SPDU mit gesetztem Authentication Bit empfangen, so soll der Empfänger der Nachricht mittels Challenge-AuthPDU den Sender herausfordern (siehe Bild 4-24). Dieser wiederum antwortet mit der Verschlüsselung von Zufallszahl und ursprünglicher Nachricht in einer Reply-AuthPDU. Stimmen die Verschlüsselung aus der Reply-AuthPDU mit der im Empfänger berechneten Verschlüsselung überein, so wird die Transaktion als authentisch bezeichnet. In jedem Fall wird die TPDU bzw. SPDU zusammen mit der Information, ob die Authentication erfolgreich war oder nicht, an den Application Layer weitergeleitet. Ist die Applikation bei der speziellen Transaktion nicht an dem Ergebnis der Authentication interessiert, kann sie die TPDU bzw. SPDU verwenden, selbst wenn die Authentizität der Transaktion nicht gewährleistet ist. Im Falle, daß die Applikation nicht an der APDU interessiert ist, wird diese verworfen.

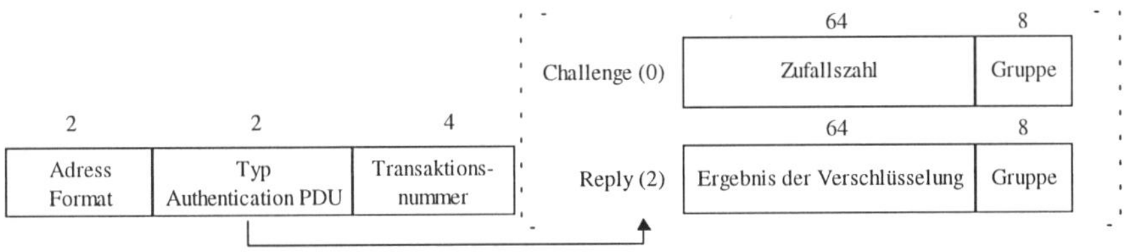

Bild 4-24: *Formate und Typen der Authentication PDU*

4.7.6.3 Der Verschlüsselungsalgorithmus

LonTalk verwendet nicht eine Verschlüsselung im eigentlichen Sinn. Die Nachricht wird unverschlüsselt übertragen, jedoch wird die Authentizität des Absenders der Nachricht mit einem Schlüssel überprüft. Der Verschlüsselungsalgorithmus bedient sich dabei eines beliebigen 48-bit-Schlüssels S, einer 64-bit-Zufallszahl Z sowie der APDU von unterschiedlicher Länge. Aus diesen vier Komponenten wird eine 64-bit-Verschlüsselungszahl V abgeleitet. An die 64-bit-Zufallszahl Z werden folgende Anforderungen gestellt:

- Z muß nicht mathematisch zufällig sein, jedoch so gut es geht unvorhersehbar. Diese Bedingung kann mit einem besonders langen Generatorpolynom erreicht werden.
- Der Zufallszahlengenerator darf nach besonderen Ereignissen wie Stromausfall, Reset usw. keine vorhersehbaren Werte liefern.

Besondere Sorgfalt ist beim Setzen eines neuen Schlüssels mit dem Network-Management-Kommando erforderlich, da Nachrichten, wie bereits erwähnt, immer unverschlüsselt übertragen werden. Man kann dieses Problem umgehen, indem man nur einen Differenzbetrag überträgt, der zum bereits bestehenden Schlüssel addiert wird.

4.8 Session Layer

Der Session Layer baut auf der korrekten SPDU-Reihenfolge sowie der Erkennung von duplizierten Rahmen im Transaction Control Sublayer auf und stellt den Request-Response-Dienst zur Verfügung. Der Request-Response-Mechanismus ist mit einem Remote Procedure Call (RPC) vergleichbar. Ein Client stellt eine Anfrage (Request) an einen entfernten Server und erhält von diesem eine Antwort (Response).

Man spricht von einer Non-Idempotent-Transaktion, wenn sie „at most once", d. h., entweder genau ein einziges Mal oder gar nicht ausgeführt wird. Non-Idempotent-Transaktionen sind von einem vorhergehenden Zustand abhängig, wie z. B. „Erhöhe die Lichtintensität der Lampe um weitere 15 %". LonTalk behandelt einen Request-Response-Dienst als Non-Idempotent, wenn die Länge der Response ≤ 1 Byte ist.

Ist die Länge der Response > 1 Byte, so ist die Transaktion bei LonTalk idempotent und kann beliebig oft mit dem gleichen Effekt ausgeführt werden. Beliebig oft bedeutet kein oder mehrere Male. Ein Beispiel dafür ist: „Lies die ersten fünf Tabelleneinträge."

Wie gesagt, entscheidet die Länge der Response bei LonTalk über die Art der Transaktion. Wird eine Non-Idempotent-Transaktion mit einer Response-Länge > 1 Byte gewünscht, so ist die Applikation verpflichtet, die Response zu speichern und erneut auszusenden. Unterstützt wird der Application Layer dabei vom Session Layer mit der Zusatzinformation, ob der Request ein Duplikat ist.

Der Request-Response-Dienst schlägt fehl, wenn innerhalb vorgegebener Zeitschranken keine Response beim Absender des Requests eintrifft (siehe Kapitel 5).

4.8.1 Interface des Session Layer

Das Interface des Session Layers hin zum Presentation Layer ist im Bild 4-25 dargestellt. Es wird zwischen Client und Server Interfaces unterschieden. Der Client startet einen Request an den Server mit Send_Request (Zieladresse, APDU, Priority), das Server Interface meldet den Request mittels Receive_Request (Transaktionsnummer, APDU, Duplikat, Priority). Duplikat kann die Werte True oder False annehmen und kennzeichnet eine Request-Wiederholung mit Duplikat = True. Der Server sendet die generierte Response mit Send_Response (Transaktionsnummer, APDU, Priority). Im Client meldet Transaction_Completed (Transaktionsnummer, Ergebnis) den Abschluß des Request-Response-Dienstes. Partial_Response (Transaktionsnummer, APDU, Priority) gibt die Response an die höheren Schichten weiter.

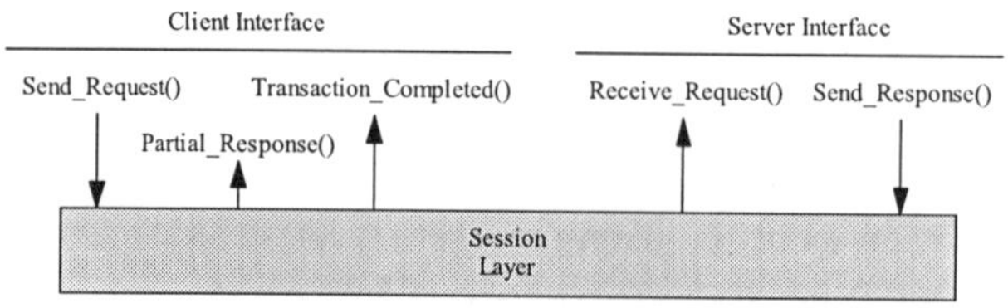

Bild 4-25: *Das Interface des Session Layers*

4.8.2 Formate und Typen der SPDU

Das Request-Response-Protokoll verwendet die vier PDU-Typen aus Bild 4-26. Das Rahmenlayout und die Protokollbearbeitung entsprechen den korrespondierenden PDU-Typen im Transport Layer (ACKD, ACK, Reminder, Reminder/Message).

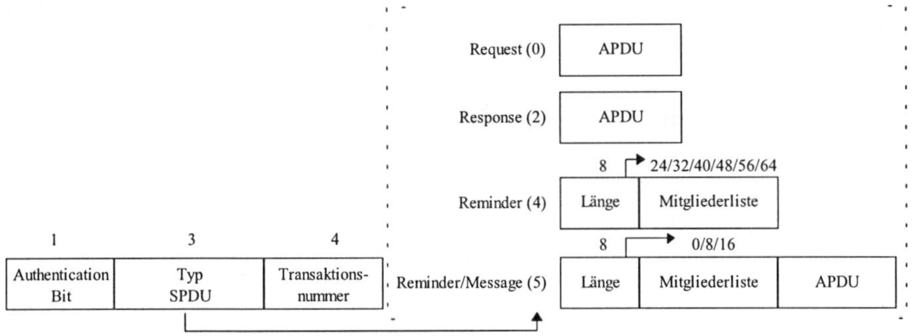

Bild 4-26: *Formate und Typen der SPDU*

Die Request-PDU wird beim ersten Aussenden des Requests eingesetzt. Verwendung finden die Adreßformate #1, #2a und vereinzelt #0 und #3. Format #0 wird vom Network-Management-Kommando Query ID (Abschnitt 4.10.5.1) verwendet, mit dem Network-Management-Kommando Update Domain (Abschnitt 4.10.6.1) und Format #3 werden anschließend jene Knoten konfiguriert, die auf Query ID geantwortet haben.

Die Response SPDU verwendet Adreßformate #2a und #2b. Das Feld Transaktionsnummer beinhaltet die zu bestätigende Transaktionsnummer der Request-Meldung. Die Länge der APDU bestimmt implizit die Art der Transaktion. APDUs mit null oder einem Byte Länge werden als Non-Idempotent-Transaktion, mit mehr als einem Byte Länge als Idempotent-Transaktion behandelt.

SPDU Reminder (4) und SPDU Reminder/Message (5) verhalten sich wie ihre TPDU-Gegenstücke. Ihr Verhalten kann in Abschnitt 4.7.3 nachgelesen werden.

Durch Setzen des Authentication Bits beim Request vom Client an den Server wird der Request-Response-Dienst authentifiziert und unterliegt somit dem Authentication-Prozeß nach Abschnitt 4.7.6.

4.8.3 Authentication

Der Client ist verantwortlich dafür, den Authentication-Prozeß einzuleiten. Der Server antwortet mit einer Challenge-AuthPDU an den Client. Der Client berechnet die Verschlüsselungszahl und sendet sie an den Server mittels Reply-AuthPDU. Beim Eintreffen im Server wird die Verschlüsselungszahl mit dem Ergebnis der eigenen Berechnung verglichen und bei Übereinstimmung die Transaktion als authentisch gekennzeichnet.

4.8.4 Protokoll-Timer der Schicht 5

Der Request-Response-Mechanismus bedient sich der beiden Timer Transmit und Receive. Die Funktionalität der beiden Timer ist identisch mit der Funktionalität der Timer im Transport Layer. Auch die empfohlenen Werte sind identisch zu denen in der Transportschicht mit einer Ausnahme, nämlich daß die Berechnungszeit der Responses im Server signifikant werden kann und diese Zeit bei den Schicht-5-Timern berücksichtigt werden muß (siehe Kapitel 5).

4.9 Presentation und Application Layer

Die auf einem Knoten laufende Applikation bedient sich der Dienste des Application Layers, um mit anderen Netzwerkknoten über Kommunikationsobjekte Nachrichten auszutauschen. Die Dienstschnittstelle zwischen Applikation und Application Layer wird als Application Layer Interface (ALI) bezeichnet. Der unter dem Application Layer liegende Presentation Layer legt aufbauend auf einer korrekten APDU fest, wie die in der APDU enthaltenen Daten zu interpretieren sind. Die anwendungsunabhängige Dateninterpretation des Presentation Layers gewährleistet den einfachen Nachrichtenaustausch zwischen Knoten verschiedenster Anwendergruppen. Erst durch getroffene Übereinkünfte, wie bestimmte Kommunikationsobjekte bei Sensoren, Aktoren usw. zu verwenden und zu interpretieren sind, wird eine sinnvolle Zusammenarbeit von Knoten in einem Netzwerk möglich, ohne über deren genaues Applikationsprogramm informiert zu sein[7].

Parallel zum Application Layer (Bild 4-27) stellt LonTalk Network-Management- und Network-Diagnostic-Protokolle zur Verfügung. Diese werden gesondert im Abschnitt 4.10 beschrieben.

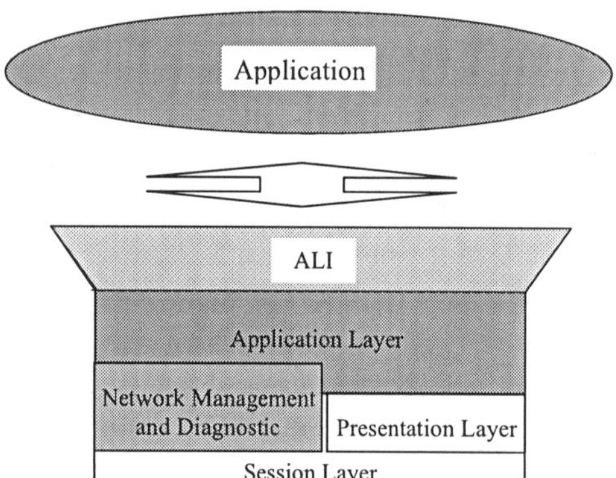

Bild 4-27: *Einbettung von Application Layer, Network Management und Diagnostic*

Sowohl der Presentation Layer als auch Network Management und Network Diagnostic funktionieren nur dann, wenn alle darunterliegenden Schichten ordnungsgemäß arbeiten.

---

[7] siehe Kapitel 10 und 11

4.9.1 Funktionen des Presentation und Application Layers

Presentation und Application Layer unterstützen 5 Basisfunktionen:

- Network Variable Propagation: Dieser Dienst sendet Nachrichten, die von dem(n) Empfänger(n) als Netzwerkvariablen-Update interpretiert werden.
- Generic Message Passing: Eine Anwendung kann eine beliebige Nachricht konstruieren, die dann mit allen zur Verfügung stehenden Adressierungsarten und Kommunikationsdiensten[8] versendet werden kann.
- Network Management Messages (NMM): Die von LonTalk zur Verfügung gestellten Dienste des NMM werden in Abschnitt 4.10 beschrieben.
- Network Diagnostic Messages: LonTalk unterstützt eine Reihe von Network-Diagnostic-Diensten. Diese werden gemeinsam mit den NMM in Abschnitt 4.10.12 beschrieben.
- Foreign Frame Transmission: LonTalk unterstützt mit diesem Dienst die Übertragung von PDUs fremder Protokolle. Damit kann LonTalk als Transportmittel von ihm fremden Protocol Data Units verwendet werden.

4.9.2 Typen und Formate der APDU

Die APDU besteht, wie Bild 4-28 zeigt, aus einem Header und einem Feld von Datenbytes.

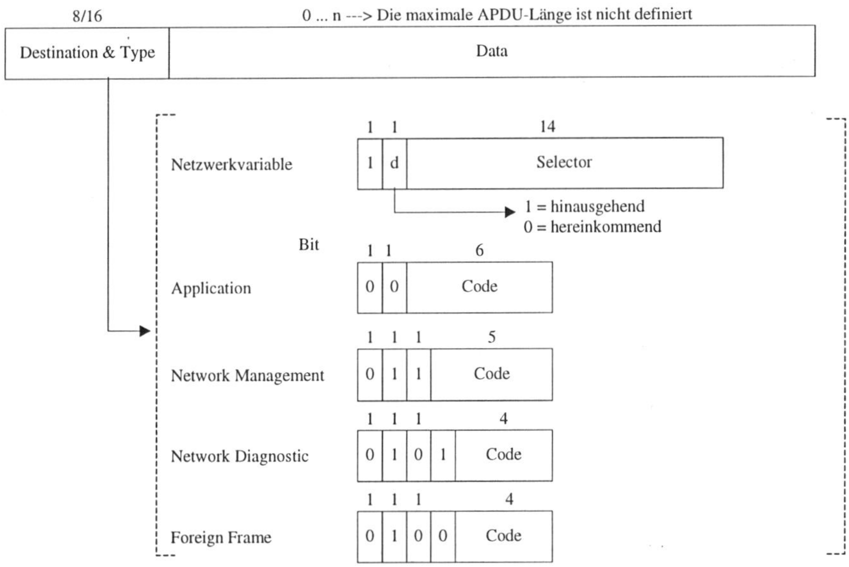

Bild 4-28: *APDU-Rahmen*

---

[8] siehe Abschnitt 4.7

Mit der Definition gemäß Bild 4-28 ergibt sich folgende Datenstruktur (Deklaration 4-1):

```
struct message
{
       int destin_type;
       int data[]
}
```

Deklaration 4-1: *Datenstruktur einer APDU*

Das Feld `destin_type` ist wie folgt codiert:

00xxxxxx	allgemeine Nachricht für Anwendungen
1dxxxxxx	eine Netzwerkvariablennachricht; „d" zeigt die Richtung an: 1 für hinausgehend, 0 für hereinkommend, die verbleibenden Datenbits formen mit dem ersten Datenbyte einen 14-bit-Netzwerkvariablenselektor
011xxxxx	eine Network Management Message (32 Codes)
0101xxxx	eine Network Diagnostic Message(16 Codes)
0100xxxx	ein Foreign Frame

Die in der APDU enthaltenen Daten unterliegen folgenden Definitionen:

- Das erste empfangene Zeichen wird ganz links und das letzte ganz rechts im Array gespeichert.
- Alle Datenformate (wie z. B.: long, quad usw.) werden mit dem höchstwertigen Bit links gespeichert.
- Strukturen werden ebenfalls von links nach rechts gespeichert.
- Alle LonTalk-Knoten müssen zumindest eine APDU mit 16 Byte Daten plus 1 Byte `destin_type` empfangen können.

4.9.3 Message Codes

Die Nachrichtenart ist im Feld `destin_type` der APDU codiert (Bild 4-28). Beim Empfangen einer APDU arbeitet der Presentation Layer wie ein Filter, das die jeweiligen Daten nur an die dafür zuständigen Funktionen des Application Layers weiterreicht. Auch der Network Management Layer bedient sich aufgrund des für ihn vorgesehenen Bereichs von Message Codes der empfangenen APDUs. Beim Senden einer Nachricht wiederum teilt der Application Layer dem Presentation bzw. dem Network Management Layer die Art der Nachricht in Form eines Parameters mit.

Für Kommunikationsobjekte gilt:

> Das Bitmuster von `destin_type` entspricht dem Message Code der Kommunikationsobjekte. Kommunikationsobjekte der Klasse „Netzwerkvariable" implizieren bereits den Message Code durch die Einbindung von bei der Konfiguration des Knotens festgelegten Netzwerkvariablenselektoren. Die Kommunikationsobjektklasse „Explicit Message" verlangt jedoch allgemein die Angabe des Message Codes durch die Anwendung. Für die Message Codes gelten entsprechend Bild 4-28 folgende Zuordnungen (Tabelle 4-5):

Tabelle 4-5: *Message Codes*

Message Type	**Bereich der Message Codes (hex)**
Application Messages	00 - 3E
Foreign Messages	40 - 4E
Network Diagnostic Messages	50 - 5F
Network Management Messages	60 - 73
Router Configuration Messages	74 - 7E
Service Pin Message	7F
Network Variable Message	80 - FF

4.9.4 Application Layer Interface

Das Anwendungsprogramm bedient sich zur Kommunikation mit anderen Knoten der Dienste des Application Layers (Bild 4-29). Die Kommunikation umfaßt den Produktivdatenaustausch und das Initiieren von Diensten des Network Managements und der Network Diagnostic. Die meisten Dienste bedürfen beim Aufruf keiner Parameter, sondern sie verwenden die Daten der Objekte *msg_out*, *msg_in*, *resp_out* und *resp_in*.

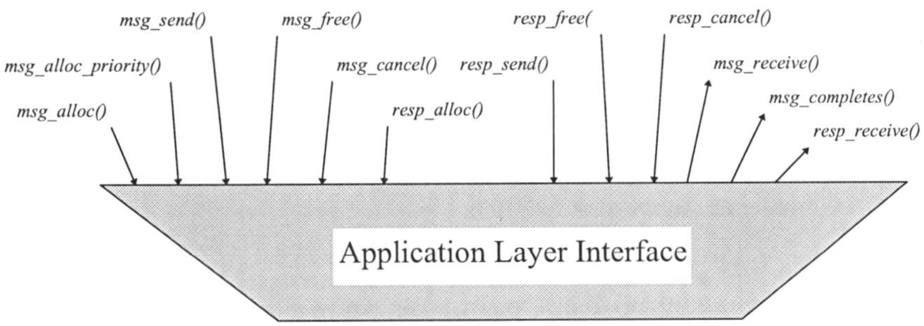

Bild 4-29: *Festlegung der Dienste des ALI*

Die Syntax und die Funktion der Dienste des ALI sind wie fogt definiert:

– *msg_alloc()*

  Mit der Funktion *msg_alloc()* wird ein nichtpriorisierter Sendepuffer (Output Application Buffer) reserviert. Kann ein solcher nicht reserviert werden, so gibt die Funktion False zurück, bei Erfolg wird True zurückgegeben.

– *msg_alloc_priority()*

  Mit der Funktion *msg_alloc_priority()* wird ein priorisierter Sendepuffer (Priority Output Application Buffer) reserviert. Kann ein solcher nicht reserviert werden, so gibt die Funktion False zurück, bei Erfolg wird True zurückgegeben.

- *msg_send (msg_out)*

  Die Funktion *msg_send()* sendet die in der Datenstruktur des Objekts *msg_out* übergebenen Daten.

- *msg_cancel()*

  Die Funktion *msg_cancel()* löscht die Nachricht, die gerade gebildet wird, und macht das Objekt *msg_out* für andere Nachrichten frei.

- *msg_free()*

  Die Funktion *msg_free()* löscht alle Daten im Objekt *msg_in*, um Platz für eine neue ankommende Nachricht zu schaffen.

- *resp_alloc()*

  Mit der Funktion *resp_alloc()* wird ein nichtpriorisierter Sendepuffer für eine zu sendende Antwort (Response) reserviert. Kann ein solcher nicht reserviert werden, so gibt die Funktion False zurück, bei Erfolg wird True zurückgegeben.

- *resp_send(resp_out)*

  Die Funktion *resp_send()* sendet die in der Datenstruktur des Objekts *resp_out* übergebene Antwort.

- *resp_cancel()*

  Die Funktion *resp_cancel()* löscht die Antwort, die gerade gebildet wird und macht das Objekt *resp_out* für andere Antworten frei.

- *resp_free()*

  Die Funktion *resp_free()* löscht alle Daten im Objekt *resp_in*, um Platz für eine neu ankommende Antwort zu schaffen.

- *msg_receive(msg_in)*

  Mit *msg_receive(msg_in)* teilt das ALI der Anwendung mit, daß eine neue Nachricht empfangen wurde. Die Daten der empfangenen Nachricht werden im Objekt *msg_in* übergeben.

- *resp_receive(resp_in)*

  Mit *resp_receive(resp_in)* teilt das ALI der Anwendung mit, daß eine neue Antwort empfangen wurde. Die Daten der empfangene Antwort werden im Objekt *resp_in* übergeben.

- *msg_completes()*

  Das ALI teilt mit *msg_completes()* den Status einer mit *msg_send()* bereits gesendeten Nachricht mit. Dabei übergibt *msg_completes()* `FAILED` zurück, wenn die Nachricht nicht ordnungsgemäß gesendet werden konnte und `SUCCEEDED`, wenn die Nachricht ordnungsgemäß gesendet wurde. Wird `COMPLETED` übergeben, so bedeutet dies lediglich, daß der Sendevorgang abgeschlossen wurde; dies gibt keinen Aufschluß darüber, ob die Nachricht angekommen ist.

4.9.4.1 Datenstrukturen der Nachrichten- und Antwortobjekte

Für die Objekte *msg_out*, *msg_in*, *resp_out* und *resp_in* definiert LonTalk spezielle Datenstrukturen (Deklaration 4-2). Ein wichtiger Teil dieser Datenstrukturen sind die Adreßfelder, in denen die hierarchische Adressierungsstruktur von LonTalk abgebildet ist (Abschnitt 4.3).

Die nun folgenden Definitionen basieren auf ANSI-C mit der Einschränkung, daß Variablen des Typs `unsigned`, `int` und `char` nur 1 Byte lang sind. Der Typ `unsigned long` entspricht 2 Bytes.

```
#define NEURON_ID_LEN        6

typedef enum addr_type { UNBOUND, SUBNET_NODE, NEURON_ID, BROADCAST
} addr_type;

typedef struct group_struct {
      unsigned type        : 1;    // 1 => group
      unsigned size        : 7;    // group size (0 => huge group)
      unsigned domain      : 1;    // domain index
      unsigned member      : 7;    // member num (if huge group,
                                   // only use 0)
      unsigned rpt_timer   : 4;    // unackd_rpt timer
      unsigned retry       : 4;    // retry count
      unsigned rcv_timer   : 4;    // receive timer index
      unsigned tx_timer    : 4;    // transmit timer index
      unsigned group;              // group ID
} group_struct;

typedef struct snode_struct {
      addr_type type;              // SUBNET_NODE
      unsigned domain      : 1;    // domain index
      unsigned node        : 7;    // node number
      unsigned rpt_timer   : 4;    // unackd_rpt timer
      unsigned retry       : 4;    // retry count
      unsigned             : 4;
      unsigned tx_timer    : 4;    // transmit timer index
      unsigned subnet;             // subnet ID
} snode_struct;

typedef struct bcast_struct {
      addr_type type;              // BROADCAST
      unsigned domain      : 1;    // domain index
      unsigned             : 1;
      unsigned backlog     : 6;    // backlog override value
      unsigned rpt_timer   : 4;    // unackd_rpt timer
      unsigned retry       : 4;    // retry count
      unsigned             : 4;
      unsigned tx_timer    : 4;    // transmit timer index
      unsigned subnet;             // subnet ID (0 => domain
                                   // broadcast)
} bcast_struct;

typedef struct nrnid_struct {
      addr_type     type;
      unsigned      domain        : 1;
```

```
        unsigned                      : 7;
        unsigned     rpt_timer        : 4;
        unsigned     retry            : 4;
        unsigned                      : 4;
        unsigned     tx_timer         : 4;
        unsigned     subnet;
        unsigned     nid [NEURON_ID_LEN];
} nrnid_struct;


typedef       union msg_out_addr {
        addr_type            no_address;   // UNBOUND(0) if no address
        group_struct         group;        // Defined above
        snode_struct         snode;        // Defined above
        nrnid_struct         nrnid;        // Defined above
        bcast_struct         bcast;        // Defined above
} msg_out_addr;

// Typedef for 'msg_in_addr', which is the type of the field
'msg_in.addr'.


typedef struct msg_in_addr {
        unsigned     domain          : 1;
        unsigned     flex_domain     : 1;
        unsigned     format          : 6;
        //NOT the 'addr_type' enum.INSTEAD:
        //0 => Broadcst, 1 => Group, 2 => Subnet/Node,3 => Neuron ID

        struct {
                unsigned subnet;
                unsigned                : 1;
                unsigned node           : 7;
        } src_addr;
        union {
                unsigned bcast_subnet;
                unsigned group;
                struct {
                        unsigned subnet;
                        unsigned        : 1;
                        unsigned node: 7;
                } snode;
                struct {
                        unsigned subnet;
                        unsigned nid [NEURON_ID_LEN];
                } nrnid;
        } dest_addr;
} msg_in_addr;

/* Typedef for 'resp_in_addr', which is the type of the field
'resp_in.addr'.*/


typedef struct resp_in_addr {
        unsigned     domain                 : 1;
        unsigned     flex_domain            : 1;
```

```
        struct {
                unsigned subnet;
                unsigned is_snode             : 1;    // 0=>group resp,
                                                      // 1=>snode resp
                unsigned node                 : 7;
        } src_addr;
        union {
                struct {
                        unsigned subnet;
                        unsigned              : 1;
                        unsigned node         : 7;
                } snode;
                struct {
                        unsigned subnet;
                        unsigned              : 1;
                        unsigned node         : 7;
                        unsigned group;
                        unsigned              : 2;
                        unsigned member       : 6;
                } group;
        } dest_addr;
} resp_in_addr;


struct {
        int             code;                 //message code
        int             len;                  //length of message
        int             data[];               //message data
        boolean         authenticated;        //TRUE if message was au-
                                              //thenticated
        service_type service;                 //service type used to send
                                              //this message
        boolean         duplicate;            //TRUE if msg is duplicate
        unsigned        rcvtx;                //index to the transaction
                                              //record
        msg_in_addr     addr;                 //source address
        } msg_in;

struct {
        boolean         priority_on;          //TRUE if a priority msg
        msg_tag         tag;                  //to correlate
                                              //completion codes
        int             code;                 //message code
        int             data[];               //message data
        boolean         authenticated;        //TRUE if to be au-
                                              //thenticated
        service_type service;                 //service type used to send
                                              //the message
        msg_out_addr dest_addr;               //destination address
        } msg_out;

struct {        //struct for receiving responses

        int             code;                 //message code
        int             len;                  //length of message
        int             data[];               //message data
```

```
      msg_in_addr  addr;              //source address
      } resp_in;


struct {                        //struct for sending responses
      int          code;        //message code
      int          data[];      //message data
      } resp_out;
```

Deklaration 4-2: *Datenstrukturen der Nachrichten- und Antwortobjekte*

4.9.4.2 Transaktion einer APDU

Als Beispiel wird eine Idempodent-Multicast-Request/Response-Transaktion betrachtet (Bild 4-30).

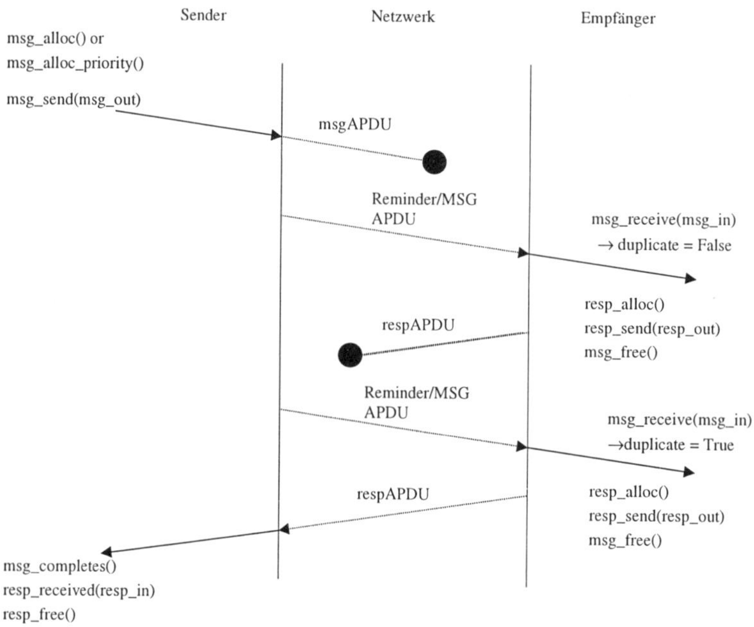

Bild 4-30: *Application-Protokoll-Interaktionsdiagramm*

Mit *msg_alloc()* wird ein Sendepuffer für eine Nachricht reserviert. Kann ein Buffer zur Verfügung gestellt werden, so werden mit dem Aufruf von *msg_send(msg_out)* die Sendedaten im Objekt *msg_out* übergeben. Nach erfolgreicher Übertragung zum Empfänger wird dem Empfänger die Nachricht durch den Dienst *msg_receive(msg_in)* der Applikation angeboten. Der Empfänger antwortet nach Auswertung der Nachricht durch Senden einer Response. Dazu muß er einen Sende-Buffer für die Response mit *resp_alloc()* reservieren. Ist ein Buffer verfügbar, so wird durch Aufruf von *resp_send(resp_out)* die Response gesendet. Der Empfänger muß nach dieser Transaktion den Dienst *msg_free()* aufrufen, um den Empfangs-Buffer, der die Daten des Objektes *msg_in* beinhaltet, für weitere Nachrichten freizugeben. Der Sender empfängt die Response vom Empfänger, meldet der Applikation den Ausgang der Transaktion mit *msg_completes()* und übergibt die Daten der Response mit *resp_received(resp_in)*. Nach Auswertung der Response gibt der Sender den Empfangs-Buffer durch *resp_free()* wieder frei.

4.10 Network Management und Network Diagnostic

Network-Management und Network-Diagnostic-Protokolle (NM/ND) sind Protokolle, die auf dem Session Layer aufsetzen. Damit NM/ND in einem LON möglich ist, muß auf eine eindeutige, von LonTalk definierte, Semantik geachtet werden. Manche Dienste von NM/ND sind sehr hardwarenahe. Daher wird schon in diesem Kapitel zum Teil auf den Neuron-Chip Bezug genommen[9].

Mit wenigen Ausnahmen manipulieren NM/ND-Messages Speicherbereiche auf Lon-Works-Knoten. Ein Teil der Dienste dient zur Bearbeitung von Datenfeldern, die die Konfigurationsdaten des LonWorks-Knotens enthalten. Beim Neuron-Chip ist für diese Daten ein nichtflüchtiges EEPROM vorgesehen. Die Adressen der Konfigurationsdaten im LonWorks-Knoten werden von den Knoten selbst verwaltet. Werden beispielsweise Adreßzuweisungen auf einem Knoten über NMM abgewickelt, so weiß der Empfängerknoten, wo er diese Daten gespeichert hat. Lediglich zum Laden von Programmen über das Netzwerk müssen die absoluten Speicheradressen im jeweiligen Knoten bekannt sein, damit sie mittels Read- und Write-Memory-Kommandos angesprochen werden können.

Die Network-Management-Applikation stellt eine verteilte Anwendung nach dem Client/Server-Prinzip dar. Dabei kann es mehrere Clients und mehrere Server geben. Server-Funktionalität muß auf allen Knoten gegeben sein, während Client-Funktionalität nur auf Network-Management-Knoten vorhanden sein muß.

Es werden folgende Funktionalitäten von NM/ND unterstützt:

- Adreßzuweisungen,
- Abfragen von Knotenstatus und Knotenstatistiken,
- Bearbeiten von Router Tabellen (Configured Router).

Network-Management-Funktionen sind mit wenigen Ausnahmen als „remote Procedure Calls“ über dem Session Layer zu implementieren. Bei manchen NMMs wird unterschieden, ob die Applikation auf einem Neuron-Chip läuft (Neuron Hosted Node) oder auf einem Mikroprozessor (Microprocessor Hosted Node). Bei Microprocessor Hosted Nodes können auch Teile der Konfigurationsdatenstrukturen des als Kommunikationsprozessor verwendeten Neuron-Chip auf den Mikroprozessor ausgelagert sein.

Zum leichteren Verständnis der einzelnen NM/ND-Dienste wird zunächst ein Überblick über den möglichen Status eines LonWorks-Knotens gegeben und anschließend werden dessen Konfigurationsdatenstrukturen besprochen.

---

[9] Details zur Implementierung von LonTalk auf dem Neuron-Chip entnehmen Sie bitte Kapitel 5.

4.10.1 Knotenstatus

LonWorks-Knoten können sich in einem von vier Betriebszuständen befinden:

- Applicationless: In diesem Betriebszustand läuft kein Applikationsprogramm am Knoten. Dies ist der Fall, wenn
  - entweder keine Applikation geladen ist,
  - gerade eine Applikation geladen wird,
  - für die Applikation eine falsche Prüfsumme (Checksum) über das Application Image entdeckt wurde.
- Unconfigured: Ein Knoten befindet sich in diesem Betriebszustand, wenn die Konfigurationsdaten noch nicht geladen wurden, sie gerade geladen werden oder eine falsche Prüfsumme über die Konfigurationsdaten errechnet wurde. In diesem Status kann die Applikation selbst entscheiden, ob sie ablaufen will oder nicht.
- Hard-Offline: Diesen Zustand nimmt der Knoten an, wenn er mit gültigen Konfigurationsdaten versehen ist und die geladene Applikation nicht läuft.
- Configured: Dies ist der normale Betriebszustand eines LonWorks-Knotens. Die geladenen Konfigurationsdaten sind gültig und die Applikation läuft.

Die Knotenstatus können mit der NDM *Query Node* abgefragt werden.

Bem.: Wird ein Knoten als „konfiguriert" bezeichnet, so kann er sich entweder im Status Configured oder Hard-Offline befinden. Bezeichnet man ihn als „unkonfiguriert", so ist er entweder im Status Unconfigured oder Applicationless.

Die Konfigurationsdaten werden auf LonWorks-Knoten in Form von Tabellen verwaltet. Eingeteilt sind sie in applikationsspezifische und netzwerkspezifische Datenstrukturen. Applikationsspezifische Daten werden zur Compile-Zeit erstellt und können nur dann verändert werden, wenn die Applikation neu compiliert und geladen wird. Die netzwerkspezifischen Datenstrukturen beinhalten all jene Parameter, die den Knoten in das Adreßschema von LonTalk einbetten. Zusätzlich enthalten sind die Konfigurationsdaten der Kommunikationsobjekte (Netzwerkvariablen und bindable Message Tags), sowie LonTalk-Protokoll-Parameter wie z. B. die Transceiver-Parameter. Einen Überblick über die Konfigurationsdatenstrukturen gibt Bild 4-31.

4.10.2 Konfigurationsdatenstrukturen

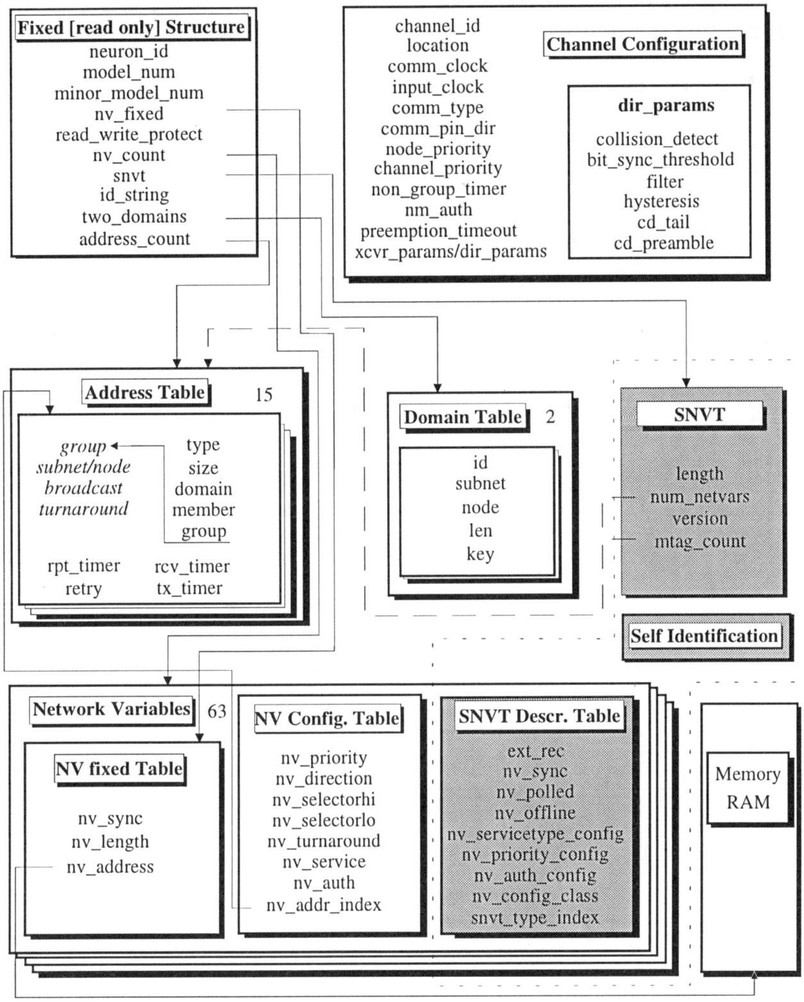

Bild 4-31: Konfigurationsdatenstrukturen im Überblick [Prinz 93] [Schw 94]

Eine detailierte Beschreibung der Konfigurationsdatenstrukturen findet sich in [Lonw96], Appendix A, Neuron-Chip Data Structures.

4.10.3 Einteilung der NM/ND-Dienste

Die Network-Management- und Network-Diagnostik-Dienste setzen, wie bereits beschrieben, auf dem Session Layer auf. Network Management PDUs (NMPDU) und Network Diagnostic PDUs (NDPDUs) unterscheiden sich von APDUs nur durch das Bit-Muster im Feld `destin_type` (Bild 4-28), also durch den Message Code (Tabelle 4-5). Der vorgesehene Bereich des Message Codes für NDPDUs ist h'50 bis h'5F, der für NMPDUs h'60 bis h'73. Deklaration 4-3 zeigt die Definition der Message Codes für alle NDMs und NMMs nach [LonT 96].

```
// Define network management message codes
typedef enum NM_msg_code {
    NM_query_id          = 0x1,
    NM_respond_to_query  = 0x2,
    NM_update_domain     = 0x3,
    NM_leave_domain      = 0x4,
    NM_update_key        = 0x5,
    NM_update_addr       = 0x6,
    NM_query_addr        = 0x7,
    NM_query_nv_cnfg     = 0x8,
    NM_update_group_addr= 0x9,
    NM_query_domain      = 0xA,
    NM_update_nv_cnfg    = 0xB,
    NM_set_node_mode     = 0xC,
    NM_read_memory       = 0xD,
    NM_write_memory      = 0xE,
    NM_checksum_recalc   = 0xF,
    NM_install           = 0x10,
    NM_wink              = 0x10,        //alias for NM_install
    NM_memory_refresh    = 0x11,
    NM_query_SNVT        = 0x12,
    NM_nv_fetch          = 0x13,
    NM_service_pin       = 0x1F,
} NM_msg_code;

// Define network diagnostic message codes
typedef enum ND_msg_code {
    ND_query_status      = 0x1,
    ND_proxy             = 0x2,
    ND_clear_status      = 0x3,
    ND_query_xcvr        = 0x4,
} ND_msg_code;

//Define offsets and masks for constructing request and response
//codes
#define NM_opcode_base      0x60
#define NM_opcode_mask      0x1F
#define NM_resp_mask        0xE0
#define NM_resp_success     0x20
#define NM_resp_failed      0x00

#define ND_opcode_base      0x50
#define ND_opcode_mask      0x0F
#define ND_resp_mask        0xF0
#define ND_resp_success     0x30
#define ND_resp_failed      0x10
```

Deklaration 4-3: *Definition der Message Codes*

Für NMMs stehen bis auf einige Ausnahmen alle Service-Typen (acknowledged, unacknowledged, unacknowledged/repeated und request/response) zur Verfügung. Diejenigen NMMs, die nur mit dem Service Type Request/Response zur Verfügung stehen, werden gesondert gekennzeichnet.

Wird eine Message mit dem Request/Response Service abgeschickt, so verfügt sowohl die Request Message als auch die Response Message über einen eigenen Message Code. Bei der von einem Knoten zurückgeschickten Response unterscheidet man noch zwischen einer „Success Response“ und einer „Failed Response“. Die Message Codes von Request und Response einer NMM stehen dabei in eindeutigem Zusammenhang:

- `Request Code       = (Message Code) or (NM_opcode_base)`
- `Message Code       = (Request Code) &  (NM_opcode_mask)`
- `Success Response   = (Message Code)or (NM_resp_success)`
- `Failed Response    = (Message Code) or (NM_resp_failed)`

Bem.: Alle Verknüpfungen sind bitweise zu verstehen. Bei den nachfolgenden Deklarationen ist der `Message Code` *im Byte* `command` *abgebildet.*

4.10.4 Ablauf

Um nun zum Beispiel einen Domain-Tabelleneintrag aus einem Knoten über das Netzwerk zu lesen, muß an den Knoten (Server) eine Anfrage geschickt (Request) werden, den gewünschte Eintrag dem fragenden Knoten (Client) mitzuteilen (Response). Der Server schickt dann an den Client die gewünschten Daten zurück. Die notwendigen Server-Funktionen sind in LonTalk implementiert und werden somit unabhängig von der Applikation vom LonWorks-Knoten bearbeitet (Bild 4-32).

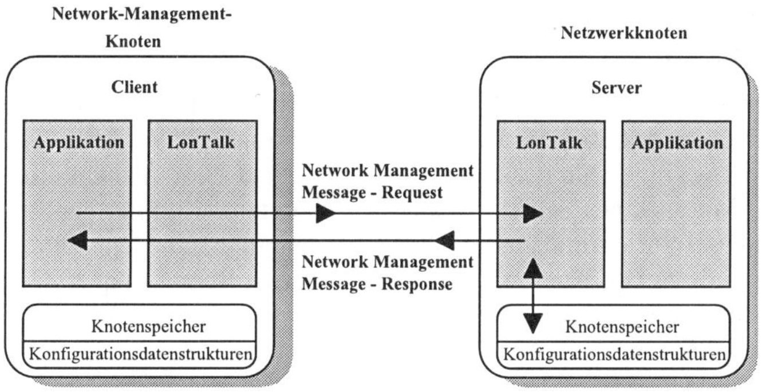

Bild 4-32: *Ablauf einer NMM mit request/response Service*

Wird ein Netzwerkknoten unkonfiguriert in einem LON installiert, so ist er in die logische Netzwerkhierarchie noch nicht eingebettet. Es ist daher nicht möglich, ihn logisch zu adressieren. LonTalk stellt für diesen Fall eine eigene NMM zur Verfügung, mit der es einem Knoten möglich ist, eine 48-bit-Nummer mitzuteilen, die für jeden LonWorks-Knoten verschieden ist und sein muß. Beim Neuron-Chip wird diese Nummer als Neuron ID bezeichnet. Beim Neuron-Chip ist ein eigener Anschluß für einen Taster vorgesehen, mit dessen Aktivierung der Neuron-Chip seine Neuron ID als Broadcast in die Domain aussendet (siehe Abschnitt 4.10.5.3). Den Ablauf zeigt Bild 4-33.

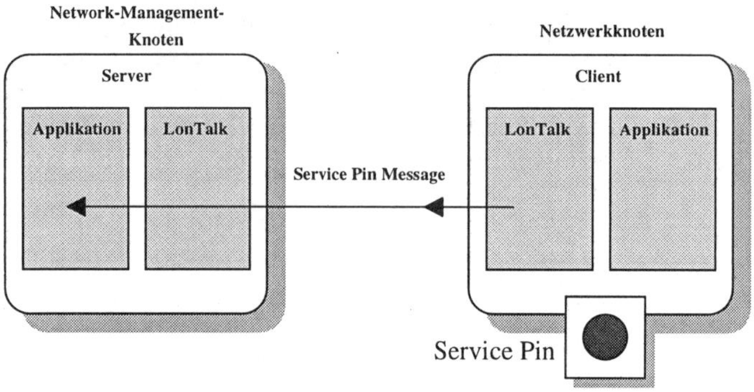

Bild 4-33: *Ablauf einer Service Pin Message*

4.10.5 NMM zur Knotenidentifizierung

Mit Hilfe dieser NMM ist es möglich, gezielt nach Knoten zu suchen, die bestimmte Parameter gemeinsam haben. Die Knoten identifizieren sich dabei durch Mitteilen ihrer Neuron ID[10] und Program ID.

4.10.5.1 Query ID

Nur Request/Response Service

Diese Nachricht fordert adressierte Knoten auf, ihre Identifikationsdaten (48-bit-Neuron-ID und die Program ID) mitzuteilen.

Bei der Netzwerkinstallation kann man mit dieser Nachricht zum Beispiel prüfen, welche Knoten sich überhaupt im Netzwerk befinden. Dazu wird die Anfrage *Query ID* an alle Knoten (Broadcast-Adressierung) innerhalb der Domain gerichtet, und diese melden ihren Identifikationsdaten zurück. Mittels eines Selektors kann zwischen unkonfigurierten, ausgewählten (selected) oder unkonfiguriert und ausgewählten Knoten unterschieden werden. Ausgewählte Knoten sind in diesem Fall Knoten, bei denen ein Flag (respond to query bit) gesetzt wurde (siehe auch Abschnitt 4.10.5.2). Zusätzlich können noch Knoten mit einem bestimmten Speicherinhalt ab einer bestimmten Adresse ausgewählt werden. Die Definition zeigt Deklaration 4-4.

```
typedef struct {
        enum {
                unconfigured        = 0,
                selected            = 1,   // respond to query bit set
                selected_uncnfg     = 2,   // respond to query bit set
and unconf.
        } selector;
typedef struct {
        enum {
                read_only_relative  = 1,   // lesen relativ zur Read-
```

[10] Wenn LonTalk nicht auf einem Neuron-Chip implementiert ist, wird der Begriff Node ID zur Bezeichnung der 48-bit-Nummer verwendet, die jeder LonWorks-Knoten besitzen muß.

```
            config_relative      = 2,     // Only- oder zu
      } mode;                             // Konfigurationstabelle

struct query_id_request {
      unsigned      command;              // value = 1
      nm_selector   selector;
      nm_mode       mode;                 // Begin optional fields
      unsigned      address_hi;
      unsigned      address_lo;
      unsigned      count;
      unsigned      data[MAX_DATA];
};

struct query_id_response {
      unsigned      command;              // value = 1
      unsigned      neuron_id[6];
      unsigned      Program_id_string[8];
};
```

Deklaration 4-4: *Definition von Query ID*

Das erste Byte in der Request Message gibt an, welche Knoten aufgefordert werden, auf die Anfrage zu antworten (entweder unkonfigurierte Knoten, ausgewälte Knoten oder beides). Die Antwort (Response Message) besteht immer aus der 6 Byte Neuron ID und der 8 Byte Program ID.

4.10.5.2 Respond to Query

Es ist möglich, einem Knoten mitzuteilen, ob er auf die Anfrage *Query ID* mit dem Selector = 1 antworten soll oder nicht. Mit dieser NMM ist es nun möglich, das „respond to query bit" zu setzen oder zu löschen. Verwendet werden kann dieser Dienst von einem Network Management Tool zur Erstellung eines Topologieabbildes des betrachteten Netzwerkes. Die definierten Datenstrukuren zeigt Deklaration 4-5.

```
struct respond_to_query_request {
      unsigned      command;      // value = 2
      unsigned      mode;         // 1=> on;  0=> off
};

struct respond_to_query_response {
      unsigned      command;      // value = 2
};
```

Deklaration 4-5: *Datenstrukturen für Respond to Query*

Die Response Message besteht lediglich aus dem Response Code.

4.10.5.3 Service Pin Message

Die *Service Pin Message* ist im Unterschied zu allen anderen NMMs eine unaufgeforderte Message. Sie wird von jedem LonWorks-Knoten automatisch ausgesendet, wenn der Service Pin gedrückt wird. Auch diese Nachricht enthält die Knotenidentifikationsdaten (Deklaration 4-6).

```
typedef struct {
      unsigned              command;              // value = 31
      unsigned              neuron_id[6];
      unsigned              id_string[8];
} NM_service_pin_msg;
```

Deklaration 4-6: *Sercice-Pin-Message-Datenstruktur*

Die *Service Pin Message* wird als Broadcast an alle Knoten in der Domain mit Länge 0 geschickt.

4.10.6 Bearbeitung der Domain-Tabelle

Die Domain-Tabelle beinhaltet all jene Daten, die notwendig sind, einen Knoten in das LonTalk-Adreßschema einzubetten. Mit den unten beschriebene NMMs ist es nun möglich, die Daten der Domain-Tabelle zu bearbeiten.

4.10.6.1 Update Domain

Diese Nachricht überschreibt einen Domain-Tabelleneintrag und aktualisiert die Konfigurationsprüfsumme. Dadurch wird der Knoten in die Netzwerkhierarchie eingegliedert (Domain-, Subnet- und Knotennummer). Zusätzlich ist es noch möglich, Zugriffsberechtigungen in Form eines Schlüsselwortes (Authentication Key) für jede Domain eines Knotens zu vergeben. Schreibt man einen Domain-Tabelleneintrag mittels *Update Domain*, so muß man sich jedoch bewußt sein, daß das Schlüsselwort im Klartext übertragen wird. Somit kann jeder, der gerade den Bus abhört, in den Besitz des Schlüsselwortes kommen. *Update Domain* wird auch von Knoten bearbeitet, die schreib-/lesegeschützt sind.

```
struct update_domain_request {
      unsigned      command;              // value = 3
      unsigned      domain_index;
      unsigned      id[6];
      unsigned      subnet;
      unsigned      must_be_one : 1;      //this bit must be set to 1
      unsigned      node        : 7;
      unsigned      domain_id_len;        // 0, 1, 3, or 6
      unsigned      encrypt_key[6];
};

struct update_domain_response {
      unsigned            command;              // value = 3
};
```

Deklaration 4-7: *Datenstrukturen von Update Domain*

Die Request Message besteht aus einem Index in die Domain-Tabelle (0 oder1) gefolgt vom Abbild eines Domain-Tabelleneintrages () der geschrieben werden soll (Deklaration 4-7, siehe auch [Lonw 96], Appendix A).

Wichtig: Das MSB jenes Bytes, das die Knotennummer (`NODE ID`*) enthält, muß gesetzt sein!*

4.10.6.2 Query Domain

Nur Request/Response Service

Will man einen Eintrag der Domain-Tabelle auslesen, so bedient man sich der NMM „Query Domain". Die Anfrage (Request) besteht aus einem Index (der Position) in der Domain Tabelle (0 oder 1), worauf der Knoten als Antwort (Response) den Inhalt des Tabelleneintrages liefert (Deklaration 4-8). Wird bei einem Konten, dessen Domain-Tabelle nur Platz für eine Domain aufweist, der Eintrag für die zweite Domain abgefragt, so antwortet dieser Knoten mit einem Fehlercode.

```
struct query_domain_request {
      unsigned              command;      // value = 10
      unsigned              index;        // Domain Index, 0 or 1
};

struct query_domain_response {
      unsigned              command;      // value = 10
      unsigned              domain_id[6];
      unsigned              subnet;
      unsigned              node;
      unsigned              domain_id_len;      // 0, 1, 3, or 6
      unsigned              encrypt_key[6];
};
```

Deklaration 4-8: *Query-Domain-Request- und -Response-Datenstrukturen*

4.10.6.3 Leave Domain

Diese NMM gestattet es, einen Domain-Tabelleneintrag zu löschen, wobei die Konfigurationsprüfsumme automatisch aktualisiert wird. Gehört der Knoten nach dem Löschen eines Domain-Tabelleneintrages zu keiner Domain mehr, das heißt, es existiert am Knoten keine gültige Einordnung in die Netzwerkhierarchie, so wird der Knoten in den Status unconfigured gesetzt und ein Reset durchgeführt. Das Feld `domain_id_len` wird auf h'FF (unused) und die Subnet/Node-Adresse auf 0/0 gesetzt. Der Encrypt Key wird gelöscht. Die Request Message besteht nur aus einem Index in die Domain-Tabelle (Deklaration 4-9).

```
struct leave_domain_request {
      unsigned      command;                  // value = 4
      unsigned      domain_index;             // 0 or 1
};

struct leave_domain_response {
      unsigned      command;                  // value = 4
};
```

Deklaration 4-9: *Leave-Domain-Request- und -Response-Datenstruktur*

4.10.6.4 Update Key

Mit *Update Key* ist es möglich zum Encrypt Key eines Domain-Tabelleneintrages einen Wert (Increment) zu addieren. Damit ist es möglich, den Encrypt Key zu verändern, ohne diesen im Klartext über das Netzwerk zu übertragen. Die Request Message besteht aus einem Index in die Domain-Tabelle (0 oder 1) und einem Feld encrypt_key, in dem das Increment des Encrypt Keys mitgeteilt wird (Deklaration 4-10).

```
struct update_key_request {
       unsigned     command;                  // value = 5
       unsigned     domain_index;             // 0 or 1
       unsigned     encrypt_key[6];           //Increment
};

struct update_key_response {
       unsigned     command;                  // value = 5
};
```

Deklaration 4-10: *Update-Key-Request- und -Response-Datenstruktur*

Diese NMM wird auch bearbeitet, wenn der Knoten schreib-/lesegeschützt ist.

4.10.7 Adreßtabellenbearbeitung

Adreßtabellen können mit den von LonTalk unterstützten NMMs „Update Address", und „Query Address" über das Netzwerk bearbeitet werden.

4.10.7.1 Update Address

Update Address überschreibt einen Adreßtabelleneintrag und aktualisiert die Konfigurationsprüfsumme. Die Adreßtabelleneinträge werden von LonTalk zur impliziten Adressierung von NVs und Explicit Messages verwendet. Für die verschiedenen LonTalk-Adressierungsarten werden verschiedene Datenstrukturen in der Adreßtabelle verwendet. Die Request Message (Deklaration 4-11) besteht aus einem Index in die Adreßtabelle (0 bis 14) gefolgt von einem Abbild des Adreßtabelleneintrages.

```
struct group_s {
       unsigned     field1;       // b7: 1,
                                  // b0-b6: group size, 0 for huge
       unsigned     field2;       // b7: domain ref
                                  // b0-b6: member number, 0 for
                                  // huge
       unsigned     field3;       // b4-b7: unackd_rpt timer
                                  // b0-b3: retry count
       unsigned     field4;       // b4-b7: receive timer index
                                  // b0-b3: transmit timer index
       unsigned     group;        // group id
};

struct snode_s {
       unsigned     type;         // 1
       unsigned     field2;       // b7: domain ref set by target
                                  // b0-b6: node number
       unsigned     field3;       // b4-b7: unackd_rpt timer
                                  // b0-b3: retry count
       unsigned     field4;       // b0-b3: transmit timer index
       unsigned     subnet;       // subnet
};
```

```
struct bdcst_s {
      unsigned      type;          // 3
      unsigned      field2;        // b7: domain ref set by target
                                   // b0-b5: backlog; 0==unknown
      unsigned      field3;        // b4-b7: unackd_rpt timer
                                   // b0-b3: retry count
      unsigned      field4;        // b0-b3: transmit timer index
      unsigned      subnet;        // subnet
};

struct ta_s {                      // turnaround entry
      unsigned      type;          // 0
      unsigned      ta;            // 1
      unsigned      field3;        // b4-b7: unackd_rpt timer
                                   // b0-b3: retry count
      unsigned      field4;        // b0-b3: transmit timer index
};


struct empty_s {
      unsigned      type;          // 0
      unsigned      empty;         // 0
};

struct update_addr_request {
      unsigned      command;       // value = 6
      unsigned      addr_index;    // 0-14
      union {
            struct group_s;
            struct snode_s;
            struct bdcst_s;
            struct ta_s;
            struct empty_s;
      } address;
};

struct update_addr_response {
      unsigned      command;       // value = 6
};
```

Deklaration 4-11: *Update-Address-Datenstrukturen*

Betrachtet man das erste Feld der `union address` so ergibt sich folgende Decodierung:

- 0 unbound oder turnaround
- 1 subnet_node
- 3 broadcast
- > h'80 group (Gruppengröße mit dem gesetzten MSB)

Update Address wird auch bearbeitet, wenn der Knoten schreib-/lesegeschützt ist.

4.10.7.2 Query Address

Nur Request/Response Service

Zum Auslesen eines Adreßtabelleneintrags steht *Query Address* zur Verfügung. Die Request Message beinhaltet einen Pointer in die Adreßtabelle. Die Response liefert den gewünschten Eintrag der Adreßtabelle (Deklaration 4-12).

```
usigned query_addr_request{
        unsigned       command;        // value = 7
        unsigned       index;          // 0-14
};

struct query_addr_response {
        unsigned       command;        // value = 7
        union  {
                struct group_s;
                struct snode_s;
                struct bdcst_s;
                struct ta_s;
                struct empty_s;
        } address;
};
```

Deklaration 4-12: *Datenstrukturen für Query Address Request und Response*

Diese NMM wird auch bearbeitet, wenn der Knoten schreib-/lesegeschützt ist.

4.10.8 Bearbeitung der Netzwerkvariablentabellen

Hier wird beschrieben, wie mit NMMs die Netzwerkvariablentabellen bearbeitet werden können und wie man den Wert einer NV über das Netzwerk auslesen kann.

4.10.8.1 Update Net Variable Config

Diese Nachricht überschreibt einen Eintrag in der Netzwerkvariablenkonfigurationstabelle und aktualisiert die Konfigurationsprüfsumme. Der damit zugewiesene Netzwerkvariablenselektor bestimmt die Verbindung (das Binding) mit einer Netzwerkvariablen eines anderen Knotens, die den gleichen Selektor haben muß. Die Request Message (Deklaration 4-13) besteht aus einem Index in die Netzwerkvariablentabelle (0 bis 14) gefolgt von einem Abbild des Netzwerkvariablentabelleneintrages.

```
struct update_nv_cnfg_request {
        unsigned               command;      // value = 11
        unsigned               nv_index;     // 0-255
        unsigned long          nv_index16;   // optional field; 16 bit
                                             // index if nv_index ==
                                             // 255, not for Neuron
                                             // hosted nodes
        unsigned       nv_priority           : 1;    // 1 priority
                                                     // 0 no priority
        unsigned       nv_direction          : 1;    // 1 output
                                                     // 0 input NV
        unsigned       nv_selector_hi        : 6;
        unsigned       nv_selector_lo        : 8;
```

```
        unsigned       nv_turnaround          : 1;    // 1 if turnaround
        unsigned       nv_service             : 2;    // 0 ackd, 1
                                              // unackd_rpd, 2 unackd
        unsigned       nv_auth        : 1;    // 1 NV uses authentication
        unsigned       nv_addr_index: 4;      // 0-14
};

struct update_nv_cnfg_response {
        unsigned       command;               // value = 11
};
```

Deklaration 4-13: *Datenstrukturen für Update Network Variable Config Request und Response*

Die NV-Selektoren können im allgemeinen frei vergeben werden. Es gibt jedoch die Konvention, daß eine NV, die nicht mit einer anderen NV logisch verbunden ist, einen speziellen Selektor erhält, für den gilt:

Selektor = h'3FFF - Index[11]

Damit lassen sich von einem Network Manager unverbundene NVs eines Knotens finden.

4.10.8.2 Query Net Variable Config

Nur Request/Response Service

Zum Auslesen eines Eintrags der Netzwerkvariablenkonfigurationstabelle ist *Query Net Variable Config* vorgesehen. Die Request Message besteht aus einem Index in die Tabelle. Die Response Message enthält ein Abbild des Eintrags (Deklaration 4-14).

```
struct query_nv_cnfg_request {
        unsigned            command;              // value = 8
        unsigned            nv_index;             //
        [unsigned long      nv_index16;] // optional field; 16 bit
                                 // index if nv_index == 255, not
                                 // for Neuron hosted nodes
};

struct query_nv_cnfg_response {
        unsigned       command;               // value = 8
        unsigned       nv_priority   : 1;     //1 priority, 0 no priority
        unsigned       nv_direction : 1;      // 1 output, 0 input NV
        unsigned       nv_selector_hi         : 6;
        unsigned       nv_selector_lo         : 8;
        unsigned       nv_turnaround: 1;      // 1 if turnaround
        unsigned       nv_service             : 2;    // 0 ackd, 1
                                              // unackd_rpd, 2 unackd
        unsigned       nv_auth        : 1;    // 1 NV uses authentication
        unsigned       nv_addr_index: 4;      // 0-14
};
```

Deklaration 4-14: *Datenstrukturen für Query Net Variable Config Request und Response*

[11] Index gibt an, an welcher Stelle sich die NV in der Netzwerkvariablentabelle befindet.

Der Eintrag muß in der NV-Tabelle existieren. Bei Fehlen des Eintrags wird ein Fehler zurückgemeldet.

4.10.8.3 Query SNVT

Query SNVT dient dazu, all jene Daten auszulesen, die als „Self-Identification“ bzw. „Self-Documentation Data“ bezeichnet werden [Lonw 96]. Diese NMM wird jedoch nur von jenen Knoten unterstützt, bei denen der Application Processor nicht am Neuron-Chip implementiert ist (Microprocessor Hosted Nodes). Die Anbindung eines Mikroprozessors kann beispielsweise über ein „Micoprocessor Interface Program“ (kurz MIP) erfolgen.

Um trotzdem mit einem Knoten ohne MIP (ein Neuron Hosted Node) die SNVT-Daten zu lesen, muß der Speicherbereich des zu bearbeitenden Knotens ausgelesen werden. Dazu wird von LonTalk die NMM „Read Memory“ angeboten.

```
struct query_SNVT_request {
        unsigned        command;        // value = 18
        unsigned        offset;         // 16 bit offset into µP SNVT
                                        // table
        unsigned        count;          // number of bytes to return
                                        // (up to 16)
};
struct query_SNVT_response {
        unsigned        command;        // value = 18
        unsigned        data[count];    // return data
};
```

Deklaration 4-15: *Datenstrukturen für Query SNVT Request und Response*

Der Client benötigt für das Lesen aus der SNVT-Tabelle nicht die physikalische Adresse der Daten, sondern er adressiert indirekt unter der Verwendung eines Offsets. Somit muß nur der Server wissen, wo die Daten lokal stehen – der Beginn der SNVT-Daten ist mit Offset = 0 festgelegt. Die Anzahl der auf einmal zu lesenden Zeichen sollte 16 nicht überschreiten, damit auch Knoten mit kleinen Network Buffern bearbeitet werden können.

4.10.8.4 Network Variable Fetch

Mit *Network Variable Fetch* ist es möglich, den Wert einer NV über das Netzwerk auszulesen. Die Request Message besteht aus einem Index der NV-Tabelle, worauf die Response Message den Index und den NV-Wert zurückliefert (Deklaration 4-16).

```
struct nv_fetch_request {
        unsigned                command;        // value = 19
        unsigned                nv_index;       //
        [unsigned long          nv_index16;]    // optional field; 16 bit
                                                // index if nv_index ==
                                                // 255, not for Neuron
                                                // hosted nodes
};

struct nv_fetch_response {
        unsigned                command;        // value = 19
} ;
```

Deklaration 4-16: *Network-Variable-Fetch-Request- und -Response-Datenstrukturen*

Da der Index der NV bekannt sein muß (man muß wissen, wo in der NV-Tabelle die gewünschte NV zu finden ist), genügt es nicht, den Namen der NV zu kennen. Der Name einer NV ist für den Betrieb von LonWorks-Knoten irrelevant; NVs werden nur über ihre NV-Selektoren erkannt.

4.10.9 Speicherbearbeitung von Netzwerkknoten

Zum direkten Speicherzugriff auf Knotendaten untersützt LonTalk die beiden NMMs *Read Memory* bzw. *Write Memory*. Wird mit *Write Memory* in den Speicher eines Knotens geschrieben, so muß danach die Prüfsumme über den jeweiligen Speicherbereich aktualisiert werden. Dies geschieht durch die NMM *Checksum Recalculate*. Um einem Datenverlust der EEPROMs vorzusorgen, besteht mit „Memory Refresh“ die Möglichkeit, die Daten im EEPROM neu zu schreiben.

4.10.9.1 Read Memory

Nur Request/Response Service

Mit dieser NMM können Daten aus dem Speicher eines Knotens gelesen werden. Die Adressierung im Speicher kann dazu auf 3 verschiedene Arten erfolgen:

- über die absolute Adresse,
- relativ zur Read-Only-Tabelle,
- relativ zur Konfigurationstabelle.

Die Anzahl der Bytes, die auf einmal gelesen werden können, ist dabei nur durch die Größe der Network Buffer auf den jeweiligen LonWorks-Knoten begrenzt. Wird versucht, zu viele Daten auf einmal zu lesen, so wird ein Fehler zurückgegeben. Ist der Knoten schreib- bzw. lesegeschützt, so kann außer der Read-Only-Struktur, den SNVT-Tabellen und der Konfigurationsstruktur nichts aus dem Knotenspeicher ausgelesen werden.

Die Request Message besteht aus einem Byte, das den Address Mode festlegt, zwei Bytes, die den Offset der Adresse angeben, und einem Byte, das die Anzahl der zu lesenden Bytes bestimmt (Deklaration 4-17). Die darauffolgende Response beinhaltet die gelesenen Daten.

```
typedef enum {
      /* 0 */      ABSOLUTE,
      /* 1 */      READ_ONLY_RELATIVE,
      /* 2 */      CONFIG_RELATIVE,
} nm_mode;

struct read_memory_request {
      unsigned            command;      // value = 13
      nm_mode             mode;
      unsigned longoffset;
      unsigned            count;
};

struct read_memory_response {
      unsigned            command;      // value = 13
      unsigned            data[count];
};
```

Deklaration 4-17: *Datenstrukturen für Read Memory Request und Response*

Ansatz zum Lesen der SNVT-Tabellen bei Neuron Hosted Nodes

Wie schon bei der NMM *Query SNVT* erwähnt, kann von einem Neuron Hosted Node die SNVT-Tabelle nicht mit *Query SNVT* ausgelesen werden. Man kann diese jedoch auch mit *Read Memory* auslesen. Dazu muß zunächst die Adresse der SNVT-Tabelle bekannt sein, die man in der Read-Only-Struktur findet (Deklaration 4-18).

```
typedef struct {
        unsigned      neuron_id [NEURON_ID_LEN]; // 0xF000
                // NEURON_ID_LEN is defined in <ADDRDEFS.H>
        unsigned      model_num;                           //0xF006
        unsigned                           : 4;            //0xF007
        unsigned      minor_model_num      : 4;
        const nv_fixed_struct * nv_fixed;                  //0xF008
        unsigned      read_write_protect   : 1;            //0xF00A
        unsigned                           : 1;
        unsigned      nv_count             : 6;
        const snvt_struct   * snvt;                        //0xF00B
        unsigned      id_string [ID_STR_LEN];
        unsigned                           : 1;
        unsigned      two_domains          : 1;
        unsigned                           : 0;
        unsigned      address_count: 4;
                      o
                      o
                      o
} read_only_data_struct;
```

Deklaration 4-18: *Teil der Read-only-Struktur*

Wie aus Deklaration 4-18 ersichtlich, wird auf der Adresse h'F00B ein Pointer auf die SNVT-Tabelle gespeichert. Da sich direkt anschließend an die SNVT-Struktur die SNVT-Descriptor-Tabelle befindet, weiß man damit auch die Adresse dieser Tabelle (die Länge der SNVT-Struktur ist mit 5 Bytes definiert).

4.10.9.2 Write Memory

Write Memory gestattet es, direkt in den Speicher eines Knotens zu schreiben. Für die Adressierung und die Anzahl der auf einmal übertragbaren Zeichen gilt das gleiche wie für „Read Memory".

Wird in den Bereich des EEPROMs geschrieben, so müssen gegebenenfalls die Konfigurationstabellen- und/oder die Applikationsprüfsummen aktualisiert werden. In manchen Fällen ist es auch erwünscht, daß der Knoten einen Reset durchführt, nachdem er neue Daten bekommen hat. All diese Möglichkeiten sind bereits in der Request Message im Feld `mode` berücksichtigt (Deklaration 4-19). Beim Schreiben in das EEPROM eines Knotens ist auch zu bedenken, daß pro Byte etwa 10 bis 20 ms Zeit benötigt werden. Um einen Reset des Knotens durch den Watchdog-Timer zu vermeiden, muß die maximale Anzahl der auf einmal zu schreibenden Bytes an die Taktfrequenz des Knotens angepaßt werden.

```
typedef enum {
        /*  0 */      NO_ACTION                    = 0,
        /*  1 */      BOTH_CS_RECALC               = 1,
```

```
        /*  4 */        CNFG_CS_RECALC              = 4,
        /*  8 */        ONLY_RESET                  = 8,
        /*  9 */        BOTH_CS_RECALC_RESET        = 9,
        /* 12 */        CNFG_CS_RECALC_RESET        = 0xC,
} nm_form;

struct write_memory_request {
        unsigned                command;        // value = 14
        nm_mode                 mode;
        unsigned long           offset;
        unsigned                count;
        nm_form                 form;           //0: no reset, no checksum
                                //1: recalculate both checksums
                                        //4: recalc just config checksum
                                        //8: reset
                                        //9: reset, recalc both checksums
                                        //12:reset, recalc cnfg checksums
        unsigned                data[count];
};

struct write_memory_response {    // only for non-reset writes
        unsigned                command;        // value = 14
};
```

Deklaration 4-19: *Datenstruktur für Write Memory Request und Response*

Ist der Knoten schreib-/lesegeschützt, so kann außer der Konfigurationstabelle kein Speicherinhalt des Knotens verändert werden.

Die Request Message besteht aus einem Byte, das den Address Mode festlegt, zwei Bytes, die den Offset der Adresse angeben, einem Byte, das die Anzahl der zu schreibenden Bytes bestimmt, und einem Byte, das festlegt, welche Aktion am Knoten nach Abschluß des Schreibens ausgeführt werden soll.

Beispiel: Bearbeiten der Konfigurationsstruktur

Die Konfigurationsstruktur (Configuration Table) kann mit *Write Memory* bzw. *Read Memory* im `address_mode = 2` bearbeitet werden. Dabei ist jedoch zu beachten, daß diese Datenstruktur 25 Bytes lang ist. Soll nun die Struktur auf einmal gelesen/geschrieben werden, so kann es zu Problemen mit den Network Buffern an den LonWorks-Knoten kommen, deren Minimalkonfiguration zu klein angelegt sind.

4.10.9.3 Checksum Recalculate

Beim Neuron-Chip werden die Applikations- und die Konfigurationsdaten einzeln durch Prüfsummen gesichert. Beide werden unabhängig voneinander bei jedem Reset und während des Betriebes durch ein im Hintergrund laufendes Programm überprüft. Ist die Applikationsprüfsumme falsch, so wird der Knoten in den Status „applicationless“ versetzt. Bei einer falschen Konfigurationsprüfsumme nimmt der Knoten den Status „Unconfigured“ an. Mit *Checksum Recalculate* ist es möglich, die Prüfsummen gezielt zu aktualisieren, wobei entweder die Konfigurationsprüfsumme allein oder diese und die Applikationsprüfsumme aktualisiert werden (Deklaration 4-20).

```
struct checksum_request {
        unsigned        command;        // value = 15
```

```
        unsigned        which;     // 1: do application and configuration
                                   // 4: do configuration only
};

struct checksum_response {
        unsigned        command;        // value = 15
};
```

Deklaration 4-20: *Datenstruktur für Checksum Recalculate Request und Response*

4.10.9.4 Memory Refresh

EEPROMs besitzen keine so gute Langzeitstabilität in Bezug auf Datensicherheit wie z. B. EPROMs; dies gilt natürlich auch für den Neuron-Chip. Daher ist es vernünftig, die Daten in EEPROMs von Zeit zu Zeit aufzufrischen, indem man die Daten ausliest, um sie anschließend gleich wieder an dieselbe Stelle zu schreiben. Genau das passiert bei Verwendung von *Memory Refresh*. Bis zu 8 Bytes können auf einmal mit einem Dienstaufruf aufgefrischt werden, wenn der Knoten on-line ist. Befindet er sich im Status „off-line", können es bis zu 38 Bytes sein. Dabei ist es beim Neuron-Chip gleichgültig, ob es sich um On- oder Off-Chip Memory handelt. Wird versucht, einen Bereich außerhalb eines EEPROMs aufzufrischen, so wird ein „Failed Response" gesendet.

Die Request Message besteht aus zwei Bytes, die den Offset in dem adressierten Speicher festlegen (MSB der Adresse zuerst), einem Byte, das die Anzahl der aufzufrischenden Bytes angibt, und einem Byte, welches festlegt, ob es sich um On- oder Off-Chip Memory handelt (Deklaration 4-21).

```
typedef enum {
        /* 0 */        ON_CHIP,
        /* 1 */        OFF_CHIP,
} nm_which;

struct memory_refresh_request {
        unsigned              command;        // value = 17
        unsigned longoffset;
        unsigned              count;
        nm_which              which;    // 1 => off chip, 0 => on chip
};

struct memory_refresh_response {
        unsigned              command;        // value = 17
};
```

Deklaration 4-21: *Datenstruktur für Memory Refresh Request und Response*

4.10.10 NMM für besondere Aufgaben

4.10.10.1 Set Node Mode

Mit *Set Node Mode* (Deklaration 4-22) ist es möglich, einen Knoten gezielt in den On- bzw. Offline-Modus zu setzen (beim Neuron-Chip wird dadurch der Scheduler in den

Offline- bzw. Online-Status geschaltet) oder einen Reset auszulösen. Zusätzlich ist es möglich, den Knotenstatus zu verändern.

Ist ein LonWorks-Knoten offline, so werden bei einem Netzwerkvariablen-Poll keine Daten geliefert. Netzwerkvariablen-Updates werden jedoch weiterhin durchgeführt. Passiert nun ein NV-Update, während die Applikation offline war, und wird dann der Knoten wieder online gesetzt, so wird vom Scheduler bei der Implementierung von LonTalk auf dem Neuron-Chip die Task mit dem Event `nv_update_occurs` (wenn vorhanden) gestartet.

```
typedef enum {
      /* 0 */        APPL_OFFLINE,        // soft offline state
      /* 1 */        APPL_ONLINE,
      /* 2 */        APPL_RESET,
      /* 3 */        CHANGE_STATE,
} nm_node_mode;

typedef enum {
      /*  2 */       APPL_UNCNFG          = 2,
      /*  3 */       NO_APPL_UNCNFG       = 3,
      /*  4 */       CNFG_ONLINE          = 4,
      /*  6 */       CNFG_OFFLINE         = 6, // hard offline state
      /* 12 */       SOFT_OFFLINE         = 0xC,
} nm_node_state;

struct set_node_mode_request {
      unsigned            command;          // value = 12
      nm_node_mode        mode;
      nm_node_state                       //Optional field if mode =
                                      // CHANGE_STATE
};

struct set_node_mode_response {
      unsigned            command;          // value = 12
};
```

Deklaration 4-22: *Datenstruktur für Set Node Mode Request und Response*

Wird ein Knotenstatus verändert, so ist der Request/Response Service zu verwenden, während bei einem Reset nur der Unacknowledged Service Verwendung findet.

4.10.10.2 Install[12]

Kein Request/Response Service

In manchen Fällen kann es vorteilhaft sein, daß Knoten sich in irgendeiner Form (z. B. visuell oder akustisch) zu erkennen geben. So kann etwa bei der Netzwerkinstallation auf das Drücken des Service-Pins verzichtet werden, um einen Knoten eindeutig zuzuordnen. Wenn ein Knoten über eine solche Möglichkeit verfügt (das heißt z. B. bei einem Neuron Hosted Node, er unterstützt die When(wink)-Bedingung), so kann dieser über das Netzwerk mit *Install* gestartet werden[13]. Für Neuron Hosted Nodes besteht *Install* lediglich aus einem Aufruftelegramm gemäß Deklaration 4-23 .

```
struct install_msg {
        unsigned                command;        // value = 16
};
```

Deklaration 4-23: *Aufbau der Datenstruktur* `install_msg` *für Neuron Hosted Nodes*

Für Microprocessor Hosted Nodes, kennt *Install* eine Variante mit einem zusätzlichen Subcommand (Deklaration 4-24).

```
struct install_msg {
        unsigned                command;        // value = 16
        unsigned        subcommand;             // µP-Nodes only
                                                //-> send service pin data
        unsigned        subdata;                // µP-Nodes only (reserved)
};

struct install_msg_response {
        unsigned        command;                // value = 16
        union {
                struct service_pin_data;        // if subcommand == 0
        };
};
```

Deklaration 4-24: *Aufbau der Datenstruktur* `install_msg` *für Microprocessor Hosted Nodes*

Bem.: Bei Neuron Hosted Nodes kann die NMM Install nicht mit dem Request/Response-Service verwendet werden. Bei Microprocessor Hosted Nodes gilt eine solche Einschränkung im allgemeinen nicht!

4.10.10.3 Network Management Escape Code

Der Network Management Escape Code stellt keine NMM im üblichen Sinn dar, sondern es wird damit die Möglichkeit für spätere Erweiterungen bereitgestellt. Für den Escape Code ist der Wert h'7D reserviert, und er wird anstelle des Feldes `command` (in den typischen Deklarationen der Datenstrukturen) verwendet.

---

[12] In den Neuron-Chip-Datenbüchern, wie [LONW95] bzw. [LONW96] wird *Install* als *Wink* bezeichnet.

[13] Dieser Task wird bei einem Neuron Hosted Node auch ausgeführt, wenn der Knoten *unconfigured* ist.

Wird von einem Knoten der Escape Code empfangen, so bedeutet dies für ihn, daß die nächsten 2 Bytes der APDU als erweitertes `command` zu deuten sind. Dieser Mechanismus wird beispielsweise bereits von SLTA[14] und PCLTA[15] unterstützt, um produktspezifische Konfigurationsdaten zu laden und zu pollen.

```
struct product_query_request{
       unsigned       command;        // code = 0x7D
       unsigned       data[2];        // Product query subcode = 0x01
                                      // Product query command = 0x01
};

struct product_query_short_response {
       unsigned       command;        // success = 0x3D, failure = 0x1D
       unsigned       product_ID;     // product identifier
};

struct product_query_complete_response {
       unsigned       response;       // success = 0x3D, failure = 0x1D
       unsigned       product_ID;     // product identifier
       unsigned       model[2];       // model number
       unsigned       version;        // version number
       unsigned       config;         // current config or mode of
                                      // device
       unsigned       xcvr_ID         // transceiver type
};
```

Deklaration 4-25: *Datenstrukturen von Product Query*

Unterstützt ein Knoten eine Erweiterung der NMM, so muß er über die Fähigkeit verfügen, auf den Befehl *Product Query* eine entsprechende Response zu generieren (Deklaration 4-25). Alle anderen erweiterten `commands` können dann anwendungsspezifisch implementiert sein. Bei den generierten Responses unterscheidet man eine kurze Form (Short Response) und eine lange Form (Complete Response). Die Bedeutung der einzelnen Felder ist Deklaration 4-25 zu entnehemen.

4.10.11 Network Management Messages für Router

Router sind bei LonTalk im allgemeinen 2-Tor-Router[16] [LonR 95] (Bild 4-34). Wie auch bei den oben beschriebenen NMMs für Custom Nodes sind die Router NMMs auf Neuron-Chips basierende Knoten zugeschnitten. Router Network Management Messages werden mit RNMM abgekürzt.

---

[14] Serial LonTalk Adapter der Firma Echelon

[15] Personal Computer LonTalk Adapter der Firma Echelon

[16] siehe auch Abschnitt 4.6 und Kapitel 7

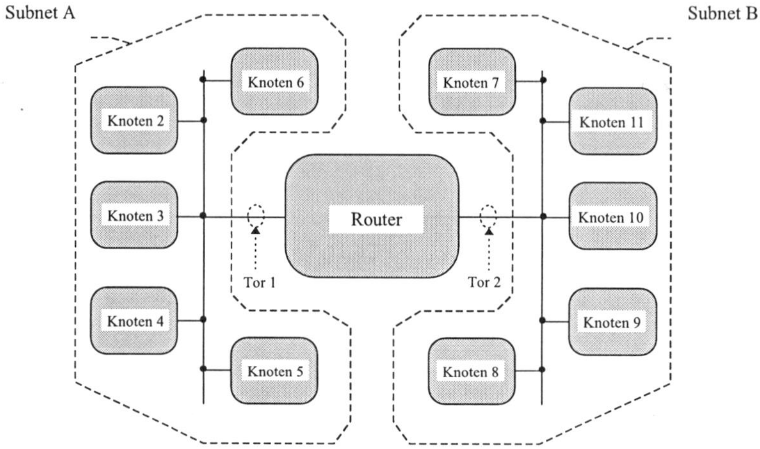

Bild 4-34: *2-Tor-Router*

Handelsübliche Router sind aus 2 Neuron-Chips aufgebaut, die über ihre I/O-Pins miteinander verbunden sind[17].

Verwendung von Router NMMs

Ein Router hat sich in einem LON wie ein ganz normaler LonWorks-Knoten zu verhalten. Dazu gehört auch, daß er jeden Knotenstatus annehmen kann. Voll funktionsfähig ist ein Router, wenn er im Status *Application-Online/Configured* ist. Alle Kommandos, die die Routing-Tabellen beeinflussen, beziehen sich prinzipiell nur auf eine Router-Seite. Lediglich das Kommando *Set Node Mode* mit `OFFLINE`, `ONLINE` und `RESTART` ist für beide Router-Hälften gültig. Ist ein Router Online, so bedeuted dies, daß er wie in [LonR 95] beschrieben funktioniert. Im Betriebsmodus Offline werden alle Pakete, die nicht direkt an den Router adressiert sind, verworfen.

Wird von einem Router das Kommando *Set Node Mode* als Broadcast Message empfangen, so darf dieser darauf nicht reagieren. Router müssen also für *Set Node Mode* immer gezielt adressiert werden. Bei einem Router ist ein Service Pin zur Verfügung zu stellen, bei dessen Betätigung auf jeder Seiter des Routers eine eigene Service Pin Message mit eigener 48-bit-ID gesendet wird.

4.10.11.1 Router Mode

Mit *Router Mode* wird die Betriebsart des Routers eingestellt (Deklaration 4-26):

- Normal Operation: Der Router arbeitet unter Verwendung der Routing-Tabellen.
- All Flood: Alle NPDUs innerhalb der Domain werden weitergereicht.

Die Routing-Tabellen befinden sich während des Betriebes normalerweise im RAM. Gesichert sind sie zusätzlich in einem nichtflüchtigen Speicher (beim Neuron-Chip beispiels-

[17] siehe Kapitel 7

weise im EEPROM). Durch das Kommando `router_mode_request.mode = resume` werden die gesicherten Daten in den RAM kopiert.

```
struct router_mode_request {
      unsigned        command;        // value = 20
      unsigned        mode;           // 0: resume, 1:init subnet
                                      // table,2: mode flood
};

struct router_mode_response {
      unsigned        command;        // value = 20
};
```

Deklaration 4-26: *Datenstruktur für Router Mode Request und Response*

4.10.11.2 Router Clear Group or Subnet Table

Sollen alle Einträge in den gesicherten Routingtabellen (beim Neuron-Chip im EEPROM) für Gruppen und Subnets gelöscht werden, so bedient man sich dieser RNMM. Maximal können 8 Einträge auf einmal gelöscht werden. Die Datenstruktur zeigt Deklaration 4-27.

```
struct router_table_clear_request {
      unsigned        command;        // value = 21
      unsigned        field1;         // b7: 1=group, 0=subnet
                                      // b6: domain reference
                                      // b0-3: index * 8
};

struct router_table_clear_response {
      unsigned              command;        // value = 21
};
```

Deklaration 4-27: *Router-Table-Clear-Request- und -Response-Datenstruktur*

4.10.11.3 Router Group or Subnet Table Download

Die Routing-Tabellen im nichtflüchtigen Speicherbereich können mit dieser RNMM ins RAM geladen werden. Wie bei der *RNMM Router Clear Group or Subnet Table* ist auch hier die Anzahl der auf einmal zu schreibenden Bytes auf 8 begrenzt.

Das `field1` gibt an, in welche Routing-Tabelle, und der `index`, ab welchem Byte der Routingtabelle die Daten des Feldes `table` geschrieben werden sollen (Deklaration 4-28). Die Konfigurationsprüfsumme wird automatisch neu berechnet.

```
struct groupsubnet_table_download_request {
      unsigned        command;        // value = 22
      unsigned        field1;         // b7: 1=group, 0=subnet
                                      // b6: domain reference
                                      // b0-3: index * 8
      unsigned        table[8];       // list of forwarding flags
};
```

Deklaration 4-28: *Datenstruktur für GroupSubnet Table Download Request und Response*

4.10.11.4 Router Group Forward

Mit *Router Group Forward* wird in der Routing-Tabelle ein *Forward Flag* für eine angegebene Gruppe in der spezifizierten Domain gesetzt (Deklaration 4-29). Die Konfigurationsprüfsumme wird automatisch neu berechnet.

```
struct group_forward_request {
        unsigned        command;        // value = 23
        unsigned        field1;         // b7: 1=RAM + EEPROM, 0=RAM only
                                        // b6: domain reference
        unsigned        group;          // 0-255
};

struct group_forward_response {
        unsigned        command;        // value = 23
};
```

Deklaration 4-29: *Datenstruktur für Group Forward Request und Response*

4.10.11.5 Router Subnet Forward

Router Subnet Forward erlaubt es, in der Routing-Tabelle ein *Forward Flag* für ein angegebenes Subnet in der spezifizierten Domain zu setzen (Deklaration 4-30). Die Konfigurationsprüfsumme wird automatisch neu berechnet.

```
struct group_forward_request {
        unsigned        command;        // value = 24
        unsigned        field1;         // b7: 1=RAM + EEPROM, 0=RAM only
                                        // b6: domain reference
        unsigned        subnet;         // 0-255
};

struct group_forward_response {
        unsigned        command;        // value = 24
};
```

Deklaration 4-30: *Datenstruktur für Subnet Forward Request und Response*

4.10.11.6 Router Do Not Forward Group

Mit *Router Do Not Forward Group* wird in der Routing-Tabelle ein *Forward Flag* für eine angegebene Gruppe in der spezifizierten Domain gelöscht (Deklaration 4-31). Die Konfigurationsprüfsumme wird automatisch neu berechnet.

```
struct group_noforward_request {
        unsigned        command;        // value = 25
        unsigned        field1;         // b7: 1=RAM + EEPROM, 0=RAM only
                                        // b6: domain reference
        unsigned        subnet;         // 0-255
};

struct group_noforward_response {
        unsigned        command;        // value = 25
};
```

Deklaration 4-31: *Datenstruktur für Group No Forward Request und Response*

4.10.11.7 Router Do Not Forward Subnet

Router Do Not Forward Subnet löscht in der Routing-Tabelle ein *Forward Flag* für ein angegebenes Subnet in der spezifizierten Domain (Deklaration 4-32). Die Konfigurationsprüfsumme wird automatisch neu berechnet.

```
struct subnet_noforward_request {
        unsigned        command;        // value = 26
        unsigned        field1;         // b7: 1=RAM + EEPROM, 0=RAM only
                                        // b6: domain reference
        unsigned        subnet;         // 0-255
};

struct subnet_noforward_response {
        unsigned        command;        // value = 26
};
```

Deklaration 4-32: *Datenstruktur für Subnet No Forward Request und Response*

4.10.11.8 Router Group or Subnet Table Report

Um die momentanen Einstellungen der Routingtabellen auszulesen, bedient man sich dieser RNMM. Die Request Message (Deklaration 4-33) beinhaltet, welche Tabelle ab welchem Index ausgelesen werden soll, worauf die Response Message die gewünschten Daten liefert. Es werden jeweils 8 Bytes der gewünschen Tabelle ab dem angegebenen Index geliefert.

```
struct groupsubnet_table_report_request {
        unsigned        command;        // value = 27
        unsigned        field1;         // b7: 1=group, 0=subnet
                                        // b6: domain reference
                                        // b5: 0=RAM, 1=EEPROM
        unsigned        subnet;         // b0-3: index * 8
};

struct groupsubnet_table_report_response {
        unsigned        command;        // value = 27
        unsigned        table[8];       // list of forwarding flags
};
```

Deklaration 4-33: *Datenstruktur für GroupSubnet Table Report Request und Response*

4.10.11.9 Router Status

Router können sich in verschiedenen Betriebsmodi und Konfigurationsstati befinden. Mögliche Konfigurationsstati sind:

- Configured: Router arbeitet als konfigurierter Router
- Learning: Router arbeitet als lernender Router
- Bridge: Router arbeitet als Bridge
- Bridge_Repeater: Router arbeitet als Repeater

Die Datenstrukturen für *Router Status* zeigt Deklaration 4-34.

```
struct router_status_request {
        unsigned        command;                // value = 28
};

struct router_status_response {
        unsigned        command;                // value = 28
        unsigned        router_cnfg;            // 0=configured,
                                                // 1=unconfigured
                                                // 2=bridge
                                                // 3=bridge_repeater
        unsigned        mode;                   // 0=normal, 2=flood
};
```

Deklaration 4-34: *Datenstruktur für Router Status Request und Response*

4.10.11.10 Router Half Escape Code

Soll eine NMM oder NDM an die jeweils andere Seite des Routers zur Verarbeitung weitergereicht werden, so bedient man sich des *Router Half Escape Codes*. Es handelt sich hierbei um keine NMM im eigentlichen Sinn, sondern lediglich um ein Code-Byte (Deklaration 4-35), das am Beginn der APDU plaziert wird.

```
        unsigned        command;                // value = 30
```

Deklaration 4-35: *Router Half Escape Code*

Alle dadurch ausgelösten Responses werden in der üblichen Weise an den Client zurückgegeben.

4.10.12 Network Diagnostic Messages – NDM

4.10.12.1 Query Status

Mit *Query Status* kann eine Momentaufnahme des Betriebszustandes eines LonWorks-Knotens in Form eines Knotenstatus wiedergegeben werden. Die gelieferten Daten enthalten eine Fehlerstatistik, Reset-Information, den Knotenstatus, die Version des System Images und den Typ der Neuron-Chips. Die Felder `error statistic`, `reset cause` und `error log` können durch die NDM *Clear Status* gelöscht werden.

Eine genaue Beschreibung der Felder von `query_status_response` (Deklaration 4-36) findet sich in [Lonw 96], [LonT 96] und [Neurc 95].

```
struct query_status_request {
        unsigned                command;        // value = 1
};

struct query_status_response {
        unsigned                command;        // value = 1
        unsigned long           status_xmit_errors;
        unsigned long           status_transaction_timeouts;
        unsigned long           status_rcv_transaction_full;
        unsigned long           status_lost_msgs;
```

```
        unsigned long           status_missed_msgs;
        unsigned                status_reset_cause;
        unsigned                status_node_state;
        unsigned                status_version_number;
        unsigned                status_error_log;
        unsigned                status_model_number;
};
```

Deklaration 4-36: *Datenstruktur für Query Status Request und Response*

Query Status wird unabhängig von einer eingestellten Authentication bearbeitet.

4.10.12.2 Proxy Status

Proxy Status ermöglicht es, sich eines Knotens zu bedienen, um einen anderen Knoten zu erreichen (Bild 4-35). Der fragende Knoten (Client) sendet an den Knoten (Agent Node), über den er einen anderen erreichen will, die NDM *Proxy Command*, in der er dem Agent Node die Adresse jenes Knotens bzw. jener Knoten mitteilt, für den bzw. die die eigentliche Nachricht gedacht ist. Der dann vom Agent Node erreichte Knoten (Server) antwortet dem Agent Node, der dann die Daten als Response an den Client weiterreicht.

Proxy Command kann jedoch nur für einen *Status Request* sowie für ein *Query ID* (unconfigured) verwendet werden. Die Datenstrukturen für *Proxy Status* zeigt Deklaration 4-37.

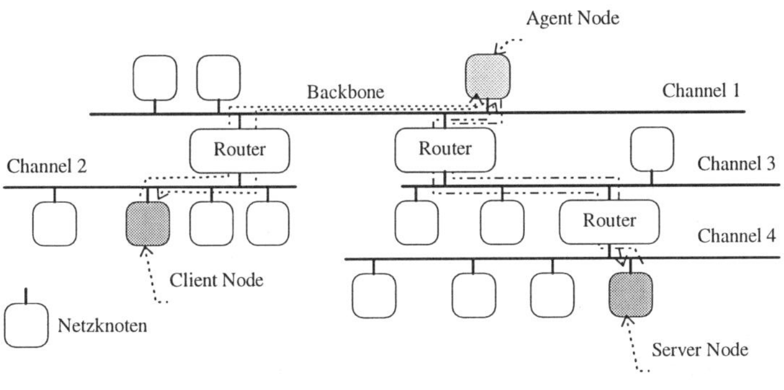

Bild 4-35: *Erreichen eines Knotens über einen Agent Node*

```
struct proxy_command {              // for request message
        unsigned      command;      // value = 2
        unsigned      sub_command;  // 0=>query id (unconfigured),
                                    // 1=>status
                                    // 2=>transceiver status request

        union {
              struct group_s;
              struct snode_s;
              struct bdcst_s;
              struct nid_s;
        } address;
};
```

```
struct proxy_response {
       unsigned      command;        // value = 2
       unsigned      resp_data;      // data and length are functions
                                     // of sub_command
```

Deklaration 4-37: *Datenstruktur für Proxy State Command und Response*

Eine detaillierte Beschreibung von *Proxy Status* findet sich in [LonT 96] und [Lonw 95] bzw. [Lonw 96].

4.10.12.3 Clear Status

Clear Status (Deklaration 4-38) erlaubt es, eine Untermenge jener Daten zu löschen, (`error statistic`, `reset cause` und `error log`), die ein Knoten als Antwort auf die NDM *Query Status* liefert. Somit kann das Verhalten eines Knotens über diese Felder ab einem bestimmten Zeitpunkt überwacht werden.

```
struct clear_status_command {
       unsigned            command;        // value = 3
};

struct clear_status_response {
       unsigned            command;        // value = 3
};
```

Deklaration 4-38: *Datenstruktur für Clear Status Command und Response*

4.10.12.4 Query Transceiver Status

Über diese NDM kann das Status-Register eines Transceivers ausgelesen werden (Deklaration 4-39). Unterstützt der angeschlossene Transceiver keine Status-Register, so wird ein Failed-Response zurückgegeben.

```
struct query_xcvr_status_command {
       unsigned            command;        // value = 4
};

struct query_xcvr_status_response {
       unsigned            command;        // value = 4
       unsigned            data[7];        // register values
};
```

Deklaration 4-39: *Query-Transceiver-Status-Command- und-Response-Datenstruktur*

Gleichgültig, über wieviele (mindestens 1) Status-Register der Transceiver verfügt, werden in der Response immer 7 Bytes zurückgegeben.

4.11 LonTalk-Rahmenformat

Eine Übersicht der unterschiedlichen LonTalk-Rahmenformate ist im Bild 4-36 dargestellt.

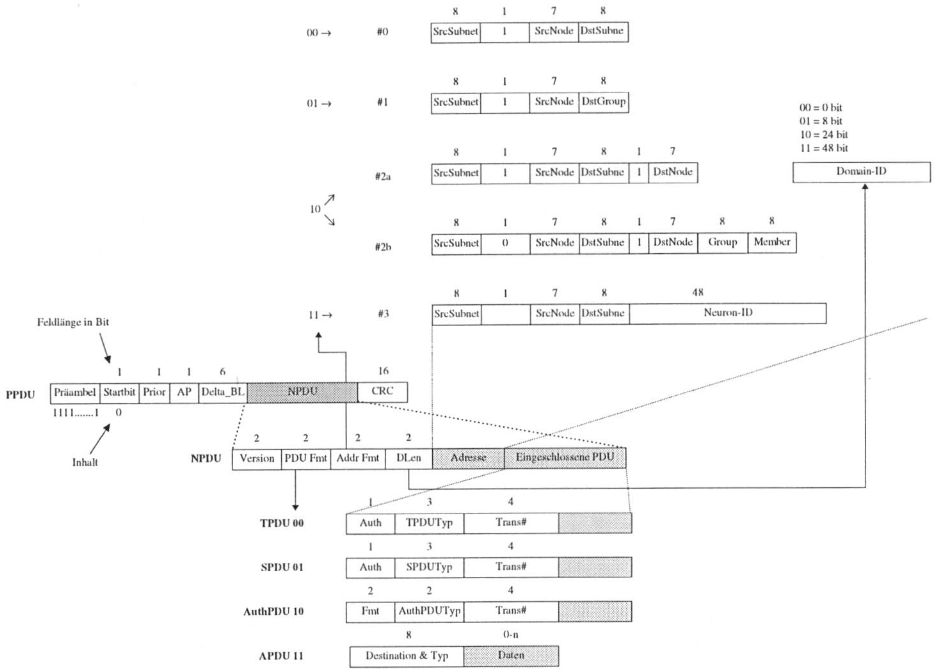

Bild 4-36: LonTalk Rahmenformat

Die Nummer über den Feldern gibt die Länge des Feldes in Bit an. Der Wert unter dem Feld spezifiziert den Feldinhalt. Beim Aussenden des Rahmens wird mit dem Most Significant Bit (Bit 7) begonnen. Ebenso wird zuerst das Most Significant Byte ausgesendet. Die unterschiedlichen PDUs sind in den entsprechenden Abschnitten dieses Kapitels nachzulesen. Sämtliche TPDUs sind im Bild 4-21, SPDUs im Bild 4-26 AuthPDUs im Bild 4-24 und APDUs im Bild 4-28 aufgelistet und im zugehörigen Text erläutert.

5 Neuron-Chip-Firmware

Anhand ausgewählter Beispiele wird die Implementierung des LonTalk-Protokolls am Neuron-Chip vorgestellt. Der Praktiker findet Tips für die bessere Ausnutzung der zur Verfügung stehenden Systemressourcen, der Theoretiker erfährt die Hintergründe der Abläufe im Neuron-Chip.

5.1 CPU-Modell

Die besondere Architektur der Neuron-Chip-CPU(s) verlangt eine kurze Einführung in deren Organisation, in die verfügbaren Register, sowie die stack-orientierte Befehlsausführung. Obwohl der Neuron-Chip in Neuron C programmiert wird und daher die darunterliegenden Hardwarestrukturen im Grunde genommen nicht mehr direkt ersichtlich sind, kann doch das Wissen um die zur Verfügung stehenden Ressourcen so manche Problemfälle erklären und sogar lösen. Der Neuron C Compiler kann auf Wunsch einen Assembler-Quellcode erzeugen, der mit der hier vorgestellten Information Licht ins Dunkel bringen kann.

5.1.1 3-CPU-Architektur

Die Neuron-Chip-CPU besteht aus drei ineinandergeschachtelten, stack-orientierten Einadreßmaschinen mit einer gemeinsamen Verarbeitungseinheit (ALU), mit gemeinsamem Speicher, jedoch getrennten Registersätzen. Eine kurze Einführung in die spezielle Architektur der Neuron-Chip-CPU findet man in [Lonw 96] und im Bild 5-1. Die drei CPUs sind 8 bit breit organisiert und heißen entsprechend ihrer Aufgaben Media Access Control (MAC) CPU, Network CPU und Application CPU. Bild 5-1 zeigt die Komponenten der CPU-Einheit sowie den Zugriff im Zeitscheibenverfahren auf die beiden Systemressourcen Arithmetic Logic Unit (ALU) und die gemeinsamen Ressourcen[1] (RAM, ROM, EEPROM, FLASH, Ein-/ Ausgabe etc.). Die Länge einer Zeitscheibe (µcycle) beträgt 2 Taktperioden des Eingangstaktes, der Instruktionszyklus einer CPU (Minor Cycle) benötigt somit 3 µcycle = 6 Eingangstakte (siehe Tabelle 5-1). Mit Ausnahme der IN- und OUT-Befehle benötigen alle Prozessorinstruktionen zwischen ein und sieben Minor Cycles. Eine Aufstellung der Befehle mit Angabe der benötigten Minor Cycles findet sich in Tabelle 5-3.

[1] Gemeinsame Ressourcen können sowohl intern (RAM, ROM, EEPROM) als auch extern sein.

Tabelle 5-1: *Die verschiedenen Taktsignale im Neuron-Chip*

Taktsignal	**Anzahl der Oszillatorperioden**
Eingangstakt	1
μcycle	2
Minor Cycle	3 * 2 = 6

Die Verschachtelung der drei CPUs in einer Art Pipeline wird aus Tabelle 5-2 und Bild 5-1 ersichtlich. In Phase 1 befindet sich die MAC CPU in μcycle 1 und somit steht ihr die ALU zur Verfügung. Zur selben Zeit befindet sich die Network CPU in μcycle 2 und hat Zugriff auf den Speicher sowie die Ein- und Ausgabeeinheiten. Die Application CPU befindet sich in μcycle 3 und ist in der Lage, die Ergebnisse in ihre Register zurückzuspeichern. Nach zwei Perioden des Eingangstaktes tritt laut Tabelle 5-2 Phase 2 in Kraft, anschließend Phase 3 und dann von vorne beginnend Phase 1 usw.

Tabelle 5-2: *Zeitliche Verschachtelung der drei CPUs*

	Phase 1	**Phase 2**	**Phase 3**
MAC CPU	μcycle 1	μcycle 2	μcycle 3
Network CPU	μcycle 3	μcycle 1	μcycle 2
Application CPU	μcycle 2	μcycle 3	μcycle 1

Da alle drei CPUs auf einen gemeinsamen Speicherbereich zugreifen, der sowohl Befehle als auch Daten bereitstellt, tritt an diesem Interface ein Flaschenhals auf, der nur durch Speicher mit geringer Zugriffszeit gelöst werden kann. Möchte man externe Peripheriebausteine Memory Mapped betreiben, so ist das zwar möglich, doch nicht alle erhältlichen Bausteine erfüllen das vorgeschriebene Timing. Das Einfügen von Wartezyklen ist nicht möglich.

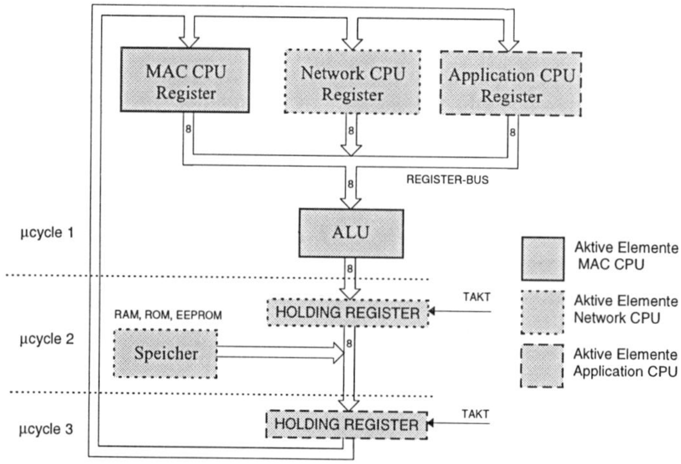

Bild 5-1: *Architektur der Neuron-Chip-CPU mit aktiven Elementen in Phase 1*

Die Neuron-Chip-Architektur minimiert einerseits die erforderlichen Hardware-Komponenten (es wird nur eine ALU und ein gemeinsamer Speicher verwendet) und reduziert somit die Chipfläche, andererseits gestattet sie die Abarbeitung von drei parallelen Prozessen in einer Art Multitasking ohne zeitaufwendiges Context Switching. Interrupts werden nicht unterstützt, was die Abarbeitung des LonTalk-Protokolls deterministisch[2] macht und gestattet, mit Software-Schleifen Zeiten zu bestimmen und einzuhalten. Dieser Mechanismus wird in der MAC CPU zur Festlegung des Rahmen-Layouts sehr intensiv genutzt. Vermißt werden die Interrupts in der Application CPU. Hier könnte unter Umständen durch ein ausgeklügeltes Interrupt-System schneller auf externe Ereignisse reagiert werden.

5.1.2 Überblick über die CPU-Register

Es gibt grundsätzlich zwei Gruppen von Registern in der Neuron-Chip-CPU, Register, die von allen drei CPUs gemeinsam verwendet werden und Register, die in dreifacher Ausfertigung vorhanden sind und jeweils einer CPU zugeordnet sind. Bild 5-2 gibt einen Überblick über die Neuron-Chip-CPU-Register. Der Adreßraum des Neuron-Chips umfaßt 16-bit-Adressen bei 8 bit Datenwortbreite. Bis auf das Base Page (BP) Register und den Instruction Pointer (IP) sind alle Register 8 bit breit.

Das Base Page (BP) Register ist 16 bit breit und legt den Beginn der Base Page fest, siehe Abschnitt 5.1.3. Der Return Stack Pointer (RSP) ist ein Offset in der Base Page (BP + RSP) und zeigt das Ende des Return Stack an. Der Data Stack Pointer (DSP) ist ebenfalls ein Offset in der Base Page (BP + DSP), er zeigt das Ende des Daten-Stacks an. Im Top Of Stack (TOS) Register wird der letzte Wert des Daten-Stacks gespeichert. Obwohl der Inhalt von TOS das aktuelle Element am Daten-Stack darstellt, ist TOS als eigenes CPU-Register implementiert. Der Instruction Pointer (IP) ist 16 bit breit und zeigt auf den nächsten auszuführenden Befehl im Speicher. Das Flags Register enthält das Carry-Flag, das Fast-I/O-Bit welches das Zielgebiet der In- und Out-CPU-Befehle festlegt, sowie zwei Bits zur Identifikation der CPU.

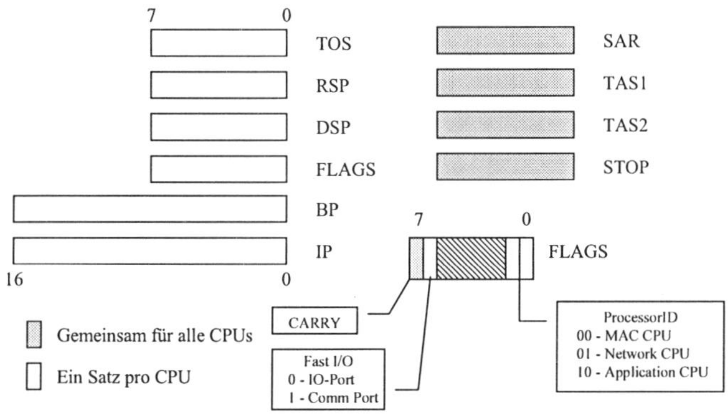

Bild 5-2: *CPU-Register im Neuron-Chip*

---

[2] Es sei darauf hingewiesen, daß nur die Abarbeitung der Protokollschichten 3 bis 6 innerhalb des Knotens deterministisch ist, nicht jedoch die End-to-End-Kommunikation zwischen Knoten.

Die gemeinsam genutzten Register sind das 8 bit Signature Analysis Register (SAR) zur Bestimmung einer Zufallszahl, die beiden Test And Set Register (TAS1, TAS2) zur Implementierung eines Semaphorkonzepts beim Zugriff auf gemeinsame Ressourcen sowie das STOP Register zur Teilabschaltung der CPU (Sleep-Modus).

5.1.3 Base-Page-Modell

Im Neuron-Chip arbeiten drei CPUs parallel an drei unterschiedlichen Aufgaben. Jeder dieser drei CPUs ist ein lokaler Speicherbereich, die Base Page, zugeordnet. In ihr werden vier Zeiger, 16 lokale Variablen, der Data Stack und der Return Stack untergebracht. Ein typischer Speicherauszug der Base Page einer CPU ist im Bild 5-3 dargestellt.

Die Basisadresse der Base Page steht im Base Page (BP) Register und kann irgendwo in den RAM-Bereich des Neuron-Chips gelegt werden. Die Länge der Base Page ist mit 256 Byte begrenzt. Die Adressierung innerhalb der Base Page erfolgt mit dem Base Page Register zu dem ein Offset addiert wird.

Mit Offset null beginnend werden vier Zeiger für die indirekte Adressierung abgelegt. Anschließend folgen 16 lokale Variablen, die mittels Push ins TOS kopiert und mittels Pop vom TOS genommen werden können. Der Daten-Stack beginnt mit Offset 24 und wächst zu höheren Adressen hin. Das oberste Element des Daten-Stacks heißt TOS (Top of Stack) und ist als CPU-Register ausgeführt. Das darunterliegende Element wird mit Next bezeichnet und mittels BP + DSP adressiert. Am Return Stack werden die Rücksprungadressen von Unterprogrammaufrufen, sowie temporäre Daten abgelegt; er wächst vom oberen Ende der Base Page in Richtung Daten-Stack. Adressiert wird der Return-Stack mittels BP + RSP.

Bei der Programmierung muß darauf geachtet werden, daß der Daten-Stack-Bereich und der Return-Stack-Bereich nicht zu sehr anwachsen und sich gegenseitig überschreiben. Die maximale Tiefe des Return-Stacks kann über die tiefste Verschachtelung von Unterprogrammaufrufen (CALL, CALLR, CALLF) abgeschätzt werden. Rekursive Unterprogrammaufrufe mit nicht abschätzbarer Schachtelungstiefe müssen vermieden werden.

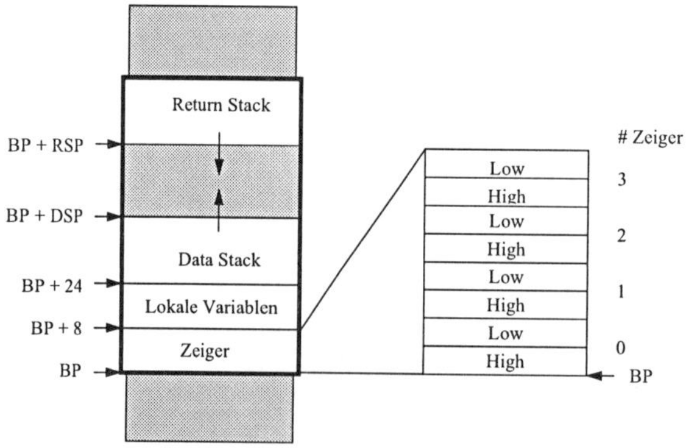

***Bild 5-3:** Aufbau der Base Page einer CPU*

Die ALU im Bild 5-1 arbeitet mit dem Wert im Top of Stack (TOS) Register sowie mit dem ersten Element auf dem Daten-Stack, das mit Next bezeichnet wird.

5.1.4 Befehlssatz des Neuron-Chips

In Tabelle 5-3 sind die Befehle des Neuron-Chips nach 3 Kategorien (Programmsteuerungsbefehle, Speicherbearbeitungsbefehle und ALU-Befehle) geordnet zusammengefaßt. Für die Befehle ist allein der Datenfluß erläutert, eventuell notwendige Manipulationen von Data Stack Pointer (DSP), Return Stack Pointer (RSP) oder Instruction Pointer (IP) sind nicht angeführt. Zur Stackverwaltung soll angemerkt werden, daß vor einem Schreiben auf den Data Stack (Push) der Data Stack Pointer (DSP) inkrementiert und nach dem Lesen mit Pop dekrementiert wird. Die Anzahl der benötigten Prozessorzyklen ist in Minor Cycles angegeben.

Tabelle 5-3: *Übersicht der Neuron-Chip-Befehle*

Mnemonic	**Zyklen**	**Funktion**
Programmsteuerbefehle		
BR	2	Branch, relativ mit 16 bit Displacement
BRC	2	Branch wenn Carry = 1, relativ mit 16-bit-Displacement
BRF	4	Branch Far, absolut
BRNC	2	Branch wenn Carry = 0, relativ mit 16-bit-Displacement
BRNEQ	4/6	Branch wenn TOS <> Datenbyte (verzweigt/nicht verzweigt), relativ mit 16 bit Displacement, nimmt bei nicht Verzweigung einen Wert vom Stack
BRNZ	4	Branch wenn TOS <> 0, relativ mit 16-bit-Displacement, nimmt einen Wert vom Daten-Stack
BRZ	4	Branch wenn TOS = 0, relativ mit 16-bit-Displacement, nimmt einen Wert vom Daten-Stack
CALL	6	Call subroutine (absolut mit 8-bit-Adresse)
CALLF	7	Call subroutine far (absolut mit 16-bit-Adresse)
CALLR	5	Call subroutine relativ, Unterprogrammaufruf mit 8-bit-Displacement
DBRNZ	5	Dekrementiere einen Zähler am Return-Stack, verzweige relativ mit 16-bit-Displacement wenn Zähler <> 0, ansonsten nimm Zähler vom Return Stack (z. B. Schleifenzähler)
NOP	1	No Operation
RET	4	Return from Subroutine
SBR	1	Short Branch, relativ mit 8-bit-Displacement
SBRNZ	3	Short Branch wenn TOS <> 0, relativ mit 8-bit-Displacement
SBRZ	3	Short Branch wenn TOS = 0, relativ mit 8-bit-Displacement
Speicherbearbeitungsbefehle		
ALLOC #literal	3	Reserviere #literal Bytes im Daten-Stack
DEALLOC_R #lit	6	Entferne #lit Bytes vom Daten-Stack und kehre von Unterprogramm zurück
DROP [RSP]	2	Entferne oberstes Element vom Return-Stack
DROP NEXT	2	Entferne zweites Element (Next) vom Daten-Stack
DROP TOS	3	Entferne oberstes Element (TOS) vom Daten-Stack (Next ⇒ TOS)
IN	$7 + 4n$	Transferiere in TOS angegebene Anzahl an Bytes n von IO in den Speicher
LDBP addr	5	Load Base Pointer Register mit 16-bit-Konstante *addr*

Mnemonic	Zyklen	Funktion
OUT	$7 + 4n$	Transferiere die in TOS angegeben Anzahl an Bytes *n* vom Speicher nach IO
POP !D	4	Übertrage TOS in die lokale Variable D in der Base Page
POP [DSP][D]	5	TOS ⇒ [BP+DSP+D], [BP+DSP] ⇒ TOS
POP [PTR][D]	7	TOS ⇒ [Base-Page-Zeiger + D]
POP [PTR][TOS]	6	Next ⇒ [Base-Page-Zeiger + TOS]
POP absolute	7	TOS nach absoluter Adresse
POP cpureg	4	TOS ⇒ cpureg , [BP+DSP] ⇒ TOS
POPD [PTR]	6	Lade 16-bit-Zeiger (PTR = 0-3) mit 16-bit-Wert vom Daten-Stack
POPPUSH	5	Pop von Daten-Stack, Push auf Return-Stack
PUSH !D	4	Kopiere lokale Variable D nach TOS
PUSH !TOS	4	[BP+TOS] ⇒ [BP+DSP]
PUSH #literal	4	TOS ⇒ [BP+DSP], Datenbyte #literal⇒ TOS
PUSH [DSP][D]	5	TOS ⇒ [BP+DSP], [BP+DSP+D] ⇒ TOS
PUSH [PTR][D]	7	[Base-Page-Zeiger + D] ⇒ TOS
PUSH [PTR][TOS]	6	[Base-Page-Zeiger + TOS] ⇒ NEXT
PUSH [RSP]	4	TOS ⇒ [BP+DSP], [BP+RSP+1] ⇒ TOS
PUSH absolute	7	Push Inhalt der absoluten Adresse nach TOS
PUSH cpureg	4	TOS ⇒ [BP+DSP], cpureg ⇒ TOS
PUSH TOS	3	TOS ⇒ [BP+DSP]
PUSHD #literal	6	Push 16-bit-Konstante auf Daten-Stack, TOS = Low Byte, Next = High Byte
PUSHD [PTR]	6	Kopiere 16-bit-Zeiger (PTR = 0-3) auf Daten-Stack
PUSHPOP	5	Pop von Return-Stack, Push auf Daten-Stack
PUSHS	4	TOS ⇒ [BP+DSP], Datenbyte ⇒ TOS
XCH	4	TOS ⇔ Next
ALU-Befehle		
ADC	4	Addiere TOS + Next + Carry ⇒ TOS, entferne Next
ADD	4	Addiere TOS + Next ⇒ TOS, entferne Next
ADD #literal	3	Addiere Konstante #literal zu TOS
ADD_R	7	Addiere TOS + Next ⇒ TOS, entferne Next, kehre von Unterprogramm zurück
AND	4	TOS ∧ Next ⇒ TOS, entferne Next
AND #literal	3	Und-Verknüpfung der Konstante #literal mit TOS, Ergebnis in TOS
AND_R	7	TOS ∧ Next ⇒ TOS, entferne NEXT, kehre von Unterprogramm zurück
DEC	2	Dekrementiere TOS um 1
INC	2	Inkrementiere TOS um 1
INC [PTR]	6	Inkrementiere Base-Page-Zeiger (0-3)
NOT	2	Komplementiere TOS
OR	4	TOS ∨ Next ⇒ TOS, entferne Next
OR #literal	3	Oder-Verknüpfung der Konstante #literal mit TOS, Ergebnis in TOS
OR_R	7	TOS ∨ Next ⇒ TOS, entferne Next, kehre von Unterprogramm zurück

Mnemonic	Zyklen	Funktion
ROLC	2	Rotiere TOS nach links über Carry Flag
RORC	2	Rotiere TOS nach rechts über Carry Flag
SBC	4	Subtrahiere Next - TOS - Carry ⇒ TOS, entferne NEXT
SHL	2	Logisches Schieben von TOS nach links
SHLA	2	Arithmetisches Schieben von TOS nach links
SHR	2	Logisches Schieben von TOS nach rechts
SHRA	2	Arithmetisches Schieben von TOS nach rechts
SUB	4	a) Subtrahiere Next - TOS ⇒ TOS, entferne Next b) Subtrahiere TOS - Next ⇒ TOS, entferne Next
XOR	4	TOS ⊕ Next ⇒ TOS, entferne Next
XOR #literal	3	Exklusiv-Oder-Verknüpfung Konstante #literal mit TOS, Ergebnis in TOS
XOR_R	7	TOS ⊕ Next ⇒ TOS, entferne Next, kehre vom Unterprogramm zurück

5.1.5 Logikanalysator Interface am Neuron-Chip-Emulator

Zur detaillierten Analyse von Programmabläufen im Neuron-Chip stellen die Emulatoren im LonBuilder (siehe Kapitel 13) eine Anschlußmöglichkeit für einen Logikanalysator zur Verfügung [Lbhg 95]. Die Anschlußbelegung der beiden Stecker P4 und P5 ist in Tabelle 5-4 zusammengefaßt. Es stehen der gesamte Adreß- und Datenbus sowie das Read-/Write-Signal zur Verfügung. Das Signal Clock entspricht der halben Oszillatorfrequenz und auf Level-3-Emulatoren ist das Clock-Signal identisch mit dem Neuron-Chip-Enable-Signal (~E)[3]. IGet zeigt die Fetch-Phase eines Befehles an und die beiden Signale ID0 und ID1 zeigen unter Verwendung der Codierung nach Tabelle 5-5 die gerade aktive CPU an. ID0 und ID1 sind die Ausgänge eines Zählers mit drei Zuständen, der mit Clock getaktet wird.

Tabelle 5-4: *Anschlußbelegung der beiden Logikanalysator-Pods[4] am Neuron-Emulator*

	P4	P5
Pin#	**Signal**	**Signal**
1	N.C.	N.C.
2	N.C.	N.C.
3	Clock	Clock
4	A15	ID1
5	A14	ID0
6	A13	N.C.
7	A12	R/~W
8	A11	IGET[5]
9	A10	N.C.
10	A9	N.C.

[3] ~ wird low-aktiven Signalen vorangestellt.

[4] Als Pod wird hier ein Logikanalysatoreingang mit 16 Kanälen bezeichnet.

[5] IGET zeigt an, wenn ein Befehl (Instruction) geladen wird.

Pin#	P4 Signal	P5 Signal
11	A8	Clock
12	A7	D7
13	A6	D6
14	A5	D5
15	A4	D4
16	A3	D3
17	A2	D2
18	A1	D1
19	A0	D0
20	GND	GND

Tabelle 5-5: *Ein Zähler mit drei Zuständen zeigt die gerade aktive CPU an*

LonBuilder Emulator		
ID1	**ID0**	**CPU**
0	0	MAC
0	1	Network
1	0	Application

Besonders einfach lassen sich Hewlett-Packard-Logikanalysatoren an die beiden Stecker P4 und P5 der Emulatoren anschließen. Mit Hilfe eines im HP-Zubehör erhältlichen Termination-Adapters werden die Logikanalysator-Pods richtig terminiert und an die 20-poligen Stiftleisten angepaßt. Die Zuordnung der Emulatorsignale zu den Logikanalysatorkanälen ist aus der Grafik im Bild 5-4 ersichtlich.

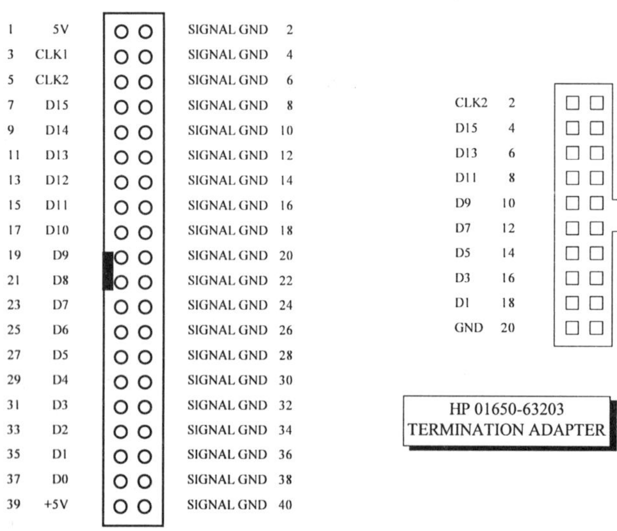

Bild 5-4: *HP Termination-Adapter*

Mit dem Anschluß eines Logikanalysators an die Emulatoren können auftretende Probleme schneller gelöst und komplexe Fragestellungen beantwortet werden. Folgende Parameter können beobachtet werden:

- *Speicherzugriffe*: Durch Setzen eines Triggerwortes auf eine bestimmte Speicheradresse können erwünschte und unerwünschste Speichermanipulationen erkannt werden.
- *Abhängigkeiten*: Mit Hilfe der bedingten Triggerung in mehreren Ebenen kann gezielt eine bestimmte Reihenfolge beim Zugriff auf die Speicher überprüft werden.
- *Zeitmessungen*: Werden zwei oder mehrere Triggerworte gesetzt, so kann der zeitliche Abstand zwischen den Triggerereignissen festgestellt werden. Wird zusätzlich zum Adreß- und Datenbus eine Datenleitung des Kommunikationsports des Neuron-Chips an den Logikanalysator angeschlossen, so kann die Zeit gemessen werden, die vom Zugriff auf z. B. eine Netzwerkvariable bis zum Aussenden der Präambel am Netzwerk verstreicht.

5.2 Firmware-Initialisierung

Nach einem Reset beginnen alle drei CPUs des Neuron-Chips mit der Abarbeitung der Befehle ab Adresse 0x0001. Die Adresse 0x0000 wird niemals ausgeführt, sie enthält die Firmware-Versionsnummer. Die CPU 0 (MAC CPU) beginnt mit der Ausführung des Programms, die beiden anderen CPUs folgen. Nach einigen gemeinsam ausgeführten Befehlen verzweigen die drei CPUs anhand ihrer Identifikationsnummer im Flag-Register und beginnen mit der Initialisierung. Bevor die drei in ihre Hauptschleifen eintreten, steuert die Network CPU den Boot-Prozeß, die MAC CPU initialisiert das Kommunikationsport und die Application CPU die Ein-/Ausgabeeinheit. Allen drei CPUs sind beim Testen des internen sowie externen RAMs beteiligt.

Eine Reihe von Inter-CPU-Kommunikationsmechanismen steuert den Initialisierungsablauf, um etwa eine CPU auf ein Ereignis warten zu lassen oder ihr mitzuteilen, daß noch Aufgaben zu erledigen sind. Die Initialisierung des Neuron-Chips stellt sich als komplexer Ablauf dar, der nach dem Einschalten der Stromversorgung einige Rechenzeit benötigt, bevor der Baustein voll funktionsfähig ist.

5.2.1 Aufgabenverteilung der CPUs

Die Aufgabenbereiche der drei CPUs sind bei der Initialisierung und während des Betriebs des Neuron-Chips zu unterscheiden. Einen Überblick verschafft Bild 5-5. Die hier vorgestellte Analyse der Neuron-Firmware bezieht sich auf die Version 4 für einen 3150-Baustein. Spätere Versionen können in Details von dem hier dargelegten Konzept abweichen.

Alle drei CPUs starten bei Adresse 0x0001 und verzweigen nach wenigen gemeinsam ausgeführten Befehlen, um sich ihre Betriebsumgebung (Base Page) einzurichten. Daraufhin teilen sich die drei CPUs den Test des internen RAMs. Jeder CPU ist dabei ein bestimmter Adreßbereich zugeordnet. Die MAC CPU überprüft anschließend die beiden

Hardware Timer/Counter 1 und 2, die Network CPU leitet, wenn nötig, den Boot-Vorgang ein. Gemeinsam wird nun ein vorhandenes externes RAM getestet.

Sobald die MAC CPU die Initialisierung des Kommunikationsports beendet hat, tritt sie in die MAC-Hauptschleife ein. Ähnliches Verhalten zeigt die Network CPU. Nach der Initialisierung der Kommunikations-Buffer (siehe Abschnitt 5.4.1) verzweigt sie in die Network-Hauptschleife. Die Application CPU initialisiert die Ein-/Ausgabeeinheit und verzweigt in die Scheduler-Hauptschleife. Alle CPUs verweilen in ihren Hauptschleifen bis zum Abschalten der Versorgungsspannung oder bis zum nächsten Reset.

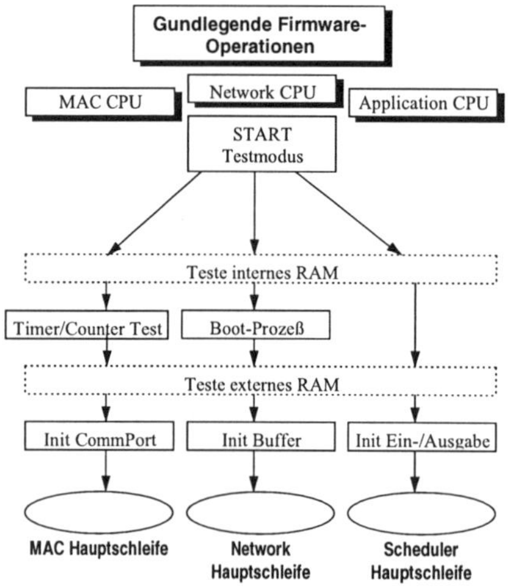

***Bild 5-5:** Initialisierungsphase der drei CPUs*

5.2.2 RAM-Test und Initialisierung

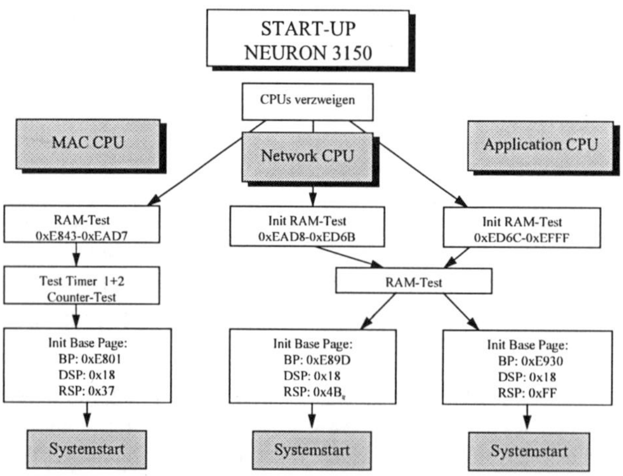

***Bild 5-6:** Test von internem RAM und Initialisierung der Base Pages*

In der Hochlaufphase von MAC, Network und Application CPU wird der interne RAM-Bereich getestet. Die Aufteilung der Adreßblöcke kann Bild 5-6 entnommen werden.

Ist der Test fehlerfrei, werden die drei Base Pages eingerichtet, bei Mißerfolg die Service LED aktiviert. Die Startadressen der Base Page als auch den Offset von Data Stack Pointer (DSP) und Return Stack Pointer (RSP) liefert Bild 5-6.

5.2.3 Start der MAC CPU

Im Anschluß an die Initialisierungsphase (Bild 5-6) tritt die MAC CPU in die Systemstartphase ein, wie im Bild 5-7 dargestellt. Sie beginnt, indem ein Teil der Kommunikationsparameter aus dem config_data_struct aus dem EEPROM-Bereich ausgelesen und in das RAM abgespeichert werden.

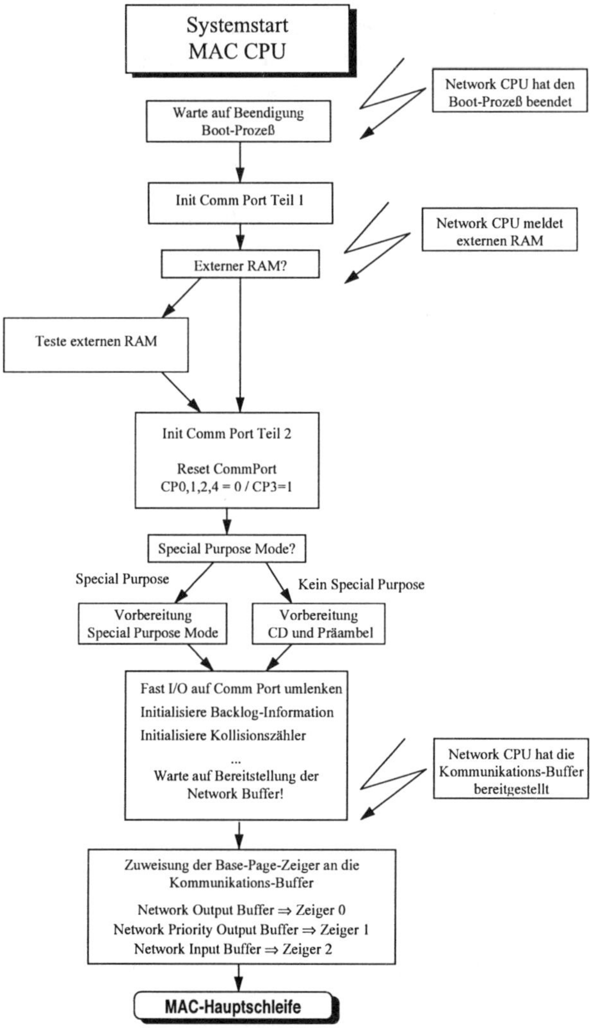

Bild 5-7: *Systemstartphase der MAC CPU*

Ist ein externes RAM vorhanden (nur 3150), so wird es nun getestet. Im zweiten Teil der Initialisierung des Kommunikationsportes (CommPort) wird aus Oszillatorfrequenz und gewünschter Bitrate der Takt für das Sendeschieberegister bestimmt, die Kommunikationsparameter ins Kommunikationsport geladen und das Kommunikationsport zurückgesetzt. Bei Wahl des Special Purpose Mode werden die entsprechenden Register geladen, ansonsten werden die Parameter der Präambel und der optionalen Kollisionserkennung (CD) gesetzt. Die schnellen Ein-/Ausgabebefehle (In und Out) der MAC CPU zum Transferieren der Daten zwischen Speicher und Kommunikationsport werden auf das Kommunikationsport gerichtet. Eine Reihe von Variablen, wie z. B. der Backlog oder ein Kollisionszähler, werden initialisiert und anschließend wird solange gewartet, bis die Network CPU die Network Buffer (siehe Abschnitt 5.4.1) eingerichtet und freigegeben hat.

Die ersten drei Zeiger der Base Page werden dazu benutzt, um auf den Network Output Buffer für nichtpriorisierte Rahmen, den Network Priority Output Buffer für priorisierte Rahmen und den Network Input Buffer zuzugreifen. Dazu wird ihnen die Startadresse des jeweils ersten Buffers zugewiesen. Die Systemstartphase der MAC CPU ist somit abgeschlossen, und es erfolgt die Verzweigung in die MAC-Hauptschleife.

5.2.4 Start der Network CPU

Nachdem die Base Page für die Network CPU eingerichtet wurde, beginnt die eigentliche Initialisierung der Systemressourcen gemäß Bild 5-8. Am Daten-Stack werden fünf Byte für die On-line-Prüfsummenberechnung reserviert, da im Normalbetrieb von der Network CPU laufend im Hintergrund eine Prüfsumme über Teile des EEPROM-Bereiches berechnet und im Daten-Stack abgelegt wird. Weist ein Vergleich von Referenzwert und Prüfsumme unterschiedliche Werte auf, so läßt das auf eine schadhafte EEPROM-Zelle schließen und der Neuron-Chip geht in einen Ausnahmezustand. Man beachte, daß nach dem Beschreiben eines geschützten Bereiches im EEPROM stets die Prüfsumme neu berechnet und als Referenzwert abgespeichert werden muß.

Wird der Neuron-Chip zum ersten Mal in Betrieb genommen oder hat sich seine Boot-ID im ROM (3150) geändert, so bootet der Baustein. Festgestellt wird eine Änderung der Boot-ID durch Vergleich der 16-bit-Boot-ID im ROM und der Boot-ID im EEPROM auf den Adressen 0xF1FE und 0xF1FF. Ob der Baustein zum ersten Mal in Betrieb geht, kann durch Lesen der Adresse 0xF02D festgestellt werden, da bei der Fertigung des Neuron-Chip der Hersteller diese Adresse definiert auf 0x00 oder 0xFF setzt. Adresse 0xF02D entspricht dem Parameter COM TYPE in der Configuration Table und legt die Betriebsart des Kommunikationsportes fest. Nur Werte ungleich 0x00 und 0xFF sind gültige Einträge für ein funktionierendes Kommunikationsport. Man kann durch gezieltes Beschreiben der Adresse 0xF02D mit 0x00, mit Hilfe des Network-Management-Kommandos Write Memory und einem anschließenden Reset des Bausteins einen Boot-Vorgang auslösen, da man den Zustand des Neuron-Chips unmittelbar nach der Fertigung simuliert. Der Boot-Vorgang selbst unterscheidet sich beim 3120 (Applikation und Firmware sind intern) und dem 3150 mit externem ROM. Beim 3120 werden Standardwerte für die Kommunikationsparameter und Zustandstabelle vom ROM in den EEPROM kopiert. Deshalb ist beim 3120 nach dem ersten Power-up das Kommunikationsport auf Differential-Betriebsart und 1,25 Mbit/s eingestellt. Der Boot-Vorgang beim 3150 kopiert eine Anzahl von Datenbytes vom externen EPROM in den internen EEPROM. Wieviele und welche Bytes transferiert werden, hängt vom Betriebszustand des Neuron-Chips nach Abschluß der Hochlaufphase ab. Bootet der Baustein ohne eine Applikation zu laden, verläuft der Vorgang wie beim 3120, im unkonfigurierten oder konfigurierten Betriebszustand werden zusätzlich die Konfigurationstabellen und eventuelle Programmbereiche in den EEPROM kopiert.

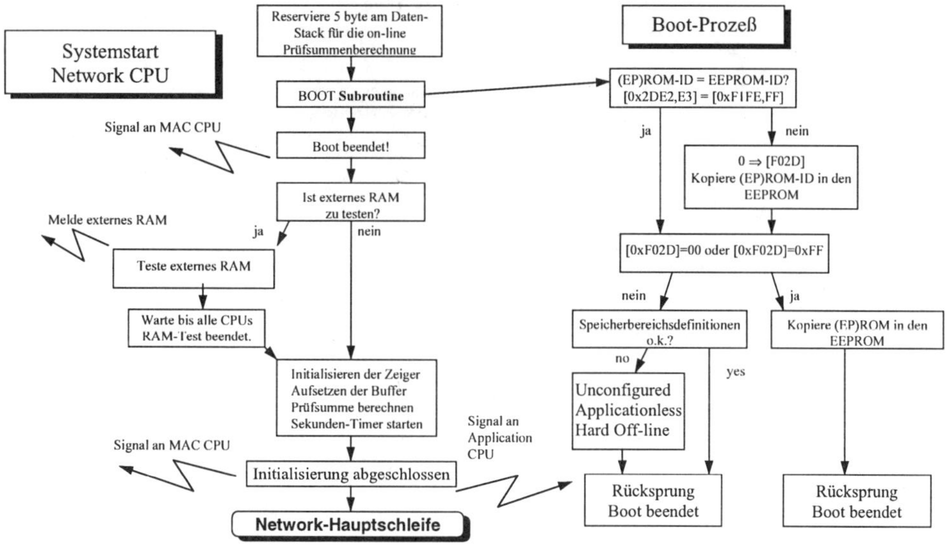

***Bild 5-8:** Systemstartphase der Network CPU*

Der erfolgreiche Boot-Vorgang wird der MAC CPU über einen Inter-CPU-Kommunikationsmechanismus mitgeteilt. Ist ein externes RAM vorhanden, so testet die MAC CPU das ihr zugewiesene Speichersegment und wartet bis auch die beiden anderen CPUs den Speichertest abgeschlossen haben. Die Network CPU initialisiert ihre Base-Page-Zeiger, richtet die Kommunikations-Buffer ein, berechnet die Prüfsumme des EEPROM-Bereiches und startet den Sekunden-Timer, auf dem sämtliche Applikations-Sekunden-Timer aufsetzen. Den Abschluß ihrer Systemstartphase teilt sie sowohl der MAC CPU als auch der Application CPU mit und tritt in die Network-Hauptschleife ein.

5.2.5 Start der Application CPU

Analog zu MAC und Network CPU beginnt die Application CPU nach dem Aufsetzen ihrer Base Page mit dem Systemstart, wie im Bild 5-9 dargestellt. Gleich zu Beginn geht die Application CPU in eine Warteschleife, deren Länge von der Quersumme der 6 Byte Neuron-ID bestimmt ist. Diese Maßnahme soll gewährleisten, daß nicht alle Knoten nach einem Stromausfall gleichzeitig hochfahren und daß außerdem die Hardware-Register zur Bestimmung der Zufallszahlen bei der Busarbitrierung nicht synchron laufen.

Wird von der Network CPU das Vorhandensein eines externen RAMs gemeldet, so wird das zugeordnete Segment getestet. Die Application CPU begibt sich wiederum in eine Warteschleife, die nur verlassen wird, wenn die Network CPU ihren erfolgreichen Systemstart meldet. Andernfalls wird der gesamte Knoten nach Ablauf einer vorgegebenen Zeit zurückgesetzt (es wird ein Reset ausgeführt).

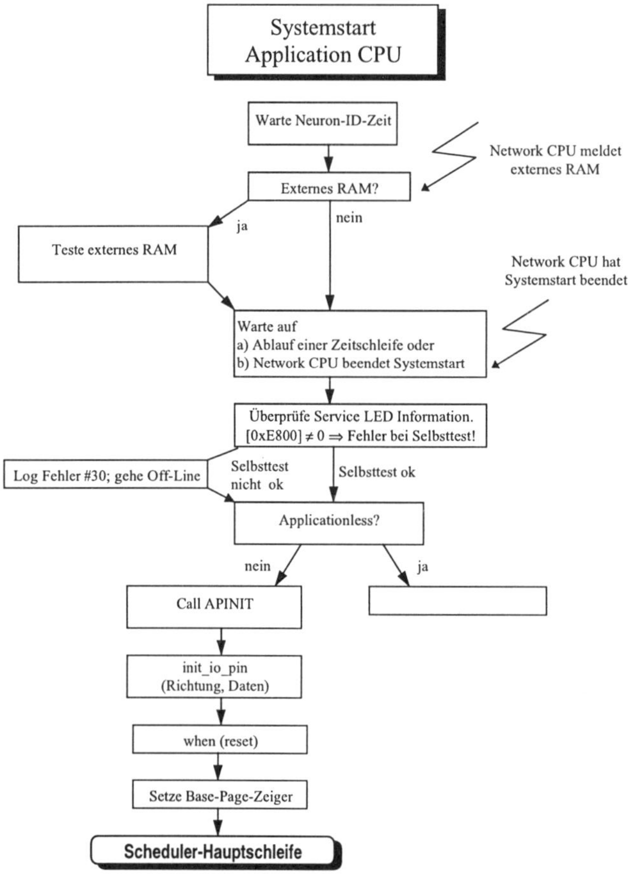

Bild 5-9: *Systemstart der Application CPU*

Alle drei CPUs haben nun ihre Selbsttests abgeschlossen und das Ergebnis auf der ersten RAM-Adresse (0xE800 beim 3150) Tabelle 5-6 folgend abgelegt. Im Fehlerfall wird die Service-LED dauerhaft eingeschaltet, der Fehlercode in die Knoten-Status-Tabelle eingetragen und der Knoten off-line gesetzt. Mit Hilfe der Network Diagnostic Message mit Namen Query Status kann der Knoten-Status ausgelesen werden.

Tabelle 5-6: *Selbsttest-Fehlercodes mit Fehlerbeschreibung*

Fehlercode	Fehlerbeschreibung
0	Fehlerfrei
1	RAM-Fehler
2	Timer/Counter-Fehler
3	Counter-Fehler

Verfügt der Knoten bereits über eine Applikation, so wird mit APINIT (Application Initialization) die Applikationsumgebung initialisiert. Im Falle des Blinklichtes (flash.nc) aus Programm 5-1 sieht das entsprechende Code-Segment für die Initialisierung aus, wie im

Programm 5-2 vorgestellt. Bei der Blinklicht-Applikation werden alle elf Ein-/Ausgabeleitungen am Neuron-Chip Timer-gesteuert (flashtime) ein- und wieder ausgeschaltet. Eine Hilfsvariable (flash) gibt den aktuellen Zustand der Ein-/Ausgänge wieder. Es ist zu beachten, daß den Variablen bei ihrer Deklaration ein Wert zugewiesen wird. Diese Zuweisung benötigt extra Programmspeicherplatz (Programm 5-2).

```
// Neuron-C-Demonstrationsprogramm
// Blinklicht mit 11 Leuchtdioden, angeschlossen an IO0 - IO10
// flash.nc

#define ON 1
#define OFF 0
#define ALL_ON 0XFF
// --------------------- Deklarationen -----------------------
// Zuweisung der Ein-/Ausgabeleitungen
IO_0  output byte io_byte  = OFF;        // alle ausschalten
IO_8  output bit io_led_8  = OFF;
IO_9  output bit io_led_9  = OFF;
IO_10 output bit io_led_10 = OFF;

/* RAM Variable */
boolean flash = ON;                 // ON: alle LEDs eingeschalten

/* Timer Deklaration */
mtimer repeating flashtime;         // ms Repeat-Timer für Blinkzeit

/* Netzwerkvariable für Blinkzeit */
network input unsigned int flashrate = 250;  // Blinkrate in ms

// --------------------- Applikation ------------------------
when (reset)
{
   flash = ON;
   flashtime = flashrate;               // Repeat-Timer starten
}

when (timer_expires (flashtime) )   // Timer ist abgelaufen
{
   if (flash == ON)  {                  // LEDs sind eingeschalten
      flash = OFF;                      // LEDs ausschalten
      io_out(io_byte, OFF);                 // ausschalten
      io_out(io_led_8, OFF);                // ausschalten
      io_out(io_led_9, OFF);                // ausschalten
      io_out(io_led_10, OFF);               // ausschalten
   }
   else  {  // LEDS sind ausgeschalten
      flash = ON;                          // LEDs einschalten
      io_out(io_byte, ALL_ON);             // einschalten
      io_out(io_led_8, ON);                // einschalten
      io_out(io_led_9, ON);                // einschalten
      io_out(io_led_10, ON);               // einschalten
   }
}
```

Programm 5-1: *Blinklicht (flash.nc) mit 11 Leuchtdioden*

Von der Application CPU wird in der Systemstartphase das Unterprogramm APINIT aufgerufen, das im Falle flash.nc sofort nach _FLASH_INIT verzweigt und dort den beiden Variablen flash und flashrate ihren Startwert zuweist. Im Programm 5-2 ist die Lage der Variablen im RAM zu sehen, nämlich vom oberen Ende beginnend sortiert nach der Reihenfolge ihrer Deklaration im Neuron-C-Quellcode. Nach Beendigung der Initialisierung kehrt die Application CPU wieder zur Systemstartphase im Bild 5-9 zurück.

```
;Dieses Code-Segment initialisiert die Applikation flash.nc
;(Variable, Konstanten, E/A-Objekte, ...)
APINIT
402f 75 40 4a  brf       _FLASH_INIT
;-----------------------------------------------------------
;Initialisierung der beiden RAM-Variablen: flash, NV flashrate
_FLASH_INIT
404a 81        push  0x01
404b d9 ff     pop   [1][0xff] ;[0xefff] = Variable flash = ON
404d b4 fa     push  0xfa
404f d9 fe     pop   [1][0xfe] ;[0xeffe] = NV flashrate = 250
4051 31        ret
```
Programm 5-2: *Initialisierung der Applikation flash.nc*

Im nächsten Schritt der Systemstartphase werden die Richtungen der Ein-/Ausgabeleitungen festgelegt und die Ports mit Daten beschrieben. Als nächstes wird die When-reset-Bedingung ausgeführt. Für das Beispiel flash.nc ist der Assembler-Code in Programm 5-3 zu finden. Der Variablen flash wird dabei der Wert ON (0x01) zugewiesen. Zum Starten des Timers müssen drei Byte (2 Byte Zeitinformation + 1 Byte Timer-Betriebsart) auf den Daten-Stack gelegt werden, bevor das Unterprogramm _timer_mset_repeat aufgerufen werden darf.

```
;Code-Segment der When(reset)-Bedingung aus flash.nc
RESET
   ;when (reset)
   ;{      flash = ON;  // ON = 0x01
   ;       flashtime = flashrate;
   ;}
4032 81        pushs     #0x01
4033 d9 ff     pop       [1][0xff] ;[efff] = flash = 0x01
4035 80        pushs     #0x00      ;High-Byte-Timer-Startwert
4036 99 fe     push      [1][h'fe] ;Low Byte = [effe] = 250
4038 80        pushs     #h'0
4039 03 f1     call      _timer_mset_repeat  ;Starte Timer
                    ;die Initialisierung benötigt ca. 1.007 ms
403b 31        ret
```
Programm 5-3: *When (reset) aus flash.nc*

Zum Abschluß wird noch ein Base-Page-Zeiger auf die Event-Tabelle (Abschnitt 5.3.3) gerichtet und in die Scheduler-Hauptschleife verzweigt. Der Initialisierungsvorgang ist somit abgeschlossen und alle drei CPUs befinden sich in ihrem normalen Betriebsmodus.

5.3 Firmware – Normaler Betrieb

Nach der Initialisierung und den Systemstartphasen gehen die drei CPUs in den „Normalbetrieb" über. Die MAC CPU kreist in der MAC-Hauptschleife, überwacht dabei das Netzwerk auf eintreffende Rahmen und versendet ihrerseits Datenrahmen. Kurz gesagt werden alle Dienste der OSI-Schicht 2 von der MAC CPU abgearbeitet. Parallel dazu kreist die Network CPU in der Network-Hauptschleife und entpackt empfangene Datenrahmen sowie verpackt abzusendende Datenpakete in den OSI-Schichten 3 bis 6. In der Application CPU läuft der Scheduler und bearbeitet auf der Ein-/Ausgabeseite auftretende, sowie von der Netzwerkseite eintreffende Ereignisse.

5.3.1 Hauptschleife der MAC CPU

Nach Abarbeitung der Systemstartphase tritt die MAC CPU am Einstiegspunkt im Bild 5-10 in die MAC-Hauptschleife ein und verweilt dort bis zum nächsten CPU-Reset. Die Applikation kann, um Energie zu sparen, den Neuron-Chip durch ein Signal von der Application CPU an die MAC CPU in den Sleep-Modus setzen. Beim Eintreffen eines Sleep-Signales stoppt die MAC CPU den Taktoszillator und hält somit alle drei CPUs an. Läuft der Taktoszillator wieder an (siehe Neuron-C-Sleep-Funktion), deaktiviert die MAC CPU den Sleep-Modus. Durch regelmäßiges Setzen des MAC-Watchdog-Timers wird ein Überlauf und somit Reset des Neuron-Chips verhindert.

Die nächste Operation stellt fest, ob ein Rahmen abzusenden ist. Ist nichts zu senden, wird die Hauptschleife abgekürzt und beim Feststellen von Netzwerkaktivität der empfangene Rahmen in den Network Input Buffer gelesen. Besteht ein Sendewunsch, wird vor dem Senden noch das Kommunikationsmedium auf Netzwerkaktivität hin überprüft. Sollte dies der Fall sein, muß auf Rahmenempfang umgeschaltet und der Rahmen in den Network Input Buffer gelesen werden. Ansonsten kann mit der Arbitrierung des Mediums begonnen und bei Erfolg der Rahmen ausgesendet werden. Ist ein Priority Network Output Buffer belegt, wird mit dem Aussenden des Priority-Rahmens begonnen, ist er leer, kann ein normaler Rahmen abgeschickt werden. Auf alle Fälle muß der Backlog neu berechnet werden, denn selbst wenn über längere Zeit keine Rahmen empfangen werden, muß der Backlog wieder abgebaut werden.

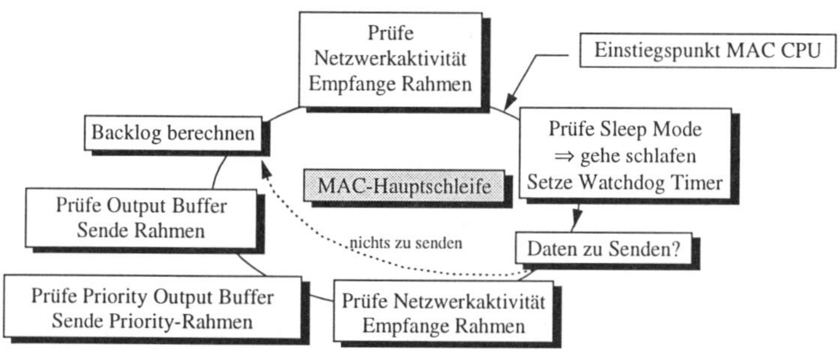

Bild 5-10: *Hauptschleife der MAC CPU*

Der einmalige Schleifendurchlauf im Direct Mode des Kommunikationsports ohne irgendwelche Busaktivität benötigt 58,2 μs bei 10 MHz Oszillatortakt. Zum Transferieren der

Datenbytes zwischen Speicher und Kommunikationsport werden der In- und Out- Befehl der CPU verwendet. Da diese beiden Befehle auf eine maximale Transferlänge von 255 Byte beschränkt sind, ist es nicht möglich, längere Rahmen zu empfangen oder abzusenden.

5.3.2 Hauptschleife der Network CPU

Auch hier tritt nach Beendigung der Systemstartphase die Network CPU an der im Bild 5-11 markierten Stelle in die Network-Hauptschleife ein und verweilt darin bis zum nächsten System-Reset.

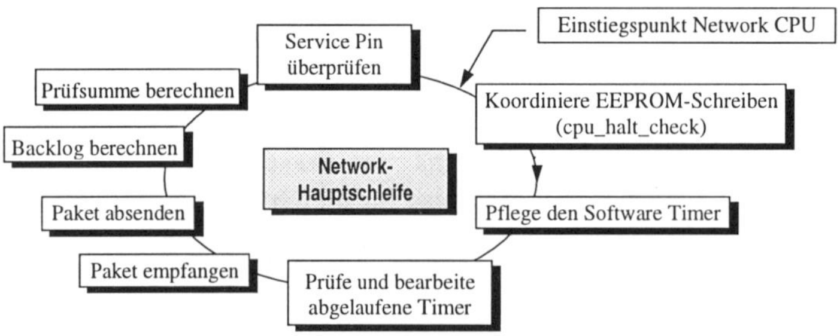

Bild 5-11: *Hauptschleife der Network CPU*

Schreiboperationen in das EEPROM sind im Neuron-Chip mit einem Semaphor-Konzept koordiniert. Sowohl die Network CPU als auch die Application CPU dürfen das EEPROM beschreiben. Das Schreiben eines Bytes benötigt 20 ms, in dieser Zeit kann die jeweils andere CPU weder schreibend noch lesend auf das EEPROM zugreifen. Um Konflikte zu vermeiden, muß der Zugriff gemäß Bild 5-12 geregelt werden. Im Beispiel wird die RAM-Speicherstelle 0xE8FF als Semaphor verwendet. Möchte CPUx ins EEPROM schreiben, prüft sie das Semaphor. Eine 0 bedeutet, daß die Ressource verfügbar ist, ein Wert ungleich 0 zeigt die Belegung an. Im Falle, daß das EEPROM gerade nicht beschrieben wird, lädt die CPUx das Semaphor mit dem Wert 2 und wartet solange, bis sich das Semaphor auf 1 ändert. Die CPUy (will zu diesem Zeitpunkt nicht ins EEPROM schreiben) prüft das Semaphor einmal pro Durchlauf ihrer Hauptschleife. Ist es 0, kehrt sie in die Hauptschleife zurück, andernfalls dekrementiert sie das Semaphor ($2 \Rightarrow 1$), und gibt damit der CPUx die Erlaubnis zum Schreiben des EEPROMs. Die CPUy wartet, bis das Semaphor den Wert 0 annimmt (durch die CPUx) und kehrt daraufhin in die Hauptschleife zurück. Während die CPUy wartet, kann die CPUx ins EEPROM schreiben und nach Beendigung des Schreibprozesses gibt die CPUx durch Dekrementieren des Semaphors die CPUy frei und kann im Programm fortsetzen. Man beachte, daß sowohl die CPUx als auch die CPUy für mindestens 20 ms blockiert sind.

Als nächster Schritt in der Network-Hauptschleife wird ein neuer Wert für den Software Tick Timer berechnet. Basierend auf einem Hardware Heart Beat mit einer Periodendauer von 812.9 µs bei 10 MHz Systemtakt wird ein 16-bit Software Tick Timer mitgeführt. Mit Hilfe einer Konvertierungsfunktion wird von der Hardware-Periodendauer 812,9 µs bei 10 MHz auf ganze Millisekunden umgerechnet. Ausgestattet mit der Zeitinformation (in ms) werden sämtliche aktive Software Timer (Application-Timer, 1-s-Timer, Receive

Transaction Timer, Transmit Timer) neu berechnet und eventuelle Überläufe in einen Ereignis-Report eingetragen sowie endlos laufende Zähler neu aufgezogen.

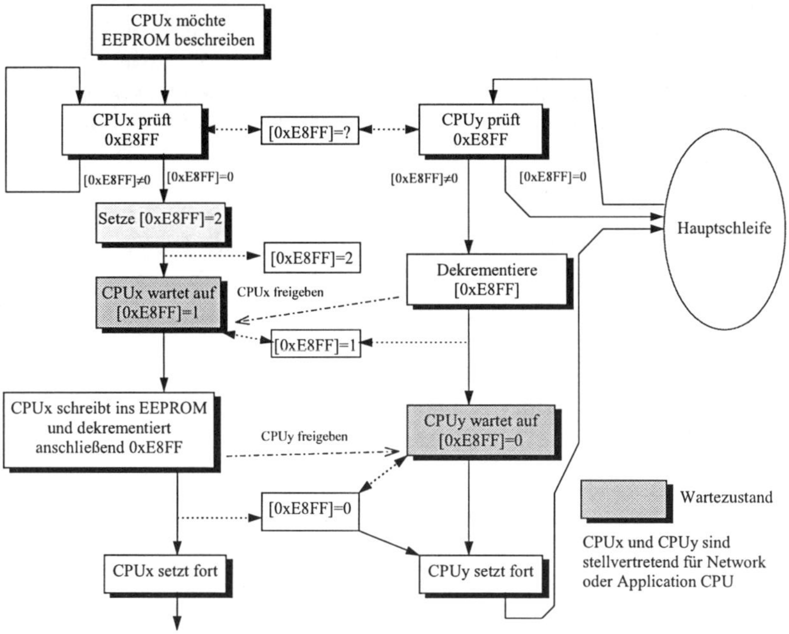

Bild 5-12: *Koordination der EEPROM-Schreiboperation mit Semaphor [0xE8FF]*

Eine wesentliche Aufgabe der Network CPU ist die Abarbeitung der OSI-Schichten 3 bis 6 gemäß dem LonTalk-Protokoll beim Empfang eines Datenpakets, siehe Kapitel 4. Von der MAC CPU empfangene Rahmen werden aus dem Network Input Buffer ausgelesen und analysiert. Nur an den Knoten adressierte Pakete werden von Schicht 3 an Schicht 4 weitergeleitet. Abhängig vom Service-Typ wird eine Bestätigung generiert und ausgesendet. Network Management Messages und Network Diagnostic Messages werden von der Network CPU bearbeitet und beantwortet. Neu eingetroffene Netzwerkvariablen und Explicit Messages werden in einen Application Buffer gestellt und an die Application CPU übergeben.

Besteht ein Sendewunsch, prüft die Network CPU zuerst den Application Priority Output Buffer und anschließend den Application Output Buffer für nichtpriorisierte Nachrichten. In beiden Fällen werden gemäß dem LonTalk-Protokoll die OSI-Schichten 6 bis 3 Information der Nachricht hinzugefügt und der Rahmen entweder in den Network Priority Output Buffer oder den Network Output Buffer für nichtpriorisierte Rahmen zur Versendung durch die MAC CPU gestellt.

Die Network CPU berechnet in jedem Umlauf aus der Backlog Information der MAC CPU die Wahrscheinlichkeit p des predictive p-persistent CSMA Buszugriffverfahrens. Weiterhin wird bei jedem Umlauf ein Byte des geschützten EEPROM-Bereiches zur Prüfsumme addiert und der Service-Pin abgefragt. Ein Umlauf der Network CPU in ihrer

Hauptschleife benötigt im Ruhezustand ohne weitere Aktivitäten 256,2 µs bei 10 MHz Systemtakt.

5.3.3 Hauptschleife der Application CPU

Der Einstieg der Application CPU in die Scheduler-Hauptschleife sowie deren Hauptaufgaben sind global im Bild 5-13 dargestellt. Eine etwas detailliertere Darstellungsform wurde im Bild 5-14 gewählt. Am Beginn der Hauptschleife wird die Funktion post_events aufgerufen. Sie schließt eine sogenannte Critical Section ab, in der folgende Aufgaben durchgeführt werden:

- Abgehende Netzwerkvariablen werden versendet.
- Eingehende Netzwerkvariablen werden empfangen und das Ereignis in einen Ereignis-Report eingetragen.
- Eingehende Nachrichten werden vorverarbeitet.
- Software Timer werden überprüft, ob sie abgelaufen sind.
- Der Watchdog Timer der Application CPU wird zurückgesetzt.

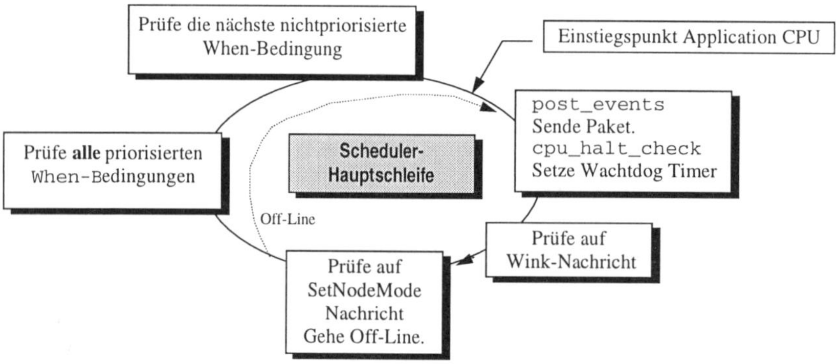

***Bild 5-13:** Hauptschleife der Application CPU*

Als nächstes wird die Wink-Bedingung überprüft. Hat der Neuron-Chip die Network Management Message wink empfangen, wird diese Bedingung True und der zugehörige Application Code ausgeführt. Die Offline-Anweisung wird ausgeführt, wenn eine Off-Line Network Management Message im Neuron-Chip eintrifft. Ist ein Knoten off-line, so werden laut Bild 5-13 die When-Bedingungen der Applikation übersprungen, bis der Knoten wieder on-line gesetzt wurde.

Zunächst werden alle When-Bedingungen mit Priorität überprüft und abgearbeitet. Falls die Bedingung False ergibt, wird im Unterschied zu When-Bedingungen ohne Priorität unmittelbar zur nächsten When-Bedingung gewechselt. War eine Bedingung True und wurde die zugehörige Applikation ausgeführt, wird an den Anfang der Scheduler-Hauptschleife verzweigt.

Pro Schleifendurchlauf kann nach Überprüfung aller When-Bedingungen mit Priorität eine When-Bedingung ohne Priorität bearbeitet werden. Gleichgültig, ob die Bedingung True oder False war, die Hauptschleife wird wieder mit when (wink) beginnend abgearbeitet.

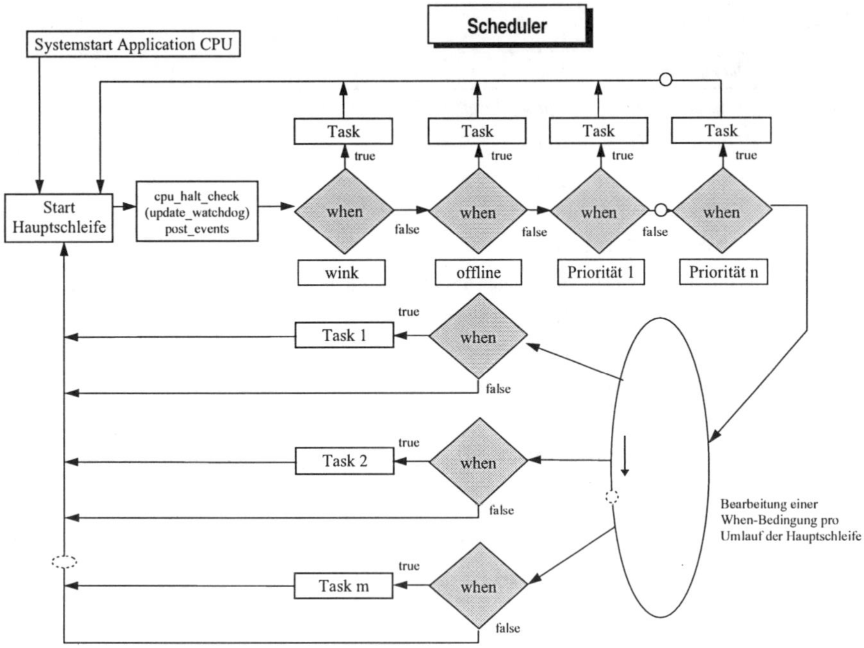

Bild 5-14: *Abarbeitung von When-Bedingungen mit und ohne Priorität.*

Der Scheduler bedient sich einer Event-Tabelle (TEVT) zur Koordinierung der verschiedenartigsten Events[1]. Ihr Aufbau ist aus Tabelle 5-7 ersichtlich. Die beiden ersten Bytes bilden eine Basisadresse (BASE). Alle weiteren Funktionsaufrufe (Routine) erfolgen relativ zu dieser Basisadresse. Byte 2, 3 usw. sind Offset, die zur Basisadresse addiert werden müssen, um den Beginn der entsprechenden Codestelle zu finden. So beginnt z. B. der Applikationscode zur Wink-Bedingung auf Adresse (BASE + Byte 2). Byte 6 gibt die Anzahl der When-Bedingungen mit Priorität an und Byte 7 die ohne Priorität.

Block 1 charakterisiert die Art des Ereignisses für die erste When-Bedingung. Er enthält Informationen über den Ereignistyp, die Adresse der Prüfbedingung *when (Prüfbedingung)* sowie einen Zeiger auf den auszuführenden Code. Block 2 stellt ähnliche Informationen für die nächste When-Bedingung bereit usw.

[1] Eine Auflistung möglicher Events befindet sich in Kapitel 6.

Tabelle 5-7: *Aufbau der Scheduler-Event-Tabelle*

TEVT	Ereignis
Byte 0,1	Basisadresse für Unterprogrammaufrufe (BASE)
Byte 2	Offset für WINK Routine
Byte 3	Offset für RESET Routine
Byte 4	Offset für OFFLINE Routine
Byte 5	Offset für ONLINE Routine
Byte 6	Anzahl der When-Bedingungen mit Priorität
Byte 7	Anzahl der When-Bedingungen ohne Priorität
Block 1	1. When-Bedingung mit Priorität
Block 2	2. When-Bedingung mit Priorität
...	
Block n	1. When-Bedingung ohne Priorität
Block n+1	2. When-Bedingung ohne Priorität
...	

Für das Beispiel flash.nc aus Abschnitt 5.2.5 (Programm 5-1) ist im Bild 5-15 die Event-Tabelle mit Zahlenwerten dargestellt. Aufbauend auf der Basisadresse 0x4032 (liegt im Adreßbereich der Applikation) werden sämtliche Adressen durch Addition eines Offsets berechnet. So beginnt beispielsweise der ausführbare Code zu when(reset) auf Adresse 0x402D + 0x04 + 0x01 = 0x4032. Wird eine Bedingung (wink, offline, online) in der Applikation nicht verwendet, ist ihr zugeordneter Offset auf null gesetzt. Die Anzahl der When-Bedingungen mit Priorität ist null, die ohne Priorität ist eins.

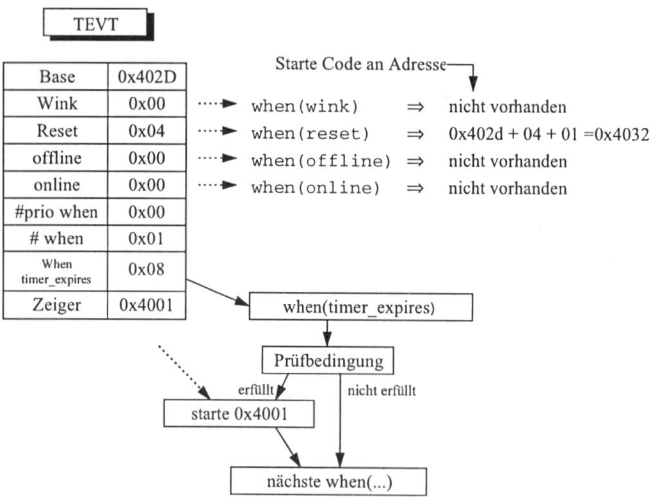

Bild 5-15: *Event-Tabelle für das Beispiel flash.nc*

Die erste und einzige When-Bedingung in flash.nc lautet *when(timer_expires)* mit der entsprechenden Codestelle an Adresse 0x4001 + 0x01 = 0x4002. Das Ereignis timer_expires ist in der Event-Tabelle mit 0x08 codiert. Eine Übersicht aller möglichen

Event Codes findet sich in Tabelle 5-8. Der Assembler Source Code für die When-Bedingung ist in Programm 5-4 nachzulesen.

```
;when (timer_expires); 1. When-Bedingung in flash.nc
WHEN1
;If-Bedingung aus flash.nc, if (flash == ON)
4002 99 ff      push     [1][h'ff]               ;Variable flash
4004 3f         dec
4005 72 14      brnz     h'401b             ;if (flash) == ON
;1. Teil der If-Bedingung (flash == ON)
4007 80         pushs    #h'0
4008 d9 ff      pop      [1][h'ff]               ;flash = OFF:
400a 80         pushs    #h'0
400b 1a 23      call     _byte_output       ;IO0-IO7 ausschalten
400d 80         pushs    #h'0
400e 81         pushs    #h'1
400f 1a 0f      call     _bit_output_hi     ;IO8 ausschalten
4011 80         pushs    #h'0
4012 82         pushs    #h'2               ;IO9 ausschalten
4013 1a 0f      call     _bit_output_hi
4015 80         pushs    #h'0
4016 84         pushs    #h'4
4017 1a 0f      call     _bit_output_hi     ;IO10 ausschalten
4019 71 13      br       h'402e             ;Ende if Bedingung
;zweiter Teil der If-Bedingung
401b 81         pushs    #h'1
401c d9 ff      pop      [1][h'ff]          ;flash = ON
401e b4 ff      push     #h'ff
4020 1a 23      call     _byte_output       ;IO0-IO7 einschalten
4022 81         pushs    #h'1
4023 a4         push     TOS
4024 1a 0f      call     _bit_output_hi     ;IO8 einschalten
4026 81         pushs    #h'1
4027 82         pushs    #h'2
4028 1a 0f      call     _bit_output_hi     ;IO9 einschalten
402a 81         pushs    #h'1
402b 84         pushs    #h'4
402c 1a 0f      call     _bit_output_hi     ;IO10 einschalten
402e 31         ret                         ;if verlassen
```
Programm 5-4: *Assemblerlisting der ersten When-Bedingung in flash.nc*

Eine Sammlung der möglichen Scheduler Events mit zugehörigen Event Codes und Aufrufparametern ist in Tabelle 5-8 zusammengestellt. Man sieht, daß die Länge der Blöcke im Bild 5-15 stark vom Event Code abhängig ist. Manche Events benötigen keinen Parameter, andere wiederum 1 bis 3 Parameter, die ebenfalls in der Event-Tabelle abgelegt werden müssen.

Tabelle 5-8: *Event Codes der Scheduler-Event-Tabelle*

Event	Event Code	Parameter 1	Parameter 2	Parameter 3
flush_completes	00	/	/	/
logical expression	01	offset to pre-paration routine	/	/
io_in_ready(..)	01	offset to pre-paration routine	/	/
io_out_ready(..)	01	offset to pre-paration routine	/	/
msg_arrives	02	/	/	/
msg_arrives (code)	03	msg_code	/	/
timer_expires	04	/	/	/
timer_expires(timer#)	05	timer#	/	/
nv_update_completes	06	#NV + no MSB (#NV=h'3F all)	/	/
nv_update_succeeds	06	#NV + MSB (#NV=h'3F all)	/	/
io_update_occurs	07	offset to pre-paration routine	/	/
timer_expires(timer#)	08 lower 3 bit: timer #	/	/	/
io_changes(..)	1x low nibble indicates I/O-object	offset to pre-paration routine	/	/
io_changes(..) by	2x low nibble indicates I/O-object	highbyte of the reference value	lowbyte of the reference value	offset to pre-paration routine
io_changes(..) to	3x low nibble indicates I/O-object	highbyte of the target value	lowbyte of the target value	offset to pre-paration routine
msg_completes(..)	4x low nibble indicates msg_tag (h'0F all)	/	/	/
resp_arrives(..)	5x low nibble indicates msg_tag (h'0F all)	/	/	/
msg_succeeds(..)	6x low nibble indicates msg_tag (h'0F all)	/	/	/
msg_fails(..)	7x low nibble indicates msg_tag (h'0F all)	/	/	/
nv_update_fails(..)	8x x(6bit) denotes #NV (#NV=h'3F all)	/	/	/
nv_update_occurs(..)	Cx x(6bit) denotes #NV (#NV=h'3F all)	/	/	/

Messungen der Reaktionszeiten zwischen dem Betätigen einer Ein-/Ausgabeleitung und der Ausführung der zugeordneten When-Bedingung *when(io_changes)*, bei einer einzigen When-Bedingung in der Applikation, ergeben den im Bild 5-16 dargestellten Zeitverlauf.

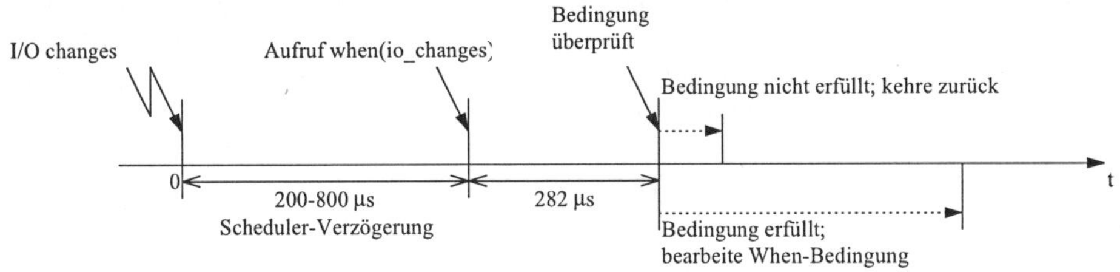

Bild 5-16: *Zeitlicher Verlauf beim Auftreten eines Ereignisses am Ein-/Ausgabeport*

5.3.4 Timer

Zeiten spielen sowohl bei der Abarbeitung des LonTalk-Protokolls als auch in der Applikation eine wesentliche Rolle. Der Neuron-Chip unterscheidet zwischen Hardware Timer und Software Timer. Hardware Timer stehen nur der Applikation zur Verfügung. Sie werden bei der zeitlichen Vermessung externer Ereignisse oder bei der Erzeugung von Ausgangssignalen der Applikation eingesetzt. Software Timer stehen sowohl der Applikation als auch zur Abarbeitung des LonTalk-Protokolls zur Verfügung. Eine Liste aller im Neuron-Chip ablaufenden Timer mit ihren Anwendungsgebieten stellt Tabelle 5-9 bereit.

Tabelle 5-9: *Zusammenstellung der Software Timer im Neuron-Chip*

Timer	Anzahl	Timer ist aktiv:
Application (ms oder s)	max 16	Wenn von der Applikation gestartet
Sekunden-Timer	1	Permanent
Receive Transaction Timer	max 16	Wenn ein Paket mit Servicetyp ACKD oder Repeated empfangen wird
Transmit Timeout Timer (1 Priority, 1 Non Priority)	2	Beim Absenden von ACKD- oder Repeated Paketen mit und ohne Priorität

Sämtliche Software Timer werden von der Network CPU betreut. Dazu zählen das periodische Abfragen auf Überlauf in der Network-Hauptschleife, das Setzen eines Timer Flags bei Überlauf, der Neustart bei einem Wiederholungszähler und das Stoppen, wenn der Timer nicht mehr benötigt wird. Allein das Starten der Applikations-Timer übernimmt die Application CPU. Alle Informationen zur Timer-Verwaltung werden im RAM-Bereich abgelegt. Ein typischer Speicherauszug ist im Bild 5-17 vorgestellt.

Es sei angenommen, daß die Timer-Informationen an der Speicherstelle 0xEA70 im RAM beginnen. In den ersten beiden Bytes befinden sich 16 Zeitablauf-Flags, die bei Ablauf der korrespondierenden Application Timer gesetzt werden. Es folgen 16 Flags zur Unterscheidung von Millisekunden-Timer und Sekunden-Timer. Ein gesetztes Flag kennzeichnet einen Millisekunden-Timer, ein gelöschtes einen s Timer. Als nächstes folgt der 16 bit Transmit Timeout Timer für abgesandte Datenpakete ohne Priorität und im Anschluß daran der Transmit Timeout Timer für abgesandte Pakete mit Priorität. Abhängig von der Anzahl der gleichzeitig möglichen aktiven Receive Transactions (receive_trans_count) folgen 1 bis maximal 16 Receive Timer. Der 1-s-Timer wird in der Systemstartphase der Network CPU gestartet und läuft ohne Unterbrechung. Von ihm sind die 1-s-Application-Timer abgeleitet. Den Anschluß bilden eine Reihe von 4 Byte langen Application-Timer-Blöcken. Jeder Block besteht aus dem 16-Bit-Wiederholungswert bei einem periodisch ablaufenden Timer sowie dem aktuellen Timer-Inhalt. Bei einem einmalig ablaufenden Timer ist der Wiederholwert auf 0 gesetzt.

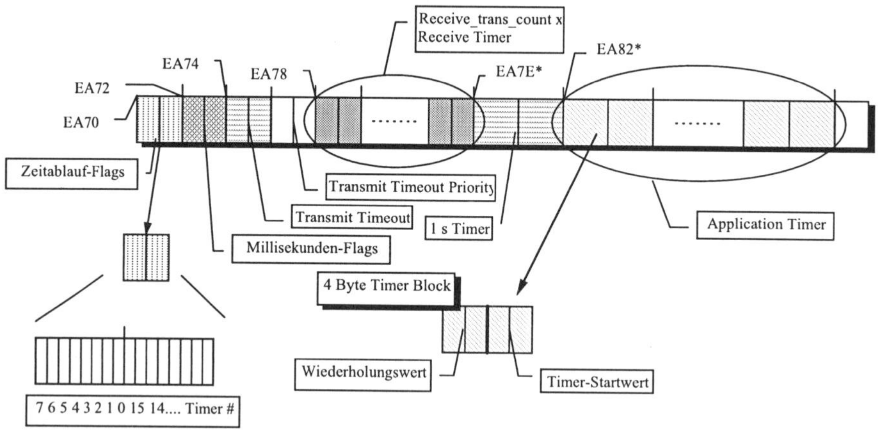

Bild 5-17: *RAM-Layout der Timerverwaltung*

Beim Umlauf in der Network-Hauptschleife wird von den aktuellen Timer-Inhalten solange ein Zeitquant subtrahiert, bis ein Unterlauf auftritt und der Timer als abgelaufen markiert wird. Der Wert 0 im aktuellen Timer-Inhalt stoppt den Timer. Beim Wiederholungs-Timer wird bei Ablauf der Wiederholwert in den aktuellen Timer-Inhalt geladen und der Timer neu gestartet.

In [Lonw 96] sind für die LonTalk-Protokoll-Timer (Repeat, Transmit, Receive, Preemption) Tabellen zur Umrechnung eines 4-bit-Wertes (VALUE) in eine Zeit angegeben. Zur Umrechnung kann auch die folgende Beziehung herangezogen werden. Abhängig von der Art des Timers müssen die Konstanten aus Tabelle 5-10 für den Parameter A eingesetzt werden.

$$timer(ms) = \begin{cases} VALUE=even & A*2^{(\frac{VALUE}{2}) mod 256} \\ VALUE=odd & (A+A/2)*2^{(\frac{VALUE}{2}) mod 256} \end{cases}$$

Ist der zu konvertierende 4-bit-Wert (VALUE) gerade (VALUE = even), muß die obere Beziehung herangezogen werden, ist sie ungerade (VALUE = odd) gilt die untere Beziehung.

Ist z. B. der 4-bit-Wert VALUE = 4, so ergibt sich aus obiger Gleichung der Zeitwert für einen Transmit Timer zu 0x10 * 2^2 = 64 ms.

Tabelle 5-10: Parameter A zur Bestimmung der Wartezeit

Art des Timers	Parameter A	A + A/2
Repeat Timer/Transmit Timer	0x10	0x18
Preemption Timer	0x02	0x03
Receive Timer	0x80	0xC0

5.4 Kommunikation

Das Kommunikationsverhalten im LonTalk-Protokoll ist komplex. In den nachfolgenden Abschnitten werden deshalb einige markante Aufgaben der Kommunikation herausgegriffen und näher erläutert.

5.4.1 Kommunikations-Buffer

Buffer sind das Bindeglied der Kommunikation zwischen den drei CPUs, siehe Bild 5-18. Am Kommunikationsport eintreffende Rahmen werden von der MAC CPU in den Network Input Buffer geschrieben. Nur wenn ein freier Network Input Buffer vorhanden ist und wenn außerdem die Buffer-Größe ausreicht, um den empfangenen Rahmen aufnehmen zu können, sind die Voraussetzungen für den erfolgreichen Rahmenempfang erfüllt. Die Network CPU liest den empfangenen Rahmen aus dem Network Input Buffer, bearbeitet die LonTalk-Schichten 3 bis 6 und gibt den Network Input Buffer wieder frei. Müssen Daten an die Application CPU weitergegeben werden, bedient sich die Network CPU eines Application Input Buffers, der wie der Network Input Buffer verfügbar und groß genug sein muß. Diese beiden Parameter Buffer Size und Buffer Count (Anzahl der Buffer) müssen beim Systementwurf und der Programmierung des Neuron-Chip sorgfältig überlegt werden.

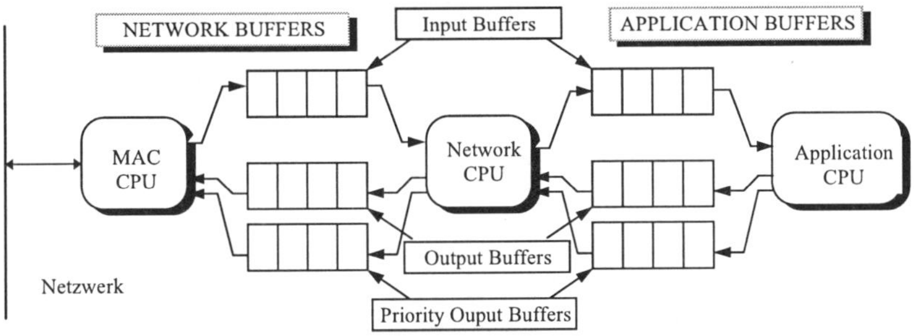

Bild 5-18: Buffer bilden das Bindeglied zwischen den CPUs

Das Versenden eines Datenpakets erfolgt, wie in Bild 5-18 dargestellt, in umgekehrter Reihenfolge. Die Application CPU stellt ihre Daten der Network CPU in einem Application Output Buffer zur Verfügung. Dabei wird zwischen Paketen mit Priorität und solchen ohne Priorität unterschieden. Aus diesem Grunde existieren auch zwei Typen von Output Buffern, mit und ohne Priorität. Auch hier gelten die beiden Regeln, der Buffer muß verfügbar und groß genug sein.

Die Network CPU ergänzt das zu sendende Datenpaket mit Informationen der Schichten 6 bis 3, stellt es in einem Network Output Buffer mit oder ohne Priorität der MAC CPU zum Versenden bereit, und gibt den Application Output Buffer frei. Nach dem Versenden des Rahmens durch die MAC CPU gibt diese den Network Output Buffer wieder frei.

5.4.2 Buffer-Größe und Buffer-Anzahl

Für eine ordnungsgemäße und leistungsfähige Kommunikation ist es entscheidend, die richtige Buffer-Größe (Buffer size) und die geeignete Buffer-Anzahl (Buffer count) für alle 6 Kommunikations-Buffer zu bestimmen und mit Hilfe von folgenden pragma-Anweisungen im Neuron C festzulegen.

- *#pragma app_buf_out_size n*: bestimmt die Länge *n* in Byte der Application Buffer für abgehende priorisierte oder nichtpriorisierte Datenpakete,
- *#pragma app_buf_out_count n*: bestimmt die Anzahl der verfügbaren Application Output Buffer für Pakete ohne Priorität,
- *#pragma app_buf_out_priority_count n*: bestimmt die Anzahl der verfügbaren Application Output Buffer für Pakete mit Priorität,
- *#pragma net_buf_out_size n*: bestimmt die Länge *n* in Byte der Network Buffer für abgehende priorisierte oder nichtpriorisierte Datenpakete. Die Größe sollte nicht kleiner als 42 Byte gewählt werden, um alle Network Management Commands richtig beantworten zu können,
- *#pragma net_buf_out_count n*: bestimmt die Anzahl der verfügbaren Network Output Buffer für Rahmen ohne Priorität,
- *#pragma net_buf_out_priority_count n*: bestimmt die Anzahl der verfügbaren Network Output Buffer für Rahmen mit Priorität,
- *#pragma net_buf_in_size n*: bestimmt die Länge *n* in Byte der Network Buffer für ankommende Rahmen. Die Größe sollte nicht kleiner als 50 Byte gewählt werden, um alle Network Management Commands richtig empfangen zu können,
- *#pragma net_buf_in_count n*: bestimmt die Anzahl der verfügbaren Network Input Buffer,
- *#pragma app_buf_in_size n*: bestimmt die Länge *n* in Byte der Application Buffer für ankommende Datenpakete. Die Größe sollte nicht kleiner als 22 Byte gewählt werden, um alle Network Management Commands richtig empfangen zu können,
- *#pragma app_buf_in_count n*: bestimmt die Anzahl der verfügbaren Application Input Buffer.

Grundsätzlich sind Größe und Anzahl der Buffer eine Optimierungsaufgabe des vorhandenen RAM-Speichers. Im Neuron 3120 ist RAM stark limitiert und hier gilt, die beiden Parameter sehr sorgfältig zu wählen. Als Faustregel für die Größe der Application Buffer gilt:

Application Buffer Size (Byte) = (Nachrichtenlänge + 5) + [11].

Die 5 Byte sind System Overhead, die 11 Byte müssen nur addiert werden, wenn explizite Adressierung verwendet wird. Die Nachrichtenlänge ist bei Netzwerkvariablen die Länge der Netzwerkvariable + 2 und bei Explicit Messages die Länge der Message + 1.

Als Faustregel für die Größe der Network Buffer gilt bei 6 Byte System-Overhead und 20 Byte Protokoll-Overhead

$$\text{Network Buffer Size (Byte)} = \text{Nachrichtenlänge} + 6 + 20.$$

Die Anzahl der Buffer ist abhängig von verschiedensten Faktoren. Als Grundeinstellung werden jeweils 2 Buffer von jeder Gattung angelegt. In den meisten Fällen sollte diese Einstellung zufriedenstellende Ergebnisse bringen. Ist mit Stoßverkehr im Netzwerk zu rechnen, und ist viel zu versenden, so kann man versuchen, die Anzahl der Application Output Buffer zu erhöhen, um so der Applikation immer einen freien Application Buffer zur Verfügung stellen zu können.

Um die Anzahl der Network Input Buffer festzulegen, müssen die verwendeten Service-Typen (bestätigt, wiederholt, authenticated, Request-Response etc.) und Adressierungsarten (unicast, multicast) bekannt sein. Wird Authentication verwendet, sollte die Anzahl der Network Input Buffer erhöht werden, da das Verkehrsaufkommen verdoppelt wird. Bei Gruppenadressierung mit Bestätigung ist innerhalb kürzester Zeit mit einer Großzahl eintreffender Bestätigungsrahmen zu rechnen. Wenn genügend RAM zur Verfügung steht, sollte die Anzahl der Network Input Buffer zumindest gleich der Gruppengröße gewählt werden. Die exakte Anzahl der benötigten Buffer ist eine Funktion der Bitrate im Netzwerk und des Systemtaktes des Neuron-Chips. Die minimale Buffer-Anzahl muß durch Experimente ermittelt werden.

Ist der Speicherbereich im RAM knapp und werden keine priorisierten Datenpakete versendet, sollte man auf alle Fälle die Anzahl der Output Buffer mit Priorität mit Hilfe #pragma app_buf_out_priority_count 0 und #pragma net_buf_out_priority_count 0 auf null setzen. Zusätzlich wird in diesem Fall nur ein Transmit Transaction Buffer angelegt und weitere 28 Byte eingespart.

Die Größe und Anzahl der Kommunikations-Buffer sind im Neuron-Chip mit jeweils einer 4-bit-Zahl kodiert. Die Umrechnung des 4-bit-Codes kann entweder mit den Tabellen in [Lonw 96] oder mit den beiden unten angegebenen Formeln erfolgen. Die erstere berechnet aus einem 4-bit-Field-Value (*fv*) die Buffer Size in Byte, die zweite die Anzahl der Buffer.

$$\text{buffer size(bytes)} = \left(0x12 + \begin{cases} 2*2^{(((fv+0xEF)/2) \bmod 256)} & :fv=even \\ 3*2^{(((fv+0xEF)/2) \bmod 256)} & :fv=odd \end{cases}\right) \bmod 256$$

$$\text{number of buffers} = \left(0xFF + \begin{cases} 2*2^{(((fv+0xEF)/2) \bmod 256)} & :fv=even \\ 3*2^{(((fv+0xEF)/2) \bmod 256)} & :fv=odd \end{cases}\right) \bmod 256$$

Sämtliche Kommunikations-Buffer befinden sich im RAM. Sie werden in der Systemstartphase der Network CPU eingerichtet. Ein mögliches RAM-Layout ist in Bild 5-19 dargestellt. Wie in Abschnitt 5.3.4 vorgestellt, werden im gewählten Beispiel die Software Timer ab Adresse 0xEA70 im RAM abgelegt. Im Anschluß an die Applikations-Timer folgen die Application Input Buffer, die Application Output Buffer, die Application Output Priority Buffer, die Network Input Buffer, die Network Ouput Buffer sowie die Network Output Priority Buffer. Der grundsätzliche Aufbau der unterschiedlichen Buffer-Bereiche ist ebenfalls im Bild 5-19 dargestellt. Die beiden ersten Bytes eines jeden Buffer-Typs bilden einen Zeiger auf den jeweils nächsten Buffer gleichen Typs. Der letzte Buffer in dieser Kette zeigt wiederum an den Beginn der Kette. Der verbleibende Buffer-Inhalt unterscheidet sich stark je nach Typ des Buffers.

Grundsätzlich werden die Buffer von unten nach oben gefüllt. Eine Ausnahme bilden Network Output Buffer und Network Output Priority Buffer. Da bei der Assemblierung des abzusendenden Rahmens laut OSI zuerst die Daten verfügbar sind und anschließend in den unteren OSI-Schichten die Adreßinformation ergänzt wird, werden diese beiden Buffer von oben nach unten aufgefüllt. Somit wird gewährleistet, daß selbst für die bei LonWorks variable Länge der Adreßinformation immer genügend Buffer-Platz für den Adreßanteil vorhanden ist.

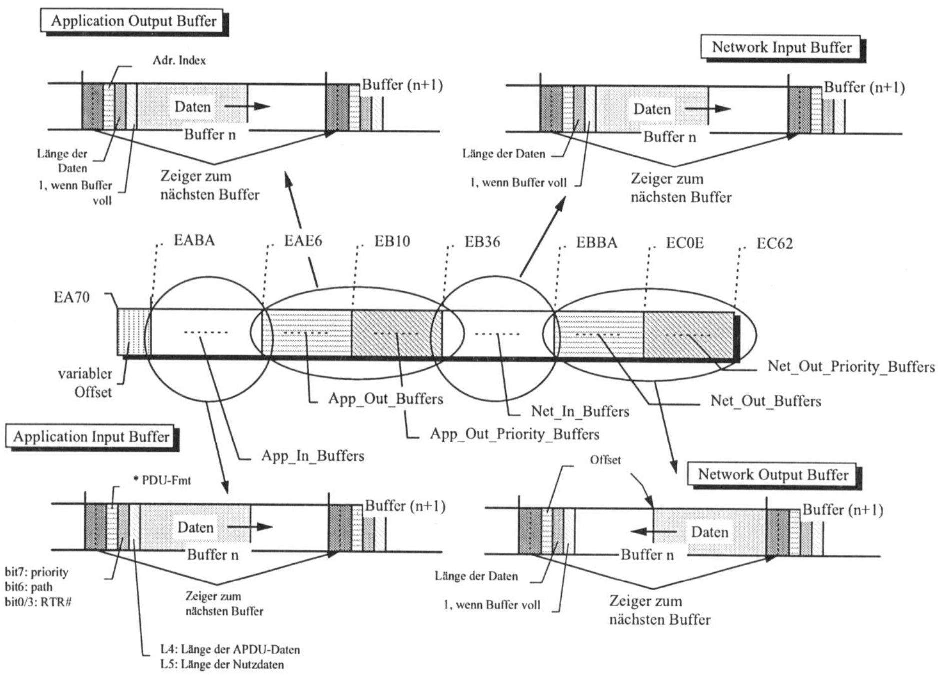

Bild 5-19: *RAM-Layout von Network und Application Buffer*

5.4.3 Kommunikations-Timer

Kommunikations-Timer regeln den Ablauf des bestätigten Nachrichtendienstes, des Request-Response-Dienstes sowie des unbestätigten wiederholten Nachrichtendienstes. Dazu stehen folgende Timer und Zähler zur Verfügung:

- Der *Transmit Timer* bestimmt den zeitlichen Abstand zwischen Sendewiederholungen beim bestätigten Dienst (ACKD) und beim Request-Response-Dienst

(REQUEST). Sollte die Bestätigungsnachricht (ACK) ausbleiben oder die Response nicht eintreffen, wird die ursprüngliche Nachricht so oft wiederholt, wie es im Retry-Zähler angegeben ist.

- Der *Repeat Timer* bestimmt den zeitlichen Abstand der Aussendung der Rahmen beim unbestätigten wiederholten Nachrichtendienst (UNACKD_RPT).
- Der *Receive Timer* wird beim Empfang einer neuen TPDU, SPDU oder AuthPDU gestartet. Wird ein weiterer Rahmen mit gleicher Quelladresse und gleicher Transaktionsnummer empfangen, während der Receive Timer noch aktiv ist, wird dieser Rahmen als Duplikat erkannt und verworfen. Zur Erkennung von Duplikaten wird im Empfängerknoten ein Pool von Empfangsberichten mit den Eckdaten der empfangenen Rahmen (Quelladresse, Domain, Transaktionsnummer etc.) verwaltet. Läuft der Receive Timer aus, wird der zugehörige Empfangsbericht aus dem Pool gelöscht.
- Der *Retry-Zähler* bestimmt die Anzahl der Sendewiederholungen beim bestätigten Dienst (ACKD), beim Request-Response-Dienst (REQUEST) sowie beim unbestätigten wiederholten Nachrichtendienst (UNACKD_RPT). Die maximale Anzahl der abgesendeten Nachrichten ist Retry-Zähler +1.

Die geeigneten Einstellungen für die oben angeführten Timer und Zähler zu wählen, ist essentiell für eine zuverlässige Nachrichtenverbindung. Für den Retry-Zähler haben sich Zahlenwerte zwischen 2 und 5 als praktikabel erwiesen. Grundsätzlich gilt, je mehr Zielknoten (z. B. Gruppenadressierung) erreicht werden müssen, desto höher sollte der Wert des Retry-Zählers gewählt werden.

Die Programmierung des Transmit Timer ist wesentlich von der Netzwerktopologie abhängig. Befinden sich alle Zielknoten auf einem Kanal, so gilt als Faustregel [Lont 96, S. 53]:

$$\text{Transmit Timer} > (3 * \text{Paketzyklus}) + \text{Bearbeitungszeit}.$$

Der Paketzyklus ist die gesamte Zeitdauer, während der sich das Paket im Kanal (Netzwerkmedium) befindet, also beginnend mit der β1-Zeit über die Busarbitrierung bis hin zur Code Violation am Rahmenende. Beim Faktor 3 geht man davon aus, daß eine Station im Kanal 2 Paketzyklen warten muß, bis der Kanal frei wird. Die Länge des Paketzyklusses ist im wesentlichen eine Funktion der Bitrate am Kanal also um so größer je niedriger die Bitrate ist.

Die Bearbeitungszeit faßt alle Zeitkomponenten zusammen, die zum Empfang des Rahmens und zur Aussendung eines Bestätigungsrahmens oder einer Response benötigt werden. Sie ist eine Funktion der Taktrate des Neuron-Chips.

Handelt es sich nicht um einen isolierten Kanal, sondern läuft die Nachricht über einen oder mehrere Router, so muß die Router-Verzögerungszeit addiert werden. Diese ist vor allem abhängig von der Anzahl der Network Input Buffer sowie Network Output Buffer an den beiden Router Ports sowie von der verwendeten Taktrate in den beiden Router-Neuron-Chips. Empirische Messungen an LonWorks-Routern mit 10 MHz Taktrate und der Standardeinstellung für die Buffer zeigen eine Verzögerungszeit von ca. 4 ms zwischen den beiden Ports A und B.

Die Einstellung des Receive Timers erfolgt nach [Lont 96, S.53] mit

Receiver Timer > Transmit Timer * (Retry-Zähler +2).

Bei beiden Timer-Einstellungen (Transmit und Receive) ist zu beachten, daß bei Verwendung des Request-Response-Dienstes unter Umständen die Response erst nach einer verhältnismäßig langen Zeit beim Absender der Request-Nachricht eintreffen kann. Dies ist der Fall, wenn zur Generierung der Response im Empfänger komplexe Berechnungen durchgeführt werden müssen oder ins EEPROM geschrieben wird (das Schreiben eines Bytes benötigt 20 ms).

Sämtliche Timer- und Zähler-Einstellungen sind für jeden Adreßtabelleneintrag individuell programmierbar. So ist es möglich, bei Knoten, die sich im selben Kanal befinden, kürzere Zeiten zu programmieren und bei Knoten, die sich topologisch gesehen weiter entfernt befinden, die entsprechenden Router-Verzögerungen zu berücksichtigen. Bei Kommunikationsverbindungen die keinen entsprechenden Eintrag in der Adreßtabelle aufweisen, wie z. B. ankommende unicast adressierte Pakete, wird der Receive Timer mit dem Wert des Non-Group-Timers aus der Configuration Structure geladen. Bei Multicast-Adressierung (Gruppenadressierung) existiert ein Eintrag in der Adreßtabelle auch für ankommende Nachrichten, und somit ist der Receive Timer individuell für jede Gruppe programmierbar.

Generell sollte die Berechnung und Programmierung der Timer-Werte den Installations- und Konfigurationswerkzeugen überlassen werden. Für kleine Netzwerke kann diese Aufgabe zum Beispiel der LonBuilder übernehmen.

6 Programmiermodell

Da sich ein C-Programm für einen Neuron-Chip von einem traditionellen C-Programm unterscheidet, werden im vorliegenden Kapitel die wichtigsten Elemente des Programmiermodelles behandelt.

6.1 Neuron C

Die Programmiersprache zum Erstellen eines Applikationsprogramms (CPU 3) für den Neuron-Chip (Bild 6-1) ist ein Derivat der Programmiersprache C und nennt sich Neuron C. Sie basiert auf ANSI-C. Neuron C ist für den Neuron_Chip entwickelt worden und kann nicht für andere Prozessoren verwendet werden. Die zusätzlichen Sprachelemente sind speziell auf den Neuron-Chip zugeschnitten.

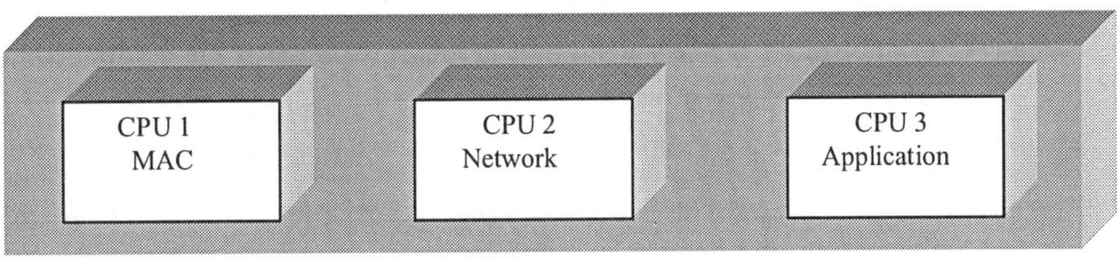

Bild 6-1: *Neuron-Chip-Prozessorübersicht*

6.1.1 Unterschiede zu ANSI C

Neuron C ist keine übereinstimmende Implementierung von Standard C. Im Gegensatz zu ANSI C besitzt Neuron C keine Standardbibliothek für standardisierte Ein-/ Ausgabesysteme oder „Floating-Point"-Unterstützung. Dafür besitzt Neuron C spezielle Bibliotheken und enthält zusätzliche Sprachelemente, die auf die Funktion des Neuron-Chips zugeschnitten sind. Dies sind insbesondere intelligente Control-Funktionen, Software Timer, Netzwerkvariablen und der Multitasking Scheduler.

Die folgende Aufzählung zeigt die wichtigsten Unterschiede zwischen Neuron C und ANSI C auf.

- Die einzigen ANSI C Bibliotheksfunktionen, die auch von Neuron C zur Verfügung gestellt werden, sind: *memcpy()* und *memset()*.
- Neuron C unterstützt keine Float-Arithmetik, bietet allerdings eine zusätzliche Bibliothek für einfache Float-Rechenroutinen an.

- Neuron C beinhaltet folgende drei ANSI Include Files: STDDEF.H, STDLIB.H und LIMITS.H.
- Neuron C benutzt mehr reservierte Wörter als ANSI-C.
- Neuron C unterstützt neben oktalen und hexadezimalen Konstanten auch binäre Konstanten.
- Neuron C benutzt zur Kennzeichnung eines Kommentars die gleiche Zeichenfolge wie C++ (//).
- In Neuron C gibt es keine *main()*-Funktion. Die Multitasking-Funktionalität von Neuron C wird mit der *when()*-Anweisung erreicht.
- Neuron C unterstützt nicht die Compilation mehrerer Quellfiles, bietet allerdings die #include-Anweisung an.
- Neuron C benötigt die Benutzung der Prototype-Anweisung, wenn eine Funktion benutzt wird, bevor sie definiert ist.
- Die Länge der Namen von Neuron-C-Netzwerkvariablen und Message Tags ist auf 16 Zeichen beschränkt.
- Die einzigen ANSI-C-Preprozessor-Anweisungen, die von Neuron C unterstützt werden, sind: *#define, #include und #pragma*.
- Neuron C unterstützt nicht die Verwendung von Strukturen und Varianten als Funktionsparameter oder als Funktionsrückgabewert.
- Neuron C erlaubt nicht die Verwendung des Adreßoperators für automatische Variablen und formale Funktionsparameter.
- Neuron C unterstützt keine Felder als automatische Variablen.
- Zeiger auf Netzwerkvariablen, Timer, EEPROM-Variablen, Message Tags und Ein-/Ausgabeobjekte sind nicht möglich.
- Auch in der Länge der Basisdatentypen unterscheiden sich die beiden C-Sprachen, wie der folgende Abschnitt zeigen wird.

6.1.2 Sprachbeschreibung

Folgende Basistypen werden von Neuron C zur Verfügung gestellt:

```
[unsigned]         char    8 bit
signed             char    8 bit
unsigned [short]   int     8 bit
signed [short]     int     8 bit
unsigned long      int     16 bit
[signed] long      int     16 bit
```

Ein Aufzählungstyp ist bereits definiert

enum (vom Type int) 8 bit

```
typedef enum (FALSE, TRUE) boolean;
```

Andere vordefinierte Typen werden für Ein-/Ausgabeobjekte und Standardnetzwerk-Variablentypen zur Verfügung gestellt.

Basisdeklarationen:

Funktion — zur Definition von Funktionen

```
int ampel (int a, int b);
```

typedef — für die Definitionen von Datentypen

```
typedef unsigned long UWORD;
```

enum — für Aufzählungstypen

```
enum farbe { ROT, GELB, GRUEN };
```

array — zum Anlegen von Feldern

```
int feld[4];
```

pointer — zur Definition von Zeigern

```
char *p;
```

struct — zum Erzeugen von Strukturen

```
struct zeit
{ unsigned int  stunde;
  unsigned int  minute; };
```

union — um Varianten zu ermöglichen

```
union feld
{ long int  feld_a;
       int  feld_b; };
```

Zusätzliche Deklarationen:

E/A-Objekte:

Objekte, die bestimmte Ein-/Ausgabefunktionen selbsttätig abarbeiten

Bem.: Diese Objekte sind so umfangreich, daß sie im Kapitel 9 ausführlich behandelt werden.

```
IO_0 output oneshot ampel_trigger;
```

Timer:

Funktionen, die Zeitintervalle in Sekunden- oder Millisekundenraster bereitstellen

```
stimer ampel_rot_Timer;
```

Netzwerkvariablen:

Variablen, die im gesamten Netzwerk zur Verfügung stehen

```
network output SNVT_temp_p Aussen_Temperatur;
```

Basisspeicherklassen:

auto	lokale Variable
const	nicht veränderbarer Wert
extern	extern definierter Wert oder Funktion
static	lokaler Wert oder Funktion

Zusätzliche Speicherklassen:

config — Diese Speicherklasse kann nur für Eingangsnetzwerkvariablen verwendet werden. Eine so definierte Variable befindet sich im EEPROM und kann nur über das Netzwerk von einem anderen Gerät aus verändert werden. Sie wird zur Konfiguration des Applikationsprogramms benutzt.

network — Mit dieser Speicherklasse werden Netzwerkvariablen definiert.

system — Hiermit wird auf die Neuron-Chip-Firmware-Funktionsbibliothek zugegriffen. In einem Programm wird dieses Schlüsselwort nicht verwendet.

eeprom — Die Variable oder Funktion wird im EEPROM abgelegt.

```
eeprom int Aussen_Temperatur;          // Variable
eeprom int fn() {........}          // Funktion
```

far — Die Variable wird im far Bereich abgelegt.

```
       far int Aussen_Temperatur; // RAM
eeprom far int Aussen_Temperatur; // EEPROM
```

ram — Die Funktion wird im externen RAM (off chip) abgelegt.

```
ram int fn() {........}
```

Compiler-Anweisungen:

Mit der *pragma*-Anweisung können die Neuron-Chip spezifischen Parameter und Ressourcen an das Applikationsprogramm angepaßt werden. Wichtige Parameter, die mit dieser Anweisung eingestellt werden können, sind zum Beispiel die Anzahl und Größe der verschiedenen Kommunikationsbuffer. Ebenso kann das elektrische Verhalten einiger Ein-/Ausgabeports des Neuron-Chips beeinflußt werden. Welche pragma-Anweisungen benötigt werden, richtet sich ganz nach der jeweiligen Applikation und deren Anforderungen an den Neuron-Chip. Eine vollständige Aufzählung und Beschreibung der unterschiedlichen Anweisungen findet man im Neuron C Programmer's Guide von Echelon. Im folgenden werden als Beispiel nur die Compiler-Anweisungen zum Definieren der verschiedenen Bufferparameter gezeigt, da sie besonderen Einfluß auf das Verhalten des Knotens haben.

```
#pragma app_buf_in_count                 2 // Buffer Anzahl
#pragma app_buf_in_size                 66 // Buffer Größe
#pragma app_buf_out_count                2 // Buffer Anzahl
#pragma app_buf_out_priority_count       2 // Buffer Anzahl
```

```
#pragma app_buf_out_size               66 // Buffer Größe
#pragma net_buf_in_count                2 // Buffer Anzahl
#pragma net_buf_in_size                66 // Buffer Größe
#pragma net_buf_out_count               2 // Buffer Anzahl
#pragma net_buf_out_priority_count      2 // Buffer Anzahl
#pragma net_buf_out_size               66 // Buffer Größe
#pragma receive_trans_count            16 // Transaktionen
```

Die Anzahl und Größe der Buffer sowie die Anzahl der Transaktionen hat Einfluß auf verschiedene Größen. So wird von ihnen die Größe des zusätzlich benötigten Speicherraumes bestimmt (Bild 6-2). Mit Hilfe der oben aufgeführten Pragma-Anweisungen wurden insgesamt 12 Buffer mit einer Länge von jeweils 66 Byte definiert. Das bedeutet einen zusätzlichen Speicherbedarf von 12 x 66 Byte = 792 Byte.

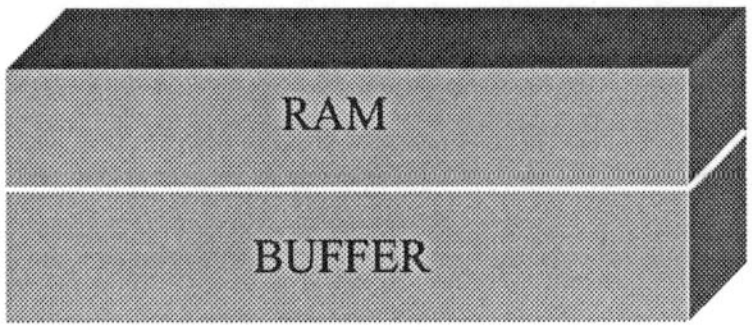

Bild 6-2: *Kommunikationspuffer liegen alle im RAM*

Weiterhin wurde die Anzahl der Transaktionen auf 16 festgelegt, was wiederum einen weiteren Speicherbedarf von 16 x 13 Byte = 208 Byte bedeutet. Eine Transaktion ist die Einheit aus einem empfangenen Telegramm und der daraus resultierenden Antwort. Die Anzahl der Transaktionen gibt an, wieviel eingehende Transaktionen vom Network Processor korrekt gleichzeitig behandeln werden können.

Ebenso wird das Systemverhalten des Knotens durch die Bufferanzahl und die Anzahl der möglichen Transaktionen mitbestimmt. Bei der Bestimmung dieser Parameter ist das Kommunikationsverhalten des Knotens mit anderen Knoten unter Worst-case-Bedingungen zu betrachten.

Wie man an den oben aufgeführten Beispielen erkennen kann, müssen die Auswirkungen der benutzten Compiler-Anweisungen und deren Parameter genau verstanden werden. Die Auswirkungen falscher Einstellungen werden schlimmstenfalls erst im laufenden Betrieb zu einem Fehlverhalten des Knotens führen. Dies ist zum Beispiel der Fall, wenn die Anzahl der Buffer beim Zusammentreffen bestimmter Ereignisse nicht mehr ausreicht und dadurch wichtige Werte verloren gehen.

6.1.3 Bibliothek

Eine Anzahl von Bibliotheksfunktionen steht für die Applikationsprogramme zur Verfügung. Jede dieser Funktionen kann einem der nachstehend beschriebenen Typen zugeordnet werden.

- Type 1: in den Neuron C Compiler eingebaute Funktion,
- Type 2: in den Neuron-3120-, -3120E2-, und -3150-Chip-Systembereich eingebaute Funktion,

- Type 3: in den Neuron-3150-Chip-Systembereich eingebaute Funktion oder für Neuron-3120- und -3120E2-Chip in den Applikationsbereich gelinkte Funktion,
- Type 4: für alle Neuron-Chips in den Applikationsbereich gelinkte Funktion,
- Type 5: in den Neuron-3150-Chip-Systembereich eingebaute Funktion oder für den Neuron-3120E2-Chip in den Applikationsbereich gelinkte Funktion. Diese Funktion ist nicht verfügbar für den Neuron-3120-Chip.
- Type 6: in den Neuron-3120- und -3150-Chip-Systembereich eingebaute Funktion oder für den Neuron-3120E2-Chip in den Applikationsbereich gelinkte Funktion.

Die Bibliotheksfunktionen lassen sich in folgende Bereiche unterteilen:

- Ausführungskontrolle,
- Network-Management-Kontrolle,
- Fehlerbehandlung,
- Sleep Mode,
- Integer-Mathematik,
- Float-Mathematik,
- Zeichenbearbeitung,
- Hilfsfunktionen,
- Ein-/ Ausgabefunktionen,

Eine Übersicht über die Bibliotheksfunktionen findet man in den verschiedenen Datenbüchern [Mot96] [Ech95].

Bei Funktionen, die in den Applikationsbereich gelinkt werden, sollte man seinen zur Verfügung stehenden Speicherplatz im Auge behalten, da wie Bild 6-3 zeigt, alle gewählten Funktionen im ROM, RAM oder FLASH abegelgt werden.

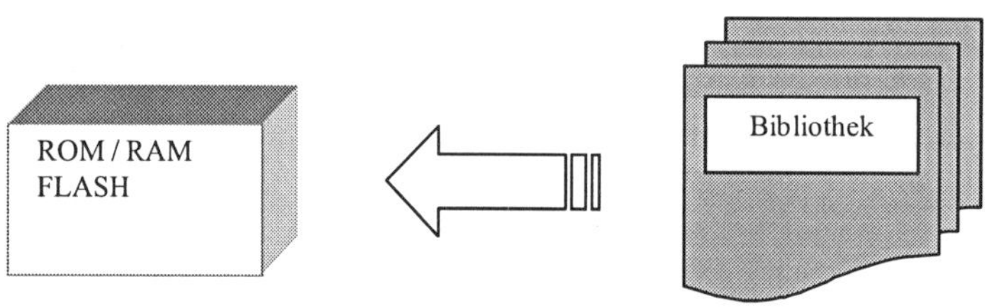

Bild 6-3: *Bibliotheksfunktionen*

6.2 Der Scheduler

Der Scheduler des Neuron-Chips ist der Funktionsteil, der dem Applikationsprogramm die Multitasking-Möglichkeit verleiht. Die Multitasking-Funktion des Neuron-Chips beschränkt sich allerdings auf die Möglichkeit, ereignisabhängig einzelne Programmteile, genannt Tasks, abzuarbeiten. Eine Task wird immer bis zu ihrem Ende abgearbeitet, bevor die nächsteTask gestartet werden kann. Bis zu 80 Tasks können vom Scheduler bearbeitet werden. Sie werden im Normalfall nach der *Round-Robin*-Methode aktiviert.

6.2.1 Die Neuron C Task

Tasks werden in Neuron C durch die *when*-Anweisung definiert. Diese Anweisung hat folgende Syntax:

```
[priority] when (Ausdruck)
```

Mit der Option *priority* können Tasks priorisiert werden.

Ein Neuron-C-Ausdruck, ein definiertes Ereignis, das Empfangen eines neuen Wertes für eine Netzwerkvariable, die Änderung eines Hardware-Eingangs, das Ablaufen eines Timers oder eine Kombination von solchen Ereignissen können als Ausdruck für das Starten einer Task benutzt werden. Es folgen einige einfache Beispiele für eine *when*-Anweisung:

```
when (x == 3)
{ }
when (msg_arrives(10))
{ }
when (online)
{ }
```

Die Task wird nur gestartet, wenn der benutzte Ausdruck wahr ist.

Es können allerdings auch Variablen und Events miteinander verknüpft werden, wie die folgenden Beispiele zeigen:

```
when ((x == 3) &&  (nv_update_occurs(a)))
       { }
when ((msg_arrives(10)) && (y == 3))
{ }
when ((timer_expires(m)) && (nv_update_occurs(a)))
{ }
```

Bei diesen Beispielen ist Vorsicht geboten. Events werden, nachdem sie geprüft wurden, zurückgesetzt und können somit für die Bearbeitung verloren gehen. Nehmen wir für eine genauere Betrachtung eines der vorhergehenden Beispiele:

```
when ((x==3) && (nv_update_occurs(state)))
       { }
```

Hier soll ein Event anstehen und die Variable x den Wert 3 haben, bevor die entsprechende Task gestartet wird. Steht das Event an, bevor x den Wert 3 hat und die *when*-Anweisung wird ausgeführt, geschieht folgendes:

Das Event wird geprüft und zurückgesetzt und die Task wird nicht gestartet, da x nicht den Wert 3 hat. Besitzt x bei der nächsten Ausführung der *when*-Anweisung den Wert 3, ist allerdings das Event bereits zurückgesetzt und die Task wird wieder nicht gestartet.

Das Event ist für diese Bearbeitung verloren gegangen. Es ist daher ratsam, die Verknüpfungen, die eine Task starten sollen, genau zu analysieren.

Der Block, der durch eine *when*-Anweisung gebildet wird, ist eine Neuron C Task.

```
when  ( x >= 32 )

{
    x = 0;
    y = 32;
}
```

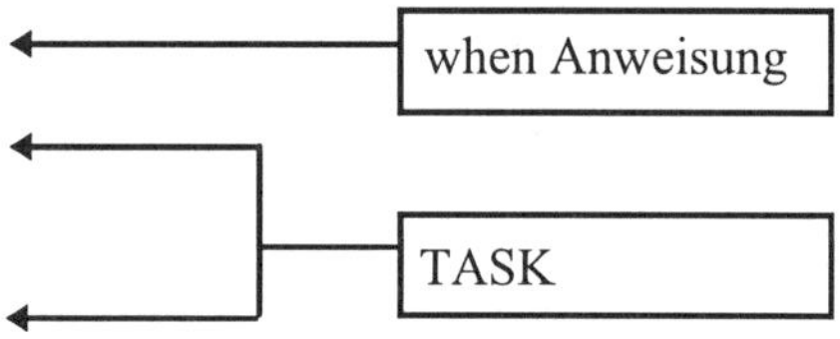

Ist der Ausdruck der *when*-Anweisung wahr, wird die Task bis zu ihrem Ende abgearbeitet. Ist sie nicht wahr, wird sie übersprungen.

6.2.2 Funktionsprinzip des Schedulers

Nach dem Einschalten der Betriebsspannung oder dem Neustart des Programms werden alle notwendigen Vorbesetzungen vorgenommen. Danach beginnt der Scheduler seine Arbeit, indem er als erstes die Reset-Task bearbeitet, wenn diese existiert (Bild 6-4). In dieser Task können alle applikationsspezifischen Einstellungen vorgenommen werden.

Dann werden die systemspezifischen und priorisierten Tasks abgearbeitet. Ist der Ausdruck einer dieser Tasks wahr, wird diese bearbeitet und der Scheduler beginnt von vorne. Erst wenn kein Ausdruck dieser Tasks mehr wahr ist, werden die nichtpriorisierten Tasks berücksichtigt. Diese Tasks werden nach dem Round-Robin-Prinzip abgearbeitet. Zwischen den nichtpriorisierten Tasks werden immer wieder die systemspezifischen und priorisierten Tasks berücksichtigt, unabhängig davon, ob die nichtpriorisierte Task abgearbeitet oder übersprungen wurde. Alle nichtpriorisierten Tasks werden in der Reihenfolge berücksichtigt, in der sie im Applikationsprogramm definiert wurden.

Wenn die letzte nichtpriorisierte Task an der Reihe war, beginnt der Scheduler wieder mit der ersten Task (Bild 6-4).

Die systemspezifischen Tasks sind *offline, online* und *wink.* Sie werden wie priorisierte Tasks behandelt. Die erste priorisierte Task ist immer die Task *offline,* wenn sie definiert wurde.

```
when (offline)
{ }

when (online)
{ }

when (wink)
{ }
```

In diesem speziellen Fall kann der Zusatz „*priority*" der When Clause Syntax entfallen.

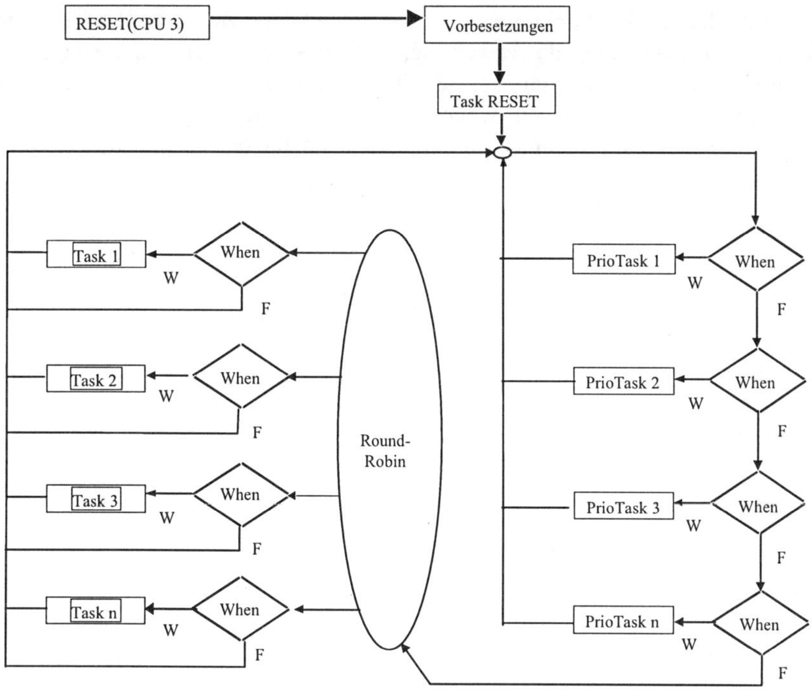

Bild 6-4: *Funktionsprinzip des Schedulers*

Die oben beschriebene Funktionsweise des Schedulers kann abgeändert werden.

```
#pragma scheduler_reset
```

Mit dieser Anweisung wird die Round-Robin-Methode des Schedulers beeinflußt. Der Scheduler beginnt wieder mit der ersten nichtpriorisierten Task, wenn eines der folgenden Ereignisse auftritt:

- ein neuer Netzwerkvariablenwert ist verfügbar,
- ein neues Telegramm wurde empfangen,
- ein Timer ist abgelaufen.

Der Scheduler wird an seine Startposition versetzt. Die nächste nichtpriorisierteTask, die bearbeitet wird, ist Task 1 (Bild 6-5).

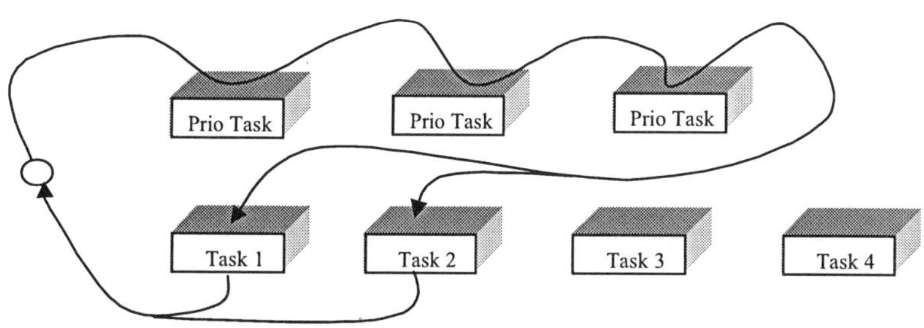

Bild 6-5: *Scheduler Reset, nachdem Task 2 bearbeitet wurde*

Eine weitere Möglichkeit, die Funktionsweise des Schedulers zu verändern, ist der B*ypass*-Mode. Dies ist keine spezielle Anweisung, sondern eine Programmiertechnik. In diesem Fall wird eine Task definiert, deren Ausdruck immer wahr ist und die nie verlassen wird. Dies sollte nur verwendet werden, wenn man einen eigenen Algorithmus für den Task-Ablauf benötigt. Das Applikationsprogramm ist dann für die Ereignisbearbeitung allein verantwortlich.

```
when (TRUE)
{
  while (TRUE)
  {
    post_events ();
    if (offline)      {..........}
    if (.......)      {..........}
    ............................
    ............................
    ............................
    if (msg_arrives) {..........}
  }
}
```

6.2.3 Funktionssteuerung

Zur Steuerung der Tasks stellt Neuron C eine Reihe von Ereignissen zur Verfügung. Diese lassen sich in bestimmte Klassen unterteilen. Im folgenden werden die einzelnen Ereignisse entsprechend ihrer Klasse beschrieben:

Systemereignisse

- reset — Das Ereignis erfolgt nach jedem Reset des Neuron-Chips.
- reset — Das Ereignis erfolgt nach jedem Reset des Neuron-Chips.
- offline — Der Knoten wurde außer Betrieb genommen.
- online — Der Knoten wurde wieder in Betrieb genommen.
- flush_completes — Alle Network- und Application-Buffer sind leer, alle Explicit Messages und Netzwerkvariablenwerte sind abgearbeitet.
- wink — Der Knoten soll sich bemerkbar machen.

Ein-/Ausgabeereignisse

- io_changes — Der Wert eines Ein-/Ausgabebjektes hat sich geändert.
- io_update_occurs — Ein Eingangsobjekt hat einen neuen Wert bekommen.
- io_in_ready — Die Parallelschnittstelle hat neue Daten.
- io_out_ready — Es können neue Daten zur Parallelschnittstelle gesendet werden

Timer-Ereignisse

– timer_expires	Ein Timer ist abgelaufen.

Telegramm- und Netzwerkvariablen-Ereignisse

– nv_update_occurs	Ein neuer Netzwerkvariablenwert ist verfügbar.
– nv_update_fails	Das Senden oder Abfragen eines Netzwerkvariablenwertes war fehlerhaft.
– nv_update_succeeds	Das Senden oder Abfragen eines Netzwerkvariablenwertes war erfolgreich.
– nv_update_completes	Das Senden oder Abfragen eines Netzwerkvariablenwertes war erfolgreich oder fehlerhaft.
– msg_arrives	Eine Explicit Message wurde empfangen.
– msg_completes	Das Senden einer Explicit Message wurde abgeschlossen.
– msg_succeeds	Das Senden einer Explicit Message war erfolgreich.
– msg_fails	Das Senden einer Explicit Message war fehlerhaft.

Anwenderspezifische Ereignisse

– Anwenderspezifischer Ausdruck mit dem Ergebnis „Wahr" oder „Falsch"

6.2.4 Zeitverhalten des Schedulers

Der Scheduler benötigt für die Bearbeitung jeder *when*-Anweisung ungefähr 1 ms. Die genau benötigte Zeit hängt von der Komplexität des verwendeten Ausdrucks ab und kann nur durch eigene Messungen ermittelt werden. Als erster Ansatz für eine allgemeine Bestimmung des Zeitverhaltens kann allerdings der Wert von 1 ms verwendet werden. Diese Zeit benötigt der Scheduler, um festzustellen, ob der Ausdruck wahr ist oder nicht. Bei einer Applikation mit folgenden Tasks:

– *wink* Task,

– 2 priorisierte Tasks,

– 8 normale Tasks,

benötigt der Scheduler für einen Umlauf durch alle Tasks, wenn alle Ausdrücke nicht wahr sind, ungefähr

$$8 * 3 + 8 = 32 \text{ ms.}$$

Die *wink* Task und die priorisierten Tasks sind dabei acht mal, die normalen Tasks je einmal abgefragt worden.

Wenn der Ausdruck für eine priorisierte Task zu schnell hintereinander wahr wird, kann es vorkommen, daß keine normalen Tasks mehr bearbeitet werden (Bild 6-6).

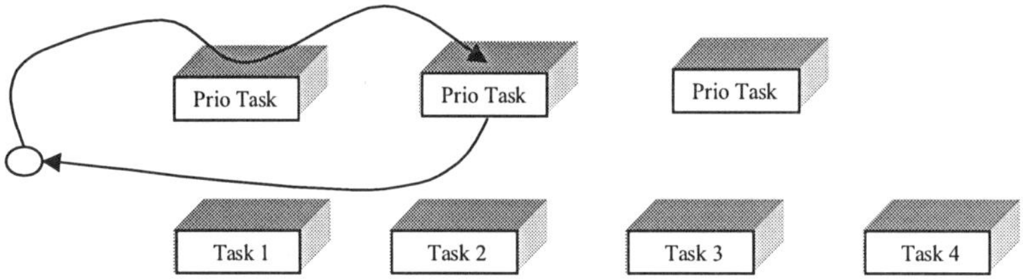

Bild 6-6: *Das Startkriterium für die priorisierte Task wird zu schnell hintereinander wahr*

Ein ähnlicher Betriebszustand kann sich einstellen, wenn das Pragma *scheduler_reset* verwendet wird, und die Ereignisse, die den Scheduler in die Anfangsposition setzen, zu schnell hintereinander erfolgen (Bild 6-7).

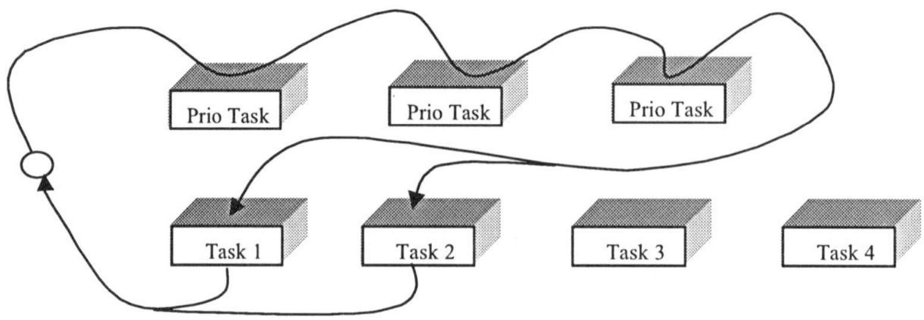

Bild 6-7: *Scheduler Reset immer, bevor Task 3 und Task 4 bearbeitet werden können*

6.2.5 Fehlerbehandlung

Der Neuron-Chip hat einen eigenen Watchdog Timer. Bei einem 10-MHz-System beträgt die Ansprechzeit 0,84 Sekunden. In einem 5-MHz-System ist sie 1,68 Sekunden. Dieser Timer wird vom Scheduler regelmäßig gesetzt. Ist allerdings eine lange Applikationstask aktiv, muß der Programmierer selbst dafür Sorge tragen, daß der Watchdog Timer nicht abläuft. Dies würde nämlich einen Reset des Knotens zur Folge haben (Bild 6-8).

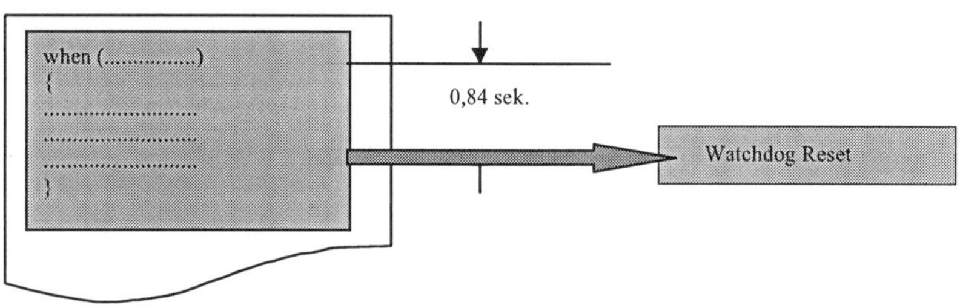

Bild 6-8: *Zu lange Tasklaufzeit (10 MHz)*

Der Scheduler setzt den Watchdog Timer automatisch am Ende jeder when-Clause Bearbeitung. Mit der Funktion *watchdog_update ()* kann der Watchdog Timer aber auch innerhalb einer When Clause neu gesetzt werden (Bild 6-9). Folgende Funktionen und Objekte setzen ebenfalls den Watchdog Timer:

- post_events (),
- msg_receive (),
- resp_receive (),
- pulsecount.

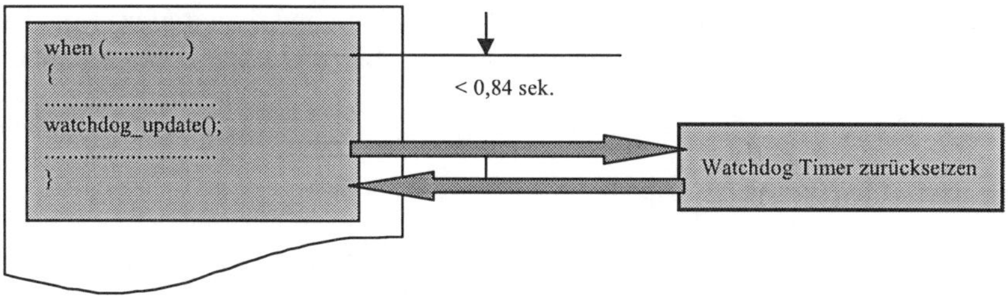

Bild 6-9: *Watchdog Update (10MHz)*

Findet die Applikation selbst einen fehlerhaften Zustand, stehen mehrere Möglichkeiten zur Verfügung (Bild 6-10):

- Mit der Funktion *node_reset()* wird der gesamte Knoten zurückgesetzt. Alle drei CPUs beginnen von vorne und alle Informationen, die nicht im EEPROM gespeichert wurden, sind verloren.
- Die Funktion *application_reset()* setzt nur die Application CPU zurück. Die beiden anderen Prozessoren arbeiten ohne Unterbrechung weiter.

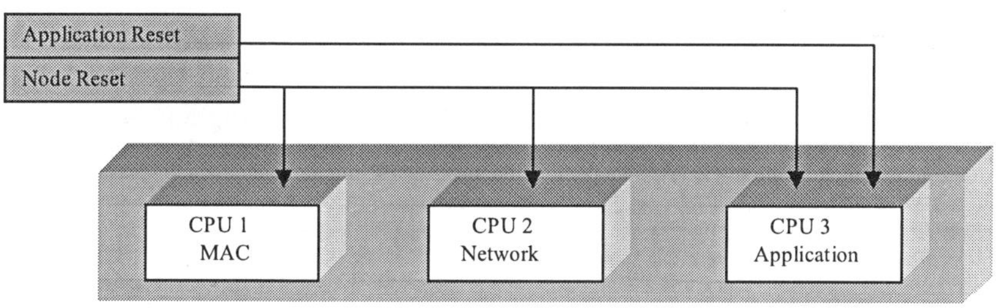

Bild 6-10: *Applikations Reset Funktionen*

Mit Hilfe der Funktion *error_log()* kann eine eigene Fehlernummer im Bereich von 1 bis127 ins EEPROM geschrieben werden. Dieser Applikationsfehlercode kann dann von einem anderen Knoten gelesen und ausgewertet werden.

Programmfehler und Netzwerkfehler werden automatisch bei ihrem Auftreten abgespeichert. Für alle Fehlerarten zusammen steht allerdings nur eine Fehlerzelle zur Verfügung. Es kann somit immer nur der letzte Fehler ermittelt werden.

Beispiele für automatisch generierte Fehlernummern sind:

- EEPROM_WRITE_FAIL = 132
- DIVIDE_BY_ZERO = 148
- WRITE_PAST_END_OF_APPL_BUFFER = 156

Das Anwendungsprogramm kann mit der Funktion *retrieve_status()* auf alle Statusinformationen des Knotens, einschließlich der letzten Fehlernummer, zugreifen. Mit der Funktion *clear_status()* werden die Statusinformationen und die Fehlernummer zurückgesetzt.

6.3 Kommunikationsobjekte

Die Kommunikation zwischen den Knoten erfolgt auf zweierlei Weise. Die bevorzugte Art des Datenaustausches ist die mittels Netzwerkvariablen. Diese Art wird *Implicit Message* genannt, weil das Senden und Empfangen automatisch erfolgt. Die zweite Art wird *Explicit Message* genannt. Hierbei wird der Kommunikationsvorgang im Applikationsprogramm bearbeitet. Das Telegramm muß gebildet, gesendet und die Antwort empfangen werden. *Explicit Messages* benötigen weniger EEPROM Speicherplatz als *Implicit Messages,* dafür benötigen sie mehr Programmspeicherplatz. Beide Übertragungsarten haben Vor- und Nachteile. Es muß in jedem Fall gesondert geprüft werden, welche die geeignete Übertragungsform für die jeweilige Aufgabenstellung ist. Insbesondere muß man sich darüber im klaren sein, daß mit *Explicit Messages* in aller Regel keine Interoperabilität (siehe Kap. 10) mit Knoten anderer Hersteller erreichbar ist.

6.3.1 Netzwerkvariablen

Netzwerkvariablen (NV) sind Variablen, die im Quelltext des Programms mit der Speicherklasse *network* definiert wurden.

```
network output SNVT_temp_p  Raum_Temperatur;
network input  SNVT_temp_p  Aussen_Temperatur;
```

Netzwerkvariablen können *Input-* oder *Output*-Variablen sein. Die Zuweisung eines Wertes an eine Netzwerkvariable vom Type *Output* bewirkt, daß dieser Wert an alle Netzwerkvariablen vom Type *Input* gesendet wird, die mit dieser *Output*-Netzwerkvariablen logisch verbunden sind. Das Senden des Wertes erfolgt automatisch ohne zusätzlichen Code im Applikationsprogramm. Somit erhalten alle *Input*-Netzwerkvariablen automatisch immer den aktuellen Wert, der der zugehörigen *Output*-Netzwerkvariablen zugewiesen wurde.

Die Programmzeile, die das Senden eines Netzwerkvariablenwertes auslöst, kann im einfachsten Fall folgendermaßen aussehen:

```
Raum_Temperatur = neuer_wert;
```

Das Verbinden der Netzwerkvariablen kann auf unterschiedliche Art erfolgen. Die Vorgehensweise beim Verbinden der Netzwerkvariablen richtet sich nach dem System, in dem die Knoten eingesetzt werden. Es kann als Teil des Fertigungsprozesses erfolgen, wenn die verwendeten Knoten in einem fest umrissenen System (z. B. Fotokopierer) eingesetzt werden. Bei homogenen Systemen ist es möglich, selbstverbindende Strategien zu implementieren, die in Abhängigkeit von Hardwareeingängen und bestimmten Applikationsparametern das binden der Netzwerkvariablen selbst übernehmen. In komplexen Systemen, in denen die unterschiedlichsten Knoten miteinander kommunizieren, erfolgt das binden mit Hilfe eines Installationssystems, applikationsspezifisch vor Ort.

In einem Knoten können bis zu 62 Netzwerkvariablen mit einer Länge von jeweils bis zu 31 Bytes definiert werden. Eine *Output*-Netzwerkvariable kann mit beliebig vielen *Input*-Netzwerkvariablen verbunden sein und umgekehrt. Dabei ist es auch möglich, Verbindungen im gleichen Knoten herzustellen (turnaround). Wird der Neuron-Chip als Kommunikationsprozessor benutzt, und ein zweites Prozessorsystem übernimmt die Applikationsbearbeitung, können bis zu 4096 Netzwerkvariablen implementiert werden.

Die Übertragung des Netzwerkvariablenwertes kann mit vier unterschiedlichen Diensten vorgenommen werden:

- ACKD — Senden mit Empfangsbestätigung und Wiederholungen
- UNACKD — Senden ohne Empfangsbestätigung
- UNACKD_RPT — Senden ohne Empfangsbestätigung mit Wiederholungen

Des weiteren können folgende Dienstqualitäten gewählt werden:

- Authenticated — Der Wert kann nur übertragen werden, wenn Sender und Empfänger den gleichen Schlüssel besitzen.
- Polled — Die *Input*-Netzwerkvariable muß den Wert in der *Output*-Netzwerkvariablen selbst abholen.
- Priority — Das Senden des Netzwerkvariablenwertes wird priorisiert.
- Synchronous — Alle Werte einer Netzwerkvariablen werden übertragen, auch wenn der Wert sich schneller ändert, als er gesendet werden kann.

Das Applikationsprogramm kann mit den nachfolgenden eingebauten Ereignissen asynchron die Funktion der Netzwerkvariablenbearbeitung kontrollieren:

- nv_update_occurs — Ein neuer Wert für eine *Input*-Netzwerkvariable wurde empfangen.
- nv_update_fails — Das Senden eines Wertes für eine *Output*-Netzwerkvariable hat nicht funktioniert.
- nv_update_succeeds — Das Senden eines Wertes für eine *Output*-Netzwerkvariable war in Ordnung.
- nv_update_completes — Das Senden eines Wertes für eine *Output*-Netzwerkvariable ist beendet, erfolgreich oder nicht.

Beim Senden mit Empfangsbestätigung müssen alle Empfänger geantwortet haben. Beim Senden ohne Empfangsbestätigung muß das Telegramm in das Netzwerk gelangt sein.

Zum Senden und Empfangen der Netzwerkvariablen werden zwei spezielle interne Tabellen benötigt. Dies sind die Adreßtabelle und die Netzwerkvariablentabelle. Beide sind im EEPROM des Neuron-Chips abgelegt.

Die Adreßtabelle hat bis zu 15 Einträge. In ihr stehen die Adressen der Knoten, an die *Output*-Netzwerkvariablen und *implicit* adressierte Telegramme gesendet werden können. Bei der Verwendung der *poll()*-Anweisung ist auch für die entsprechende *Input*-Netzwerkvariable ein Address Table Entry zugeordnet.

Die Adresse, die in jedem dieser Einträge steht, kann von folgender Art sein:

- Turnaround   Es ist der eigene Knoten adressiert.
- Subnet_node   Es ist ein bestimmter Knoten adressiert.
- Group   Es ist eine Gruppe von Knoten adressiert.
- Broadcast   Es sind alle Knoten eines Subnetzes adressiert.

Jeder Adreßtabelleneintrag kann mehrfach benutzt werden.

Die Netzwerkvariablentabelle im Neuron-Chip kann bis zu 62 Einträge haben. In ihr sind die Bearbeitungsparameter und der benutzte Adreßtabellenindex abgelegt.

Die Bearbeitungsparameter sind :

- Priority   Die Variable wird priorisiert gesendet,
- Direction   Eingangs- oder Ausgangsvariable,
- Selector   Variablenkennung,
- Turnaround   Verbunden mit einer Variablen im eigenen Knoten,
- Service   Definition der gewählten Übertragungsart,
- Authenticated   Die Übertragung ist abgesichert.

Der Adreßtabellenindex zeigt bei einer *Output*-Netzwerkvariablen an, an welchen oder welche Knoten die Netzwerkvariable gesendet wird. In welcher *Input*-Netzwerkvariablen der Wert empfangen wird, wird mit der Variablenkennung bestimmt. Die verbundenen Netzwerkvariablen haben die gleiche Kennung (Bild 6-11).

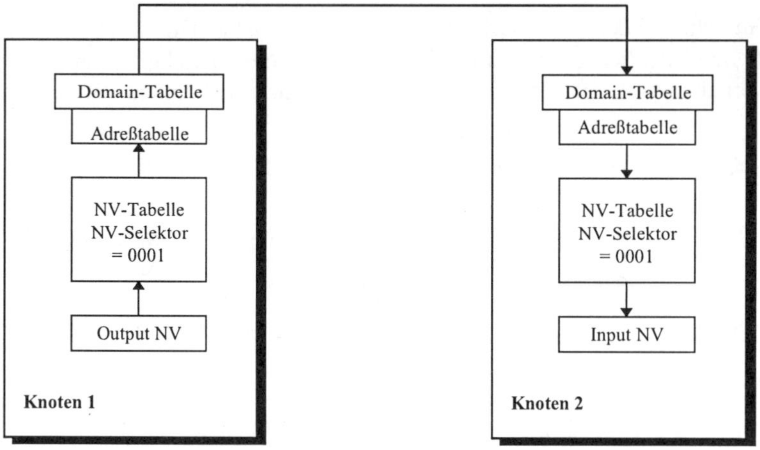

Bild 6-11: *Schematische Darstellung einer Netzwerkvariablenverbindung*

Die Adreßtabelle und die Netzwerkvariablentabelle können vom Knoten selbst, aus der Applikation heraus, oder mit Hilfe eines Konfigurierungsprogramms von außerhalb über das Netzwerk beschrieben werden.

Es sei hier noch erwähnt, daß es möglich ist, einen Netzwerkvariablenwert mit Hilfe einer *Explicit Message* zu senden, indem man das entsprechende Telegramm nachbildet (Bild 6-12).

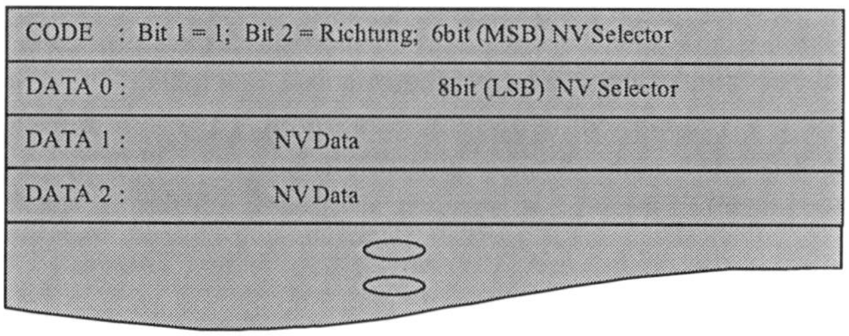

Bild 6-12: *Struktur der Explicit Message zum Netzwerkvariablen-Update*

6.3.2 Explicit Messages

In einigen Fällen reicht die Verwendung von Netzwerkvariablen nicht aus. Dies ist der Fall, wenn Daten mit einer Länge von mehr als 31 Bytes übertragen werden sollen, die vorhandenen Netzwerkvariablentypen nicht passen, oder eine Datenübertragung mit Rückantwort gefordert ist. Die *Explicit Message* unterstützt zusätzlich den R*equest-/Response*-Mechanismus, welcher dem Anwendungsprogramm des einen Knoten erlaubt, eine definierte Aktion im Programm eines anderen Knoten auszulösen. Als Resultat auf sein Telegramm (R*equest*), erhält der Sender-Knoten eine Antwort (R*esponse*).

Mit einer *Explicit Message* lassen sich Daten bis zu einer Länge von 229 Bytes übertragen. Bevor man aber seine maximale Telegrammlänge definiert, sollte man in den

Interoperability Guidelines der LonMark Interoperabillity Association [Lonm96] nachschlagen. Will man nämlich einen Knoten erstellen, der interoperabel ist und das LonMark-Zeichen erhalten soll, darf der oben genannte maximale Wert nicht verwendet werden.

Wie bei den Netzwerkvariablen können unterschiedliche Dienstqualitäten benutzt werden:

- ACKD Senden mit Empfangsbestätigung und Wiederholungen,
- UNACKD Senden ohne Empfangsbestätigung,
- UNACKD_RPT Senden ohne Empfangsbestätigung mit Wiederholungen,
- REQUEST Senden mit Antworttelegramm,
- Authenticated Der Wert kann nur übertragen werden, wenn Sender und Empfänger den gleichen Schlüssel besitzen.
- Priority Das Senden der Explicit Message wird priorisiert.

Die Adressierung des Telegramms erfolgt, indem je nach Adressierungsart die Adreßinformation eingetragen wird:

- Neuron_id Es ist ein Knoten mit seiner ID adressiert.
- Subnet_node Es ist ein bestimmter Knoten adressiert.
- Group Es ist eine Gruppe von Knoten adressiert.
- Broadcast Es sind alle Knoten eines Subnetzes adressiert.

Dies erfolgt entweder beim Erstellen des Sendeauftrages im Applikationsprogramm, oder der Sendeauftrag wird mit einem Adreßtabelleneintrag verknüpft. In diesem Fall stehen alle benötigten Informationen in der Adreßtabelle und müssen nicht vom Programm eingetragen werden. Der Vorteil hierbei ist, daß die Zieladresse verändert werden kann, wobei sie im anderen Fall fest programmiert ist.

Die Adreßbestimmung erfolgt durch die Wahl des Message Tags. Jedes Telegramm benötigt zu seiner Identifizierung ein solches Tag. Diese werden im Applikationsprogramm definiert. Es gibt freie und verbundene Messages Tags. Die verbundenen (bound_tag) sind fest mit einem Adresstabelleneintrag verbunden.

Hierbei ist der im Programm als erste definierte Message Tag mit dem ersten Adreßtabelleneintrag verbunden, der zweite mit dem zweiten und so weiter. In beiden Fällen dient der Message Tag zur Koordination des Telegramms mit seiner Rückantwort und den dazugehörigen Ereignissen.

Es folgt je ein Beispiel für die Definition der beiden Tag-Arten:

```
msg_tag            telegramm_a   //verbundenes Message Tag
msg_tag nonbind    telegramm_b   //freies Message Tag
```

Im Gegensatz zu den Message Tags wird der Message Code zur Identifikation des Telegrammtyps verwendet. Die Telegramme werden dann entsprechend des Codes bearbeitet. Werden sie von einem Anwendungsprogramm empfangen, kann dieses mit Hilfe des Codes direkt unterschiedliche Bearbeitungen vornehmen. Die folgende *when-*

Anweisung ist ein Beispiel für eine generelle Bearbeitung eines eingehenden Telegramms in der Applikationsebene. Diese Anweisung wird beim Empfangen eines Telegramms wahr. Das Applikationsprogramm muß dann selbst prüfen, um welches Telegramm es sich handelt.

```
when (msg_arrives)
{ }
```

Die folgende *when*-Anweisung wird nur wahr, wenn ein Telegramm mit dem entsprechenden Message Code, in diesem Fall Nummer 10, empfangen wird.

```
when (msg_arrives (10))
{ }
```

Die Vergabe des Message Codes ist nicht frei. Sie ist nach Tabelle 6-1 vorgegeben (siehe auch Kapitel 4).

Tabelle 6-1: *Message Codes*

Telegrammtyp	**Message Code**
Application Messages	00 - 62
Foreign Frames	64 - 78
Responses	63, 79
Network Diagnostic	80 - 95
Network Management	96 - 127
Network Variables	128 - 255

Das Applikationsprogramm kann Message Codes aus dem Bereich 00 bis 62 für ihre unterschiedlichen Telegramme frei verwenden. Sie kann dann anhand des Codes entscheiden, welche Behandlung das Telegramm erfahren muß, bevor der Telegramminhalt analysiert wurde.

Im Gegensatz zu den Netzwerkvariablen muß bei einer *Explicit Message* die gesamte Datenübertragung vom Anwendungsprogramm selbst verwaltet werden. Im folgenden wird in kurzer Form der funktionale Ablauf der Übertragung aufgezeigt:

Aktion	***Neuron-C-Funktion***	**Typ**	**Beschreibung**
Erstellen eines Telegramms	*msg_out*	Objekt	Objekt, das zum Senden des Telegramms mit Daten versehen wird.
Senden eines Telegramm	*msg_send()*	Funktion	Diese Funktion startet das Senden eines Telegramms zu einem anderen Knoten in der Applikationsebene.
	msg_cancel()	Funktion	Mit dieser Funktion kann ein zum

			Senden gebildetes Telegramm widerrufen werden.
Empfangen eines Telegramms	*msg_arrives*	Ereignis	Dieses Ereignis zeigt an, daß ein Telegramm empfangen wurde.
	msg_receive()	Funktion	Diese Funktion holt das empfangene Telegramm in die Applikationsebene.
	msg_in	Objekt	In diesem Objekt sind die Daten des empfangenen Telegramms enthalten.
Nach dem Senden mit ACKD	*msg_completes*	Ereignis	Nachdem die Sendebehandlung für ein Telegramm beendet ist, erfolgt dieses Ereignis. Dies geschieht, wenn der Auftrag erfolgreich oder fehlerhaft beendet wurde.
	msg_succeeds	Ereignis	Dieses Ereignis tritt auf, wenn der Auftrag erfolgreich abgeschlossen werden konnte.
	msg_fails	Ereignis	Ist der Auftrag fehlerhaft beendet worden, passiert dieses Ereignis.
Senden einer Rückantwort	*resp_out*	Objekt	In dieses Objekt werden die Daten für die Rückantwort eingetragen.
	resp_send()	Funktion	Diese Funktion startet das Senden einer Rückantwort zu einem anderen Knoten in der Applikationsebene.
	resp_cancel()	Funktion	Mit dieser Funktion kann eine zum Senden gebildete Antwort widerrufen werden.
Empfangen einer Rückantwor	*resp_arrives*	Ereignis	Dieses Ereignis zeigt an, daß eine Antwort empfangen wurde.
	resp_receive()	Funktion	Diese Funktion holt die empfangene Antwort in die Applikationsebene.
	resp_in	Objekt	In diesem Objekt sind die Daten der empfangenen Antwort enthalten.
Pufferverwaltung	*msg_alloc()*	Funktion	Diese Funktion reserviert einen Sendebuffer.
	msg_alloc_priority()	Funktion	Diese Funktion reserviert einen priorisierten Sendebuffer.

msg_free()	Funktion	Mit dieser Funktion wird ein Sendebuffer freigegeben.
resp_alloc()	Funktion	Diese Funktion reserviert einen Antwortbuffer.
resp_free()	Funktion	Mit dieser Funktion wird ein Antwortbuffer freigegeben.

Die Verwaltung der Puffer ist nicht unbedingt erforderlich. Sie wird normalerweise automatisch vom Scheduler übernommen. Dabei werden die entsprechenden Ausgabepuffer reserviert, wenn diese in die Objekte msg_out oder resp_out geschrieben werden. Ist kein Puffer verfügbar, wartet das Applikationsprogramm an dieser Stelle, bis ein entsprechender Puffer frei ist. Ein Eingangspuffer wird automatisch freigegeben, wenn die Funktion msg_receive oder resp_receive aufgerufen wird. Die Funktionen der Pufferverwaltung werden nur benötigt, wenn man von diesem Verhalten abweichen möchte.

Wie man sieht, ist der Aufwand, um Daten mit *Explicit Messages* auszutauschen, erheblich größer als der mit Netzwerkvariablen.

6.4 Betriebsverhalten von Knoten

6.4.1 Echtzeitfähigkeit eines Knotens

Echtzeitverarbeitung bedeutet, daß die Applikation Ereignisse in der Geschwindigkeit ihres Auftretens bearbeiten kann, damit korrekte Ein- und Ausgabewerte zu einer dem auslösenden Ereignis entsprechenden Zeit zur Verfügung stehen.

Das gewünschte Verhalten des Knotens ist genau zu analysieren, um die Echtzeitanforderungen definieren zu können. Zeitmessungen im Applikationsprogramm helfen, die Echtzeitfähigkeit zu kontrollieren, da die minimale und maximale Reaktionszeit von Programmteilen vorhersagbar sein muß.

6.4.2 Echtzeitfähigkeit einer verteilten Anwendung

Da LonTalk kein deterministisches System ist, kann die Zugriffszeit auf den Bus nur mit einer hohen Wahrscheinlichkeit und nicht absolut angegeben werden. Deshalb kann bei einer verteilten Anwendung (Bild 6-13) nur mit bestimmten Annahmen von einem echtzeitfähigen System gesprochen werden (siehe hierzu Kapitel 1.3.4.). Werden die Applikationsprogramme in den einzelnen Knoten und die Kommunikationsbeziehungen zwischen den Knoten einer verteilten Anwendung nach Echtzeitkriterien ausgelegt, kann auch bei LonWorks von einem echtzeitfähigen System gesprochen werden. Das wichtigste Kriterium der Echtzeitfähigkeit in diesem Fall ist die Vorhersagbarkeit des Zeitverhaltens, die mit einer hohen Wahrscheinlichkeit garantiert werden kann.

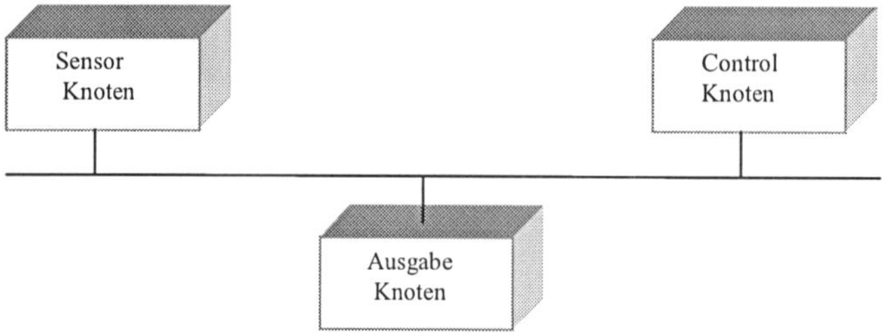

Bild 6-13: *Beispiel für eine verteilte Anwendung*

6.4.3 Verhalten eines Knotens in einem verteilten System

Eine wichtige Voraussetzung für einen Knoten, der in einem verteilten System eingesetzt wird, ist, daß auch sein Systemverhalten vorhersagbar ist. Das Ziel von LonWorks ist es, eine verteilte Anwendung mit Geräten von unterschiedlichen Herstellern zu ermöglichen. Für einen fehlerfreien Betrieb mit einem deterministischen Zeitverhalten ist es aber nötig, daß das Verhalten der einzelnen Knoten vorhersagbar ist. Dies gilt für das Verhalten der Applikation und für das Kommunikationsverhalten des Knotens.

Bei der Applikation ist es wichtig, daß alle Ereignisse zeitgerecht bearbeitet werden können. Dazu zählt, daß Eingangswerte im gewünschten Zeitraster bearbeitet und Ausgänge gesetzt werden. Weiterhin müssen alle eingehenden Netzwerkvariablen und *Explicit Messages* verarbeitet werden, ohne daß Zwischenwerte verloren gehen. An dieser Stelle sehen wir, daß die Applikation stark vom Kommunikationsverhalten des verteilten Systems abhängt. Ohne die Kenntnis des Kommunikationsverhaltens kann das Applikationsprogramm nicht optimal ausgelegt werden.

Es ist daher notwendig, einige Parameter genauer zu betrachten. Die Anzahl der Netzwerkvariablen ist im allgemeinen von der Aufgabenstellung vorgegeben, wogegen die Definition der Anzahl der Network Buffer und der Application Buffer einer genaueren Betrachtung bedarf. Die Anzahl der Ausgangspuffer hängt nur von der Geschwindigkeit der eigenen Applikation ab, wenn man voraussetzt, daß die Bandbreite des Übertragungsmediums ausreichend ist. In diesem Fall benötigt man die Anzahl von Application Buffern, die durch Setzen von Ausgangsnetzwerkvariablen benutzt werden, bevor sie in die Network Buffer geschrieben und dann gesendet werden können.

Bei den Eingangsnetzwerkvariablen ist die Anzahl der Puffer von mehreren Faktoren abhängig. Der wichtigste Faktor ist, wie oft die einzelnen Netzwerkvariablen gesendet werden. Dies sollte beim Senderknoten durch den Parameter *minimum_update_time* einstellbar sein, damit das Zeitverhalten vorhersagbar ist. Mit Hilfe dieses Parameters kann die maximale Anzahl von Netzwerkvariablenwerten pro Zeiteinheit errechnet werden. Damit kann man die Anzahl der Application Buffer und die Zeit bestimmen, die das Applikationsprogramm maximal benötigen darf, um die Werte abzuarbeiten. Reicht die Anzahl der Application Buffer nicht aus, weil zu viele Werte eingehen oder das Applikationsprogramm zu langsam ist, sind auch die Kommunikationsparameter zu berücksichtigen. Mit Hilfe der Wiederholungen, des Sende-Timeouts und der Applikationsreaktionszeit muß dann versucht werden, das Zeitverhalten zu optimieren.

Begriffsdefinitionen:

- Sende-Timeout: Die Zeit, die beim Senden mit ACKD-Service gewartet wird, bis das Telegramm wiederholt wird.
- Zahl der Wiederholungen: Der Sendevorgang wird x-mal wiederholt, wenn kein ACK empfangen wird.
- Applikationsreaktionszeit: Die Zeit, die das Applikationsprogramm maximal benötigt, um die Netzwerkvariablenänderungen zu bearbeiten.
- Applikationszykluszeit: Die Zeit, die das Applikationsprogramm maximal benötigt, um alle *when*-Anweisungen auszuführen.

Sehen wir uns hierfür ein einfaches Beispiel an. Wir wollen einen Knoten betrachten, der 5 Eingangsnetzwerkvariablen besitzt, die maximal alle 2 Sekunden einen neuen Wert erhalten. Weiterhin besitzt dieser Knoten Eingangsnetzwerkvariablen, die zur Parametrierung, Betriebsartenumschaltung und Wartung benötigt werden. Die benutzten E/A-Bausteine sollen mindestens alle 500 ms bearbeitet werden. Das Ergebnis der internen Algorithmen der Applikation soll dann in eine Netzwerkausgangsvariable geschrieben werden, deren Wert sich maximal ein mal pro Sekunden ändern soll.

Betrachten wir zuerst die Eingangspuffer: Der ungünstigste Fall beim Empfangen von Telegrammen ist, daß alle möglichen Telegramme quasi gleichzeitig auftreten. Damit ist gemeint, daß sie direkt hintereinander über das LON übertragen werden. Für den vorher beschriebenen Knoten bedeutet dies, daß 6 Netzwerkvariablen gesetzt werden. Fünf, die zyklisch zu erwarten sind, sowie eine, die stellvertretend für die restlichen steht. Dies kann angenommen werden, da die übrigen Netzwerkvariablen nur sporadisch zu erwarten sind. Weiterhin muß in diesem Fall angenommen werden, daß die Applikation keinen dieser Eingänge bearbeitet, bis alle Änderungen eingegangen sind. Mit Hilfe dieser Annahmen können wir jetzt die Anzahl der Eingangspuffer festlegen. Damit Telegramme direkt hintereinander empfangen werden können, ist es ratsam, 2 Input Network Buffer zu haben. Die Anzahl der Input Application Buffer ist auf 6 zu setzen, damit alle eingehenden Telegramme empfangen werden können, bevor die Applikation sie bearbeiten kann. Die Applikation hätte in diesem Fall nun 2 Sekunden Zeit, die eingegangenen Werte zu bearbeiten. Für die Bestimmung der Reaktionszeit der Applikation muß allerdings von einer anderen Annahme ausgegangen werden. Hier gilt, daß die Werte sich über die 2 Sekunden verteilen. Der Applikationsalgorithmus hat die Aufgabe, jede Sekunde einen aktuellen Ausgabewert bereitzustellen, der auf den aktuellen Eingangswerten beruht. Hierbei soll der Wert der E/A-Bausteine nicht älter als 500 ms sein. Folglich sollten die benutzten Werte der Eingangsnetzwerkvariablen auch nicht älter sein. Daraus ergibt sich für die Applikation eine Reaktionszeit von höchstens 500 ms. Die Applikation hat dann noch sicherzustellen, daß der ermittelte Wert für die Netzwerksausgangsvariable nicht öfter als ein Mal pro Sekunde gesetzt wird. Als Ausgangspuffer genügen in dieser einfachen Anwendung ein Output Applications Buffer und zwei Output Network Buffer. Zwei Output Network Buffer sind empfehlenswert, da beim Empfang eines Netzwerkvariablenwertes mit Empfangsbestätigung diese mit Hilfe eines Output Network Buffer gesendet wird.

Werden die oben beschriebenen Parameter für diesen Knoten eingehalten, kann man von einem echtzeitfähigen Knoten sprechen. Dies ist allerdings nicht die einzige Lösung für diesen Knoten. Hat man zum Beispiel nicht genügend Speicherplatz, um die benötigten

Application Buffer anzulegen, kann man ein vorhersagbares Zeitverhalten durch die richtige Wahl der Kommunikationsparameter (Retry, TX-Timeout) der Eingangsnetzwerkvariablen aus dem Senderknoten errechnen, wenn diese mit Ack-Service gesendet werden. Hierbei muß dann die Applikationsreaktionszeit so schnell sein, daß alle Änderungen abgearbeitet wurden, bevor die Wiederholungen abgelaufen sind. Die Reaktionszeit für die Abarbeitung der Netzwerkvariablenänderungen muß nicht gleich der Applikationszykluszeit sein. Man kann die Bearbeitung der Änderungen an mehreren Stellen vornehmen und so die Reaktionszeit verkürzen. Welche Lösung für die jeweilige Applikation die beste ist, kann nur durch genaue Analyse bestimmt werden.

Wie gezeigt wurde, ist nicht die Schnelligkeit eines Knotens ausschlaggebend für die Fähigkeit, eine Aufgabe zu bearbeiten, sondern die Vorhersagbarkeit seines Verhaltens. Gerade bei verteilten Anwendungen ist ein vorhersagbares Zeitverhalten für einen fehlerfreien Betrieb unbedingt notwendig.

TIPS:

Wenn in der Applikation gebundene Etiketten (tags) benutzt werden, muß beim Binden mit Hilfe eines Installationssystems darauf geachtet werden, daß dieses System gebundene Etiketten (tags) berücksichtigt.

Beim Definieren der Anzahl der benötigten Buffer ist genau zu ermitteln, welche Anzahl von Telegrammen gleichzeitig oder innerhalb der Abarbeitungszeit in dem entsprechendem Knoten auftreten können, da sonst einige Telegramme unter Umständen nie empfangen werden könnten.

Beim Festlegen der Parameter für Telegrammwiederholungen (retry) und Übertragungzeit (tx_timer) ist die Bearbeitungszeit im Empfängerknoten exakt zu ermitteln. Es ist darauf zu achten, daß diese Zeit je nach Komplexität der Applikation variieren kann.

Treffen in der Netzwerk-CPU des Neuron-Chips eine Wiederholung und die Antwort auf das wiederholte Telegramm aufeinander, so wird die Antwort verworfen und die Wiederholung erneut bearbeitet. Dies geschieht, da die Wiederholung als solche nicht gekennzeichnet ist. Das Telegramm ist für den Neuron Chip ein neues Telegramm, und somit ist die Antwort überholt.

Es ist zu beachten, daß jede *when*-Anweisung, auch wenn sie nicht wahr wird, ungefähr 1 ms Verarbeitungszeit benötigt.

Wenn priorisierte Tasks verwendet werden, kann es theoretisch dazu kommen, daß normale Tasks nicht mehr zur Ausführung gelangen. Es ist also eine genaue Systemanalyse erforderlich, wenn priorisierte Tasks verwendet werden.

Bei der Verwendung des „*scheduler_reset*“ ist genau zu analysieren, ob das gewünschte Systemverhalten des Knotens gewährleistet ist. Die Ereignisse, die den Scheduler zurücksetzen, könnten dazu führen, daß bestimmte Programmteile gar nicht, zu spät oder zu selten bearbeitet werden.

7 Netzwerkstrukturen und Netzwerkübergänge

LonTalk unterstützt eine Vielzahl von Netzwerkstrukturen und Netzwerkübergängen, was durch die verschiedensten Transceiver-Arten unterstrichen wird. Das vorliegende Kapitel hat zum Ziel, die Möglichkeiten aufzuzeigen und zu erläutern. Die Begriffe Repeater, Bridge, Router und Gateway werden gemäß der LAN-Nomenklatura erklärt und deren Anwendbarkeit auf LonTalk dargestellt.

Abschließend wird auf Netzwerkübergänge zu anderen Netzwerken eingegangen.

7.1 Eigenschaften von Busstrukturen und Open Media

Bei Feldbussen wird bezüglich der Schicht 2 in den meisten Fällen eine Busstrukur in Form eines Linienbusses verwendet (Bild 7-1)[1]. Die Knoten sind hierbei idealerweise mit möglichst kurzen Stichleitungen an die Busleitung angeschlossen, um Reflexionen zu vermeiden. Beispiele hierfür sind CAN, P-NET oder auch PROFIBUS.

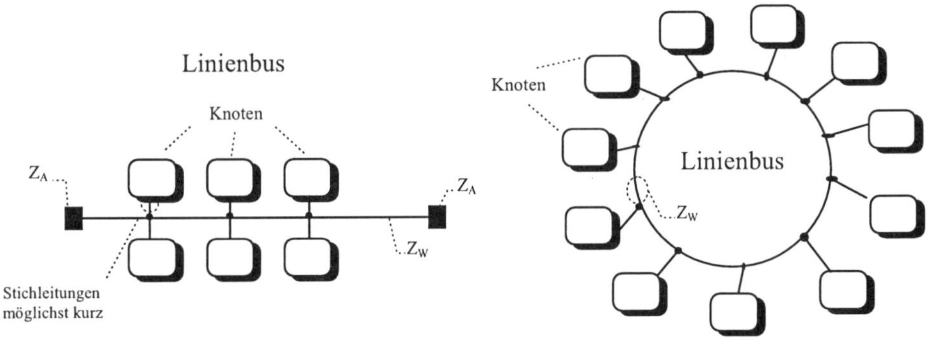

Bild 7-1: *Strukturen von Linienbussen*

In der Home und Building Automation sind diese Arten von Bussystemen jedoch wenig praktikabel. Um den Installationsaufwand möglichst klein zu halten, werden bevorzugt Linienbusse mit Stichleitungen verwendet, die auch einige Meter lang sein können (Bild 7-2).

[1] Die bekannteste Ausnahme ist der Interbus S (siehe Kapitel 1).

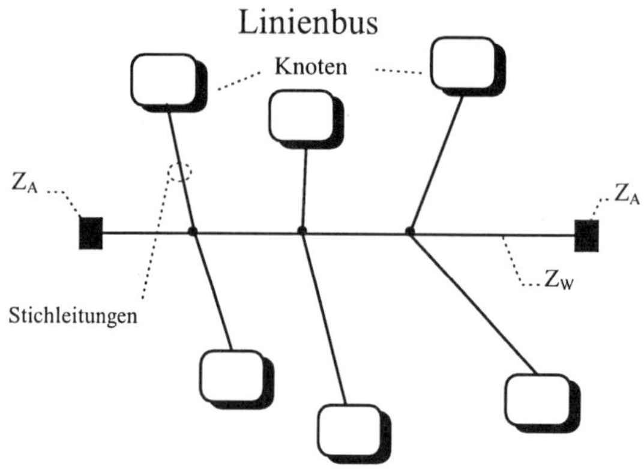

Bild 7-2: *Busstruktur mit langen Stichleitungen*

Die Verwendung von Stichleitungen führt jedoch im allgemeinen zu Problemen in bezug auf inhomogene Leitungsimpedanzen (Wellenwiderständen). Die dadurch auftretenden Signalreflexionen können sich dem Sendesignal sowohl konstruktiv als auch destruktiv überlagern. Beide Formen führen zu Signalverzerrungen, die in extremen Fällen zu ungültigen Datenpaketen führen können. Kritisch werden solche Überlagerungen dann, wenn die maximal am Bus auftretende Signallaufzeit in der Größenordnung der Signalimpulslänge oder größer als diese ist (Bild 7-3 und Bild 7-4).

Bild 7-3 zeigt die Überlagerung von vorlaufendem und zurücklaufendem Impuls bei einer offenen Leitung. An einer Stelle x auf der Leitung kommt es in diesem Fall zu einer konstruktiven Überlagerung. Bei einem Reflexionsfaktor von -1 (kurzgeschlossene Leitung) würden sich die Impulse an der Stelle x auslöschen!

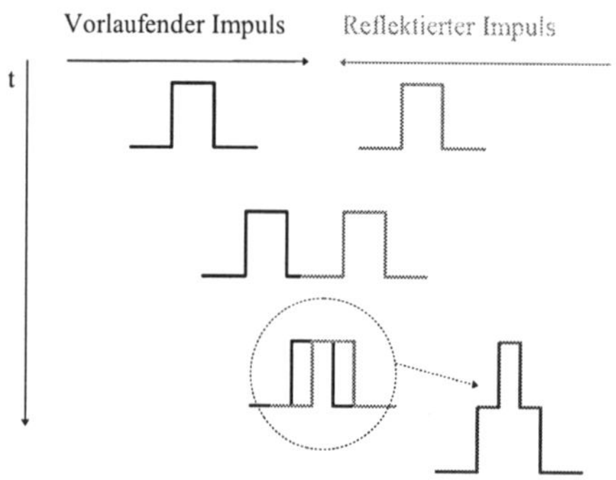

Bild 7-3: *Überlagerung mit reflektiertem Impuls*

Für Bussysteme, die als Buszugriffsverfahren CSMA verwenden, gilt noch eine weitere Überlegung hinsichtlich Impulslaufzeit und -länge. Sind beispielsweise zwei Knoten A und B auf einem Bussegment mit einer Entfernung x angeschlossen, so ergibt sich eine Impulslaufzeit $t_{Laufzeit}$ von einem Knoten zum anderen. Beginnt nun Knoten A auf den Bus zuzugreifen, so breitet sich der erste Impuls auf dem Bus aus (Bild 7-4, t_1). Zum Zeitpunkt t_2 beginnt aber auch Knoten B auf den Bus zuzugreifen, da dieser ja noch gar nicht erkannt hat, daß Knoten A bereits den Bus belegt. Zum Zeitpunkt t_3 kommt es dann zur Kollision der beiden Pakete, die dann zum Zeitpunkt t_4 von Knoten B erkannt wird. Dieser zieht sich in unserem Beispiel sofort vom Bus zurück und wartet den nächsten Bus-Idle-Zustand ab. Knoten A schließlich merkt erst zum Zeitpunkt t_6 die Kollision und zieht sich ebenfalls vom Bus zurück.

Will man nun sicherstellen, daß der Sender noch innerhalb jener Zeit eine Kollision bemerkt, während der er einen Impuls auf den Bus sendet, so muß gelten:

$$t_{Pulslänge} \geq 2t_{Laufzeit}$$

Dieser Zusammenhang wird zum Beispiel bei CAN verwendet [CAN 94].

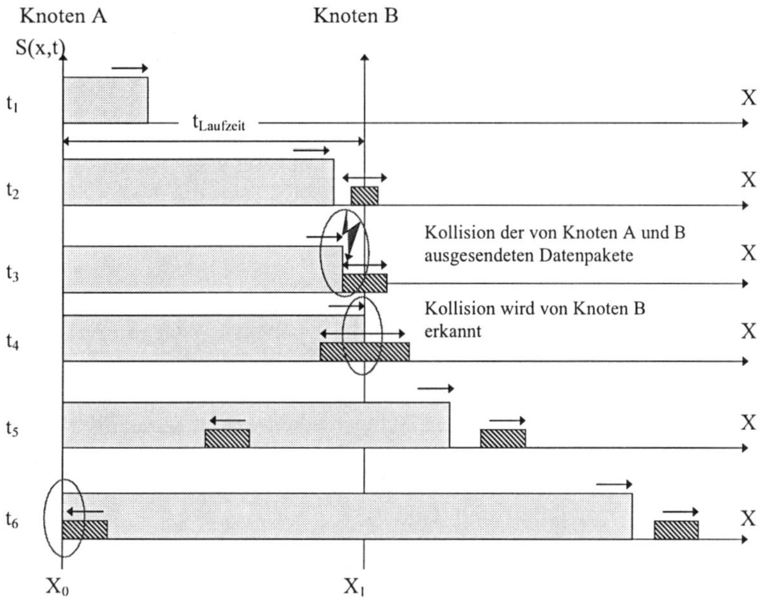

Bild 7-4: *Kollision von zwei Datenpaketen*

Um ein Gefühl für die bei Busleitungen auftretenden Laufzeiten und Pulslängen zu vermitteln, sei folgendes Beispiel angeführt:

Gegeben ist eine Busleitungslänge von 300 m, und es herrscht Totalreflexion (Reflexionsfaktor = 1). Wie groß ist die Pulslänge, wenn gilt:

$$t_{Laufzeit} = t_{Pulslänge}$$

Für eine verdrillte Zweidrahtleitung gilt näherungsweise folgende Abschätzung für die Lichtgeschwindigkeit [Bonek 93]:

$$C_{Leitung} \approx \frac{2}{3} C_O = 2*10^8 \ \frac{m}{s}$$

$$t_{Laufzeit} = \frac{2*l}{C_{Leitung}} = \frac{2*300\ m}{2*10^8\ \frac{m}{s}} = 3*10^{-6}\ s = 3\ \mu s = t_{Pulslänge}$$

Man sieht, daß schon bei relativ geringen Leitungslängen (im obigen Beispiel 300 m) die Impulslänge in den Bereich der Signallaufzeit kommen kann. Treten nun Inhomogenitäten im Leitungswellenwiderstand des Übertragungsmediums auf, so enstehen am Ort der Inhomogenität Reflexionen des sich ausbreitenden Signales (in unserem Fall von Impulsen), die sich dem Sendesignal sowohl konstruktiv als auch destruktiv überlagern können. Schon aus diesem Grund ergibt sich ein Zusammenhang zwischen der maximalen Buslänge und der maximal möglichen Datenrate in Abhängigkeit der auf der Leitung auftretenden Reflexionen.

Ein weiterer unerwünschter Effekt ist die Dispersion auf einer Leitung. Sie führt zu einer Impulsverbreiterung aufgrund der Frequenzabhängigkeit der Leitungsparameter. Der Effekt kann durch die Verwendung von Nyquist-Impulsen minimiert werden [Lee 94, Trönd 87].

Zusätzlich zu den klassischen Busstrukturen unterstützt LonWorks als Übertragungsmedien auch noch Power Line und Funk (Radio Frequency RF). Um das Verhalten von LonTalk bei diesen Übertragungsmedien genauer erläutern zu können, ist zunächst der Begriff Open Media zu definieren.

Unter Open Media wird ein Übertragungsmedium verstanden, bei dem jeder Netzwerkknoten über „unendlich viele" verschiedene physikalische Übertragungswege erreichbar ist. Dies ist allgemein bei voll vermaschten Netzwerktopologien und näherungsweise z. B. bei RF-Übertragung unter Verwendung isotrop strahlender Antennen anzunehmen. Auch Power-Line-Übertragung mit verkoppelten Übertragungsmedien (z. B. kapazitive Verkoppelung der Phasen etc.) kann in manchen Fällen als Open Media angesehen werden. Vorstellbar ist Open Media im Idealfall als eine supraleitende Fläche, mit der Netzwerkknoten in beliebiger Anordnung kontaktiert sind (Bild 7-5).

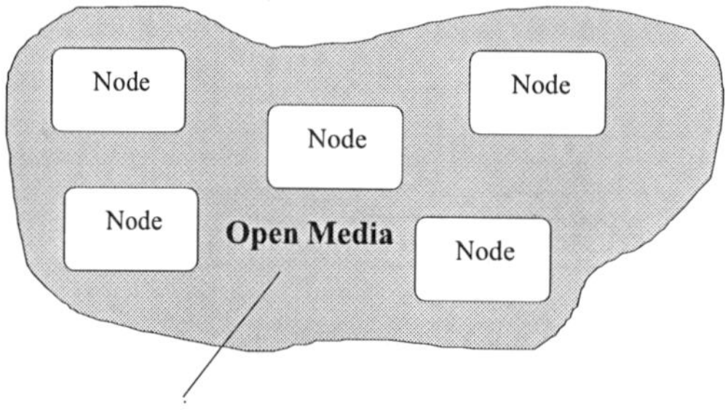

Bild 7-5: *Open Media*

Die Eigenschaften von Open Media speziell in Bezug auf LonWorks Router werden ausführlich in Abschnitt 7.4.6 Configured LonWorks Router bei Open Media diskutiert.

7.2 Repeater, Bridges, Router und Gateways

Im folgenden werden die Funktionen von Repeatern, Bridges, Routern und Gateways gemäß der LAN-Nomenklatura beschrieben.

7.2.1 Repeater

Repeater agieren auf Schicht 1 und trennen Netzwerkteile physikalisch (Bild 7-6). Repeater sind immer dann notwendig, wenn entweder die Dämpfung auf der Busleitung zu groß wird oder wenn die Ausgangsleistung (Fan Out) der Bustreiber für die Anzahl der anzuschließenden Knoten nicht ausreicht. Repeater werden auch eingesetzt, um Netzwerksegmente zu trennen, die eine andere Art der Bit-Codierung verwenden.

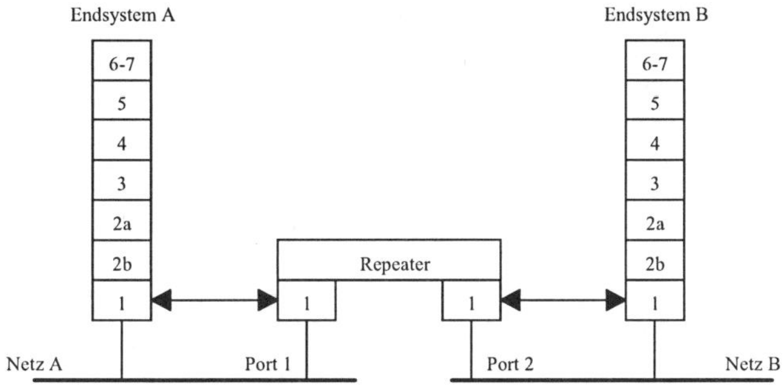

Bild 7-6: *Repeater*

Wie Bild 7-6 zeigt, werden bei Repeatern Pakete nicht auf ihre Gültigkeit überprüft. Repeater übernehmen lediglich eine Signalaufbereitung zwischen Empfangs- und Sendeseite.

7.2.2 Bridges

Bridges arbeiten auf Schicht 2 (Bild 7-7) und dienen allgemein der Entkopplung von Netzwerkteilen zwecks

- Lasttrennung,
- Fehlerbeschränkung und
- Einhaltung von Sicherheitsaspekten.

Mit Bridges können auch Netzwerksegmente verbunden werden, die verschiedene Protokolle der Schicht 2 in bezug auf das MAC-Verfahren aufweisen. Außerdem erfüllen sie Repeaterfunktionen wie das physikalische Trennen von Netzwerkteilen.

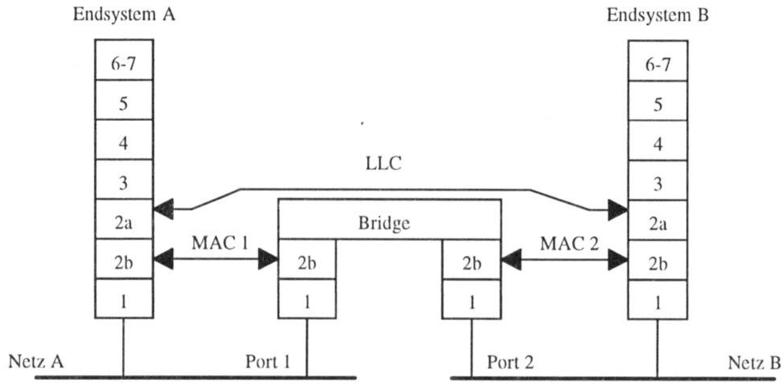

Bild 7-7: *Bridge mit MAC-Adressen (Schicht 2)*

Jeder Netzwerkknoten verfügt über eine eindeutige (unique) hardwareabhängige Adresse (MAC-Adresse). Die MAC-Adressen liegen im Netzwerk unstrukturiert, d. h. zufällig verteilt, vor. Bridges verwenden zum Weiterreichen Forwarding-Tabellen auf MAC-Adreßebene. Diese Tabellen sind in ihrer Größe direkt proportional aller im logischen Netz vorhandenen Teilnehmer, da der Bridge jeder adressierbare Knoten auf jeder Seite der Bridge bekannt sein muß (Bild 7-8).

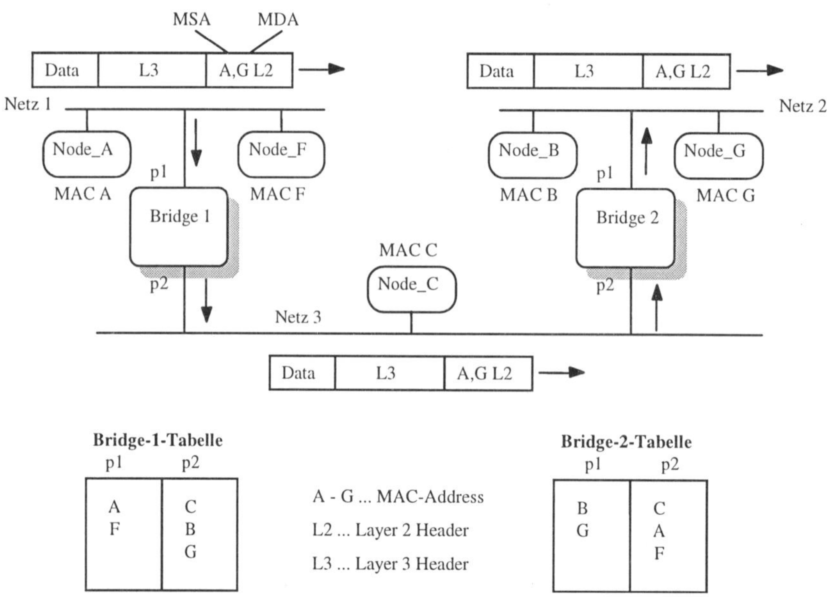

Bild 7-8: *Rahmentransport bei Bridges*

Im Bild 7-8 ist als Beispiel ein Rahmentransport von Node_A zum über zwei Bridges getrennten Node_G gezeigt. Node_A adressiert das Paket an Node_G mit dessen MAC-Adresse (MDA). Wie alle anderen Knoten im Netz 1 wertet auch die Bridge 1 das Paket an Node_G in der Schicht 2 aus und findet in der Forwarding-Tabelle (Bridge-1-Tabelle) einen Eintrag für die MAC-Adresse von Node_G, der besagt, daß sich Node_G auf der anderen Seite der Bridge 1 befindet. Somit reicht Bridge 1 das Paket nach Netz 3 weiter. Dort empfängt Bridge 2 das an Node_G adressierte Paket und reicht es aufgrund eines

Eintrages in der Forwarding-Tabelle an Netz 2 weiter, wo es von Node_G empfangen wird.

Von all den Aktivitäten in den Bridges merken weder Node_A noch Node_G etwas. Daraus sieht man, daß sich ab der Schicht 2a Bridges für alle darüberliegenden Transportprotokolle (LLC und höher) transparent verhalten [Hals 95].

7.2.3 Router

Router arbeiten mit Adressen und Protokollen der Schicht 3, um eine Weiterleitung von Paketen zu erwirken (Bild 7-9). Die Schicht-3-Adressen sind logische Adressen und damit im Unterschied zu den MAC-Adressen hardwareunabhängig. Sie ermöglichen die Strukturierung eines Netzes in Subnets und die eindeutige Zuordnung eines Teilnehmers zu einem Subnet. Über die MAC-Adresse wird eine logische Netzadresse gelegt.

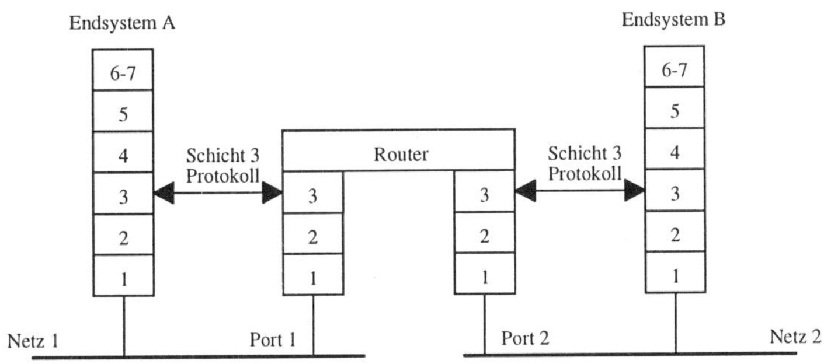

Bild 7-9: Router

Ein Router verbindet benachbarte Subnets und kennt den kürzesten Weg zu anderen Subnets. Im Gegensatz zu Bridges verwaltet ein Router nur die Subnet-Adressen in seiner Routing-Tabelle. Die Größe der Tabelle ist dabei direkt proportional zur Anzahl der Subnets und nicht mehr zur Anzahl der Teilnehmer (wie bei Bridges). Die Datenpakete werden vom Sender direkt an den Router über dessen MAC-Adresse adressiert. Nur diese Pakete müssen vom Router verarbeitet werden. Der Router verarbeitet die an seine MAC-Adresse gerichteten Rahmen und prüft die darin enthaltenen Schicht-3-Adressen mit Hilfe von Routing-Tabellen (Bild 7-10). Diesen Tabellen entnimmt der Router, was mit dem empfangenen Paket zu tun ist. Wie Bild 7-10 zeigt, werden beim Weiterreichen von Paketen durch Router die Schicht-3-Adressen nicht verändert. Die einzelnen Router und Netzwerkknoten werden immer über ihre MAC-Adressen angesprochen. Jeder Router muß somit über folgendes Wissen verfügen:

- MAC-Adressen aller Knoten (von einem Router-Port aus gesehen), die sich in jenem Subnet befinden, in welchem sich auch der Router mit einem Port befindet.
- Es muß bekannt sein, über welche Router die einzelnen Subnets erreichbar sind.

Die Voraussetzungen für Router sind:

- Das Transportsystem muß von einem Endsystem über Router zum anderen Endsystem durchgängig Schicht-3-Funktionalität (logische Schicht-3-Adressen, routbare Protokolle etc.) implementiert haben.
- Das Endsystem muß über die Lokalisierung seines zugeordneten Routers informiert sein.
- Das Endsystem muß bei einem Ortswechsel die Schicht-3-Adresse ändern.
- Router müssen Informationen über die Netzstruktur über Routing-Protokolle untereinander austauschen und Routing-Tabellen konsistent halten.

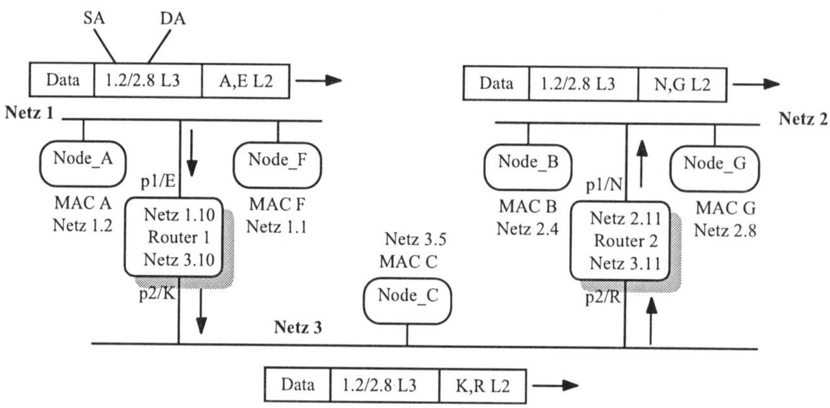

Router-1-Tabelle

Netz	next hop	hop MAC	#hop
1	local	p1	--
2	3.11	R, p2	1
3	local	p2	--

Router-2-Tabelle

Netz	next hop	hop MAC	#hop
1	3.10	K, p2	1
2	local	p1	--
3	local	p2	--

Bild 7-10: *Rahmentransport bei Routern*

7.2.4 Gateway

Gateways (Bild 7-11) arbeiten über Protokolle der Schicht 7 und dienen zur Verbindung verschiedener Kommunikationssysteme. Stellen die zu verbindenden Kommunikationssysteme ähnliche Dienste über ihr Application Layer Interface zur Verfügung, so kann der Applikationsaufwand im Gateway oft recht gering gehalten werden. Will man aber Kommunikationssysteme miteinander verbinden, deren Application Layer Interfaces sich stark unterscheiden (z. B. Dienste, für die sich im jeweils anderen Protokoll keine Entsprechungen finden), so führt dies zu applikationsintensiven Gateways (siehe dazu Kapitel 7.6).

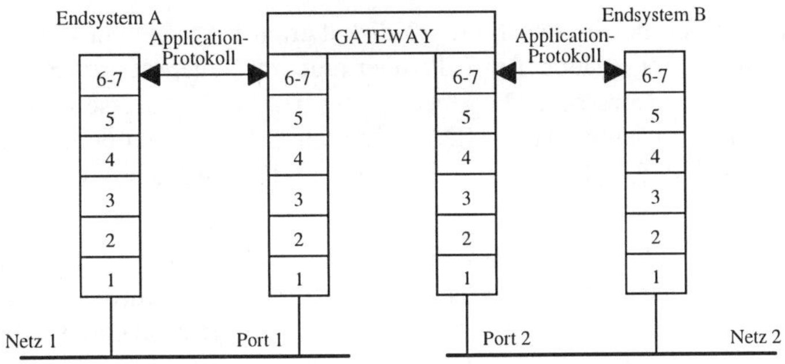

Bild 7-11: Gateway

7.3 Routing in LonWorks-Netzen

7.3.1 Adressierung bei LonTalk

Das LonTalk-Protokoll definiert eine hierarchische Form der Adressierung unter Verwendung von Domain-, Subnet- und Node-Adressen. Innerhalb einer Domain können Gruppen von Knoten gebildet werden, die dann über diese Gruppe adressierbar sind. Zusätzlich verfügt noch jeder Neuron-Chip über eine 48 bit umfassende Nummer (Neuron ID), die für jeden Chip eindeutig (unique) ist. Damit ergeben sich die in Tabelle 7-1 angegebenen Adressierungsarten.

Tabelle 7-1: *Adressierungsarten bei LonTalk*

Broadcast	an alle Knoten innerhalb einer Domain
Group	an alle Knoten innerhalb einer Gruppe
Subnet	an alle Knoten innerhalb eines Subnets
Subnet/Node	an einen bestimmeten Knoten innerhalb eines Subnets
Neuron ID	an einen Knoten mit entsprechender Neuron ID

7.3.2 Schicht-2/3-Adressierung

Wie schon erwähnt, verfügt LonTalk über eine hierarchische Adressierung der Netzwerkknoten. Darüberhinaus können alle Knoten über ihre Neuron ID erreicht werden. Daraus ließe sich folgender (falscher) Schluß ableiten:

Neuron ID	$\leftrightarrow$ Schicht-2-Adresse (MAC)
hierarchische Adressen	$\leftrightarrow$ Schicht-3-Adresse

Im Sinne der Adressierung gemäß der in Abschnitt 7.2 diskutierten LAN-Nomenklatura[2] *wäre* dieser Schluß durchaus richtig. Doch LonTalk überträgt im Gegensatz zu einem LAN in seinen PDUs nicht beide Adressen. Die Übertragung der MAC-Adresse entfällt bei LonTalk. Soll ein Knoten über seine Neuron ID angesprochen werden, so wird diese als Schicht-3-Adresse in der NPDU übertragen[3]. Die Neuron ID wird also wie eine hierarchische Adresse im Knoten verarbeitet.

Empfängt ein Neuron-Chip eine PPDU, so wird die gesamte NPDU in den Network Buffer kopiert und erst dann entschieden, ob das Paket (aufgrund der Adresse) vom Knoten weiterverarbeitet werden muß. Daraus folgt zwangsläufig, daß jeder Knoten jedes Paket am Kanal einlesen muß, damit es zu keinem Datenverlust kommt.

7.4 LonWorks Router

Mit LonWorks Router werden die von Echelon vertriebenen Router bezeichnet. Dies geschieht in Anlehnung an die Namensgebung der Echelon-Produktlinie.

7.4.1 Eigenschaften

LonWorks Router sind prinzipiell 2-Port-Router. Jedes Port ist durch einen Neuron-Chip realisiert (Bild 7-12) und ist, von der Netzwerkseite aus betrachtet, wie ein normaler LonWorks-Knoten zu erreichen. Es muß also auch bei einem LonWorks Router jedes Port in die Netzwerkhierarchie eingegliedert werden. Dies geschieht durch Schreiben der Domain-Tabelle im Neuron-Chip wobei pro Neuron-Chip zwei Einträge pro Domain-Tabelle zur Verfügung stehen.

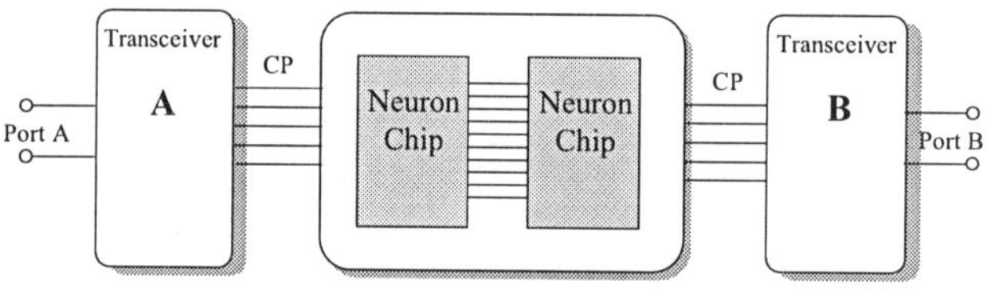

Bild 7-12: *Blockschaltbild eines LonWorks Routers*

Als Grundregel für die Verwendung von LonWorks Routern gilt: Ein Subnet darf sich niemals innerhalb der gleichen Domain über einen Router erstrecken (Bild 7-13) [Rout 95].

Prinzipiell unterscheidet man zwischen

- Learning Router und
- Configured Router.

[2] siehe auch IEEE 802.2

[3] siehe LonTalk Protocol Data Unit Summary im Kapitel 4

Beide Router-Typen besitzen *Forwarding-Tabellen* (FWT), in denen festgelegt wird, welche Messages von Seite 1 auf Seite 2 des LonWorks Routers (oder umgekehrt) weitergeleitet werden. Es wird für jede Router-Seite und Domain eine eigene FWT benützt. Jede FWT enthält *Forwarding Flags* (*FWF*) für die 255 Subnets und die 255 Gruppen pro Domain.

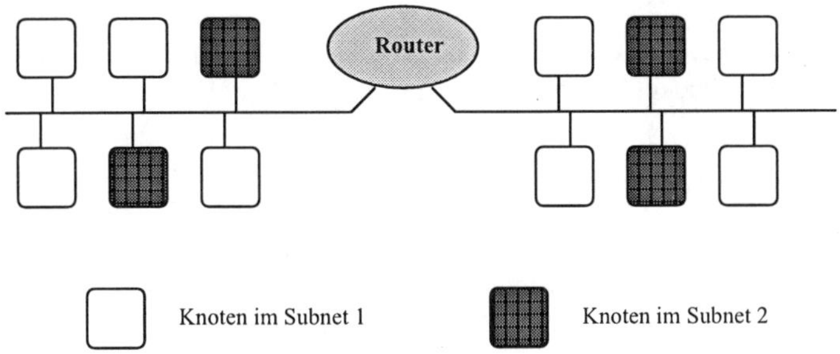

Bild 7-13: *Verbotener Betriebsfall eines LonWorks Router*

7.4.2 Forwarding-Tabellen

Ein LonWorks Router besitzt pro Router-Seite 2 Tabellenpaare

- eine Tabelle mit FWF für Gruppen und
- eine Tabelle mit FWF für Subnets.

Beide Tabellen sind sowohl im EEPROM als auch im RAM abgelegt.

Die *FWF* sind in Gruppen zu je 8 Byte adressierbar, was beim Downloading ganzer Tabellen die Schreibzeit in das EEPROM verkürzt. Die Tabellen mit *FWF* können über das Netzwerk mit speziellen Network Management Messages (NMM) sowohl gelesen als auch geschrieben werden (siehe hierzu Kapitel 4.10.11).

Die einzelnen *Forwarding Tabellen* werden für die jeweiligen Router-Seiten von je einem Neuron-Chip verwaltet. Bei der Konfiguration der Router-Parameter ist es nicht notwendig, jedes Router Port einzeln an das Konfigurations-Tool anzuschließen, sondern es ist möglich, von Port A aus, den für Port B zuständigen Neuron-Chip zu konfigurieren. Dazu wird von LonTalk ein *Far Side Escape Code* unterstützt, der die Router-NMM zum Neuron-Chip auf der anderen Seite (*far side)* des Routers weiterreicht.

7.4.3 LonWorks Learning Router

Ein LonWorks Learning Router lernt im Betrieb die Netzwerktopologie, also welche Knoten sich auf den Seiten seiner Ports befinden. Dies geschieht durch Auswerten der Source-Subnet-Adressen in der NPDU unter Ausnützung der Tatsache, daß sich ein Subnet niemals über einen Router erstrecken darf.

Nach jedem Reset (auch Power-on) wirkt der LonWorks Learning Router wie eine LonWorks Bridge: Alle *FWFs* sind gesetzt. Jedesmal, wenn eine neue Subnet ID im Source Address Field der NPDU empfangen wird, löscht der LonWorks Learning Router das betreffende *FWF*. Danach wird die Zieladresse überprüft, um zu entscheiden, ob das Paket gelöscht oder weitergereicht wird [Rout 95].

7.4.4 LonWorks Configured Router

LonWorks Configured Router müssen von einem Netzwerk Management Tool konfiguriert werden. Alle Forwarding-Tabellen, sowohl für Gruppen als auch für Subnets, müssen vollständig konfiguriert werden. Configured LonWorks Router sind immer dann einzusetzen, wenn die Gefahr von Packet Loops besteht.

7.4.5 Einfache Looping-Topologie

Unter einer einfachen Looping-Topologie versteht man eine Netzwerktopologie, die Message Loops zuläßt. Eine Loop ist dabei ein Pfad durch 2 oder mehrere Router, der eine Message von einem Netz zum ursprünglichen Netz weiterreicht (Bild 7-14). Die gerouteten Pakete laufen im Kreis - das Netzwerk kann instabil werden.

Im Bild 7-14 könnte zum Beispiel folgender Fall eintreten: Eine Message von Netz B wird über den Router 1 an Netz A weitergereicht, und von Router 2 werden alle Messages von Netz A an Netz B weitergereicht. So geroutete Messages laufen im Kreis (Endlosschleife). Genau dieses Szenario entsteht bei der Verwendung von LonWorks Learning Routern. Dadurch sind LonWorks Learning Router für Topologien wie im Bild 7-14 nicht einsetzbar.

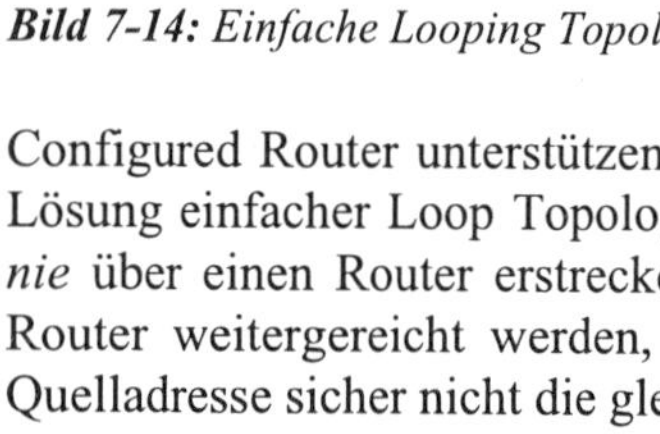

Bild 7-14: *Einfache Looping Topologie*

Configured Router unterstützen mit Hilfe eines „Tricks" ohne Erweiterung der FWT die Lösung einfacher Loop Topologien [Rout 95]. Wie bereits erwähnt, darf sich ein Subnet *nie* über einen Router erstrecken (siehe auch Bild 7-13). Soll eine Message über einen Router weitergereicht werden, so ist davon auszugehen, daß die Subnet-Nummer der Quelladresse sicher nicht die gleiche ist wie die der Zieladresse.

Wird nun beim Configured Router in der FWT das *Forwarding Flag* des Source Subnets gesetzt, so wird diese Message nicht weitergereicht. Damit lassen sich einfache Loop Topologien wie nach Bild 7-14 auflösen.

7.4.6 Configured LonWorks Router bei Open Media

Eine völlig neu Dimension erhält das Thema Packet Loops bei der Betrachtung von Open Media als Übertragungsmedium. Hier machen Router natürlich nur dann Sinn, wenn die nach Bild 7-5 gedachte supraleitende Fläche durch eine endlich leitende Fläche ersetzt wird (Bild 7-15). Als Analogon hierzu kann man sich eine RF-Übertragung mittles Isotropstrahlern denken, bei der die Feldstärke im Aufpunkt mit der Entfernung vom Quellpunkt sinkt. Router müssen in einer solchen Konstellation das Weiterreichen von Paketen von einem Quellknoten zu einem Zielknoten durchführen.

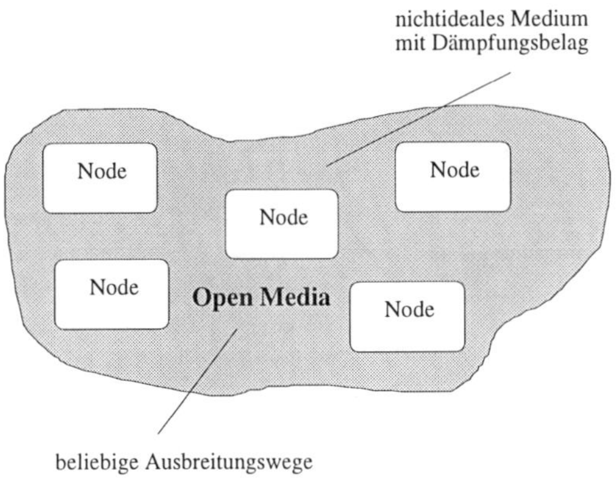

Bild 7-15: *Open Media mit Dämpfungsbelag*

Als Beispiel wird eine Netzwerkkonstellation nach Bild 7-16 betrachtet. Es sollen Nachrichten vom Knoten 1 an den Knoten 10 gesendet werden. Als Übertragungsmedium wird Radio Frequency (RF) verwendet und alle Knoten sind mit isotrop strahlenden Antennen ausgerüstet. Der gewünschte Weg soll durch Konfiguration der Router vorgegeben werden und verläuft über die Router 1, 2 und 4.

Werden Configured LonWorks Router benützt, so ergibt sich folgendes Szenario:

Knoten 1 (Subnet 1) sendet eine Nachricht an Knoten 10 (Subnet 100). Router 1 muß somit das Paket zum Subnet 100 weiterreichen d. h., das FWF für Subnet 100 ist gesetzt. Die Router 2 und 3 empfangen jetzt das Paket (noch immer mit Destination Subnet 100 und Source Subnet 1). Router 3 darf nun aufgrund des vorgegebenen Weges das Paket nicht weiterreichen, und in seinen *Forwarding Tabellen* sind somit die FWF 100 und 1 gelöscht. Das Paket erreicht Router 2, der das Paket wiederum an Subnet 100 weiterreicht. Damit erhält auch Router 1 wieder das von ihm zuvor ausgesendete Paket. Um eine Packet Loop zu vermeiden, müßte Router 1 in seiner *Forwarding Tabelle* die *Forwarding Flags* für die Subnets 1 und 100 gesetzt haben. Dies kann aber nicht sein, da ansonsten das Paket von Router 1 gar nicht erst weitergereicht würde. Damit wird klar, daß die Verwendungsmöglichkeiten von LonWorks Routern bei Open Media begrenzt sind.

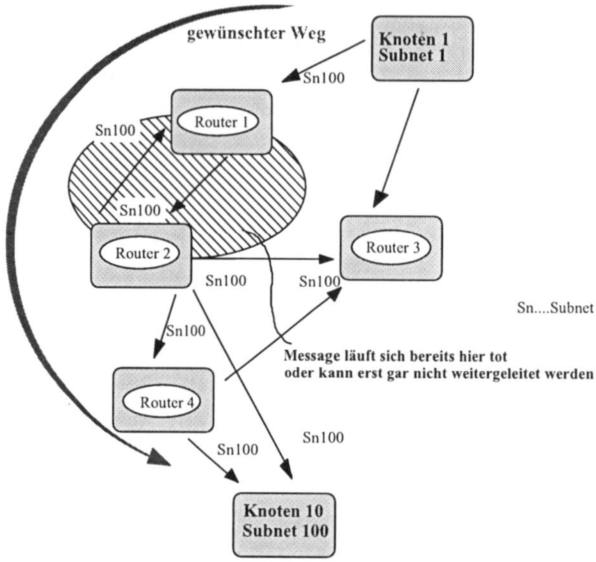

Bild 7-16: *Routingproblem auch bei Configured Routern*

Fazit: Für Open Media sind im allgemeinen LonWorks-Router nicht verwendbar. Der Grund liegt darin, daß LonTalk nicht zwischen MAC- und Schicht 3 Adressen unterscheidet.

7.4.7 Punkt-zu-Punkt-Datensicherung

Eine oft gestellte Frage lautet, wie eine Punkt-zu-Punkt-Datensicherung über Router funktioniert.

Generell gilt, daß die Punkt-zu-Punkt-Datensicherung die Aufgabe der Schicht 4 (Transport Layer) ist. Dies gilt natürlich auch für LonTalk. Die Datensicherung kann also niemals Aufgabe der Schicht 3 sein. Damit ist auch klar, daß Router keine Mechanismen zur Datensicherung haben, sondern Producer und Consumer Node für die Datensicherung verantwortlich ist (Bild 7-17).

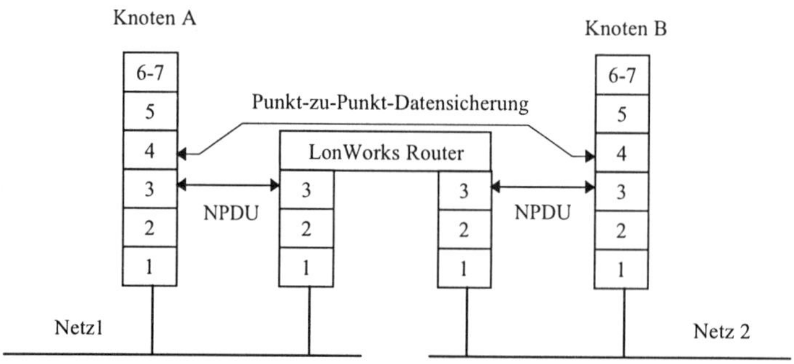

Bild 7-17: *Punkt-zu-Punkt-Datensicherung über LonWorks Router*

Empfängt ein Producer Node etwa kein Acknowledge von einem Consumer Node, so muß der Producer Node eine Entscheidung darüber treffen, was weiter zu geschehen hat (z. B.: weiterer Sendeversuch). Die Aufgabe des Routers ist hier lediglich, zu versuchen, die empfangenen Pakete an die jeweils andere Routerseite weiterzureichen, wobei keine Flußkontrolle durchgeführt wird.

Werden, wie bei offenen Medien leicht denkbar, gleiche Datenpakete hintereinander von einem LonWorks-Knoten empfangen, so ist es ebenfalls Aufgabe der Schicht 4, diese zu erkennen und zu filtern (Duplicate Detection). LonWorks Router besitzen keine Duplicate Detection und reichen daher alle Pakete unter Berücksichtigung der FWT weiter.

7.5 Beherrschbare Medien mit LonWorks Routern

Wie schon beschrieben, sind mit LonWorks Routern unter der Voraussetzung eines Configured Routers einfache Looping-Topologien beherrschbar. Diese Voraussetzung ist jedoch nicht bei allen Medien erfüllbar (z. B.: RF, Power Line etc. (siehe dazu auch Kapitel 7.4.6)).

7.5.1 Leitungsgebundene Medien

Mit LonWorks Configured Routern sind allgemein alle leitungsgebundenen Bustopologien auflösbar, unter der Vorraussetzung, daß zwischen den einzelnen Bussegmenten nur Configured LonWorks-Router zur Kopplung verwendet werden (Bild 7-18).

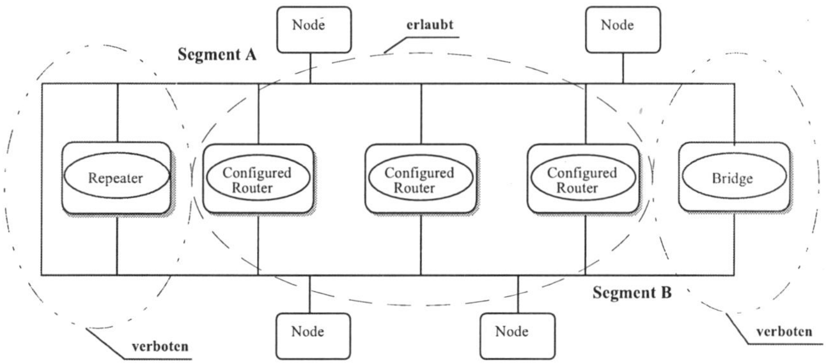

Bild 7-18: Verbotene und erlaubte Verbindungen von Bussegmenten zur Vermeidung von Loops

7.5.2 Leitungsungebundene Medien und Power Line

Bei leitungsungebundenen Medien ist prinzipiell zu unterscheiden, ob

1. die Netzwerkknoten einzeln durch das Medium erreichbar sind, wie z. B. bei Richtfunk etc.,
2. die Netzwerkknoten, wie im Bild 7-15 gezeigt, durch ein offenes Medium verbunden sind.

Bem.: Power-Line-Übertragungen verhalten sich in den meisten Fällen wie offene Medien. Die hier auftretenden Mehrwegausbreitungen unterliegen jedoch in den meisten Fällen starken Dämpfungsverlusten, so daß in vielen Fällen die Thematik der Loop-Topologien an Brisanz verliert.

ad 1: Hier handelt es sich praktisch um Punkt-zu-Punkt-Verbindungen. In diesem Fall sind Router im allgemeinen nicht sinnnvoll einsetzbar.

ad 2: Sind alle Knoten über dasselbe Medium erreichbar, so sind Router dann sinnvoll einsetzbar, wenn damit vorhandene Signaldämpfungen und Verzerrungen ausgeglichen werden sollen. Hierzu müssen jedoch die Eigenschaften des verwendeten Mediums genau bekannt sein, um ein Systemverhalten, wie im Kapitel 7.4.6 beschrieben, auszuschließen.

7.5.3 Nachrichtenpufferung bei LonWorks Routern

LonWorks Router verfügen empfängerseitig über 2 Eingangspuffer und senderseitig über eine zu konfigurierende Anzahl an Sendepuffern. Senderseitig wird zwischen Priority und Nonpriority Buffern unterschieden. Die Anzahl der Priority Buffer ist auf 2 fixiert. Die Anzahl der Nonpriority Sendepuffer ist frei konfigurierbar, jedoch beschränkt durch das zur Verfügung stehende RAM (max. 1254 bytes).

Nützlichkeit von Daten

Typisch für die industrielle Informationsverarbeitung ist die Besonderheit, daß Daten nach relativ kurzer Zeit ihre Gültigkeit verlieren. Daten müssen deshalb nicht nur fehlerfrei, sondern auch innerhalb gewisser Zeitschranken verarbeitet werden. Diese Überlegung führt unmittelbar zur Definition der Echtzeitfähigkeit, die nach [Herr 91] folgendermaßen definiert wird:

Def.: Ein System wird Echtzeitsystem genannt, wenn seine Korrektheit nicht allein von den Ausgabewerten abhängt, die es erzeugt, sondern auch von den Zeiten, zu denen diese Ausgabewerte verfügbar sind.

Als typische Merkmale der Echtzeitfähigkeit werden oft fälschlicherweise Schnelligkeit und Effizienz angesehen. Natürlich sind beide Eigenschaften wünschenswert für ein Echtzeitsystem - jedoch nicht mehr als für jedes andere System auch. Das eigentliche Merkmal eines Echtzeitsystems ist die Vorhersagbarkeit des Zeitverhaltens.

Bei LonWorks liegt von vorneherein kein Echtzeitsystem im herkömmlichen Sinne vor, da LonTalk nicht determiniert ist. Es können lediglich theoretische Untersuchungen angestellt werden, um Wahrscheinlichkeiten zu bestimmen, mit deren Hilfe Reaktionszeiten abschätzbar werden. In jedem Fall kann aber gesagt werden, daß bei einer weiten Auslegung des Begriffes der Echtzeitfähigkeit diese Eigenschaft auch bei LonWorks vorliegt.

7.5.3.1 Nützlichkeitsfunktion

Stellt man die Nützlichkeit von Daten als Funktion der Zeit dar, so führt dies zur Nützlichkeitsfunktion (Bild 7-19). Daten sind somit nur innnerhalb eines bestimmten Zeitfensters tatsächlich brauchbar.

Bedeutung für LonWorks Router

Wie die Nützlichkeitsfunktion zeigt, müssen Daten in einem gewissen Zeitfenster beim Empfangsknoten zur Verfügung stehen. Bei LonWorks Routern ist hier besonders auf anfallende Verzögerungszeiten zu achten. Diese treten dann massiv auf, wenn die Datenraten der beiden Router Ports stark differieren. Interessant ist hierbei jener Fall, bei dem Daten mit hoher Datenrate empfangen und mit niedriger Datenrate abgesendet werden sollen. Damit ist für die jeweilige Applikation eine sinnvolle Wahl der Puffergrößen sehr wichtig.

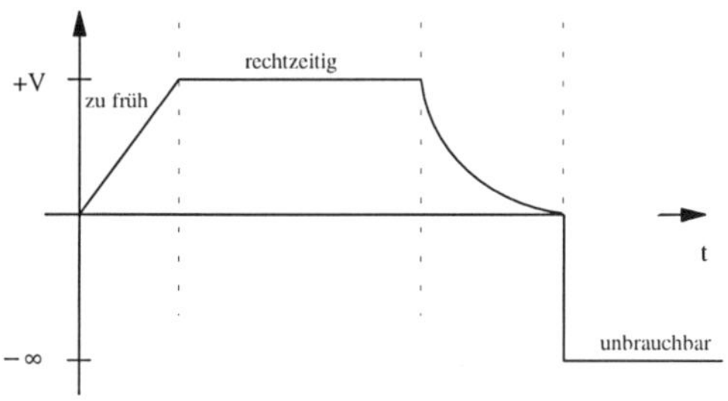

Bild 7-19: *Nützlichkeitsfunktion für Prozeßabschlußzeiten nach [Herr 91]*

7.5.3.2 Wahl sinnvoller Puffergrößen

Zur Abschätzung einer sinnvollen Puffergröße soll folgender Fall betrachtet werden:

Datenrate Port A: 1,25 Mbit/s
Datenrate Port B: 9,6 kbit/s
$\cong$ Faktor 130

Ein mit 10 MHz getakteter Neuron-Chip kann maximal etwa 500 Pakete/s über seine MAC CPU bearbeiten. Da kein Paket verloren gehen darf, ist somit unabhängig von der Datenrate am Bus der maximal sinnvolle Datendurchsatz ebenfalls mit etwa 500 Paketen/s beschränkt[Motb 94].

Echelon publiziert zum Thema Datendurchsatz sehr ähnliche Zahlen [Lont 93]. Bei niederen Datenraten und langen Paketen sinkt die obere Schranke natürlich weiter ab. So ergeben sich bei 9,766 kbit/s abhängig von der Paketgröße Werte laut Tabelle 7-2 [Lont 93].

Tabelle 7-2: *Paketdurchsatz in Abhängigkeit der Anzahl der Nutzdaten*

Paketdurchsatz	**12 Byte Nutzdaten**	**64 Byte Nutzdaten**
Maximal	45	13
Durchschnittlich	35	10

Die Werte für den maximalen Paketdurchsatz können durch folgende Überlegung verifiziert werden:

Legt man die PPDU gemäß [Lont 96] zugrunde und nimmt eine Gleichverteilung der β2-Slots an (8 Slots), so ergeben sich bei n Byte Nutzdaten folgende Paketlängen:

Paketlänge = Preamble + (12 + n)*8*1/(data rate) + 8*β2

Um Zahlenwerte für die Preamble-Länge und die Länge eines B2-Slots zu bestimmen, kann man am LonBuilder den gewünschten Kanaltyp einstellen und die Parameter im Channel Screen ablesen.

Für einen Kanal mit 9,766 kbit/s können sich folgende Parameter ergeben:

Raw Data (Channel Screen am LonBuilder): *0f 0f 10 0e 14*

Daraus lassen sich gemäß [Lonw 95] die notwendigen Parameter für Preamble und β2-Slot berechnen:

1/(data rate)	102 µs
Preamble	504 µs
β2	220 µs

Somit ergibt sich:

Paketlänge [µs] = 504 µs + (12 + n)*8*1/(data rate) + 8*220 µs

Dies entspricht einem maximalen Paketdurchsatz von 45 bzw. 15 Paketen/s.

Entnimmt man der Abschätzung die Mittelwerte des erzielbaren Paketdurchsatzes bei einer Paketlänge von 12 Byte Nutzdaten, so können auf der „schnellen" Seite des Routers bis zu 500 Pakete/s ankommen, während auf der langsamen Seite nur 35 Pakete/s abgesetzt werden können. Die ankommenden Pakete müssen somit zwischengespeichert werden (Bild 7-20).

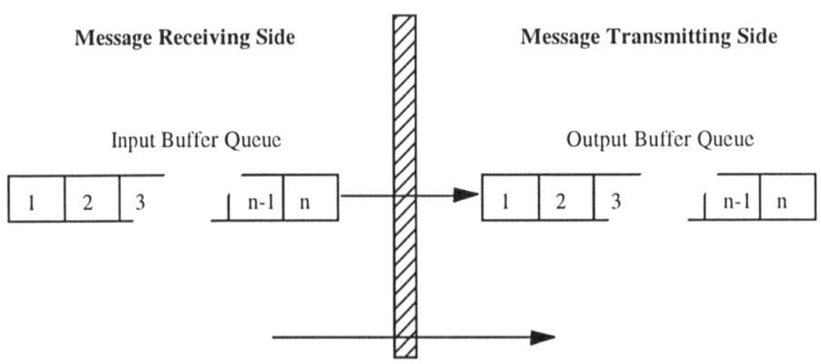

Bild 7-20: *Pufferschema für allgemeinen Router. LonWorks Router verfügen nur über eine Output Buffer Queue.*

Die Nützlichkeitsfunktion sagt nun aus, daß Daten innerhalb eines bestimmten Zeitfensters beim Empfängerknoten ankommen müssen. Diese Aussage hat direkten Einfluß auf die Speichertiefe der Puffer. Es hat keinen Sinn, Datenpakete so lange zwischenzuspeichern, bis sie endlich weitergesendet werden können, ohne eine maximal erlaubte Verzögerungszeit in Betracht zu ziehen. Dazu folgende Abschätzung:

Annahme: maximale Verzögerungszeit durch den Router: 0,5 s

Für die sinnvolle Speichertiefe ergibt sich somit:

Speichertiefe = erlaubte Verzögerungszeit * Pakete/s = 0,5 s*45 Pakete/s ≅ 22 Puffer

Fazit: Die Anzahl der Puffer im Router ist eine Funktion der unterschiedlichen Datenraten und der maximal erlaubten Verzögerungszeit des Routers. Es macht in den meisten Fällen also keinen Sinn, die Anzahl der Puffer über alle Maßen groß zu wählen.

7.6 Netzwerkübergänge

7.6.1 Allgemeine Problematik

Unter einem Netzwerkübergang versteht man eine Kommunikationsverbindung zwischen zwei verschiedenen Netzwerken mit verschiedenen Protokollen. Grundsätzlich sieht ISO/OSI für solch einen Fall eine Kopplung über Dienste des von der Schicht 7 angebotenen Application Layer Interfaces (ALI) vor (Bild 7-11). Je nachdem, wie verschieden die vom ALI angebotenen Dienste der zu verbindenden Protokolle sind, ist auch der Aufwand bei der Implementierung eines Gateways zu sehen.

Im Bereich der Feldbusse ist der Unterschied zwischen den ALIs im allgemeinen sehr groß. Es gibt lediglich einige Protokolle mit ähnlichen Dienstspezifikationen der Schicht 7. Als Beispiel können hier Interbus-S und PROFIBUS genannt werden. Beide definieren Dienste, die sich aus der beim MAP (Manufacturing Automation Protocol) verwendeten MMS (Manufacturing Message Service) Spezifikation ableiten. PROFIBUS definiert in der Schicht 7 die FMS (Field Message Specification) als Untermenge der MMS. Interbus ist in der Sensor-/Aktorebene angesiedelt und definiert in seiner Schicht 7 die PMS (Peripherial Message Specification) als Untermenge von MMS und FMS. Die Kopplung dieser Systeme ist daher über Gateways mit geringem Applikationsaufwand möglich.

Will man Kopplungen von Protokollen realisieren, die die oben beschriebenen Eigenschaften nicht besitzen, so muß dies über ein applikationsintensives Gateway (kurz: Application Gateway) erfolgen (Bild 7-21). Der erhöhte Aufwand in der Applikation führt zwangsläufig auch zu größeren Reaktionszeiten. Sollen geringe Reaktionszeiten erzielt werden, so ist auch der Hardwareaufwand deutlich höher, da zusätzlich zur Bearbeitung der Kommunikationsprotokolle auch noch eine schnelle Application CPU zur Verfügung gestellt werden muß.

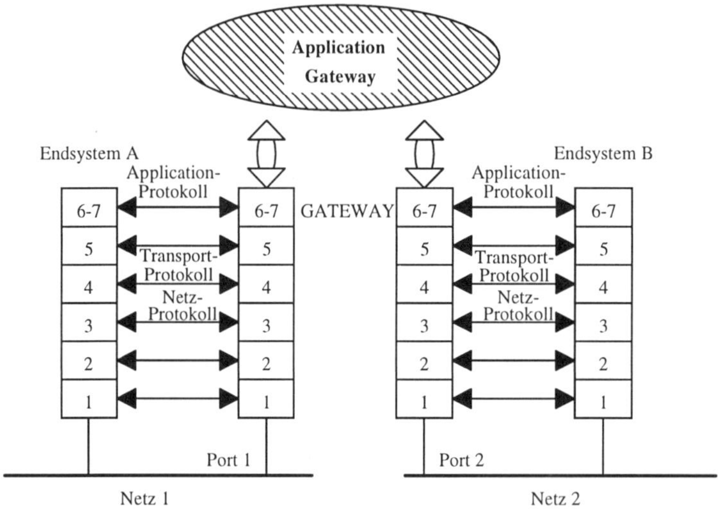

Bild 7-21: Application Gateway

Der wesentlichste Nachteil eines Application Gateways liegt jedoch in der Erstellung der Gateway Software. Für jedes zu realisierende Projekt ist nämlich eine passende Applikation neu zu entwickeln oder zumindest anzupassen. Somit führt eine Kopplung von unterschiedlichen Protokollen über ein Application Gateway automatisch zu erhöhten Kosten.

7.6.2 Übergang zwischen LonTalk und PROFIBUS-FMS

Auf den nachfolgenden Seiten wird ein Konzept für ein Application Gateway zwischen PROFIBUS-FMS und einem LON mit der Bezeichnung ProfiLon vorgestellt [Aster 93]. Den prinzipiellen Aufbau zeigt Bild 7-22. Ziel ist es, einen transparenten Produktivdatenaustausch zwischen LonWorks-Knoten und PROFIBUS-FMS-Knoten zu realisieren.

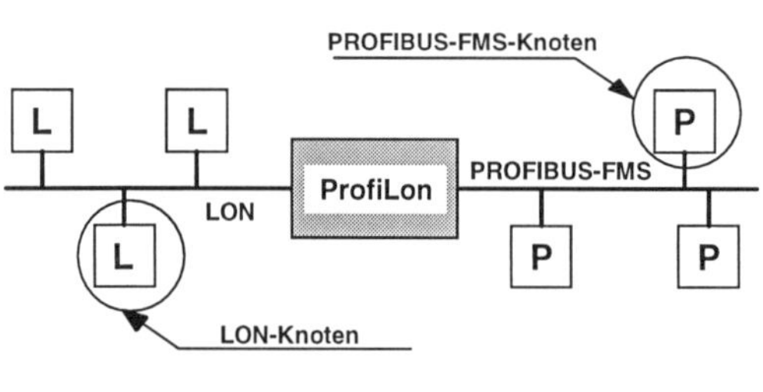

Bild 7-22: Kopplung zwischen LonWorks und PROFIBUS-FMS über ein Application Gateway

7.6.2.1 PROFIBUS-FMS

Das nach DIN 19 245 [Prof 91, Pro2 92] genormte Protokoll von PROFIBUS-FMS stellt dem Anwendungsprozeß leistungsfähige Dienste zum stationsübergreifenden Zugriff auf

Variablen zur Verfügung, bietet Zugriffschutzmechanismen und gestattet das Laden von lauffähigen Programmen von einer anderen Station. Die Sendeberechtigung wird beim PROFIBUS-FMS nach dem Prinzip des Token-Passing geregelt: Senden darf nur jene Station, die im Besitz des Tokens ist oder wenn auf ein eingetroffenes Aufruftelegramm eine Rückantwort erwartet wird (Bild 7-23). Die Stationen im logischen Token-Ring werden als Master-Stationen bezeichnet. Damit nicht alle Stationen die komplizierte Token-Verwaltung beherrschen müssen, sind einfache Slave-Stationen möglich, die nur auf explizite Anfragen eines Masters antworten können, ohne selbst in den Token-Ring einzutreten. PROFIBUS-FMS ist also ein Multi-Master-System, das zusätzlich über Slaves verfügt. Das verwendete Buszugriffsverfahren wird als hybrides Buszugriffsverfahren bezeichnet.

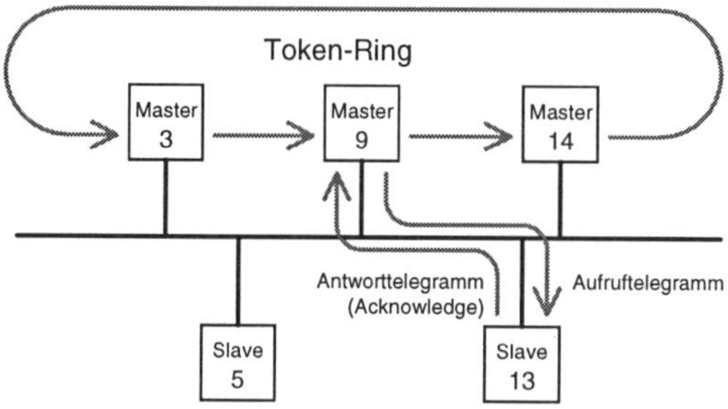

Bild 7-23: *Buszugriff bei PROFIBUS-FMS*

Durch die Vorgabe einer Soll-Token-Umlaufzeit kommt es zu garantierten maximalen Reaktionszeiten. Pro Segment (entspricht einem geschlossenen Token-Ring) können bis zu 127 Stationen adressiert werden, wobei in den PROFIBUS-FMS-Protokollen bereits Felder zur Kommunikation mit anderen Segmenten über sogenannte Bridges (siehe Kapitel 1 sowie [TAN 89]) vorgesehen sind. Die Übertragungsrate ist in fünf Schritten zwischen 9,6 kbit/sec und 500 kbit/sec einstellbar.

In der Schicht 2 können die Daten mit und ohne Bestätigung übertragen werden, wobei die Zielstation zusammen mit der Bestätigung über die erhaltenen Daten auch noch eigene Daten zurückschicken kann. Eine besonders interessante Funktion beim PROFIBUS-FMS ist der CSRD-Dienst (Cyclic Send and Request Data). Hierbei wird in der Schicht 2 des Masters eine Poll-Liste jener Stationen hinterlegt, die periodisch angesprochen werden sollen. Anschließend werden die Daten ohne Zutun des Anwendungsprogrammes zyklisch an die angegebenen Stationen geschickt bzw. von dort angefordert.

Das Protokoll der Anwendungsschicht (Schicht 7), die „Fieldbus Message Specification" (FMS) sorgt für die Generierung und Codierung von Protocol Data Units (PDUs) und regelt den Austausch von PDUs zwischen den verschiedenen Geräten. Des weiteren gestattet die Schicht 7 den objektorientierten Zugriff auf Variablen und übernimmt dazu z. B. alle Details des Verbindungsaufbaus und -abbaus, der logischen Adressierung von Stationen oder der physikalischen Adressierung von Speicherbereichen.

7.6.2.2 Aufgaben von ProfiLon

ProfiLon soll im wesentlichen den schnellen Austausch von einfachen Variablenwerten, wie z. B. Schalterstellungen oder Werte aus AD-Wandlern zwischen den beiden Systemen LonWorks und PROFIBUS-FMS ermöglichen. Die netzwerküberschreitende Kommunikation soll möglichst transparent und ohne besondere Protokolle und Routinen in den jeweiligen Anwendungsprogrammen möglich sein. Da sich jedoch LonWorks und PROFIBUS-FMS im Übertragungs- und Buszugriffsverfahren, in der Darstellungsart von Anwenderdaten und der Fehlerbehandlung grundlegend unterscheiden, muß zur Kopplung eine intelligente Zwischenstation, ein Application Gateway, eingesetzt werden.

Wie noch gezeigt wird, kann dieses Application Gateway für den erwähnten Austausch von einfachen Sensor- und Aktordaten praktisch unsichtbar zwischen den beiden Feldbussystemen realisiert werden, wobei das Application-Gateway von jeder Station genauso angesprochen wird, wie jede andere Station im jeweiligen Netzwerk. Aufgrund der starken Unterschiede zwischen LON und PROFIBUS-FMS ist im Application Gateway eine komplette Protokollumsetzung auf Variablenebene notwendig. Von einem eintreffenden Protokoll müssen die eigentlichen Nutzdaten extrahiert und in ein zweites Protokoll neu verpackt werden. Durch interne Tabellen kennt das Gateway für jede Variable die zugehörige Zieladresse und leitet den entsprechend modifizierten Datensatz an das gegenüberliegende Netzwerk weiter.

Nicht vorgesehen sind netzwerkübergreifende Managementfunktionen, wie z. B. Teilnehmererfassung oder die Änderung von Betriebsparametern auf der jeweils anderen Seite. Während Sensor- und Aktordaten relativ leicht über zwei Feldbusse hinweg ausgetauscht werden können, ergeben sich spezielle Fragen nach der Echtzeitfähigkeit, dem erzeugten Overhead zum Datenaustausch und dem Verhalten bei Übertragungsfehlern. Das im folgenden vorgestellte Konzept ermöglicht den Datenaustausch in beide Richtungen unter Beachtung der oben genannten Gesichtspunkte und ist in bezug auf die Busbelastung und die Reaktionszeit beim netzüberschreitenden Variablentransfer optimiert. Im Hinblick auf die im Gesamtsystem notwendigen Echtzeitanforderungen sind gezielte Untersuchungen der jeweiligen Applikation notwendig.

Aufgrund der bereits erwähnten losen Kopplung der beiden Systeme auf Variablenebene kann das Gateway in zwei eigenständige Netzwerkknoten aufgesplittet werden (Bild 7-24 und Bild 7-25). Die Gesamtreaktionszeit für eine LonWorks-zu-PROFIBUS-FMS-Übertragung ergibt sich damit aus der Summe der Reaktionszeiten für eine LonWorks-zu-LonWorks-Übertragung, der Reaktionszeit für eine PROFIBUS-FMS-zu-PROFIBUS-FMS-Übertragung sowie der (dazu vernachlässigbaren) Bearbeitungszeit in der Kopplungsschicht des Gateways (Bild 7-25).

7.6.2.3 Aufbau von ProfiLon

Entsprechend seinen Aufgaben muß das PROFIBUS-FMS/LonWorks-Gateway (ProfiLon) sowohl an PROFIBUS-FMS als auch an LonWorks angebunden werden. Zur Kopplung an das LON wird ein Neuron-Chip verwendet. Die Implementierung des PROFIBUS-FMS-Protokolls im Neuron-Chip wäre aus Kostengründen zwar besonders interessant, scheitert aber am komplexen Aufbau des PROFIBUS-FMS-Protokolls. Für dieses Protokoll sind durch mehrere Timer diverse Systemzeiten gleichzeitig zu überwachen, und mit einer Vielzahl an Interrupt-Service-Routinen ist auf verschiedenste Ereignisse rasch zu reagieren. Zumal auch die Übertragungsrate von 500 kbit/s auf der

PROFIBUS-FMS-Seite noch beherrscht werden soll, ist der Prozessor im Neuron-Chip mit der PROFIBUS-FMS-Kommunikation überfordert. Daher muß ein leistungsfähiger Mikrocontroller die Kommunikation mit dem PROFIBUS-FMS-Netzwerk übernehmen, wofür der SAB 80C166 von Siemens wegen seines umfangreichen, am Chip vorhandenen Peripherieteils, seiner flexiblen Interruptbehandlung, der raschen Task-Umschaltung und der mächtigen 16-bit-CPU ausgewählt wurde (Bild 7-24). Die Kopplung der beiden Prozessoren erfolgt über die parallele Schnittstelle des Neuron-Chips mit seinen 11 I/O-Leitungen.

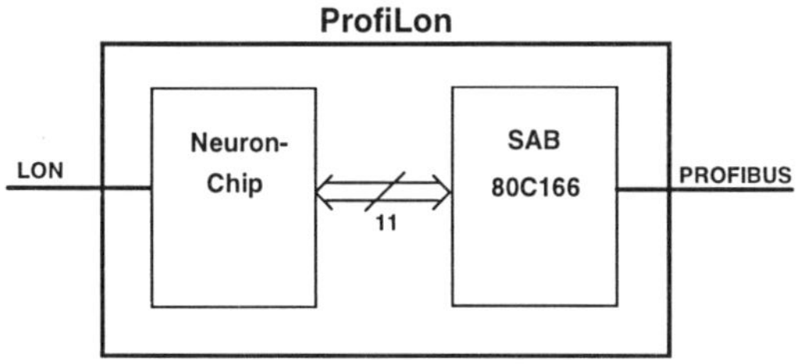

Bild 7-24: *Aufbau von ProfiLon*

Wie Bild 7-25 zeigt, übernimmt der Mikrocontroller 80C166 aufgrund seiner Leistungsreserven neben der PROFIBUS-FMS-Kommunikation auch die eigentliche Protokollumsetzung zwischen LonTalk und PROFIBUS-FMS. Der Neuron-Chip stellt dagegen lediglich die Datenverbindung zwischen dem LON und dem 80C166 her.

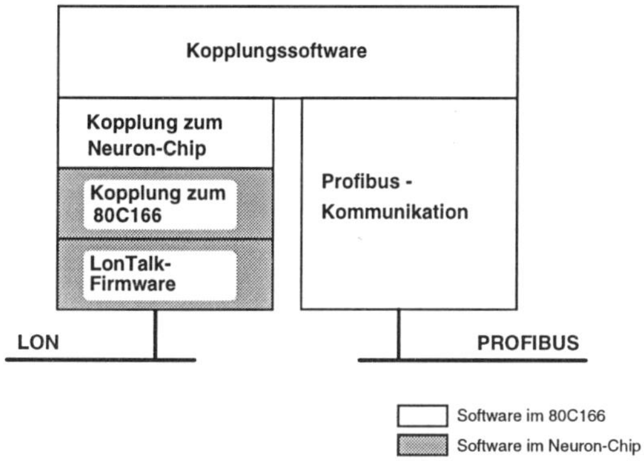

Bild 7-25: *Software-Konzept von ProfiLon*

7.6.2.4 Datenübertragung vom PROFIBUS zum LON

Die Slave-Stationen bei PROFIBUS-FMS können ihre Daten nicht selbständig übertragen, sondern müssen von einem Master zyklisch abgefragt werden. Für die zyklische Abfrage durch ProfiLon, das in diesem Fall die Rolle eines Masters auf der PROFIBUS-Seite spielen muß, bietet sich der schon erwähnte CSRD-Dienst an, da damit die Organisation und Ausführung des zyklischen Pollings vom eigentlichen Kopplungsprogramm in die

Schicht 2 der PROFIBUS-FMS-Kommunikation verlegt wird. Dazu wird der Schicht 2 über den CSRD-Dienst einfach eine Poll-Liste mit den Adressen aller relevanten Stationen übergeben, in der auch andere Master-Stationen mit einbezogen werden können. Um im PROFIBUS-FMS-System die Busbelastung zu reduzieren, sollten die Master-Stationen jedoch nicht in die Poll-Liste aufgenommen werden, sondern die relevanten Daten von sich aus an ProfiLon schicken. So wird z. B. die Änderung einer Schalterstellung von einem Master durch ein einziges Telegramm dem Gateway bekanntgegeben, während zur Erkennung desselben Ereignisses an einem Slave ein periodischer Frage-Antwort-Zyklus vom Gateway durchgeführt werden muß.

Um im LON-System den Bus nicht unnötig zu belasten, werden nur jene vom PROFIBUS-FMS stammenden Daten zum LON-System übertragen, bei denen seit der letzten Abfrage eine Änderung festgestellt wurde. Die Änderung einer Variablen seit ihrer letzten Abfrage kann jedoch nur dann bearbeitet werden, wenn ProfiLon eine Tabelle all jener Variablenwerte anlegt, die vom PROFIBUS-FMS zum LON übertragen werden sollen (Bild 7-26). Für den Ziel-Knoten im LON verhält sich die Kommunikation mit dem Gateway genauso wie die Kommunikation mit jedem anderen LON-Knoten. Er kann in der gewohnten Art und Weise programmiert werden, wobei insbesondere die Kommunikation über die Netzwerkvariablen erhalten bleibt.

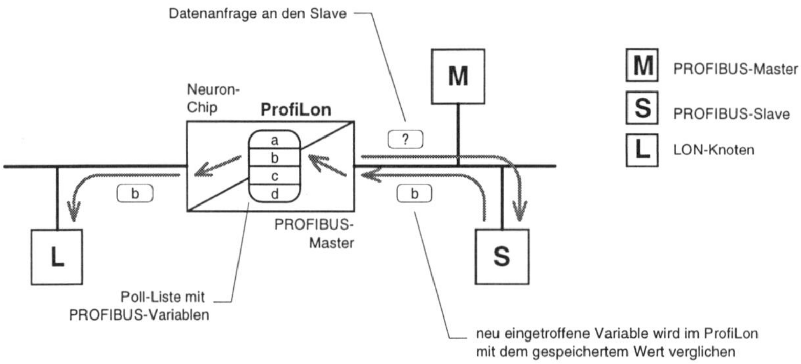

Bild 7-26: *Datenfluß vom PROFIBUS-FMS-Netzwerk zum LON*

7.6.2.5 Datenübertragung vom LON zum PROFIBUS-FMS

Die Wertzuweisung an eine Netzwerkvariable im LON wird automatisch dem Netzwerk bekanntgegeben. Sofern die Variable für die PROFIBUS-FMS-Seite bestimmt ist, wird die Meldung vom Neuron-Chip im Gateway aufgrund seines Bindings ausgewertet und an den 80C166 weitergeleitet. Der neue Variablenwert kann nun entweder von einer Master-Station im PROFIBUS-FMS-Netzwerk selbst abgeholt oder von ProfiLon an die betreffende Station verteilt werden (Bild 7-27). Im Hinblick auf die Busbelastung ist eine selbständige Weiterleitung durch ProfiLon günstig, da es so nur nach einer neu eingetroffenen Variablen zu einer Busaktivität auf der PROFIBUS-FMS-Seite kommt.

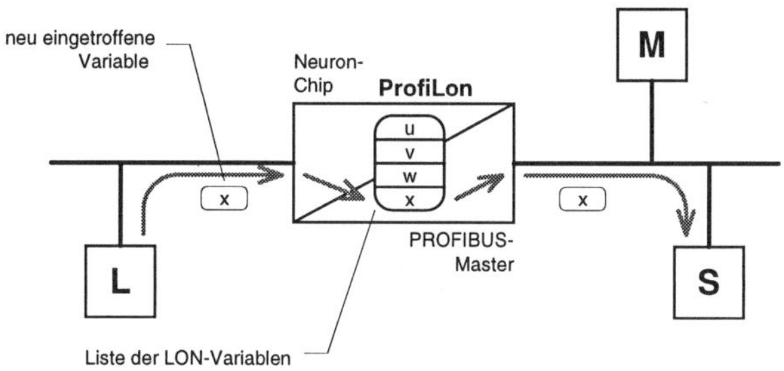

***Bild** 7-27: Datenfluß vom LON zum PROFIBUS-FMS-Netzwerk*

Ist die Zielstation im PROFIBUS-FMS, für die das Telegramm bestimmt ist, gleichzeitig auch eine Datenquelle für das LON-System, so brauchen die beiden Schritte zum Senden der Daten an die Zielstation sowie die Abfrage derselben Station auf Daten nicht einmal getrennt ausgeführt werden. Durch den erwähnten CSRD-Dienst kann nämlich gleichzeitig mit der Anfrage auch die vom LON bereitgestellte Variable mitgeschickt werden.

Die Programmierung des Quell-LonWorks-Knotens erfolgt wie gewohnt. Durch eine einfache Wertzuweisung an eine Netzwerkvariable in Neuron C wird diese Variable über ProfiLon an das PROFIBUS-FMS-System übertragen.

7.6.2.6 Verhalten bei Übertragungsfehlern

Mit dem oben beschriebenen Aufbau gibt es zwar eine durch die jeweiligen Busprotokolle abgesicherte Verbindung von und zu ProfiLon, doch stellt sich die Frage nach der Reaktion aller Teilnehmer bei Übertragungsfehlern.

Kurzfristige Übertragungsfehler können durch das Netzwerkprotokoll jeder Seite durch einfache Sendewiederholungen korrigiert werden. Dieser Vorgang ist für das Anwendungs- bzw. Kopplungsprogramm vollkommen transparent.

Führen mehrere Sendewiederholungen nicht zum korrekten Empfang der Daten, so führt einerseits das jeweilige Management bestimmte Aktionen aus, andererseits kann auch das Anwendungsprogramm eine Meldung darüber erhalten und entsprechend reagieren. Bei PROFIBUS-FMS generiert das Management eine „FAULT"-Meldung für das Anwendungsprogramm. Außerdem wird die angesprochene Station als „nicht funktionsfähig" gekennzeichnet, wodurch diese Station in Zukunft nur mehr probeweise angesprochen wird und die Sendewiederholungen entfallen. Im LON kann über Dienste der Network Diagnostic ein kompletter Fehlerbericht erhalten werden.

Komplizierter stellen sich die Verhältnisse dar, wenn die Daten zwar erfolgreich an ProfiLon gesendet werden, von diesem aber nicht an den Empfänger weiterzuleiten sind, weil dieser beispielsweise nicht existiert. In diesem Fall erhält zwar ProfiLon eine Meldung vom Zustand des Zielknotens, der eigentliche Absender der Daten glaubt seine Daten aber bereits erfolgreich abgesetzt zu haben, da er eine Bestätigung (Ack) vom ProfiLon bekommen hat (Bild 7-28).

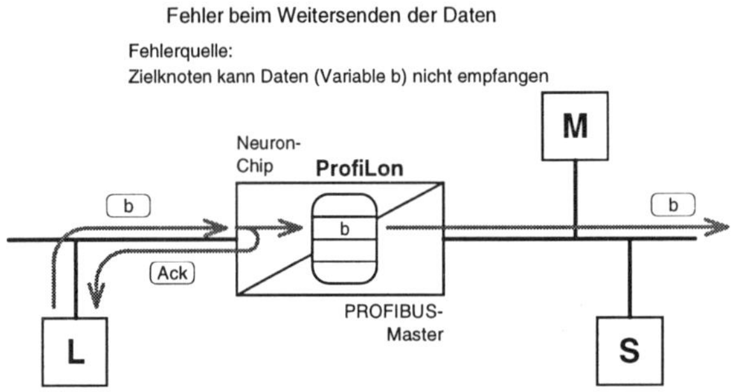

Bild 7-28: *Fehler beim Weitersenden der Daten*

Als Reaktion auf einen solchen Fehler sind mehrere Varianten möglich, denn gerade in einem so sensiblen Bereich wie der Systemsicherheit gibt es je nach Anwendung die verschiedenartigsten Anforderungen:

- Die Störungsmeldung wird von ProfiLon an den Absender der Daten zurückgeschickt. Somit muß in allen Knoten, die Daten abschicken können, ein eigener Programmteil vorhanden sein, der diese Störungsmeldung empfängt und auswertet. Nachteilig wirkt sich der erhöhte Aufwand in jedem einzelnen Knoten aus.
- ProfiLon läßt den Absender der Daten uninformiert und versucht, periodisch die Daten an den Empfänger im anderen Netz zu senden. In dieser Betriebsart nimmt ProfiLon weiterhin neu eintreffende Daten entgegen und behandelt die fehlerfreien Kanäle wie gewohnt.
- Beim Auftreten eines Fehlers schickt ProfiLon bestimmte Nachrichten an alle relevanten Stationen, um z. B. ein Not-Aus von Maschinen herbeizuführen. Die hierfür notwendigen Nachrichten werden bei der Installation des Netzwerkes festgelegt.
- Alle Fehlermeldungen werden im ProfiLon mitprotokolliert. Die Liste dieser Fehlermeldungen kann über das Netzwerk durch eine spezielle Anfrage ausgelesen werden, um so den Betreiber des Netzwerks über die Netzwerkfehler zu informieren.

7.6.2.7 Adressierung der Datenpakete

Da ProfiLon von beiden Netzwerkseiten als eigener Netzknoten behandelt wird, können die eintreffenden Datenpakete nicht direkt an den Zielknoten im anderen Netzwerk adressiert sein, sondern müssen an ProfiLon selbst adressiert sein. Aus dem ankommenden Datenpaket ist somit nicht ersichtlich, für welche Zieladresse dieses bestimmt ist. Es muß im ProfiLon also für jede zu übertragende Variable definiert werden, zu welcher Netzwerkstation diese weitergeschickt werden soll.

In den Protokollen wird zusätzlich zum Variablenwert auch angegeben, um welche Variable es sich handelt. Diese Angabe kann im PROFIBUS-FMS-Protokoll wahlweise durch einen lesbaren Namen (z. B. „NC_Status“) oder eine Binärzahl, dem Index auf das sogenannte „Objektverzeichnis“, erfolgen [Pro2 91]. Im LonTalk-Protokoll wird die Variable ausschließlich durch eine 14-bit-Binärzahl, dem „Selector“ in der „NV Configuration Table“, charakterisiert (siehe Kapitel 4 sowie [Neurc 95, Lonw 95]). Anstelle der verschiedenen Variablen-Kennungen wird in der folgenden Beschreibung stets von einem symbolisch zu verstehenden „Variablennamen“ gesprochen. Ebenso sind die angegebenen Ziel- und Sendeadressen symbolisch zu verstehen.

Die Adressierung und Adreßumwandlung von Datenpaketen am Beispiel der Datenflußrichtung vom LON zum PROFIBUS-FMS wird nun detailliert anhand von Bild 7-29 beschrieben:

- In den Datenpaketen beider Netzwerke sind die Zieladresse, Sendeadresse, Variablenname und Variablenwert enthalten.
- Wird ein Datenpaket an ProfiLon adressiert, so wird der Variablenwert anhand des im Datenpaket beigefügten Variablennamens in die Variablentabelle eingereiht. Im Bild 7-29 erreicht ein Datenpaket vom LonWorks-Knoten „L1“ das Gateway mit der LON-Adresse „L7“. Anhand des (hier symbolisch angegebenen) Variablennamens „f“ wird der Variablenwert „136“ in die Tabelle eingetragen.
- Beim Weiterschicken des Variablenwertes in das andere Netzwerk wird die mittels Tabelle zugeordnete Zieladresse „M4“ gemeinsam mit dem neuen Variablennamen „v“ verwendet.

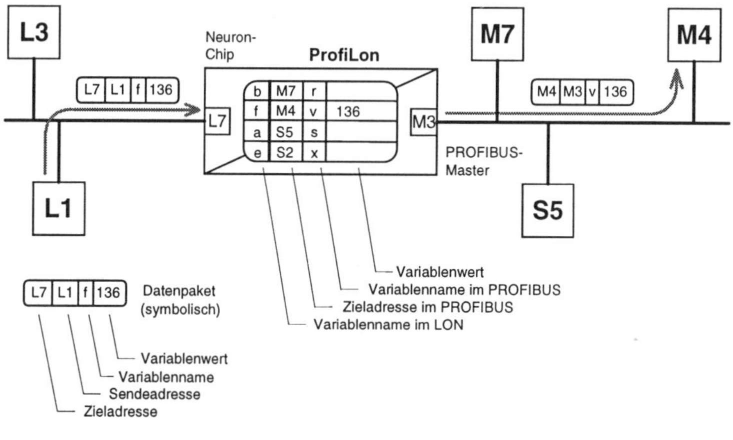

***Bild 7-29:** Adressierung der Datenpakete*

Bild 7-29 zeigt die Datenflußrichtung vom LON nach PROFIBUS-FMS; umgekehrt erfolgt die Adressierung nach dem gleichen Schema.

Durch die im ProfiLon enthaltene Umsetzungstabelle erfolgt eine eindeutige Zuordnug zwischen Stationsadressen und Variablennamen. Diese Umsetzungstabelle ist anwendungsspezifisch und muß in der Projektierungsphase der Netzwerkkopplung erstellt werden.

7.6.2.8 Initialisierungsphase

Besondere Beachtung bei dem vorgestellten Konzept zur Kopplung beider Netzwerke muß noch der Initialisierungsphase gewidmet werden. Beim Einschalten von ProfiLon können unter Umständen beide Netze (LON und PROFIBUS-FMS) schon beliebig lange Zeit aktiv gewesen sein. Das bedeutet für ProfiLon, daß es sich zu Beginn eine vollständige Abbildung all jener Variablenwerte machen muß, die für die jeweils andere Netzwerkseite bestimmt sind.

Für die Variablen auf der PROFIBUS-FMS-Seite ergeben sich keine weiteren Schwierigkeiten, da ProfiLon die Variablen in einem zyklischen Poll-Listen-Durchlauf abfragt. Nach dem ersten komplett ausgeführten Poll-Listen-Duchlauf kennt ProfiLon alle Variablen der PROFIBUS-FMS-Seite. Es muß durch ein spezielles Flag dafür gesorgt werden, daß bei diesem ersten Poll-Listen-Durchlauf alle eintreffenden Variablen an das LON-System weitergereicht werden (sonst wird dem LON-System nur die Änderung einer Variable mitgeteilt).

Etwas anders ist die Situation auf der LON-Seite: Hier teilen die Stationen ihre Variablen nur bei einer Änderung dem Netzwerk mit (Event Driven). Da dies natürlich nicht mit dem Einschalten von ProfiLon erfolgt, müssen hier zunächst von allen Stationen explizit die Variablen abgefragt werden. Für die LON-Seite muß es ebenfalls eine Poll-Liste geben, nach der beim Einschalten von ProfiLon die LON-Knoten gepollt werden.

Nach der Initialisierungsphase wird in die normale Betriebsart übergegangen.

7.6.2.9 Resümee

Bei der Kopplung von unterschiedlichen Feldbussystemen ist eine komplette Protokollumsetzung notwendig, die nur auf Variablenebene möglich ist. Von einem eintreffenden Protokoll müssen zuerst die eigentlichen Nutzdaten extrahiert und diese anschließend im zweiten Protokoll wieder neu verpackt werden.

Auf der PROFIBUS-FMS-Seite von ProfiLon wird ein Master verlangt, der die Daten von den einzelnen Slaves einsammelt und an die LON-Seite weiterreicht. Ebenso werden aus dem LON-System neu eingetroffene Variablen vom Master im ProfiLon selbständig an die zugehörigen Stationen verteilt. Auf der LON-Seite wird für die Abarbeitung des LonTalk-Protokolles ein Neuron-Chip verwendet. Umfangreiche von ProfiLon verwaltete Adressierungs- und Variablentabellen lassen das Gateway für beide Netzwerke praktisch transparent erscheinen und dienen der Minimierung der Busbelastung auf beiden Seiten. Alle zur Kopplung relevanten Informationen werden von ProfiLon verwaltet, so daß die übrigen Netzwerkknoten keiner speziellen Programmierung bedürfen.

7.6.3 Übergang zwischen LonTalk und HTTP

7.6.3.1 HTTP

Das Hypertext Transmission Protocol [Http 96] dient der Kommunikation von Rechnern im World Wide Web. Die primäre Aufgabe dieses Protokolls ist es, Web-Clients den Zugriff auf Dateien und Programme von Web-Servern zu ermöglichen – daher bezeichnet man HTTP als ein Client/Server-Protokoll (siehe Bild 7-30).

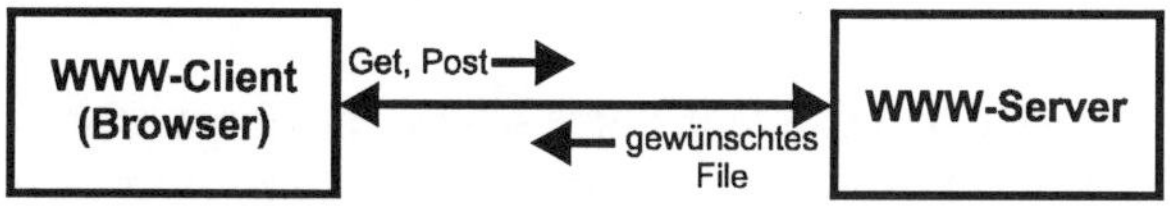

Bild 7-30: *Die Funktionsweise des Client/Server-Protokolls HTTP*

Aus Gründen der Performance von Webservern wurde HTTP als *stateless Protocol* konzipiert: Ein Server speichert keinerlei Zustände einer Verbindung ab. Diese Zustandslosigkeit bewirkt, daß HTTP-Server schnell sind.

Mit HTTP kann man Daten in Form von 8-bit-Zeichenketten übertragen. Somit können ausführbare Programme, Grafiken oder HTML-Dateien [Http 96] sicher versendet werden. Eine HTTP-Übertragung ist vierstufig:

1. Der Client öffnet die Verbindung zum Server, der durch einen *URL* exakt adressiert wird.
2. Der Client schickt dem Server einen request, der aus einem *request header* und etwaigen Daten besteht (typische *request headers* bewirken *methods* wie z. B. GET oder POST).
3. Der Server schickt dem Client eine Antwort. Diese besteht aus einem response header (wo beispielsweise der Datentyp der gesendeten Daten oder etwaige Fehlermeldungen entnommen werden können) sowie aus den vom Client gewünschten Daten.
4. Der Client schließt die Verbindung, und der Server weiß ab diesem Zeitpunkt nichts mehr von ihr.

Ein klassisches Beispiel für eine HTTP-Verbindung ist der alltägliche Umgang mit *Web-Browsern:* Lädt man eine Homepage, die beispielsweise drei Grafiken enthält, so muß der Browser, der hier als Web-Client fungiert, insgesamt vier HTTP-Verbindungen öffnen, um die Homepage vollständig darzustellen – eine Verbindung für die HTML-Datei und drei weitere, um die drei Grafiken zu laden.

7.6.3.2 Aufgaben von LonHttp

LonHttp ist von ProfiLon (siehe Abschnitt 7.6.2) gänzlich verschieden, da es sich hier nicht um zwei Feldbussysteme handelt, die miteinander gekoppelt werden, sondern um eine Verbindung zweier unterschiedlicher Netzdimensionen: Ein *Global Area Network* (das Internet) wird mit einem *Field Area Network* (LON) verbunden. Es geht daher bei LonHttp nicht um den Austausch von Variablenwerten; die zentrale Aufgabe von LonHttp ist die Bereitstellung von Daten aus dem World Wide Web in einem LON. Zugleich soll dieses Gateway dazu dienen, Daten aus dem LON beliebigen Web-Servern zur Verfügung zu stellen, um beispielsweise *Reports* oder Zustandsmeldungen auf einer Webpage darstellen zu können. Es ist in diesem Zusammenhang wichtig, den Begriff der Reaktionszeit bei LonHttp auszuklammern, da HTTP auf TCP/IP aufsetzt und somit keine Reaktionszeiten garantiert werden können. Dies ist bei etwaigen Anwendungen stets zu bedenken.

7.6.3.3 Aufbau von LonHttp

LonHttp muß sowohl an das LON als auch an das Internet angeschlossen werden. Es ist zwar vorstellbar, einen internet-fähigen LON-Knoten zu entwickeln (das wäre ein Mikroprozessor, der mit einem externen RAM und einem Neuron-Chip als LonTalk-Unterstützung bestückt ist und ein angeschlossenes Modem oder einen Ethernet Controller ansteuert), jedoch würde dies enormen technischen Aufwand bedeuten. Die Lösung, die einerseits kostengünstig realisierbar und andererseits eine akzeptable, den Anwendungsbereich eines LONs kaum einschränkende Funktionalität erlaubt, ist der gewöhnliche PC, der Personal Computer. Er bietet zunächst einmal mehrere Möglichkeiten, Daten vom LON zu lesen oder zu schreiben – es seien hier lediglich die LonWorks Network Services (LNS, siehe Abschnitt 8.3) und der LonManager DDE-Server genannt. Werte aus dem LON werden Programmentwicklern auf komfortable Art und Weise zur Verfügung gestellt, und die meisten Entwicklungsumgebungen für Hochsprachen (C, C++, Basic, Pascal) unterstützen die dabei verwendeten Software-Mechanismen.

Der PC bietet genauso einfach Zugang zum Internet: Wenn man unter MS-Windows Software entwickelt (und wir wollen LonHttp als Windows-Anwendung konzipieren), hat man Zugriff auf *TCP/IP* beziehungsweise *UDP*, da mit den *Winsockets* eine Art Standard der Internet-Programmierung auf dieser weit verbreiteten Plattform vorhanden ist. Die Entwicklung von internet-verknüpften Anwendungen wird somit vereinfacht, da man auf Schicht 4 der Internet Protocol Suite aufsetzen kann. HTTP ist allerdings als Protokoll der Schicht 7 zu betrachten: Daher wäre eine Programmierung, die auf Schicht 4 aufsetzt, doch mit erheblichem Aufwand verbunden. Aufgrund einer neueren Entwicklung der Firma Microsoft ist es nun möglich geworden, auf 32-bit-Windows-Plattformen (Windows 95, Windows NT) direkt auf der Schicht 7 von oft verwendeten Internet-Protokollen (FTP, Gopher und HTTP) aufzusetzen. Diese Softwareunterstützung ist eine Erweiterung der WIN32-Funktionalität, und es ist zu vermuten, daß sich die *WIN32 Internet Functions* auf breiter Linie durchsetzen werden [Wini 96]. Es ist somit möglich geworden, von einem Programm aus sowohl auf das LON als auch auf das World Wide Web bequem zugreifen zu können. Da die WIN32 Internet Functions eine relativ neue Entwicklung sind, ist es vorerst nur in der Programmiersprache C möglich, sie zu verwenden. Das soll aber kein Hindernis sein, zumal man mit C einen komfortablen Zugang zum LON hat. Bild 7-31 zeigt den schematischen Aufbau von LonHttp.

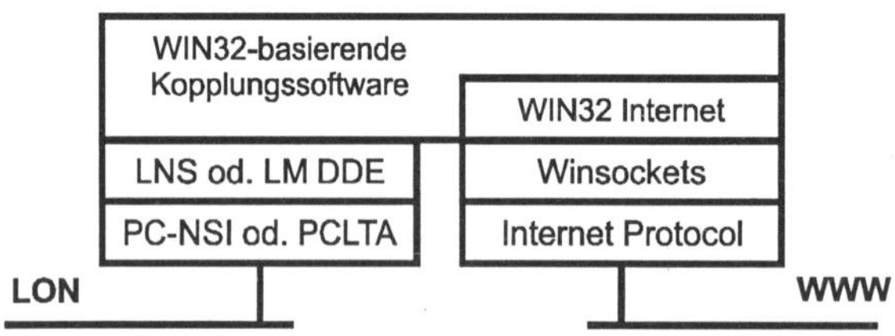

Bild 7-31: *Der Aufbau von LonHttp als 32-bit-Windows-Anwendung*

7.6.3.4 Datenübertragung von HTTP zum LON

Will man Daten aus dem World Wide Web ins LON schicken, so sind zwei Fälle zu unterscheiden: Im ersten Fall benötigt das LON Daten aus dem WWW und führt somit einen Lesezugriff auf eine eigens zu diesem Zweck definierte Netzwerkvariable durch. Dieser Fall läuft auf eine Programmprozedur im Gateway (PC) hinaus, die die gewünschte Webpage lädt, die entsprechenden Daten herausfiltert und diese anschließend – korrekt formatiert – in die Netzwerkvariable schreibt. Im zweiten Fall empfängt das LON Daten, ohne sie angefordert zu haben. Dies ist ein nicht unerhebliches Problem, da sich die zentrale Frage nach dem Sender stellt: Wer möchte bzw. kann im Internet Daten an ein LON verschicken? Hier bieten sich mehrere Möglichkeiten an: Es kann sich um ein speziell zu diesem Zweck entwickeltes Programm auf einem anderen Internet-Rechner handeln, um ein JAVA-Programm oder schlicht und einfach um ein anderes LON.

Der zweite Fall ist insofern vom ersten zu unterscheiden, als daß hier zusätzlicher Aufwand seitens des Gateways betrieben werden muß. Das Gateway muß auf ankommende Schreibzugriffe reagieren und die jeweils zugeordneten Netzwerkvariablen mit neuen Werten versorgen. Diese Aufgaben sind äußerst komplex und werden, da es sich um ein Spezialgebiet der Windows-Programmierung handelt, an dieser Stelle nicht weiter beschrieben. Es sei lediglich auf die Möglichkeit der Realisierung mittels Verwendung des *Windows Sockets API* verwiesen. Eine gute Einführung in die Programmierung mit dem Windows Sockets API findet man beispielsweise in [Prog 96].

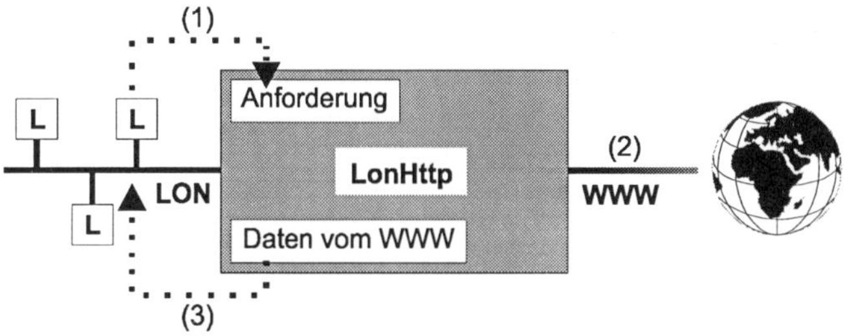

Bild 7-32: *Der Lesezugriff vom LON auf das WWW mittels LonHttp*

Betrachten wir den ersten Fall: Ein LON-Knoten will einen Wert von einer bestimmten Webpage lesen. Dies ist nicht – so wie eingangs erwähnt – mit einem einfachen Lesezugriff auf eine Netzwerkvariable realisierbar. Vielmehr muß dem Gateway zu Beginn des Lesevorgangs mitgeteilt werden, daß ab jetzt ein bestimmter Wert gewünscht wird (siehe Bild 7-32(1)). Der LON-Knoten wird dann später – nach erfolgreichem Auslesen der Webpage (2) – mit dem tatsächlichen Wert versorgt. Das heißt, um einen Wert aus dem WWW zu lesen, muß zunächst in eine Netzwerkvariable geschrieben werden (damit das Gateway den Auftrag erhält, eine Webpage zu laden), um dann mittels der When-Klausel *OnNetworkvariableUpdate_occurs* (siehe Kapitel 6) die gewünschten Daten zu erhalten (3). Es gibt hierbei verschiedene Möglichkeiten, den Zusammenhang der empfangenen Daten mit den angeforderten Daten herzustellen: Sei es durch die gatewayseitige Rücksendung der Anforderung (die beispielsweise alternierend die Werte 0 und 1 annehmen kann) in einem Bit der auszulesenden Netzwerkvariable oder durch die Verwendung zweier Zähler, die die Anzahl der Anforderungen und die Anzahl der gelieferten Datenpakete speichern.

7.6.3.5 Datenübertragung vom LON zum HTTP

Diese Richtung der Informationsübermittlung ist beispielsweise für die oben beschriebenen Zustandsmeldungen oder für Rückmeldungen von Lesezugriffen notwendig. Es muß hier allerdings erwähnt werden, daß der Empfänger solcher Daten im allgemeinen ein speziell entwickeltes Programm sein muß. Denkbar wären *Common Gateway Interfaces (CGI)*, die eine weitverbreitete und relativ einfach zu handhabende Methode der Internet-Kommunikation darstellen. Das Prinzip von CGI ist einfach: Der Web-Browser erhält vom Web-Server beispielsweise ein Formular, welches der Benutzer ausfüllt und anschließend zurücksendet. Der Browser schickt dann dem Server sämtliche Inhalte des Formulars an dessen Adresse, wobei diese Inhalte an die Server-Adresse angehängt werden; als Trennzeichen fungiert dabei ein Fragezeichen (?).

Es ist nun leicht, ein LonHttp-konformes CGI zu schreiben: Man verfährt exakt so wie bei herkömmlicher CGI-Programmierung – lediglich das LonHttp-Gateway muß die Struktur der zu sendenden Daten kennen und entsprechend verarbeiten können. Schreibt ein LON-Knoten einen Wert in eine Netzwerkvariable, die dem WWW zugeordnet ist, so fordert LonHttp zunächst ein Formular vom betroffenen Web-Server an; dieses wird dann mit den Werten vom LON „ausgefüllt“ und an den Server zurückgeschickt.

Es gibt auch noch eine andere Möglichkeit, die von einem LON über das Internet geschickten Daten zu empfangen: Strebt man eine Realisierung ohne Web-Server an, so bietet sich wiederum das oben erwähnte Windows Sockets API an. Damit stehen alle Möglichkeiten offen – allerdings soll an dieser Stelle wiederum auf den erhöhten Entwicklungsaufwand (im Vergleich zu CGI) verwiesen werden.

7.6.3.6 Adressierung

Will man vom LON aus Daten aus dem World Wide Web lesen, so muß man zuerst eine Leseanforderung an das Gateway stellen, und erst danach erhält man die gewünschten Werte. Man kann also nicht direkt auf eine Netzwerkvariable zugreifen, um Daten zu lesen. Das LonHttp-Gateway hat eine interne Tabelle, die die Zuordnung von LON-Variablen zu WWW-Daten enthält. Bild 7-33 zeigt dabei die Inhalte solch einer Tabelle: Jeder WWW-entsprechenden Netzwerkvariable (diese müssen zur Entwicklungszeit des LON-Knotens definiert worden sein) ist zunächst einmal ein *Uniform Resource Identifier (URI)* [Http 96] zugeteilt. Ein URI besteht aus einer WWW-Adresse sowie aus einem Dateinamen; diese beiden Informationen sorgen für eine eindeutige Identifizierung einer Datei innerhalb des Internets. Zusammen mit der (fest vorgegebenen) Bestimmung des HTTP-Protokolls als Übertragungsmechanismus ergibt der URI einen *URL (Uniform Resource Locator)* [Http 96], der für eine korrekte Lokalisierung und Übertragung notwendig ist. Ein URL beinhaltet somit Protokoll, Rechner und Datei, beispielsweise versteht man unter „http://www.ict.tuwien.ac.at/index.html“ die Datei „index.html“ auf dem Rechner „www.ict.tuwien.ac.at“, die mit dem Protokoll HTTP übertragen werden kann.

Für unsere Zwecke ist ein URL zwar notwendig, für die korrekte Lokalisierung von einzelnen Werten jedoch nicht hinreichend. In der Tabelle im Bild 7-33 stehen rechts neben den URIs (WWW-Adressen) 3 verschieden zu interpretierende Daten: Zunächst ist die Position eines Wertes innerhalb einer Datei von Interesse. Dann genügt es, die Länge der zu lesenden Daten sowie ihr Format (ganzzahlig, Gleitkommazahl, ASCII-Text etc.) anzugeben, und der entsprechende Tabelleneintrag ist vollständig.

Eine weitere Möglichkeit der Adressierung im LonHttp wäre, obige Tabelle in das LON zu übertragen, d. h., will ein LON-Knoten Daten aus dem WWW haben, so muß er vorher in eigens dafür definierte Variablen die Zieladresse samt Position, Länge und Format ablegen. Solch eine Realisierung ist zwar denkbar, widerspricht aber dem Prinzip des „transparenten“ Gateways, das ja den einzelnen LON-Knoten möglichst wenig Verarbeitungsaufwand bieten soll.

Bei der umgekehrten Übertragungsrichtung (ein Rechner im WWW liest Daten aus dem LON) verläuft die Adressierung ähnlich wie in Bild 7-33: Will ein CGI einen Wert aus dem LON holen, so vergleicht LonHttp die Adresse des Rechners, der das CGI beherbergt, mit den Adressen in einer internen Tabelle; stimmen zusätzlich noch Position, Länge und Format des gateway-seitig auszufüllenden HTML-Elements [Http 96] überein, so kann der Datentransfer erfolgen.

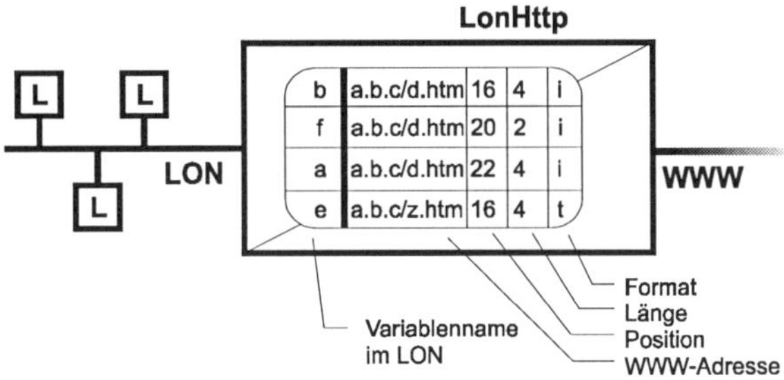

Bild 7-33: *Aufbau der Adreßtabelle von LonHttp*

7.6.3.7 Sicherheitsüberlegungen

Will man Daten in einem Netzwerk übertragen, so ist man gezwungen, sich über den Begriff der Sicherheit Gedanken zu machen. Sicherheit hat hier zweierlei Bedeutung. Einerseits geht es um die Konsequenzen, wenn ein Datenpaket nicht innerhalb einer vorgegebenen Zeitschranke beim Empfänger ankommt, und andererseits um die zentrale Problematik der Vertraulichkeit der Daten. Die erste Problematik ist bei LonHttp lösbar. Es muß die Anwendung, die LonHttp verwendet, so konzipiert werden, daß für jene Daten, die über das Internet übertragen werden, die erlaubten Zeitfenster entsprechend groß gewählt werden. Diese Einschränkung ist notwendig, da den Internet-Protokollen in ihrer derzeitigen Fassung keinerlei Echtzeitfähigkeit attestiert werden kann.

Der zweite Gesichtspunkt der Sicherheit ist die Vertraulichkeit der Daten. Auch hier geht es primär um zwei verschiedene Dinge: Erstens sollte bei Daten aus dem Internet sichergestellt werden, daß sie von keiner dritten Partei gelesen werden, und zweitens ist es ratsam, die Authentizität, d. h., die beglaubigte Herkunft von Daten ermitteln zu können [Sec 95]. Es sei hier auf die Literatur verwiesen [Cryp 94]. Es gibt zahlreiche Algorithmen, derer sich LonHttp oder CGIs bedienen können (insbesondere das IDEA-Verfahren ist hier ratsam [Sec 95] [Cryp 94], da es relativ einfach zu implementieren ist). Es ist lediglich erwähnenswert, daß die Adressierungstabelle von LonHttp um diverse Schlüssel erweitert werden muß und etwaige CGI-Programme komplexer werden.

Allerdings sei hier nicht verschwiegen, daß zukünftige Versionen des HTTP-Protokolls derlei Sicherheitsmechanismen berücksichtigen werden. Bevor man großen Entwicklungsaufwand in die Sicherheit von LonHttp steckt, ist es ratsam, die Arbeit der verschiedenen Internet-Normungsgremien sowie der Softwareindustrie abzuwarten.

8 Netzmanagement

Unter dem Begriff Netzmanagement versteht man sämtliche Verfahren rund um Planung, Installation, Betrieb und Änderung von Rechnernetzen sowie von digitalen Kommunikations- und Steuernetzen. Es handelt sich um Vorkehrungen zur Sicherstellung des effektiven und effizienten Einsatzes der zu verwaltenden Netz- und Systemressourcen. Als Schwerpunkt des Netzmanagements können das Management von Kommunikationsdiensten, das Management von Kommunikationsschnittstellen, sowie das Management von Netzkomponenten (Router, Bridge und Repeater)[1] betrachtet werden. Das Hauptziel für eine Einführung des Netzmanagements ist die benutzerfreundliche und wirtschaftliche Unterstützung der Netzwerkanwender und der Netzwerkadministratoren bei ihrer Arbeit mit dem Netz und seinen Komponenten.

8.1 Aspekte des Netzmanagements

Das Hauptziel des Netzmanagements ist es, eine gewisse Dienstgüte an der Netzzugangsschnittstelle bzw. Netzprogrammierschnittstelle zu gewährleisten. Das gesamte Managementkonzept umfaßt eine breite Palette von Aktivitäten und Ressourcen, wie z. B. technische Systeme, Software-Managementwerkzeuge, Personal- und Managementprogramme. Eine Klassifikation der Managementaufgaben kann nach unterschiedlichen Kriterien und Aspekten erfolgen. Um das technische Management einfacher darstellen zu können, betrachten wir im folgenden verschiedene Aspekte des Netzmanagements. Die hier beschriebenen, voneinander unabhängigen Managementaspekte sind im folgenden aufgelistet [Heg 93]:

Funktionsaspekte

Die Zuordnung der Netzmanagementaufgaben nach Funktionsaspekten führt zu verschiedenen Funktionsgruppierungen. Durch das Management-Framework des ISO [ISO7498-4] werden die Managementfunktionen in die folgenden Funtionsgruppen unterteilt:

- *Das Konfigurationsmanagement* hat die Aufgabe, die logischen Verbindungen zwischen verteilten Ressourcen im Netzwerk zu verwalten. Es umfaßt die Speicherung und die Verwaltung der Netzwerkkonfiguration (Topologie des Netzes, Daten über momentan aktive und inaktive Knoten und Netzkomponenten, Netzwerkparameter und Netzwerkverbindungen). Eine weitere wichtige Funktion des Konfigurationsmanagements ist die Namenvergabe. Ein Konfigurationsvorgang beeinflußt die logischen Verbindungen zwischen den Netzwerk-

[1]Ein netzübergreifendes Management mit dazwischen geschalteten Management Gateways wird in die folgenden Überlegungen nicht mit einbezogen.

ressourcen und kontrolliert die Plazierungen der verteilten Systemressourcen auf dem zugrunde liegenden physikalischen Netz. Die resultierende Netzkonfiguration soll den Anforderungen der Netzanwender und der Netzanwendungen möglichst gut entsprechen.

- *Das Fehlermanagement* kann als wichtigste Managementkomponente für die Erzielung einer hohen Verfügbarkeit des Netzes bezeichnet werden. Das Fehlermanagement besteht meist aus einem Satz von Funktionen für die Erkennung, Eingrenzung und Korrektur anormaler Funktionsabläufe, die als Folge von Entwurfs- und Implementierungsfehlern, Überlastungsfehlern, externen Störungen und Alterung auftreten können.
- *Das Leistungsmanagement* wird für die Optimierung der Dienstgüte (Quality of Service) in einem Netzwerk eingesetzt. Teilaufgaben eines Leistungsmanagementsystems sind die Bestimmung von Dienstgüteparametern und die Überwachung der Kommunikationsdienste im Hinblick auf Netzengpässe. Die Aufgaben des Leistungsmanagement beinhalten auch die Durchführung von Leistungs- und Kapazitätsplanungen.
- *Das Abrechnungsmanagement* umfaßt einen Satz von Methoden und Werkzeugen für die Erfassung von Verbrauchsdaten und für die Verrechnung der Benutzung von Netzwerkressourcen. Weitere Teilaufgaben des Abrechnungsmanagements sind das Führen von Abrechnungskonten, Zuordnen von Kosten zu Diensten und Benutzern und andere.
- *Das Sicherheitsmanagement* ist überall dort wichtig, wo sensible Informationen über Netzwerke ausgetauscht werden. Die Werkzeuge des Sicherheitsmanagements bieten dem Netzwerkadministrator Zugang zu Funktionen zur Vermeidung von Mißbrauch des Netzes sowie von nichtautorisiertem Netzzugang.

Lebenszyklusaspekte

Die Lebenszyklusaspekte eines Netzwerks können als zeitliche Anordnung der Managementaufgaben charakterisiert werden. Man kann zwischen drei Lebenszyklusphasen unterscheiden: einer *Planungs-*, einer *Realisierungs-* und einer *Betriebsphase*. Die Analyse des zeitlichen Ablaufs von Managementaufgaben zeigt, daß in jeder dieser drei Phasen völlig unterschiedliche Fragestellungen zur Verwaltung des Netzwerks auftreten. Daraus folgend sind in jeder Lebenzyklusphase unterschiedliche Netzmanagementaufgaben zu bewältigen.

Aspekte der Managementszenarien

In letzter Zeit haben neben dem Netzmanagement, das sich schwerpunktmäßig mit Kommunikationsdiensten und Netzkomponenten beschäftigt, noch weitere Managementaufgaben wie das Systemmanagement, das Anwendungsmanagement und das Enterprise Management, an Bedeutung gewonnen. Die Zielobjekte des Managements sind dabei unterschiedlich: Die Managementaspekte des Anwendungsmanagements und des Systemmanagements haben als Zielsetzung die Verwaltung von Anwendungen bzw. von Systemen. Das Enterprise Management ist als eine übergeordnete Managementaufgabe betrachtet. Es schließt die Teilaspekte der Managementszenarien, die durch Netz-, Anwendungs- und Systemmanagement gegeben sind, im Kontext eines Unternehmens ein. Bild 8-1 stellt die Anordnung der angeführten Managementszenarien in einem strukturierten Netzmanagementsystem dar.

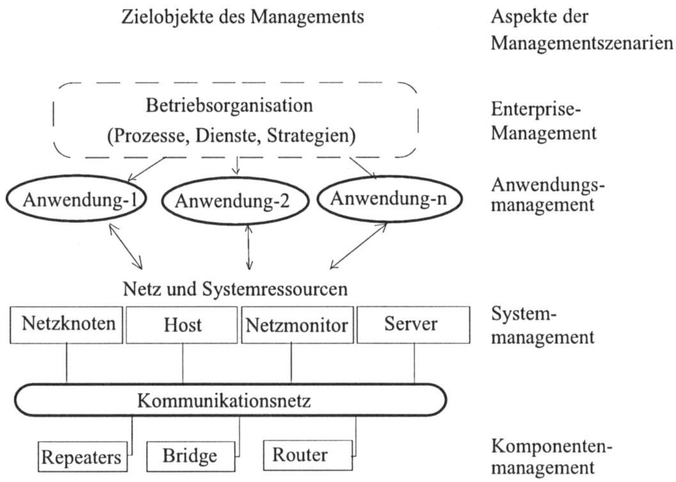

Bild 8-1: *Ebenen eines integrierten Managementsystems [HeN 96]*

8.2 Die LON-Netzmanagementarchitektur

Die LON-Netzmanagementarchitektur stellt einen allgemeinen Rahmen dar, der vielen der oben genannten Aspekte der Netzmanagementanwendungen gerecht werden soll. Nur mit der Hilfe einer vielseitigen Managementarchitektur können für ein Netzwerk bei konkreten Betriebsanforderungen verschiedene Funktionen des Managementsystems konzeptionell umfaßt werden.

Modell einer Netzmanagementarchitektur nach [Heg 93]

Managementobjekte stellen die Abstraktionen der Charakteristika von Ressourcen dar, auf denen das Management operiert. Das *Informationsmodell* spezifiziert einen Modellierungsrahmen und einen Beschreibungsrahmen für die im Netzwerk vorgesehenen Managementobjekte. Im Informationsmodell beschriebene Daten und Informationen umfassen nur managementrelevante Parameter, wie zum Beispiel Knotentypen, Konfigurationsparameter, Kommunikationsobjekte, Managementfunktionen und viele mehr. Aus der Managementsicht kann aus dem Informationsmodell eine Abstraktion der realen Hardware- und Softwareressourcen (Managementinformation) für Managementzwecke aufgefaßt werden. Eine *Managementinformationsbasis* (Management Information Base, MIB) enthält alle Informationen, die für das Management eines Netzes benötigt werden. Sie legt die Strukturbeschreibung der Managementinformationen sowie die Zugriffsmethoden auf managementrelevante Ressourcen fest. Für jedes Managementobjekt muß festgelegt werden, wie es identifiziert werden kann, wie es zusammengesetzt ist, wie es sich verhält, wie es manipuliert werden kann, welche Beziehungen zu anderen Managementobjekten bestehen und wie es über ein Managementprotokoll angesprochen werden kann. Ein Zugriff auf MIB-Objekte sollte immer durch konkrete Zugriffe auf die realen Ressourcen abbildbar sein.

LON-Netzmanagementmodell

Das Informationsmodell bei LON beschreibt die Netzkomponenten (Netzwerkknoten, Repeater, Bridge, Router), die Konfigurationsparameter (Domänen, Kommunikationskanäle, Subnetze, logische Verbindungen zwischen verteilten Anwendungen, Netzwerkadressen und die Netztopologie) sowie die Anwendungsprogramme (Kommunikationsobjekte und Programmbibliotheken). Detaillierte Angaben über die oben erwähnten zu verwaltenden Objekte können aus Kapitel 4 sowie aus [LONW 96, LONTALK, LONTR 93] entnommen werden.

Zur Zeit befinden sich am Markt verschiedene Softwarewerkzeuge für das LON-Netzmanagement, die auf verschiedenen Hardware- und Softwareplattformen basieren. Einige wichtige Beispiele für LON-Netzmanagementwerkzeuge sind der LONBuilder, LON-Maker-Manager, MetraVision, Easylon, ALTO, IEC, Qlon, Response und Arigo-Software (für nähere Details über LON-Netzmanagementwerkzeuge siehe Kapitel 13). Die meisten der aufgelisteten Netzmanagementwerkzeugen basieren auf LonManager-API-Software. Die LonManager API stellt einen Satz von Programmbibliotheken und die unter dem Betriebsystem MS-DOS lauffähige Datenbank dBVista zur Verfügung. Der Zugriff auf die realen Ressourcen im Netzwerk ist in der API-Software auf der Ebene der erweiterten Funktionssätze (C++ Programmbibliotheken) oder basierend auf der Schicht 7 möglich (Bild 8-2).

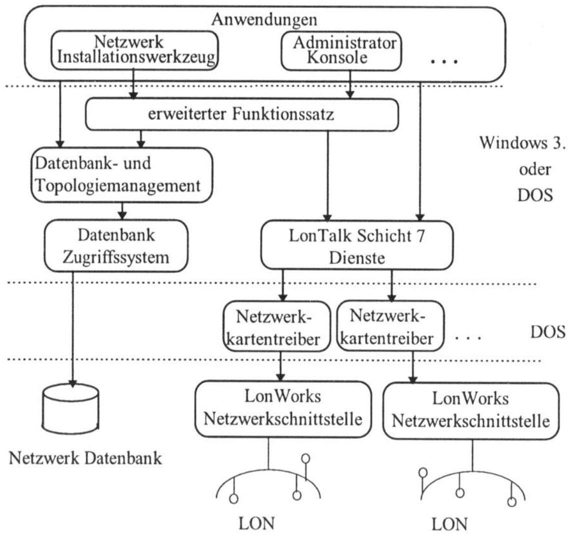

Bild 8-2: *Softwarestruktur der LonManager-API-Netzmanagementplattform*

Da die Managementinformationsbasis hier nicht genau definiert ist, sind die Managementfunktionen sowie die Managementinformationen in den Netzwerkmanagementwerkzeugen verschiedener Hersteller unterschiedlich definiert. Das führt im allgemeinen zu nicht interoperablen Netzmanagementsystemen und zu zwischen unterschiedlichen Werkzeugen inkompatiblen Managementinformationen. Die einzige von den meisten auf LonManager API basierten Werkzeugen unterstützte Datenstruktur ist das "Network Variable External

Interface Data" (XIF-Dateien). In einer XIF-Datei werden die Netzwerkkonfigurationsparameter und die zu einem Knoten gehörenden Netzwerkvariablen sowie Explicit Messages beschrieben [HostAp 93].

Neben dem beschriebenen auf LonMaker API basierenden LON Managementinformationsmodell, das auf der LonManager-API-Plattform basiert, gibt es am Markt Netzmanagementwerkzeuge die auf einem eigenen Managementinformationsmodell aufbauen. Als ein Beispiel für eine solche LON-Netzmanagementplattform, die auf einem eigenem Softwarekonzept für das Informationsmodell und einer relationalen Datenbank aufbaut, die über ODBC (Open Data Base Connectivity) zugänglich ist, kann die NodeTalk-Software erwähnt werden.

Ein LON-Managementinformationsmodell neueren Datums ist in der LonWorks Network Services Architektur (LNS) definiert [Strat 96]. Bei der LNS-Architektur kann man im wesentlichen zwei Managementinformationsmodelle unterscheiden. Die LonManager-NSS-10-Plattform enthält die für das Netzmanagement notwendigen Daten in einer Datenbank, die im auf der NSS-10-Karte befindlichen 128 KByte großen Arbeitsspeicher aufgebaut ist. Die Managementinformation über die Konfigurationsparameter sowie über die Knotenzustände müssen in einem NSS-10-basierten System aus Gründen der Speichergröße sehr beschränkt werden. Genau gesagt können Informationen über 62 Anwendungsknoten, 31 Programme (können auf die Knoten geladen werden), 383 logische Verbindungen, 767 Netzwerkvariablen (maximal 255 Netzwerkvariablen pro Knoten), 1 Domäne und ein NSS-10-Modul in der Managementdatenbasis des NSS-10-Moduls definiert werden. Das NSS-10-Modul kann neben seiner Funktion als Network Manager gleichzeitig auch eine oder mehrere Steuer-, Meß- oder Regelfunktion ausführen. Die aktuelle Managementinformationen über die in der NSS-10-Managementdatenbank verwalteten Objekte wird dem Anwendungsprogramm im Host Processor (Bild 8-3) über die Objekteigenschaften (properties) zur Verfügung gestellt. Die Eigenschaften der zu verwalteten Managementobjekte ermöglichen nicht nur die passive Abfrage der Daten, sondern auch den direkten Zugriff auf die realen Objekte im Netzwerk.

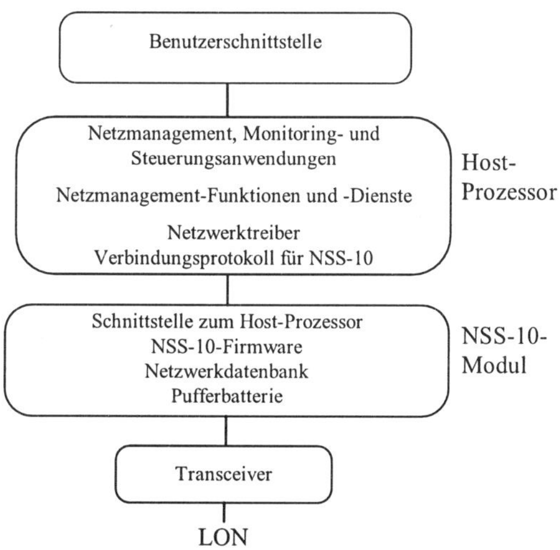

Bild 8-3: *Die Software- und Hardwarearchitektur des NSS-10-basierten Network Managers*

Eine weitere Form des Managementinformationsmodells bei der LonWorks-Network Services-Server-(NSS)-Architektur existiert in einer für 32-bit-Windowssysteme geschaffenen Softwareplattform LNS Developer's Kit für Windows. Die Netzdatenbank der NSS-for-Windows-Architektur unterstützt folgende Managementobjekte:

- eine Domain,
- alle in der Domain befindlichen Hardwareknoten (bis zu 32385),
- bis zu 32 395 Anwendungs-Knoten,
- bis zu 1000 Kommunikationskanäle,
- bis zu 1000 Router-Knoten,
- bis zu 12288 Netzwerkvariablen-Verbindungsselektoren (variable selectors),
- bis zu 62 Netzwerkvariablen in Neuron-Chip-basierten Knoten,
- bis zu 4096 Netzwerkvariablen in Host-Prozessor-basierten LON-Knoten,
- bis zu 254 auf anderen LON-Knoten verteilten LNS-Client-Anwendungen,
- Daten über einen NSS for Windows Server und einen LonWorks Component Architecture (LCA) Object Server.

Der Zugriff auf die Managementobjekte eines Network Services Servers für Windows erfolgt über die Funktionen der Netzwerkdienste API[2] (Bild 8-4). Zusätzlich zur Netzwerkdienste-Schicht beinhaltet die LNS- für-Windows-Plattform noch einen LonWorks Component Architecture (LCA) Object Server. LCA definiert die OLE[3]-Diensteschnittstelle für Zugriffe auf Netzwerkdienste und bietet eine Windows-Standardschnittstelle für die Anbindung von Netzwerkwerkzeugen, sowie Monitoring, Steuer- und Regelanwendungen verschiedener Hersteller.

---

[2]API - Application Programming Interface

[3]OLE - Object Linking and Embedding

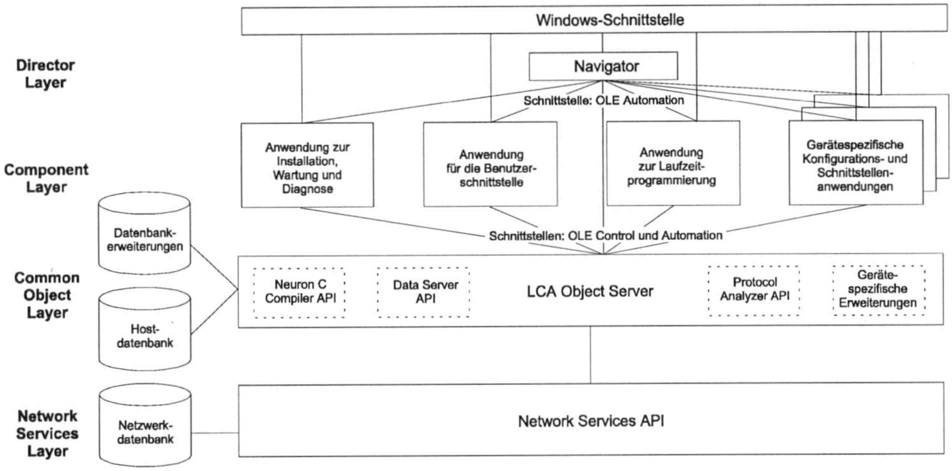

Bild 8-4: *Aufbau des LCA-Schichtenmodells*

Die LCA-Object-Server-Schnittstelle stellt einen Softwarekern dar, der an den Programmierschnittstellen der OLE-basierenden Objekte die Methoden, Eigenschaften und Ereignisse anbietet. Diese Managementobjekte übernehmen die Teilfunktionen der komplexeren Managementprozesse wie z. B. Installation, Monitoring, Wartung, sowie Steuerung LON-basierter Systeme. Die LCA-Objekt-Server-Software hat die Aufgabe, die Netzmanagementobjekte zu verwalten, wobei ein Multitasking von mehreren Anwendungsfunktionen auf gleichem Managementobjekt unterstützt wird. Die Common-Object-Schicht (Bild 8-4) enthält eine erweiterbare Host-Datenbank, die für die LCA-Funktionen lokalrelevante Daten verwaltet. Die Host-Datenbank enthält Objektnamen, Bitmap-Grafiken, LonMark-Objekte, Dokumentation für Netzkomponenten, Konfigurationseigenschaften, Netzwerkvariablen. Des Weiteren beinhaltet die Host-Datenbank Hardware Templates (Schablonen) und Attribute der Anwendungsprogramme von Netzkomponenten, sowie die LonMark-Funktionsprofile mit Beschreibung der standardisierten LonMark-Objekte und Konfigurationseigenschaften für eine Vielzahl von Standardnetzkomponenten. Eine wichtige Eigenschaft der Host-Datenbank ist die Zugriffsberechtigung und die parallele Nutzung der Managementdaten für alle LCA-Anwendungen. Die Host-Datenbank kann, nach Bedarf, um herstellerspezifische Daten erweitert werden.

Kommunikationsmodell der LON-Managementarchitektur

Da die Aufgaben eines Netzmanagements die Steuerung und die Überwachung räumlich verteilter Ressourcem umfassen, ist das Netzmanagement selbst offensichtlich eine verteilte Anwendung. Kommunikation zu Managementzwecken kann auf unterschiedlichen Mechanismen zum Austausch von Managementinformationen basieren. Es werden grundsätzlich drei Arten des Austauschs von Managementinformationen unterschieden: Informationsaustausch durch Statusabfragen über Ressourcen, Austausch von Steuerinformation zwischen Netzmanagementinstanz und Managementobjekt, das auf die Ressource aktiv einwirken soll, oder durch Austausch von Ereignismeldungen. Das Kommunikationsmodell einer Netzmanagementarchitektur legt die kommunizierenden Instanzen fest, und spezifiziert Kommunikationsdienste und Managementprotokolle.

Das LonTalk-Protokoll sieht ein umfassendes Konzept des Kommunikationsmodells für Netzmanagement und Netzdiagnose vor. Spezielle Nachrichtentypen (*Network Management Messages*, *Service Pin Message*, *Router Configuration Messages* und *Network Diagnostic Messages*) sind im Protokoll spezifiziert. Die Funktionen des Netzmanagements bauen auf den Netzmanagement- und -diagnosenachrichten auf. Im Abschnitt 4.10 sind alle Netzmanagement- und Netzdiagnosenachrichten samt ihrer Syntax und den unterstützten Kommunikationsdiensten aufgelistet. Diese Managementfunktionen basieren auf unterschiedlichen Arten des Nachrichtenaustauschs. Bei einer „Service Pin Message" erfolgt die Managementkommunikation ereignisgesteuert, wobei bei einer Nachricht zur Bearbeitung der Konfigurationstabelle wie z. B. „Update Address" die Managementkommunikation durch das Abschicken der Steuerinformation für das Überschreiben des EEPROMs erfolgt. Des weiteren sind bei LonTalk auch Netzmanagementnachrichten spezifiziert, die durch Statusabfragen über Ressourcen abgewickelt werden. Als Beispiel für einen auf Statusabfrage basierenden Netzmanagementdienst kann die Netzmanagementnachricht "Query Address" erwähnt werden. Die meisten Netzmanagement- und Netzdiagnosenachrichten verwenden den Request-Response-Protokolldienst auf der Sitzungsschicht. Für die korrekte Ausführung dieser Funktionen müssen die Protokolle auf der Sitzungsschicht, sowie die Protokolle der niedrigeren Schichten einwandfrei funktionieren. Im Abschnitt 4.10 werden alle Netzdiagnose- und Netzmanagement-Funktionen aufgelistet. Für alle Nachrichtentypen, die den Request-Response-Kommunikationsdienst verwenden, sind im LonTalk-Protokoll die entsprechenden Nachrichtentypen für die Erfolgsrückmeldungen und für die Fehlerrückmeldungen spezifiziert. Tabelle 8-1 listet alle Netzmanagement- und Diagnosenachrichten auf, die auf dem Request-Response-Dienst basieren. Die Netzmanagementnachrichten, die den Request/Response Dienst nicht unterstützen, können Protokolldienste niedrigerer Schichten, nämlich Acknowledged, Unacknowledged/Repeated oder Unacknowledged, in Anspruch nehmen. Eine ausführliche Beschreibung der Netzmanagementnachrichten ist bereits mit Abschnitt 4.10 erfolgt. Die auf dem Request-Response-Kommunikationsdienst basierende Netzmanagement- und Netzdiagnose-Nachrichten und die zugehörige Nachrichtencodes (siehe Erklärung im Bild 4-28) sind in der folgenden Tabelle dargestellt.

Tabelle 8-1: *LonTalk-Nachrichtencodes der mit dem Request-Response-Dienst gesendeten Netzmanagement- und Netzdiagnosenachrichten*

Netzmanagementnachrichten	**Request Code**	**Response Success Code**	**Response Failed Code**
Query ID	0x61	0x21	0x01
Respond to Query	0x62	0x22	0x02
Update Domain	0x63	0x23	0x03
Leave Domain	0x64	0x24	0x04
Update Key	0x65	0x25	0x05
Update Address	0x66	0x26	0x06
Query Address	0x67	0x27	0x07
Query Net Variable Config	0x68	0x28	0x08
Update Group Address Data	0x69	0x29	0x09
Query Domain	0x6A	0x2A	0x0A
Update Net Variable Config	0x6B	0x2B	0x0B
Set Node Mode	0x6C	0x2C	0x0C
Read Memory	0x6D	0x2D	0x0D
Write Memory	0x6E	0x2E	0x0E
Checksum Recalculate	0x6F	0x2F	0x0F
Wink	0x70	0x30	0x10
Memory Refresh	0x71	0x31	0x11
Query SNVT	0x72	0x32	0x12
Network Variable Fetch	0x73	0x33	0x13
Device Escape Code	0x7D	0x3D	0x1D

Netzdiagnosenachrichten	**Request Code**	**Response Success Code**	**Response Failed Code**
Query Status	0x51	0x31	0x11
Proxy Commanad	0x52	0x32	0x12
Clear Status	0x53	0x33	0x13
Query XCVR Status	0x54	0x34	0x14

Bem.: Die Response Nachrichtencodes sind nicht einmalig. Ihre Interpretation soll gemäß der vorher geschickten Request-Nachricht erfolgen. Eine ausführliche Erläuterung der dargestellten Nachrichtencodes erfolgt im Abschnitt 4.10.

Gemäß OSI-Managementmodell [ISO7498-4] unterscheidet man drei Mechanismen zum Austausch von Managementinformationen:

– *Schichtübergreifendes Management*: Die Kommunikation erfolgt zwischen Managementanwendungsprozessen der Schicht 7. Der Informationsaustausch setzt eine volle OSI-Funktionalität des offenen Kommunikationssystems, d. h. 7 Schichten, voraus.

- *Schichtenmanagement*: Es werden die Managementinformationen zwischen schichtenspezifischen Managementinstanzen ausgetauscht. Es werden die Funktionen und Dienste betrachtet, die spezifisch für eine Schicht sind und die Dienste höherer Schichten nicht benötigen. Als typisches Beispiel können hier die Protokolle zum Austausch von Routinginformation erwähnt werden.
- *Protokollmanagement*: Managementfunktionen, die Bestandteile der Schichtenprotokolle sind, wie z. B. die Einstellung der Timer und der Austausch von Protokollparametern bei der Verbindungsaufbauphase, unterstützen eine Managementkommunikation zwischen Protokollschichten. Die Einbettung managementrelevanter Protokollelemente in die Schichtenprotokolle hat bei der jüngsten Entwicklung von Kommunikationssystemen sehr viel an Bedeutung gewonnen (z. B. ATM, FDDI, DQDB).

Von den oben genannten Kommunikationsarten für das Netzmanagement sieht das LonTalk-Protokoll lediglich das *Schichtenmanagement* vor. Die Netzmanagement- und Netzdiagnose-Nachrichten basieren auf den Diensten der Sitzungsschicht (Request-Response-Dienst), oder auf den Diensten der Transportschicht (Acknowledged, Unacknowledged und Unacknowledged Repeated). Als Hauptunterschied zum OSI-Managementmodell ist bei der LonTalk-Netzmanagementarchitektur der enge Zusammenhang zwischen den Netzwerkmanagement- und Netzwerkdiagnosenachrichten und den Funktionen des Neuron-Chips zu erwähnen. Die meisten Netzmanagementdienste des LonTalk-Protokolls überprüfen oder modifizieren die Speicherbereiche des Neuron-Chips, so daß die LON-Netzmanagementarchitektur ohne weitere Modifikationen semantisch nur für die Neuron-Chip-Ressourcen effizient anwendbar ist.

Funktionsmodell

Das Funktionsmodell einer Managementarchitektur gliedert den Gesamtbereich des Managements in Management-Funktionsbereiche (z. B. Konfigurationsmanagement, Fehlermanagement, Sicherheitsmanagement u. ä.). Danach werden die Managementfunktionen bereichspezifisch eingeordnet, um ein generelles Funktionsmodell mit allgemein definierten Management-Teillösungen zu gewinnen.

Das Management Funktionsmodell bei LonWorks kann auf zwei Ebenen betrachtet werden. Auf der Ebene der Netzmanagement- und Netzdiagnosedienste werden folgende acht Funktionsbereiche identifiziert:

- Netzmanagementnachrichten zur Knotenidentifizierung,
- Netzmanagementnachrichten zur Bearbeitung der Domain-Tabelle,
- Netzmanagementnachrichten zur Adreßtabellenbearbeitung,
- Netzmanagementnachrichten zur Bearbeitung der Netzwerkvariablen,
- Netzmanagementnachrichten zur Speicherbearbeitung von Netzwerkknoten,

- Netzmanagementnachrichten für besondere Aufgaben,
- Netzmanagementnachrichten für Router,
- Netzdiagnosenachrichten.

Eine ausführliche Beschreibung kann Abschnitt 4.10 entnommen werden.

Eine Gruppierung der Netzmanagementfunktionen in Funktionsbereiche auf der Managementanwendungsebene benötigt andere Konzepte für Managementfunktionen. Im allgemeinen unterstützen die Managementdienste der LON-basierenden Managementwerkzeuge die Knoten-Installation und -Konfiguration, Laden der Applikationen auf die Netzknoten und das Busmonitoring. Netzwerkmanagementwerkzeug bei LON ist ein allgemein verwendeter Begriff zur Bezeichnung mehrerer unterschiedlicher Anwendungen. Bei existierenden LON-Netzmanagementwerkzeugen können wir zwischen Installations-, Diagnose- und Wartungsteilfunktionen, sowie Teilfunktionen für die Programmentwicklung unterscheiden.

Eine einheitliche Einteilung der Managementfunktionsbereiche für LON-Werkzeuge auf der Ebene der Managementfunktionen bietet die LNS-Managementarchitektur. Sie sollte in der Zukunft als Basis für die Entwicklung interoperabler Netzwerke dienen. Die bei LNS für Windows verwendete objektorientierte Entwicklungsumgebung basiert auf der LonWorks Component Architecture (LCA). Die LCA Software gruppiert die Netzressourcen sowie die Managementfunktionen in hierarchisch eingeordnete Objektklassen (Bild 8-5).

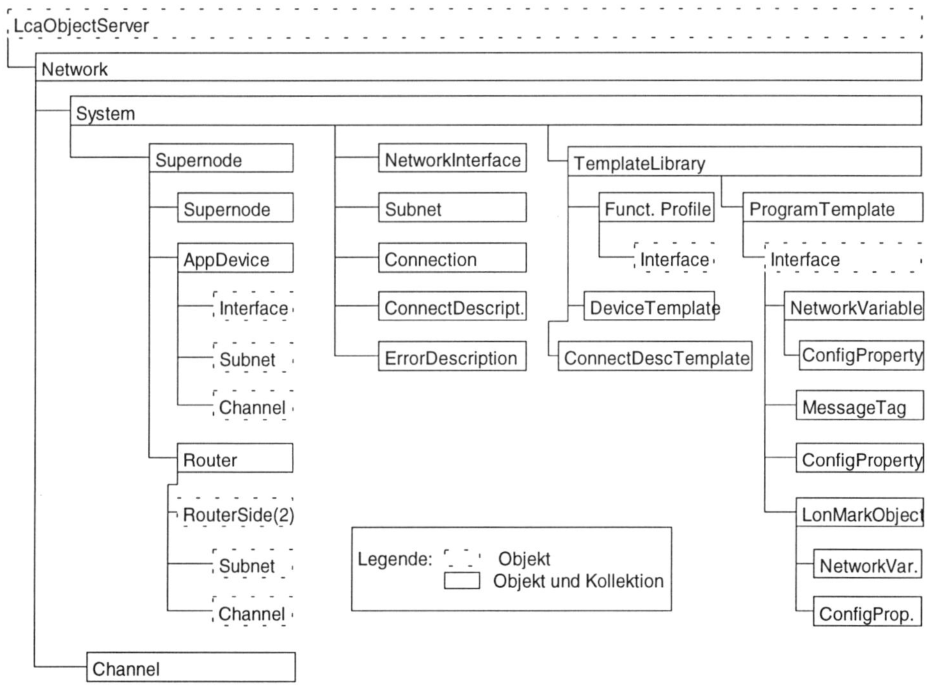

***Bild 8-5:** Objekthierarchie bei LCA*

Für jedes Objekt sind auch die Methoden und die Eigenschaften definiert. Aus der LCA-Funktionsbeschreibung können folgende Funktionsbereiche aufgelistet werden:

- Zugriff auf Netzwerkvariablen,
- Fehlerbehandlung,
- Deklaration und Zugriff auf LON-Objekte,
- Programmierung von Netzkomponenten,
- Installation von Netzkomponenten.

Organisationsmodell

Das Organisationsmodell einer Managementarchitektur legt die Akteure, ihr Rollenspiel und die Grundprinzipien ihrer Kooperation fest. Das Client-Server-Modell unterscheidet in jeder Kooperationsform zwischen dem Auftraggeber (Client) und einem Auftragnehmer (Server). Neuerdings werden auch vollständig symmetrische Kooperationsformen des Netzmanagements entwickelt, die von einer Kommunikation beziehungsweise Kooperation prinzipiell gleichberechtigter Objekte ausgeht [MoZ 93].

Der Austausch von Managementnachrichten zwischen Managementinstanzen und zu verwaltenden Ressourcen bei LON unterstützt die gleichzeitige Koexistenz mehrerer Clients und mehrerer Server. Jedoch war bisher aufgrund der Probleme mit Inkonsistenz bei der Verwaltung von verteilten Managementdatenbanken die standardmäßige Lösung, einen Client (das Netzmanagementwerkzeug), und mehrere Servers (die Netzkomponenten) zu haben. Die LNS-Architektur sieht die Möglichkeit vor, mehrere Client-Managementinstanzen gleichzeitig anzuwenden. Im nächsten Abschnitt wird das Kooperationsmodell der LNS-Architektur genauer erklärt.

8.3 LonWorks Networks Services

Professionelles Network Management ohne spezielle Werkzeuge ist undenkbar. Tätigkeiten wie Installation, Wartung und Überwachung fordern hinsichtlich der Leistungsfähigkeit von Werkzeugen ihren Tribut. Wenn man dann noch bestimmte Daten aus dem LON visualisieren will, ist man bei den meisten Network Management Tools oft schon am oberen Ende des Leistungsspektrums angelangt. Geht man gar so weit und will flexible, interoperable Lösungen, die eventuell noch auf Datenbanken zugreifen sollen und eine an individuelle Bedürfnisse angepaßte Bedienoberfläche aufweisen müssen, dann führt kaum ein Weg an der eigenständigen Programmierung von Werkzeugen vorbei. Natürlich gibt es dank der einschlägigen Softwareindustrie eine Fülle von leistungsfähigen Werkzeugen, die einem in manchen Fällen viel Entwicklungsaufwand ersparen; dennoch kommen zu den altbewährten Aufgaben des Network Managements ständig neue Herausforderungen hinzu, was wiederum den Trend zu individueller Software beschleunigt. Einer der Gründe für die ständige Erweiterung des Aufgabengebiets von Network Management Tools ist die steigende Zahl an Knoten in modernen Steuernetzwerken. Fünfstellige Knotenzahlen sind heutzutage keine Seltenheit mehr – da erfährt der Begriff Network Management eine gänzlich neue Definition, geht es doch darum, mit verschiedenen Werkzeugen (Handgeräte, Laptop-PCs, Fernwartungssoftware etc.) von unterschiedlichen Orten im Netz gleichzeitig Aufgaben wie Wartungsarbeiten, Visualisierung oder Überwachung wahrzunehmen. Der Schlüssel zur Realisierung solcher Werkzeuge ist ein Konzept, welches sich bei der Vernetzung von Computern bestens bewährt hat: Die Client-Server-Architektur. Sie ist generell als Standard in Datennetzen zu betrachten.

8.3.1 Client-Server-Architektur im LON

Unter einer Client-Server-Architektur versteht man das Konzept der Einteilung von Rechnern (im LON sind es meist Knoten) in Server und in Clients. Ein Server stellt seine Dienste den Clients zur Verfügung. Wird ein Dienst von einem Client in Anspruch genommen, so führt der Server diesen Dienst aus und benachrichtigt anschließend den Client über eventuelle Rückgabewerte oder Fehlermeldungen. Solch eine Architektur findet man beispielsweise bei Web-Browsern, mit deren Hilfe man Informationen im World Wide Web suchen kann. In Abschnitt 7.8.3 wird das dabei verwendete Protokoll, das Hypertext Transmission Protocol, erklärt; es ist ein gutes und einfaches Beispiel für Client-Server-Beziehungen in einem Datennetz (in diesem Fall handelt es sich um das Internet): Ein Web-Browser (auch Web-Client genannt) fordert von einem Web-Server eine Datei an und erhält nach einer mehr oder weniger langen Wartezeit entweder die gewünschte Datei oder eine Fehlermeldung zurück. Ein etwas komplexeres Beispiel ist der sogenannte Chat-Dienst, den manche Internet-Provider anbieten: Dieser Dienst erlaubt es, daß mehrere Personen gleichzeitig miteinander – online – kommunizieren können. Wenn ein Chat-Teilnehmer einen Text auf seiner Tastatur eingibt, so erscheint dieser Text bei allen anderen Teilnehmern auf dem Bildschirm. Entscheidend ist, daß gleichzeitig alle Eingaben der anderen Teilnehmer auf dem Bildschirm erscheinen. Somit sieht man zu jeder Zeit alle Eingaben von allen Teilnehmern auf seinem Bildschirm, was letztendlich eine einfache Art von Online-Conferencing ermöglicht. So eine Anwendung läßt sich mit der Client-Server-Architektur sauber spezifizieren und implementieren. Aus Platzgründen kann hier nicht auf Details eingegangen werden, jedenfalls sei bemerkt, daß Client-Server-Software Vorteile bei der Wartung mit sich bringt (durch die oftmals klare Trennung der Aufgaben bei Client und Server), und daß diese Form der Software-Architektur für ein dezentrales System wie LonWorks ideal ist, nicht nur der Interoperabilität wegen.

Bei LonWorks sind es die LonWorks Networks Services (LNS), die eine Client-Server-Architektur bei Network-Management-Anwendungen möglich machen [Strat 96]. Es ist hierbei der Begriff der LNS-Architektur geprägt worden – diese Bezeichnung unterstreicht die Tatsache, daß man LNS nicht nur bei Windows-basierten Rechnern vorfindet, sondern daß mit dem *LNS Developer's Kit for Microcontrollers* eine Lösung für beliebige Plattformen existiert (der ANSI-C Sourcecode des *LNS Host API* ist beim Developer's Kit beigelegt). Zusätzlich erwähnenswert ist die Fähigkeit der LNS-Architektur, in einem LON mehrere Werkzeuge gleichzeitig arbeiten zu lassen; dies ist eine nicht triviale Aufgabe, bedenkt man beispielsweise die Konsistenzproblematik von Netzwerkdatenbanken.

8.3.2 Network Services Server und Network Services Interface

Die LNS-Architektur baut auf zwei Hauptkomponenten auf: *Networks Services Interface* (NSI) und *Networks Services Server* (NSS) [Nsi 96, Nss 97]. Die erste Komponente repräsentiert den Client-Teil, wo hingegen die letztere den Server implementiert. Bild 8-6 zeigt die prinzipielle Wirkungsweise von NSI und NSS. Auf der rechten Seite sieht man das Schema mehrerer LNS-Clients, die mit einem (preislich kaum relevanten) NSI ausgestattet sind. Mit Hilfe des LNS Host API und des NSI kann ein Client Dienste des NSS in Anspruch nehmen – zu diesem Zweck erfolgt ein Fernzugriff auf einen anderen Rechner (oder Knoten), der den NSS besitzt. Man erkennt hier den wirtschaftlichen Zweck von NSS und NSI: Es muß nicht jeder Knoten, der LNS-Dienste verwenden will, einen NSS besitzen – es genügt ein NSI, um Teil der LNS-Architektur zu werden [Tech 96].

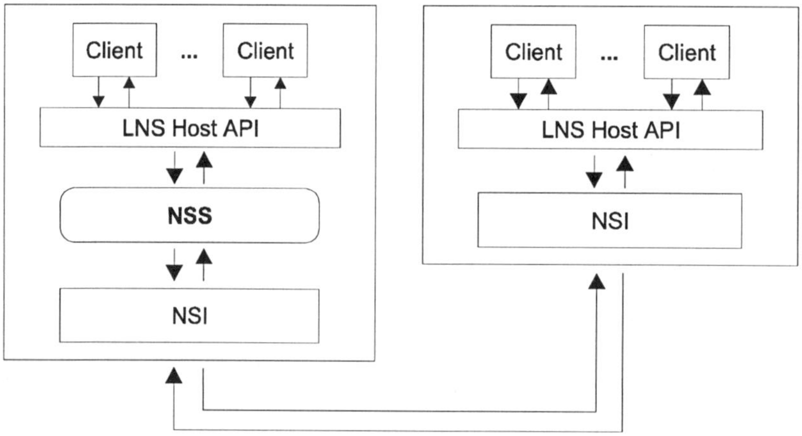

Bild 8-6: *Wirkungsweise von NSI und NSS*

Ein entscheidender Vorteil der NSI-NSS-Methodik ist die Tatsache, daß eine mit NSI ausgestattete Network-Management-Anwendung, egal ob Tisch-PC, Laptop oder Handgerät, nach Belieben zum System hinzugefügt oder aus dem System entfernt werden kann, ohne jegliche Konsequenzen in puncto Datenbanksynchronität. Ferner ist erwähnenswert, daß bei wachsenden Anforderungen an ein Werkzeug (wenn beispielsweise die Anzahl seiner zu verwaltenden Knoten erhöht wird) die Leistungsfähigkeit des NSI durch bloßes Ersetzen von Hardware-Komponenten gesteigert werden kann, um den Anforderungen gerecht zu werden.

8.3.3 LonWorks Networks Services Host API

Unter dem LNS Host API versteht man eine auf verschiedenste Plattformen portierbare Programmierschnittstelle zum LON.

Die Portabilität ist aufgrund des käuflich erhältlichen ANSI-C-Sourcecodes gegeben. Man kann somit einen gewöhnlichen PC zur LNS-Plattform werden lassen, oder aber man verwendet beliebige Prozessoren, um Handgeräte mit spezieller Benutzerschnittstelle zu entwerfen [Hand 96]. Die einzige Einschränkung, die man bei der Wahl des Prozessors hat, ist die Verfügbarkeit von Entwicklungswerkzeugen wie beispielsweise C-Compiler und Debugger. Es sei allerdings erwähnt, daß derlei Produkte für die gängigsten Prozessoren existieren.

Das LNS Host API besteht aus drei Teilen (Bild 8-7): Verschiedene Clients greifen auf die oberste Schicht, die Network Services API, zu. Diese Schicht ist zuständig für generelle Network-Management-Aufgaben wie Installieren von neuen Knoten, Verbinden von Netzwerkvariablen, Zugriff auf LonMark-Objekte (und auf deren Eigenschaften) und viele mehr. Die nächste Schicht, das Network Interface API, wird sowohl vom darüberliegenden Network Services API als auch direkt von den Clients verwendet. Man benötigt diese Schicht, um LonTalk-Messages zu bearbeiten (z. B. Versenden von Netzwerkvariablen) und um den NSS bzw. das NSI zu initialisieren. Eine weitere wichtige Aufgabe des Network Interface API ist das *Error Handling*.

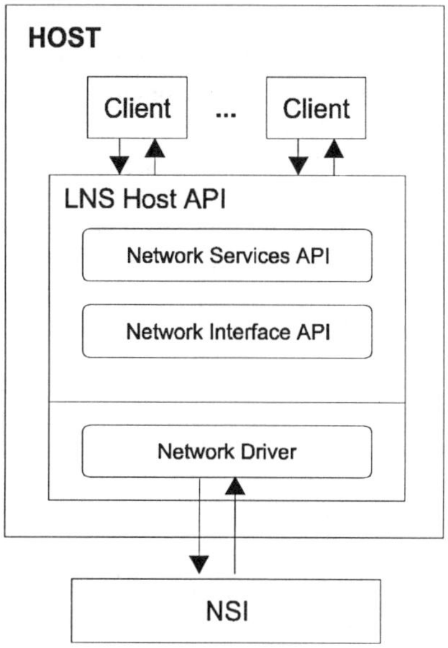

Bild 8-7: *Struktur des* LNS Host API

Die unterste Schicht im LNS Host API ist der *Network Driver*; seine Aufgabe ist es, den Clients einen hardware-unabhängigen Treiber für den NSS oder das NSI zur Verfügung zur stellen. Der Network Driver ist die direkte Schnittstelle zum NSS bzw. zum NSI.

Durch die Trennung des LNS Host API in drei verschiedene Aufgabenbereiche in Form von Schichten wird erreicht, daß eine Änderung der Hardware (wenn beispielsweise ein anderer Prozessor eingesetzt werden soll) nur eine minimale Änderung der Software (in diesem Fall müßte lediglich der Network Driver ausgetauscht werden) bewirkt.

In [Tech 96] finden wir einen guten Überblick über die Funktionalität vom NSS. Wie man Tabelle 8-2 entnehmen kann, verwaltet der NSS alle anwendungsrelevanten Objekte (Datenstrukturen) durch H*andles*, *IDs* oder durch *Index*-Werte. Durch diese Form des raschen Zugriffs auf LonWorks-Ressourcen wird die Programmierung von Network-Management-Werkzeugen sehr erleichtert.

Tabelle 8-2: *Zugriff auf NSS-Objekte*

Objekt	Zugriff
Knoten	Node handle. Wird beim Hinzufügen des Knotens vom NSS zugewiesen.
Programm	Program ID. Wird beim Erzeugen der Anwendung definiert.
Netzwerkvariable	Network variable index. Wird beim Erzeugen der Anwendung definiert.
Message tag	Message tag index. Wird beim Erzeugen der Anwendung definiert.
Verbindung	Node handle und network variable oder message tag index vom *Hub*. Der *Hub* ist entweder der reine Input oder der reine Output einer Verbindung.

8.3.4 Erhältliche Werkzeuge

Es gibt im Bereich der LNS-Architektur eine Fülle von Werkzeugen, die eine Entwicklung von Network-Management-Anwendungen erleichtern. Wie schon oben erwähnt, gibt es für die Windows-Plattform ein LNS Developer's Kit; dieses Produkt dient zur Entwicklung von LonWorks-Anwendungen mit bis zu über 32000 Knoten (d. h., es kann eine ganze LonTalk Domain verwaltet werden). Im LNS Developer's Kit für Windows ist der sogenannte LCA Object Server enthalten (siehe Abschnitt 8.2). Des weiteren findet man eine Win32-basierende Implementierung der NSS for Windows Engine. Zusätzlich erhält man noch technische Unterstützung seitens der Firma Echelon.

Das LNS Developer's Kit for Microcontrollers wurde bereits im Abschnitt 8.3.1 erwähnt. Mit diesem Gesamtpaket erhält man Software und Hardware, um LNS-Anwendungen für beliebige Prozessoren zu entwickeln. Der Sourcecode vom LNS Host API (in portierbarem ANSI-C) wird mitgeliefert, so daß quasi beliebige Rechner Teil der LNS-Architektur werden können. In puncto Hardware erhält man das LonManager NSS-10 module (dieses ist auch unter der Bezeichnung PCNSS als ISA-Karte für PCs erhältlich), mit dessen Hilfe ein LON mit bis zu 62 Knoten verwaltet werden kann. Bei höherer Knotenzahl wird das NSS-10-Module durch ein steck-kompatibles NSI-10-Modul (oder durch eine PCNSI-Karte) in Kombination mit einer NSS for Windows engine ersetzt. Beachtenswert ist die Tatsache, daß man sowohl bei der Software, als auch bei etwaiger selbstentwickelter Hardware keine Änderungen vornehmen muß – der Begriff Plug and Play ist hier realisiert worden.

Ferner gibt es noch das sogenannte LNS FASTART Package, das die beiden oben besprochenen Produkte (LNS Developer's Kit for Windows und LNS Developer's Kit for Microcontrollers) enthält. Will man Laptops im LON verwenden, so kann man mit Hilfe des PCC-10 Network Interface eine Verbindung mit Free Topology Transceivern herstellen und somit handliche und gleichzeitig leistungsfähige Network Management Tools entwerfen. Die Schnittstelle zum Laptop heißt Type II PC, das ist die neue Bezeichnung der PCMCIA-Schnittstelle, die aufgrund der extrem kompakten Abmessungen ihrer Steckmodule zum Industriestandard geworden ist.

Zwei besonders wichtige Werkzeuge für die Entwicklung von Network-Management-Anwendungen sind LCA Field Compiler API und LonManager Protocol Analyzer. Diese Softwarekomponenten ermöglichen es, die gesamte Funktionalität eines Neuron-C-Compilers samt Debugger sowie die Fähigkeiten eines Network Diagnostic Tool in eigenen

Programmen verwenden zu können. Beide Produkte sind nicht direkt als Teil der LNS-Architektur zu sehen, sondern sie sind Zusätze der LonWorks Component Architecture, die im nächsten Abschnitt behandelt wird.

8.4 LonWorks Component Architecture

Damit LNS von Win32-Programmen auf komfortable Art genutzt werden kann, wurde die LonWorks Component Architecture (LCA) entwickelt. Die LCA wurde dabei – einem generellen Trend in der Softwareindustrie entsprechend – als Softwarekomponente realisiert, um einerseits der Forderung nach Objektorientiertheit gerecht zu werden und um andererseits viele verschiedene Programmiersprachen zu unterstützen. Der LCA liegt ein Standard der Firma Microsoft zugrunde: ActiveX. ActiveX ist die neue Bezeichnung von OLE (Object Linking and Embedding, [Ole 95]) – man versteht darunter Richtlinien für die Definition von Objekten und deren Interaktion im Rahmen von windows-basierenden Anwendungen.

8.4.1 Object Linking and Embedding – ActiveX

Object Linking and Embedding (OLE) – das war ein Standard, der den Datenaustausch zwischen Windows-Anwendungen definierte. Mittlerweile wurde OLE nicht nur in ActiveX umbenannt, sondern auch in puncto Wirkungsbereich erheblich erweitert. Die Firma Microsoft hat mit der Entwicklung von ActiveX bzw. OLE unter Windows etwas ähnliches bewirkt wie die LonMark Interoperability Guidelines bei LonWorks – bei letzteren werden Netzwerkvariablentypen, LonMark-Objekte, Konfigurationseigenschaften und Profile definiert, wohingegen ActiveX Dinge wie *Compound Documents*, Softwarekomponenten (ActiveX- oder OLE-*Controls*), Datenaustausch zwischen Windows-Anwendungen und vieles mehr standardisiert.

Man unterscheidet bei OLE die Begriffe OLE-Automation und OLE-Control. OLE-Automation ist ein Mechanismus, um eigene Objekte einer anderen Anwendung zur Verfügung zu stellen, d. h., diese kann dann Methoden des Objekts aufrufen und Eigenschaften abfragen oder setzen. Ein gutes Beispiel ist die Makro-Fähigkeit vieler Windows-Programme: Programmiert man beispielsweise seine makro-fähige Textverarbeitung mittels einer OLE-automationsfähigen Entwicklungsumgebung, so spricht man von einem *Automation Client* (das ist in diesem Fall das selbst geschriebene Programm), der auf ein *Automation Object* des *Automation Servers* (das ist die Textverarbeitung) zugreift.

Bild 8-8 dient zur Verdeutlichung. Man erkennt, daß die Kommunikation einseitig erfolgt: Der Automation Server hat auf den Automation Client keinerlei Zugriff, ganz im Gegensatz zu OLE-Control. Hier ist nicht mehr von Client und Server die Rede, sondern von *Control Container* und *OCX*. Der Control Container entspricht dem Automation Client im Falle von OLE-Automation; OCX ist die empfohlene, aber nicht vorgeschriebene File-Extension bei Dateien, die ein *Control* repräsentieren (dieses würde dem Automation Server entsprechen). Zum besseren Verständnis sei hier der Hintergrund von OLE Controls kurz dargestellt: Bei der Entwicklung von Software war es immer schon ratsam, das Rad nicht neu zu erfinden, d. h., sämtliche Prozeduren und Programmteile selbst zu entwickeln; oftmals schien es sinnvoll, fertige Lösungen aus der Industrie in Form von Programmbibliotheken oder Klassenhierarchien zu benutzen. Das sparte wertvolle Entwicklungszeit und somit auch Geld. Aus der Sicht des Entwicklers sind Programmbibliotheken und Klassenhierarchien eine sehr praktikable Alternative zu mühevollen Eigenentwicklungen, wofür oft erst das entsprechende Know-how aufgebaut werden muß. Wie sieht aber die Situation beim Hersteller der Programmbibliothek oder der Klassenhierarchie aus? Dem stellt sich die Frage, für welche Programmiersprache er denn entwickeln soll: für Basic, weil diese Sprache so modern ist, oder für C, weil sie sehr verbreitet ist, oder soll man gleich eine Klassenhierarchie für Java anbieten, wo doch diese Sprache derzeit in aller Munde ist? Die Lösung liegt in Standards für Softwarekomponenten. Man stelle sich einfach vor, daß sich sämtliche Hersteller von Programmbibliotheken und Klassenhierarchien auf eine gemeinsame Sprache, d. h., auf einen gemeinsamen Standard als Schnittstelle zwischen ihren Produkten und deren Anwendern einigen. Wenn man dann noch die Hersteller von Entwicklungsumgebungen von der Sinnhaftigkeit eines Standards überzeugen könnte, dann hätte man die Möglichkeit, zukünftige Compiler zu befähigen, eben diesen Standard verarbeiten zu können. Der Schlüssel zum Verständnis von OLE-Controls ist genau hier zu suchen: Wer seine Programmbibliothek gemäß OLE-Control entwickelt, der braucht sich um mögliche Anwender oder um mögliche unterstützte Programmiersprachen keinerlei Sorgen mehr zu machen. Heutzutage können die meisten Compiler mit OLE-Controls umgehen (man beachte aber, daß sich die Bezeichnung dieses Standards in ActiveX gewandelt hat). Kein Wunder, daß der Markt für Softwarekomponenten eine beachtliche Größe erreicht hat. Die LonWorks Component Architecture (LCA) ist – einfach gesagt – ein umfangreiches OLE-Control. Bild 8-9 zeigt das Schema von Controls und den entsprechenden Containern. Man beachte, daß die Kommunikation in beiden Richtungen stattfindet (vergleiche Bild 8-8).

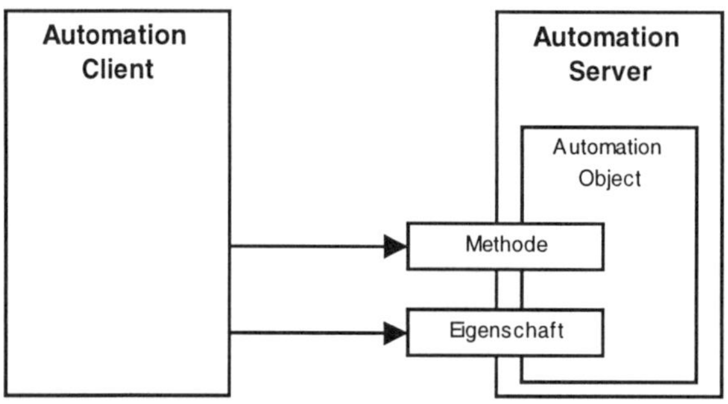

Bild 8-8: *Schnittstellenschema bei OLE Automation*

In [Cont 95] findet man einen Leitfaden zum vollständigenVerständnis von OLE-Controls – dort kann man auch nachlesen, wie man sie definiert und entwickelt. In [Com 96] wird die Basis von OLE, das Component Object Model (COM), erläutert und anhand eines typischen Software-Problems (Versionsverwaltung) wird gezeigt, wie sich für prinzipiell schwierige Angelegenheiten durch die Verwendung von Standards der Aufwand reduzieren lassen.

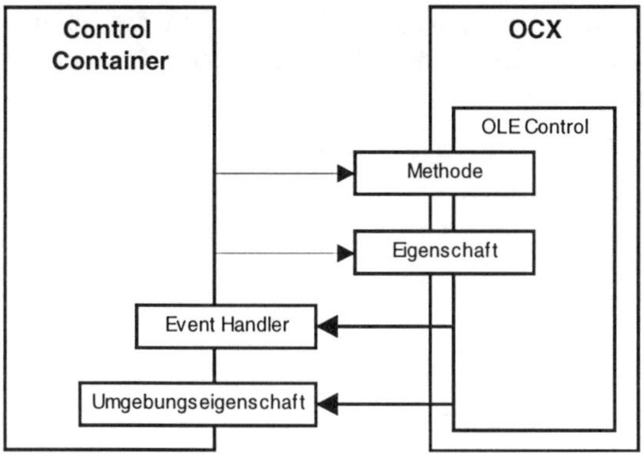

Bild 8-9: *Schnittstellenschema bei OLE Control*

8.4.2 Objektorientierung im LON

Einer der entscheidenden Punkte bei ActiveX bzw. bei OLE-Control ist die Tatsache, daß von einer objektorientierten Modellierung von Softwarekomponenten ausgegangen wird. Der Begriff der Objektorientiertheit existiert schon seit geraumer Zeit, beispielsweise bei Programmiersprachen wie Smalltalk; auf breiter Linie hat sich der Trend zur Verwendung objektorientierter Methoden allerdings erst innerhalb der letzten Jahre durchgesetzt. Das Vokabular rund um die Objektorientierung ist leicht zu lernen: Das Objekt, das quasi das zentrale Element in der objektorientierten Programmierung darstellt, repräsentiert ein Modell eines Teiles der realen Welt. Es besteht aus zwei Elementen, dem Zustand und dem Verhalten – letzteres ist „öffentlich" zugänglich (d. h., derjenige, der das Objekt verwendet, kann darauf zugreifen), ersteres bleibt der Außenwelt verborgen – schließlich handelt es sich hier um Implementierungsteile des Verhaltens. Die Implementierung eines Objekts nennt man Klasse; diese besteht aus Methoden und Eigenschaften (auch Attribute genannt). Mittels der Methoden einer Klasse kann man auf ihre Eigenschaften zugreifen – die Summe aller Methoden einer Klasse bildet die Schnittstelle. Wenn mehrere Klassen hierarchisch gegliedert werden, so spricht man von einer Klassenbibliothek (oder Klassenhierarchie).

Nach dieser kurzen Einführung in das Vokabular der Objektorientiertheit (für Begriffe wie Vererbung oder Polymorphismus sei auf die Literatur verwiesen [Obj 97]) soll nun die Bedeutung von objektorientierten Methoden bei LonWorks erläutert werden. Bei der LCA wird nämlich ein LON hierarchisch modelliert – um das verständlich zu machen, sei ein kleines Beispiel erwähnt. Der linke Teil im Bild 8-10 zeigt den Aufbau eines Computers in Form von hierarchischen Beziehungen: Ein Computer besteht aus Gehäuse, Netzteil und Motherboard; das Motherboard wiederum besteht aus RAM, ROM, CPU, Interrupt Controller und vielem mehr.

Im Vergleich dazu sei auf der rechten Seite im Bild 8-10 eine abgespeckte Version der Hierarchie im *LCA Object Server* [Spec 95, Int 95] abgebildet; dieser Object Server ist die Bezeichnung des OLE-Controls, mit dessen Hilfe man unter Windows auf LNS-Dienste zugreifen kann. Wie man sieht, besteht er aus einem *Network*, das wiederum ein *System* sein Eigen nennt; das *System* hat einen *Supernode* und ein *Network Interface*. Der Vergleich mit dem vereinfachten Aufbau eines Computers ist notwendig, um die gesamte Object-Server-Hierarchie verstehen zu können. Bevor darauf eingegangen wird, soll der primäre Aufbau der LCA erklärt werden.

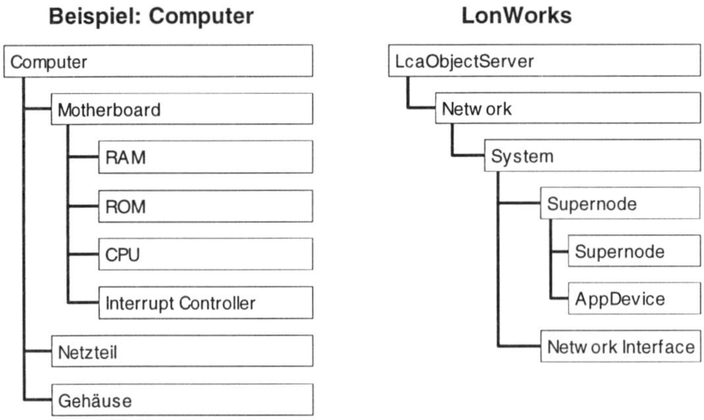

Bild 8-10: *Vergleich der Objekthierarchie von LCA mit der Hierarchie in einem Computer*

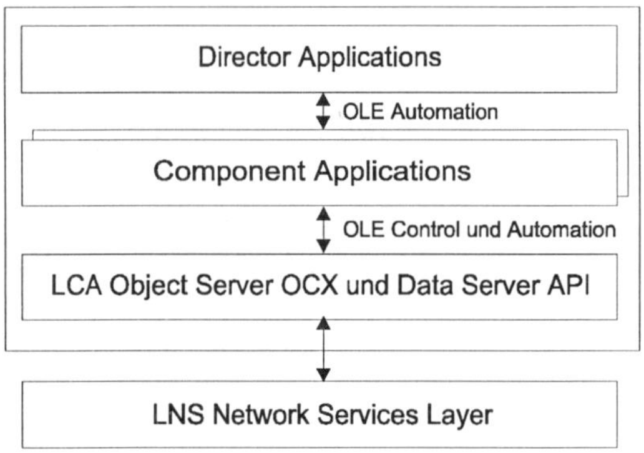

Bild 8-11: *Grobes Schichtenmodell der LonWorks Component Architecture*

Die LCA setzt auf den Diensten des LNS Network Services Layers auf. Die unterste Schicht der LCA ist der Data Server und sein API: darauf aufbauend befindet sich der LCA Object Server (das ist eine OCX-Datei), der seine Dienste den höheren Schichten durch OLE-Control und OLE-Automation zugänglich macht. Im Bild 8-11 wird deutlich, wie die Schnittstelle von der nächsthöheren Schicht (*Component Applications*) zur höchsten Schicht (*Director Applications*) auf OLE-Automation reduziert wird.

Die LCA besteht, wie schon oben angedeutet, aus mehreren Schichten. Bild 8-4 zeigt den exakten Aufbau dieses Schichtenmodells unter Berücksichtigung der beteiligten Softwarekomponenten. Man erkennt, daß insgesamt 3 verschiedene Datenbanken für die Modellierung der Anwendungsumgebung zuständig sind: Die Netzwerkdatenbank bezieht sich auf das LON und ist Angelegenheit des Network Services API; der LCA Object Server hat eine eigene Datenbank, um Daten zu speichern, für die in der Netzwerkdatenbank kein Platz vorgesehen ist. Diese Datenbank kann durch eigene Erweiterungen an die jeweiligen Bedürfnisse angepaßt werden – solche Daten sind dann schon dem Component Layer zuzuordnen. Im Bild 8-4 wird auch die Gliederung des Object Servers selbst verdeutlicht: Man darf sich diese ActiveX-Schnittstelle nämlich nicht als Softwarebibliothek mit fixer Größe vorstellen, sondern vielmehr als eine Menge von Komponenten. Man ist beispielsweise nicht gezwungen, die Funktionalität des Component Object Layers mittels OLE Control anzusteuern; vielmehr kann man genausogut jenes API verwenden, auf das der Object Server selbst zugreift, das sogenannte Data Server API [Lca 97]. Diese Schnittstelle ist ohne Kenntnisse von OLE verwendbar, und man umgeht somit den geringen Overhead, den OLE bzw. ActiveX im allgemeinen erzeugen (eigene Programme werden dadurch um ungefähr 15 % schneller). Es ist jedoch erwähnenswert, daß das Data Server API nicht jenen Komfort bietet, der vom Object Server OCX zu erwarten ist. Abgesehen vom Data Server API findet man noch einige andere Komponenten, wie zum Beispiel das im vorigen Abschnitt bereits erwähnte Field Compiler API (mit dieser Komponente kann man Neuron-C-Sourcecode übersetzen, linken und in Knoten laden). Ähnlich sieht es beim Protocol Analyzer API aus – hier erhält man eine Programmierschnittstelle zur Analyse des Datenaufkommens im LON. Der Common Object Layer ist in dem Sinn erweiterbar, daß man gerätespezifische Add-ons Teil des Object Servers werden lassen kann.

Die Erweiterungsmöglichkeiten für die Datenbank des Object Servers sind vielfältiger Natur, beispielsweise kann man verschiedene Erweiterungen für verschiedene Anwendungen gleichzeitig verwenden. Mit standardisierten Zugriffsverfahren wie ODBC (Open Database Connectivity) ist es leicht möglich, Reports zu erstellen oder mit anderen Anwendungen zu kommunizieren. Bild 8-12 zeigt die Zusammenhänge zwischen Anwendungen, dem Object Server und den Datenbankerweiterungen. Man erkennt hier die Realisierung einer Software-Architektur, die eine gewisse Form von Interoperabilität bei windows-basierenden Anwendungen zuläßt. Die windows-eigenen Standards OLE-Automation und OLE-Control dienen als Basis für die Kommunikation von Programmen, und durch die Möglichkeit, beliebige Datenbanken in die LCA einzubetten, gelingen die nahtlose Integration und die Zusammenarbeit von komplexen, datenbank-basierten Anwendungen.

Das LON aus der Sicht der LCA ist, wie oben erwähnt, eine Hierarchie von Objekten.

Bild 8-5 zeigt die gesamte Objekthierarchie der LCA. Man unterscheidet in LCA Objekte und Kollektionen, wobei eine Kollektion nichts anderes darstellt als eine Art Obermenge von Objekten (eine Kollektion enthält demnach mehrere Objekte).

Was im Bild 8-5 dargestellt ist, repräsentiert die vollständige Hierarchie der LCA inklusive LonMark-Objekte, Router, Channel-Kollektionen und vielem mehr. Für Anwendungen, die solche Dinge nicht benötigen, genügt die sogenannte Minimum-Hierarchie der LCA. Bild 8-13 zeigt dieses, im Vergleich zur vollständigen Hierarchie weniger komplexe und auch übersichtlichere, Schema, das den meisten windows-basierten Anwendungen genügt.

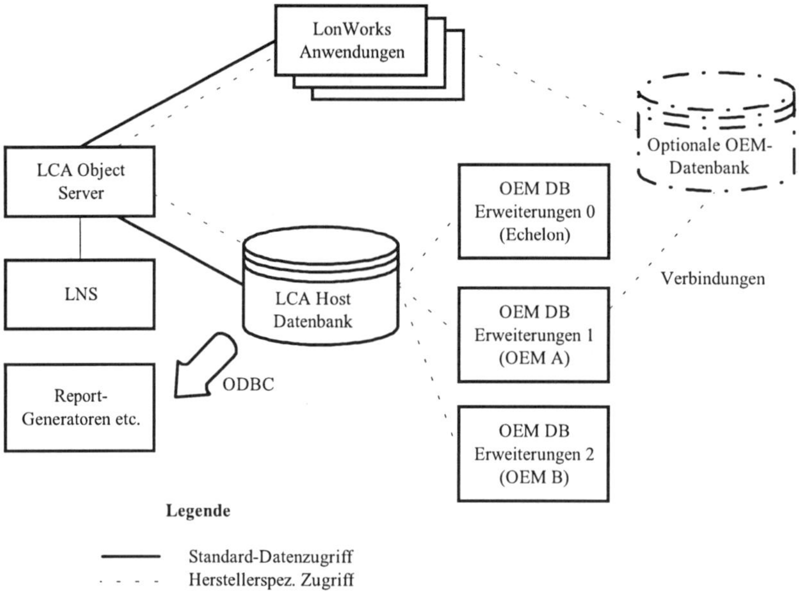

Bild 8-12: *Datenfluß vom LCA Object Server*

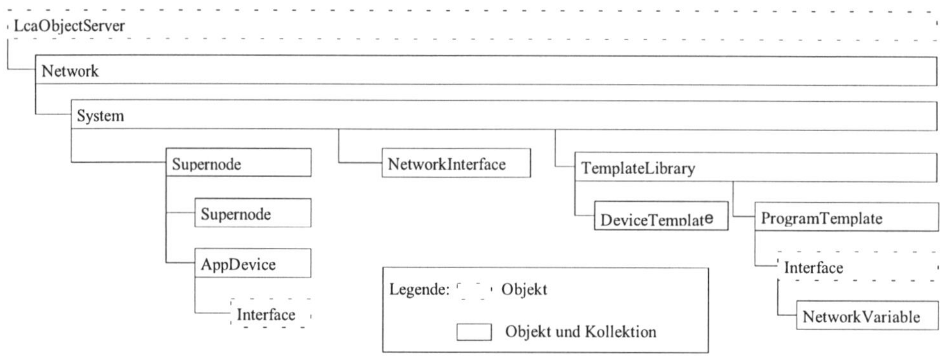

Bild 8-13: *Minimum-Objekthierarchie bei LCA*

Um Bild 8-5 und Bild 8-13 auf Softwareebene interpretieren zu können, ist es notwendig, sich der Repräsentation dieser Hierarchien in LCA bewußt zu sein. Man stelle sich den LCA Object Server einfach als sogenanntes Parent Object vor (darunter ist die oberstes Schicht im Objektmodell zu verstehen), das seine Child Objects bzw. Child Collections in Form von Eigenschaften (Properties) enthält. Eine Child Collection hat wiederum eigene Child Objects oder Child Collections. Beispielsweise hat der LCA Object Server als Parent Object die Eigenschaft Networks (vgl. dazu Bild 8-5). Man beachte, daß in diesem Bild nicht Networks geschrieben steht, sondern Network; die Art der Umrahmung (strichliert oder durchgezogen, siehe dazugehörige Legende) entscheidet über Objekt oder Kollektion! Die Kollektion Networks besteht demnach aus mehreren Objekten Network; letztere haben die Eigenschaft Systems, und die Kollektion Systems besteht aus mehreren Objekten System. Ein Objekt System hat drei Eigenschaften, nämlich die Kollektionen Supernodes, Network Interfaces und Template Libraries. Tabelle 8-3 zeigt anhand des Objekts AppDevice die vielfältigen Eigenschaften und Methoden, die aus der Hierarchie selbst nicht ersichtlich sind. Im nächsten Abschnitt wird gezeigt, wie man sich als Programmierer durch diese Hierarchie durcharbeitet.

Tabelle 8-3: *Eigenschaften und Methoden des Objekts AppDevice*

Methoden	Build	Move
	Commission	Replace
	Delete	Reset
	Export	SetConfigProps
	Install	Test
	Load	Wink
Eigenschaften	AppImagePath	Name
	Bitmap	NeuronId
	Channel	NodeId
	Description	Parent
	DeviceTemplate	Priority
	Domains	ProgramTemplate
	Handle	SelfDocumentation
	Icon	State
	Interface	Status
	Location	Subnet
		UserExtensions

Tabelle 8-4: *Eigenschaften und Methoden des LCA Application Interface*

	Erforderlich	Optional
Methoden	LonWorksCommand	Help
	Quit	Repeat
		Undo
Eigenschaften	Application	Caption
	FullName	DefaultFilePath
	Iconic	Height
	Name	Left
	Parent	StatusBar
	Visible	Top
		Width

Auf einen Begriff, der im Abschnitt 8.4.2 erwähnt wurde, soll hier noch eingegangen werden. Unter den Director Applications versteht man Anwendungen, die es dem Benutzer unter anderem ermöglichen sollen, sein LON mit Hilfe eines grafischen Überblicks durchsuchen zu können. Ein Beispiel für eine Director Application, der sogenannte LCA Navigator, ist dem LNS Developer's Kit for Windows beigelegt. Die bemerkenswerte

Tatsache hierbei ist, daß zwischen Director Applications und Component Applications (diese sind jene Anwendungen, die auf dem LCA Object Server aufbauen) eine Schnittstelle (OLE Automation) existiert, die eine problemlose Navigation durch die Daten der Component Application erlaubt. Es existiert dazu eine Liste von Methoden und Eigenschaften, die eine Component Application beinhalten muß, um für Director Applications zugänglich gemacht werden zu können (siehe dazu Abschnitt 8.3.4).

8.4.3 Entwicklungsumgebungen für LCA-Anwendungen

Die Programmierung von LonWorks-verbundenen Windows-Anwendungen wird durch die LCA auf ein komfortables Niveau gebracht. Wie schon erwähnt, erhält man durch die Verwendung von OLE-Control als Softwareschnittstelle die Möglichkeit, die LCA auf verschiedenen Entwicklungsplattformen (d. h. mit verschiedenen Programmiersprachen) ansprechen zu können. Es ist schwer möglich, alle derzeit verfügbaren Tools zu nennen; daher begnügen wir uns mit den bekanntesten.

Da wäre zunächst einmal Visual Basic von der Firma Microsoft. In der Version 4.0 ist diese Software für die Verwendung von OLE-Control ausgelegt. Mittels Drag-and-Drop kann man den LCA Object Server Teil seiner Anwendung werden lassen. Der Zugriff auf den Object Server ist sehr einfach, daher eignet sich Visual Basic auch sehr gut für schnelle Anwendungsentwicklung (Rapid Application Development, RAD). Als Nachteil ist höchstens die im Vergleich zu anderen Programmiersprachen mangelnde Performance zu sehen, abgesehen von der bekannten Situation im Hinblick auf fehlende Standards für die Sprache Basic (Basic steht schließlich für Beginner's All Purpose Symbolic Instruction Code). Ansonsten ist Visual Basic allerdings sehr zu empfehlen, da man sehr komfortablen Zugriff auf OLE-Control hat und speziell in der LCA-Programmierung schnell und problemlos Fortschritte machen kann.

Ebenfalls von der Firma Microsoft wurde Visual C++ entwickelt, das analog zu Visual Basic den Zugriff auf OLE-Control ermöglicht. Zwar ist die LCA hier nicht ganz so bequem zu verwenden wie bei Visual Basic, aber dafür erhält man auch eine erhöhte Performance sowie den attraktiven Hintergrund einer standardisierten Sprache (obgleich nicht alle C++-Dialekte gleich sind – wichtig ist, daß es für die Basissprache (C) einen ANSI-Standard gibt). Insgesamt gesehen lohnt sich die Entwicklung von LCA-basierten Anwendungen mit Visual C++ sehr wohl, findet man hier doch einen guten Kompromiß aus Programmierkomfort und Performance vor.

Ähnlich sieht es bei Delphi 2.0 von der Firma Borland aus. Dieser Entwicklungsumgebung liegt die Programmiersprache Pascal zugrunde. Auch hier kann man leicht auf die LCA zugreifen.

```
Set HubDev = mySuperNode1.AppDevices.Item(m_deviceName1)
Set TgtDev = mySuperNode2.AppDevices.Item(m_deviceName2)
Set HubNV =
 HubDev.Interface.NetworkVariables.Item(1stNvDevice1.Text)
Set TargetNV =
 TgtDev.Interface.NetworkVariables.Item(1stNvDevice2.Text)
HubNV.AddTarget TargetNV
HubNV.Connect
```

Deklaration 8-1: *Binding von Netzwerkvariablen (Visual Basic)*

Eine Programmiersprache, die derzeit in aller Munde ist, verdient hier besondere Beachtung. Mit der Verwendung von Visual Java (wiederum von der Firma Microsoft) ist es möglich, Java-Anwendungen zu entwickeln, die Zugriff auf die LCA haben. Das ist insoferne praktikabel, da Java derzeit im Begriff ist, den Sprung von einer bloßen Add-On-Sprache für das Worldwide Web (WWW) hin zu einer plattformübergreifenden Sprache für verteilte Anwendungen (auch komplexer Natur) zu machen. Man beachte, daß Java-Anwendungen aufgrund der Tatsache, daß Java keinen Compiler benötigt sondern nur einen Interpreter, auf vielen Plattformen laufen. So kann man Teile seiner Anwendung (z. B. zu Testzwecken) auf einem anderem Betriebssystem laufen lassen, oder aber man kann die von der LCA losgelösten Teile gänzlich auslagern und mittels komfortabler Netzwerkkommunikation, wie sie Java zur Verfügung stellt, eine echte verteilte Anwendung programmieren.

In [Dev 96] sowie in [Net 96] findet man viele verschiedene kleine Beispielprogramme (hauptsächlich für Basic und C++), die Schritt für Schritt den Zugang zur LCA-Programmierung ermöglichen. Deklaration 8-1 zeigt beispielsweise, wie einfach das Binding von Netzwerkvariablen bewerkstelligt werden kann.

8.4.4 LCA und Interoperabilität

Interoperabilität ist nicht nur auf Knotenebene (siehe Kapitel 10) wichtig, sondern erst recht auf der Ebene der Anwendungen. Die LonWorks Component Architecture bietet dabei analog zu den LonMark Interoperability Guidelines (diese kümmern sich um Sensoren, Aktoren und Regler) ein Gerüst, um Network-Management-Anwendungen oder ähnliches in interoperabler Form entwickeln zu können. In [Lns 96] findet man genaue Beschreibungen der einzelnen Mechanismen, die es LCA ermöglichen, eine hinreichende Form von Interoperabilität zwischen Windows-Anwendungen, dem LON und beliebigen Datenbanken zu bewirken. Es ist zu beachten, daß man auch unter Verwendung der LNS selbst interoperable Systeme entwickeln kann.

8.4.5 LNS- und LCA-Dokumentation von Echelon

Die Firma Echelon bietet eine Fülle an Dokumentationen und Beschreibungen für LNS und LCA an. Man kann all diese Texte von der Web-Seite von Echelon (http://www.lonworks.echelon.com/products/LNS/) auf seinen Rechner laden. Die Dateiformate sind dabei entweder das PDF-Format von der Firma Adobe (eine kostenlose Lese-Software namens Acrobat Reader kann von http://www.adobe.com geladen werden) oder das Word-Format von der Firma Microsoft (auch hier gibt es kostenlose Lese-Software, und zwar das Programm Word Viewer unter http://www.microsoft.com). Sämtliche Literaturhinweise in diesem Kapitel, die sich auf die Firma Echelon beziehen, sind Verweise auf Echelons Web-Seite.

9 Firmwaregestützte Ein-/Ausgabeobjekte

Das folgende Kapitel wendet sich vorwiegend an Entwickler. Eine wichtige Eigenschaft des Neuron-Chips ist seine Vielfalt in den Anschlußmöglichkeiten externer Hardware ohne aufwendige oder komplexe „Glue Logic“-Hardware, die ein entscheidender Kostenfaktor bei der Auswahl eines Feldbussystems sein kann. Der Neuron-Chip verfügt über insgesamt 34 Ein-/Ausgabeobjekte. Sie sind gegliedert in:

- 7 direkte Ein-/Ausgabeobjekte,
- 4 byte-parallele Ein-/Ausgabeobjekte,
- 10 serielle Ein-/Ausgabeobjekte,
- 15 Zähler-Zeitgeber-Ein-/Ausgabeobjekte.

Es stehen insgesamt 11 Ein-/Ausgabeleitungen zur Verfügung. Diese können in verschiedenen Variationen den Ein-/Ausgabeobjekten zugeordnet werden. Die Objekte werden im Anwendungsprogramm definiert, den gewünschten (oder möglichen) Ein-/Ausgabeleitungen zugeordnet und aufgerufen [LWDD 95].

Im folgenden sollen diese Ein-/Ausgabeobjekte im wesentlichen auf ihre Verwendungsmöglichkeit hin betrachtet werden; die Details über Syntax und Pulsdiagramme sind der Literatur vorbehalten wie [REFG 94], [LWEB 95] oder [LWSR 95].

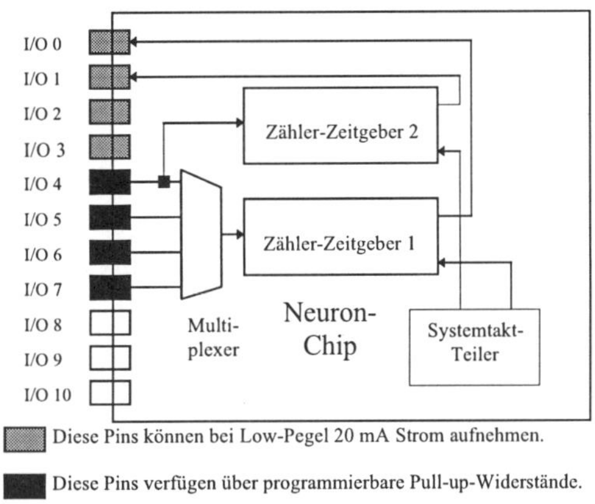

***Bild 9-1**: Ein-/Ausgabeleitungen des Neuron-Chips und die internen Verbindungen zu den Zähler-Zeitgebern*

Bild 9-1 zeigt die Aufteilung der Ein-/Ausgabeleitungen und deren Zuordnung zu den internen Zähler-Zeitgebern. Damit werden die Besonderheiten bei der Syntax für Zähler-Zeitgeberobjekte, bezüglich der Zuordnung der IO-Anschlüsse, und die Ressourcenbegrenzung auf zwei Zähler-Zeitgeber erklärt.

9.1 Direkte Ein-/Ausgabeobjekte

Bei den direkten Ein-/Ausgabeobjekten werden die in der Objektdeklaration angewählten IO-Anschlüsse direkt und ohne ein Übertragungsprotokoll beeinflußt oder eingelesen.

9.1.1 Bit Input/Output

Jede der 11 Ein-/Ausgabeleitungen kann benutzt werden. Typische Anwendungen sind Schalter als Eingabe und Relais als Ausgabe. Bei der Ein-/Ausgabe wird nur eine Leitung beeinflußt. Das ausgegebene Bit kann zu Prüfzwecken, z. B. zu einer Bestätigung auf der Kommunikationsschicht 7, zurückgelesen werden. Bei der Eingabe kann *io_changes* als Event benutzt werden, um auf externe Ereignisse zu reagieren (siehe Abschnitt 6.2).

9.1.2 Byte Input/Output

Es werden die Anschlüsse IO0 bis IO7 des Neuron-Chips verwendet. Die restlichen drei Anschlüsse IO8 bis IO10 können im Bit Input/Output-Modus als Steuerleitungen für Multiplexer/Demultiplexer oder als zusätzliche Adreßinformation verwendet werden. Das Rücklesen zu Prüfzwecken nach der Ausgabe ist ebenso möglich wie die Verwendung von *io_changes* als Event bei der Eingabe.

9.1.3 Leveldetect Input

Jeder der Eingänge 0 bis 7 des Neuron-Chips kann als *leveldetect input* deklariert werden. Der entsprechend aktivierte Eingang wird alle 200 ns abgefragt (10 MHz Clock-Frequenz des Neuron-Chips vorausgesetzt); bei Low-Pegel wird ein Latch gesetzt. Dieses externe Ereignis kann mit dem Event *io_changes...* in einer *when*-Bedingung abgefragt werden. Anwendung: Erkennung flüchtiger Ereignisse wie z. B. Ansprechen von Näherungsschaltern ohne zusätzlichen Schaltungsaufwand. Die Anwendung dieses Objektes ist naturgemäß im wesentlichen durch die Umlaufzeit des Schedulers durch alle Tasks (siehe Abschnitt 6.2) begrenzt, da mehrmaliges Eintreffen dieses Ereignisses innerhalb dieser Zeit nicht erkannt werden kann. Nach dem Einsprung in die entsprechende *when*-Bedingung wird das gesetzte Latch zwischen 35 und 66 µs nach Beginn des Funktionsaufrufs zurückgesetzt, so daß ab diesem Zeitpunkt ein neues Ereignis festgehalten werden kann. Tritt das Ereignis häufiger auf, so kann nur über das „Total Count Input"-Objekt die korrekte Zahl der Ereignisse festgestellt werden (siehe Abschnitt 9.4.8).

9.1.4 Nibble Input/Output

Je vier aufeinanderfolgende Ein-/Ausgänge des Neuron-Chips beginnend mit IO0 bis IO4 können zur Ein-/Ausgabe von Datenwörtern mit vier bit Länge benutzt werden. Die üblichen Anwendungen umfassen den Betrieb von Displays und Tastaturmatrizen, wobei mit den übrigen IO-Anschlüssen die Steuersignale per Software (Bit Output Object) erzeugt werden müssen [LWEB 92]. Das Event *io_changes* kann für die Eingabe als Einsprungbedingung verwendet werden.

9.2 Byteserielle Ein-/Ausgabeobjekte

Byteserielle Ein-/Ausgabeobjekte übertragen Bytes mit Hilfe eines Übertragungsprotokolls.

9.2.1 Parallel Input/Output

Das parallele Ein-/Ausgabeobjekt benutzt alle elf Ein-/Ausgänge des Neuron-Chips und bildet eine byteserielle, bidirektionale Schnittstelle mit drei Handshake-Signalen. Mit Hilfe dieses Objekts werden entweder zwei Neuron-Chips oder ein oder mehrere Neuron-Chips mit einem Mikroprozessor gekoppelt. Ein Token-Passing-Protokoll regelt die aktive Steuerung der Schnittstelle zur Übertragung von Datenblöcken bis 255 Byte Länge. Zwei verschiedene Protokollvarianten ermöglichen die Kopplung zweier Neuron-Chips als Übergang zwischen Netzwerksegmenten, sowie den Anschluß mehrerer Neuron-Chips an einen Mikroprozessor. Damit können PC-Ankopplungen mit mehreren Kanälen realisiert werden.

9.2.2 Muxbus Input/Output

Die Muxbus-Variante einer byteseriellen Schnittstelle überläßt dem Neuron-Chip permanent die Steuerung des Datentransfers. Es findet kein Handshake statt. Die acht Datenleitungen werden im Multiplexbetrieb sowohl als Adreß- wie auch als Datenleitungen benutzt und erlauben so die Ein-/Ausgabe von insgesamt 256 Bytes. Es werden allerdings externe Register, Multiplexer und Demultiplexer als zusätzliche Hardware benötigt. Anwendungen sind spezielle Interfaces zu Mikroprozessoren oder Parallelbussystemen. Das Objekt kann auch zur Erweiterung des "Fan out" oder "Fan in" für binäre Ein-/Ausgaben benutzt werden. Allerdings müssen die Eingaben dann gepollt werden, da bei der Änderung eines Eingabemusters kein Event im Sinne der Neuron-C-Programmiersprache zugeordnet werden kann.

9.3 Bitserielle Ein-/Ausgabeobjekte

Es werden eine Reihe von bitseriellen Übertragungsprotokollen von der Application CPU ausgeführt, was bedeutet, daß die Applikation während einer Übertragung "steht". Eine Bedeutung hat das für die Schedulerumlaufzeit[1] und damit die Reaktionsfähigkeit der Applikation. Man sollte sich dessen bei der Anwendung dieser Objekte bewußt sein.

[1] Das ist die Zeit zwischen zwei Abfragen derselben *when*-Bedingung durch den Scheduler.

9.3.1 Bitshift Input/Output

Es können Paare von aufeinanderfolgenden IO-Anschlüssen des Neuron-Chips verwendet werden, um maximal 16 bit seriell ein- oder auszugeben. Eine Leitung dient als Daten-, die andere als Taktleitung. Die Taktfrequenz kann 1, 10 oder 15 kHz bei 10 MHz Taktfrequenz des Neuron-Chips betragen. Mit Hilfe externer Schieberegister ist dadurch die parallele Ein-/Ausgabe von maximal 16 bit breiten Daten möglich. Es müssen allerdings zusätzliche IO-Leitungen zur Steuerung der Ein-/Ausgaben benutzt werden.

9.3.2 I^2C Input/Output

Der I^2C-Bus wurde von Philips eingeführt, um eine Reihe von komplexen ICs ohne großen Aufwand miteinander kommunizieren zu lassen. Es ist dabei nicht an einen räumlich ausgedehnten Bus gedacht worden, sondern an eine Verbindung innerhalb einer Baugruppe oder zumindest innerhalb eines Baugruppenträgers. Philips bietet eine Reihe von Schaltkreisen im Bereich Unterhaltungselektronik und Telefontechnik an, die mit diesem Businterface ausgerüstet sind und direkt verbunden werden können. Das Anwendungsgebiet ist also die hochwertige Unterhaltungs- und Kommunikationstechnik.

Das I^2C-Ein-/Ausgabeobjekt erlaubt den direkten Anschluß des Neuron-Chips an den I^2C-Bus. Der Neuron-Chip kann nur als Bus-Master eingesetzt werden. Die Leitung IO8 wird als Taktleitung und IO9 als Datenleitung benutzt. Es müssen zwei Pull-up-Widerstände als externe Hardware in die beiden Leitungen eingefügt werden, da das für das physikalische Übertragungsprotokoll notwendig ist. Der Neuron-Chip als Busmaster bestimmt das Timing und erlaubt eine Übertragungsrate von maximal etwa 44 kbit/s. Es können maximal 255 Bytes innerhalb eines Funktionsaufrufs übertragen werden. Für die Einzelheiten des I^2C-Bus-Protokolls sei auf [I2C 95] verwiesen.

9.3.3 Magcard Input

Das Magcard-Eingabeobjekt ermöglicht das Lesen von einem Magnetkartenleser nach ISO 7811. Es werden drei IO-Pins benötigt: IO8 als Takt, IO9 für die seriellen Daten und einen der Pins IO0 bis IO7 als Eingang für das Signal „Time out" oder den Funktionsabbruch.

Die ankommenden Daten sind, einschließlich einem ungeraden Parity-Bits, 5 bit lang. Die Nibbles werden ohne die Parity-Bits zu Bytes gepackt und in einen Puffer von maximal 20 Bytes Länge geschrieben. Die Nutzdaten werden von einem Startzeichen (h'B) und einem Endezeichen (h'F) begrenzt. Ein LRC-Zeichen[2] wird unmittelbar nach dem Endezeichen empfangen und zur Datenblockprüfung verwendet, jedoch nicht gespeichert. Die Eingabefunktion enthält als Rückgabewert die Zahl der empfangenen Zeichen oder im Fehlerfall den Wert -1.

Da bei fehlenden Eingangstakten der Watchdog Timer zurückgesetzt wird, könnte das System bei einem Stopp der Magnetkarte beim Durchführen durch das Lesegerät, stehenbleiben, falls das Signal „Time out" oder Funktionsabbruch nicht aktiviert wird. Außer-

[2] LRC bedeutet Longitudinal Redundancy Check

dem wird dieses Signal als Einsprung in die Task zum Lesen benutzt. In der nachfolgenden Deklaration 9-1 sei das kurz verdeutlicht:

```
IO_8 [input] magcard timeout (IO_7)io-card_data;

// IO_7 muß auf „0" gehen, damit der Lesevorgang beginnt
// io_card_data ist der Objektname

IO_7 input bit input_data_not_valid;
int nibbles_read;
unsigned int input_buffer[20];
/* Die Größe des input_buffer beträgt maximal. 20, da einschließ-
lich der Anfangs- und Endekennungen maximal. 40 4-bit-Zeichen gele-
sen werden.  */

when (io_changes(input_data_not_valid) to 0)
{
     nibbles_read = io_in(io_card_data, input_buffer);
...
}
```

Deklaration 9-1: *Beispiel für die Benutzung des „Time out"-Signals beim Magcard-Input-Objekt.*

Es ist wichtig, daß das „Time out"-Signal (in der Deklaration als „input_data_not_valid" bezeichnet) rechtzeitig vor dem Lesevorgang verschwindet, damit der Funktionsaufruf noch vor dem Startzeichen durchgeführt werden kann. Es sollte vor allem auf eine kleine Scheduler-Umlaufzeit geachtet werden.

Viele Magnetkarten nach ISO 7811 haben eine Sequenz von 15 „zero-bits" vor dem Startzeichen. Da der Neuron-Chip 8334 bit/s bei 10 MHz Taktfrequenz lesen kann, bedeutet dies eine Vorlaufzeit von knapp 1,8 ms vom Verschwinden des „Time out" bis zum Erscheinen des Startzeichens; innerhalb dieser Zeit muß also von einem beliebigen Punkt im Anwendungsprogramm in die Lesefunktion verzweigt werden.

9.3.4 Magtrack1 Input

Mit dem Magtrack-Eingabeobjekt können Magnetkarten von einem Magnetkartenleser nach ISO 3554 gelesen werden. Das Objekt ähnelt dem Magcard-Objekt mit folgenden Unterschieden:

- Die zu sendenden bzw. zu empfangenden Zeichen sind 7 bit lang, einschließlich eines ungeraden Parity Bits.
- Das Startzeichen ist h'05, das Endezeichen h'0F.
- Der Empfangspuffer muß 78 Bytes lang sein; er enthält auch Start-/und Endezeichen.

Der Rückgabewert der Funktion io_in() enthält die Anzahl der gespeicherten Bytes oder im Fehlerfall den Wert (-1). Das „Time out"-Signal, das beim Magcard-Objekt benutzt wird, ist auch hier notwendig; daraus resultiert die gleiche Problematik mit der Scheduler-Umlaufzeit. Allgemein kann man sagen, daß LonWorks-Knoten auf Basis von Neuron-

Chips mit dem Magcard- oder Magtrack Input für andere Aufgaben als die Kommunikation mit dem entsprechenden Kartenleser nur sehr beschränkt geeignet sind. Dies gilt nicht nur wegen der erforderlichen Reaktionsgeschwindigkeit auf ankommende Daten, sondern auch wegen der möglicherweise lang andauernden Zeit zum Lesen einer Magnetkarte, während der das Anwendungsprogramm keine anderen Tasks bearbeiten kann.

9.3.5 Neurowire Input/Output

Das Neurowire-Objekt ist ein serielles Übertragungsprotokoll, das die Leitung IO8 als Taktleitung, IO9 als serielle Ausgabeleitung und IO10 als Eingabeleitung benutzt. Eine der Leitungen IO0 bis IO7 kann optional als „Chip-select"-Leitung zur Ansteuerung eines angeschlossenen A/D- D/A-Wandlers benutzt werden. Der Neuron-Chip kann bei der Übertragung sowohl Master als auch Slave sein, das bedeutet, daß als Master der Takt (IO8) vom Neuron-Chip generiert und als Slave der Takt empfangen wird. Die Länge eines Übertragungsblocks ist auf 255 bit begrenzt. Es kann gleichzeitig gesendet und empfangen werden. Die Übertragungsrate kann 1, 10 oder 20 kbit/s sein. Wichtig: Die Applikation wird während der Übertragung nicht weiter abgearbeitet. Anwendungen sind hauptsächlich serielle A/D- D/A-Wandler sowie Displays.

9.3.6 Serial Input/Output

Das Serial-Input/Output-Objekt realisiert eine serielle Schnittstelle nach EIA 232. Das Übertragungsformat ist wie folgt: ein Startbit, acht Datenbits, ein Stoppbit. Die maximale Übertragungsrate ist 4800 bit/s. Für die Datenausgabe muß die Leitung IO10 spezifiziert werden, für die Eingabe IO8. Trotz der Benutzung zweier Leitungen für die Ein- und Ausgabe ist nur Halbduplexbetrieb möglich. Dies ist leicht dadurch einsehbar, da für die Abarbeitung von senden bzw. empfangen auf der seriellen Schnittstelle die gesamte Rechenleistung der Application CPU beansprucht wird. Es können maximal 255 Datenbytes innerhalb einer Übertragung gesendet oder empfangen werden. Bei geringen Übertragungsraten und langen Strings kann der Watchdog des Neuron-Chips ansprechen. Das ist bei der Programmierung zu beachten. Die Übertragungssteuerung mit dem Kommunikationspartner über die Signale DTR, DSR, RTS, CTS kann mit den verbliebenen IO Pins unter Softwarekontrolle geschehen.

9.3.7 Touch Input/Output

Die Firma DALLAS Semiconductor bietet eine Reihe von nichtflüchtigen Schreib-/Lesespeichern und programmierbaren Lesespeichern an, die mit nur zwei externen Anschlüssen auskommen. Ein zeitgesteuertes Protokoll ermöglicht, zusammen mit einer „Open Collector"-Ansteuerung, sowohl die Energieversorgung als auch die Kommunikation mit externen Einheiten. Die Speicher sind in einem knopfähnlichen Gehäuse aus rostfreiem Stahl untergebracht, wobei Deckel und Boden die beiden elektrischen Anschlüsse bilden. Teilweise ist auch eine Lithium-Batterie zur Energieversorgung in das Gehäuse integriert, so daß der Inhalt solcher Speicher nichtflüchtig ist. Diese mechanische und elektrische Ausprägung deutet auf die Verwendung in mobilen Geräten und rauher Umgebung hin. Anwendungen sind elektronische Schlüssel oder „smarte" Maschinenwerkzeuge (in die solche „Knöpfe" eingebaut werden) oder in der Qualitätssicherung, wo Produkte (Stückgut) während der Herstellung von diesen Speichern begleitet werden.

Das Ein-Leitungs-Protokoll dieser Touch Memories wird vom Neuron-Chip mit insgesamt neun Funktionen unterstützt. Details des Protokolls sind [TMS 95] und [REFG 94] zu entnehmen. In einem Funktionsaufruf können maximal 255 Bytes übertragen werden.

9.3.8 Wiegand Input

Der Wiegand-Effekt, der auf dem durch ein äußeres Magnetfeld verursachten Umklappen der Magnetisierungsrichtung in einem Draht aus Vicalloy [PROPF 94] beruht, eignet sich zur Herstellung von Codekarten. In einer solchen Karte werden zwei Spuren von sogenannten Wiegand-Drähten angebracht. Beim Durchschieben durch ein geeignetes Lesegerät werden durch die Induktionswirkung beim Umklappen der Magnetisierungsrichtung der Wieganddrähte Impulse im Lesegerät erzeugt. Dabei repräsentiert eine Spur die „0"-Impulse, die andere die „1"-Impulse. Naturgemäß ist dieser Datenstrom extrem asynchron, da die Karten in der Regel von Hand durch einen Leser geschoben werden. Einzig einigermaßen konstant ist die Zeitdauer (und Amplitude) der Einzelimpulse. Dementsprechend ist das Timing, das der Neuron-Chip bietet. Die Zeit zwischen zwei detektierten Bits ist minimal 150 μs; maximal wird sie nur vom „Time out"-Signal begrenzt.

Als Eingang für das Objekt sind zwei aufeinanderfolgende Eingänge von IO0 bis IO7 möglich. Außerdem wird noch ein „Time out"-Eingang benötigt, der den Lesevorgang abbricht, falls der Impulsstrom unterbrochen wird, beispielsweise wenn die Karte nicht weiterbewegt wird. Der „Time out" kann auch vom Neuron-Chip selbst über das Oneshot-Objekt erzeugt werden. Der Rückgabewert des Funktionsaufrufs ist die Zahl der gelesenen Bits (maximal 255). Wird nach einem Funktionsaufruf keine Aktivität an den beiden Datenspuren festgestellt, so kehrt der Neuron-Chip zum normalen Programmablauf zurück.

9.4 Zähler-Zeitgeber-Objekte

Zähler-Zeitgeber-Objekte benutzen die beiden Hardwarezähler-Zeitgeber im Neuron-Chip. Im Gegensatz zu den seriellen Objekten wird das Applikationsprogramm (Ausnahme: Pulsecount-Output-Objekt) während der Ein-/Ausgabe weiter bearbeitet. Das bedeutet auch, daß das (zeitliche) Ende eines Objektes als Event deklariert werden kann und nicht gepollt zu werden braucht. Die jeweiligen Zeiten/Zählerstände und deren Auflösung hängen von der Prozessortaktfrequenz ab. Als Eingänge werden IO4 bis IO7 benutzt, als Ausgänge stehen IO0 und IO1 zur Verfügung.

9.4.1 Dualslope Input

Das Dualslope-Input-Objekt unterstützt ein Verfahren zur Analog-Digitalwandlung, das als externe Hardware einen Analogschalter, einen Integrator und einen Komparator benötigt. Die zu messende (und zu wandelnde) Analogspannung wird über eine feste Zeit integriert und anschließend der Integrator mit einer gegenpoligen Referenzspannung „entladen". Die Entladezeit, die proportional dem Zeitintegral der zu messenden Spannung ist, wird mit einem Zähler gemessen und steht als Rohwert dem Programmierer zur Verfügung. Der Vorteil dieses Verfahrens ist die Unempfindlichkeit gegen Störungen in bezug auf die zu messende Spannung, der Nachteil ist der relativ hohe Zeitbedarf einer Datenerfassung. Das Objekt benutzt nur einen der beiden Zähler des Neuron-Chips.

9.4.2 Edgelog Input

Mit dem Edgelog-Eingabeobjekt werden eingehende Impulsströme zeitlich vermessen und die Meßergebnisse abgespeichert. Es werden alle High- und Low-Sequenzen als Vielfaches der Prozessortaktperiode mit einstellbarem Teilerverhältnis gespeichert. Die Meßwerte selbst sind vom Typ *unsigned long*. Es können bis zu 255 Meßwerte in einem Funktionsaufruf gespeichert werden. Die Anzahl der Werte ist im Rückgabewert der Funktion angegeben. Es werden beide Zähler-Zeitgeber benutzt. Die Ein-/Ausgabeleitung muß in diesem Fall IO4 sein.

Als Anwendung kommt die Decodierung von seriellen Datenströmen, wie z. B. aus Barcodelesern oder Infrarotlesern, in Betracht. Da die minimale Zeit für zwei aufeinanderfolgende High-Low-Perioden (oder Low-High-Perioden) 104 μs ist, muß die aufzulösende Bitrate (je nach Codierungsverfahren) auf jeden Fall kleiner als etwa 20 kbit/s sein. Es muß eine weitere Eingangsleitung benutzt werden, bei der das Objekt *io_changes* zur Synchronisierung mit dem eintreffenden Pulsstrom dient. Außerdem sollte den Nutzdaten eine Präambel vorangestellt werden, deren Dauer größer als die Latenzzeit des Neuron-Chip-Schedulers ist und damit die Eingangsfrequenz des Datenstromes genau genug gemessen werden kann.

9.4.3 Infrared Input

Mit dem IO-Objekt Infrared Input können z. B. die Befehle einer IR-Fernbedienung ausgewertet werden. Das Zeitverhalten des empfangenen Datenstromes einer SONY-Fernbedienung nach dem IR-Decoder ist im Bild 9-2 dargestellt. Der Datenrahmen beginnt mit einem Header von 2,5 ms Dauer. Anschließend folgt ein 6-bit-Befehl sowie eine 6-bit-Adresse. Eine Null wird dabei mit 0,8 ms High- und 0,4 ms Low-Pegel codiert, eine Eins mit 1,4 ms High- und 0,4 ms Low-Pegel.

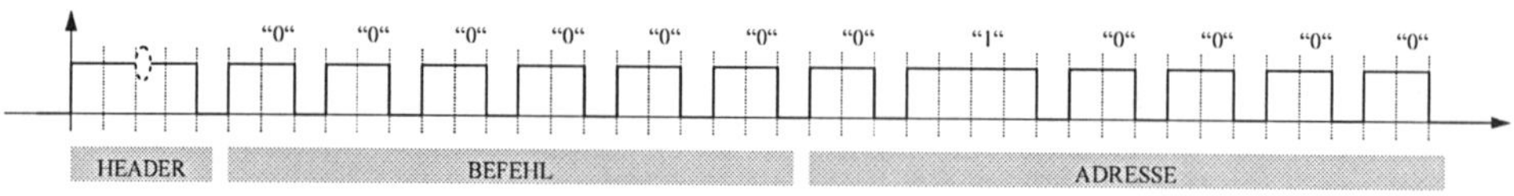

Bild 9-2: *Datenstrom beim Empfang von Befehlen einer SONY-IR-Fernbedienung*

Mit der folgenden Code-Sequenz (Deklaration 9-2) können die Steuerbefehle einer SONY-Infrarot-Fernbedienung aufgezeichnet und decodiert werden. Der Befehl wird im Feld *code* der Struktur *ir_in_da* abgelegt, die Adresse im Feld *adr*.

```
IO_4 input infrared mux invert clock (7) io_ir_data;
IO_4 input bit io_ir_data_level;

boolean ir_in = FALSE;    // TRUE wenn gültige Daten in Struktur
typedef struct            // Struktur fuer Infrarot Daten
        {   unsigned int adr;
            unsigned int code;
        }ir_in_da;
```

```
ir_in_da ir_in_data;

// Infrarot-Input zum Empfangen der Steuercodes von der Fernsteue-
rung
// ir_in wird nach dem Empfang von gültigen Daten auf TRUE gesetzt
// CODE und ADR. befinden sich in der Struktur ir_in_data

when(io_changes(io_ir_data_level) to 0)
{   unsigned int bits_read;
    unsigned int irb[2];

    bits_read =io_in(io_ir_data, irb, 15, 64891UL, 64891UL + 53UL);
    if(bits_read == 12)
    {   ir_in_data.code =irb[0] & 0x3F;
        irb[0] &= 0xC0;
        irb[0] >>= 6;
        ir_in_data.adr =irb[1] << 2;
        ir_in_data.adr |= irb[0];
        ir_in =TRUE;
    }
}
```

Deklaration 9-2: *Programmcode zur Aufzeichnung der Befehle einer Sony-Infrarot-Fernbedienung*

9.4.4 On Time Input

Mit dem On-Time-Eingabeobjekt wird die Zeit gemessen, die eine definierte Eingangsleitung (IO4 bis IO7) auf „High"- oder „Low"-Potential ist, d. h. die Zeit zwischen zwei aufeinander folgenden Signalflanken. Die Auflösung ist 16 bit, die meßbare Zeit reicht bis zu 1,677 s bei einer Prozessorfrequenz von 10 MHz und verlängert sich entsprechend bei geringerer Taktfrequenz. Die maximale Auflösung beträgt 200 ns bei dann allerdings nur 13,11 ms maximaler Meßzeit. Anwendungen sind im Bereich allgemeiner Kurzzeitmessung zu sehen und im Bereich der A/D-Wandlung.

9.4.5 Period Input

Das Period-Input-Objekt ähnelt stark dem „On-Time-Input"-Objekt, mit dem Unterschied, daß eine Periodendauer gemessen wird, also die Zeit zwischen zwei Signalflanken des gleichen Typs.

Anwendungen sind direkte Periodendauer- oder Frequenzmessungen oder, zusammen mit dem „On-Time-Input"-Objekt, die Messung des Tastverhältnisses von Rechtecksignalen mit variabler Frequenz zur A/D-Wandlung.

9.4.6 Pulsecount Input

Das Pulsecount-Input-Objekt zählt die auf der definierten Eingangsleitung ankommenden Flanken gleichen Typs über einen Zeitraum von 0,8388608 s. Die Zeit ist fest und unabhängig von der Prozessortaktfrequenz (sofern diese eine der in den Datenbüchern angegebenen fünf Taktfrequenzen ist), während das Eingangssignal mit einer maximalen Frequenz von 5 MHz (alle 200 ns) bei 10 MHz Prozessortaktfrequenz abgefragt wird.

Anwendungen sind wieder im Bereich der A/D-Wandlung zu suchen, speziell für langsam veränderliche physikalische Größen wie Temperatur, Feuchte oder Gaskonzentration, wenn die Wandler Frequenzausgänge zur Verfügung stellen.

9.4.7 Quadrature Input

Es werden zwei Eingangsleitungen verwendet, um direkt einen Incrementalencoder anzuschließen. Das Eingabeobjekt benutzt einen Zähler-Zeitgeber und zählt die eingehenden Impulse entsprechend dem Richtungs- oder Drehsinn. Nach dem Auslesen wird der Zähler zurückgesetzt. Bei einem Aufruf der Funktion wird also der "Weg" relativ zum "alten Weg" angegeben. Der gesamte zurückgelegte Weg kann, falls ein Richtungswechsel stattgefunden hat, größer sein. Das Objekt benutzt einen Zähler-Zeitgeber, so daß insgesamt zwei solche Objekte gleichzeitig benutzt werden können. Der erzeugte Datentyp ist *signed long* und reicht von -32768 bis +32767. Die Frequenz der zu messenden Encoderpulse darf bis zu 1,25 MHz bei 10 MHz Prozessortaktfrequenz betragen. Bei der Benutzung des Objektes ist die Dynamik des mechanischen Systems zu beachten und das Objekt häufig genug aufzurufen, so daß kein Überlauf des Zählerstandes eintritt. Eine genaue Wegverfolgung muß auch die Möglichkeit der Drehrichtungsumkehr beachten.

9.4.8 Total Count Input

Es werden die an einem der bei der Objektdeklaration definierten Eingänge (IO4 bis IO7) einlaufenden Impulse gezählt, bei Aufruf des Objektes vom Anwendungsprogramm gelesen und der Zählerstand (maximal 65535) anschließend gelöscht. Die maximale Eingangsfrequenz beträgt 2,5 MHz. Anwendungen sind allgemeine Zählung von Ereignissen oder, bei Timer-gesteuertem Aufruf der Funktion, Bestimmung von durchschnittlichen Ereignisflüssen, wie z. B. Besucher pro Stunde oder Autos pro Minute.

9.4.9 Edgedivide Output

Das Edgedivide-Output-Objekt realisiert einen Frequenzteiler zwischen einem eingehenden Signal auf IO4 bis IO7 und dem Ausgangssignal auf IO0 oder IO1. Der Aufruf des Objektes setzt das Teilverhältnis im Bereich 1/1 bis 1/65535.

9.4.10 Frequency Output

An einem der beiden Zähler-Zeitgeberausgänge kann ein Rechtecksignal mit dem Tastverhältnis von 50 % und einer Frequenz, deren Periodendauer (also der Kehrwert der Frequenz) als „unsigned long"-Datentyp anzugeben ist, abgenommen werden. Es gibt acht Grundeinstellungen, die maximale Frequenzen von 2,5 MHz bis 19531,25 Hz und minimale Frequenzen von 38,15 Hz bis 0,3 Hz zulassen. Der Bereich von 0,3 bis 19531 Hz wird dabei in Stufen von 51,2 µs Periodendauer, der Bereich von 38,15 Hz bis 2,5 MHz in Stufen von 400 ns Periodendauer variiert. Anwendungen sind im Bereich der D/A-Wandlung und der Frequenzsynthese zu sehen. Vorstellbar sind auch Drehzahlsteuerungen (nicht unbedingt Positioniersteuerungen) von Schritt-/Synchron- und Asynchronmotoren.

9.4.11 Oneshot Output

Das Oneshot-Output-Objekt erzeugt einen nachtriggerbaren Einzelimpuls an einem der beiden Zähler-Zeitgeberausgänge. Die kürzeste Zeit ist 200 ns, die längste 1,677 s. Anwendungen können Klappenantriebe sein, „schnelle" Temperaturregelungen, Steuerung von Dosiereinrichtungen oder Anwendungen im Bereich der D/A-Wandlung.

9.4.12 Pulsecount Output

Das Pulsecount-Output-Objekt erzeugt einen Strom von Impulsen, deren Anzahl zwischen 1 und 65535 liegt und beim Aufruf des Objektes angegeben wird. Das Tastverhältnis des Impulsstroms ist 50 %. Die Frequenzen, die bei der Objektdeklaration angegeben werden, reichen in 8 Stufen von 152,59 Hz bis 19531,25 Hz und ergeben sich jeweils durch Division von 19531,25 durch 2.

Wichtig: Die Applikation wird während der Ausgabe nicht weiter abgearbeitet. Anwendungen können einfache Positioniersteuerungen mit Schrittmotoren oder Anzeigegeräte mit Zählereingängen sein.

9.4.13 Pulsewidth Output

Das Pulsewidth-Output-Objekt konfiguriert einen Zähler-Zeitgeber so, daß er einen dauernden Impulsstrom mit einem im Funktionsaufruf angegebenen Tastverhältnis ausgibt. Die Frequenz des Impulsstroms wird in 8 Stufen bei der Objektdeklaration festgelegt. Das Tastverhältnis kann als "unsigned short" mit 8 bit oder als „unsigned long" mit 16 bit Auflösung angegeben werden. Bei 8 bit Auflösung ist die Ausgabefrequenz von 152 Hz bis 19,53 kHz einstellbar, bei 16 bit Auflösung beträgt die Ausgabefrequenz 0,6 Hz bis 76,29 Hz. Das Tastverhältnis ist proportional zum Ausgabewert, der im Funktionsaufruf angegeben wird. Anwendungen sind die D/A-Wandlung, die Steuerung „träger" Aktoren wie z. B. elektrische Heizspiralen bis zu Gleichstrommotoren, wobei die D/A-Wandlung implizit durch die Trägheit der Aktoren erreicht wird.

9.4.14 Triac Output

Mit Hilfe des Triac-Ausgabeobjektes kann die Steuerung eines Thyristors oder Triacs sehr einfach durchgeführt werden. Es wird allerdings eine externe Hardware benötigt, die Impulse beim Nulldurchgang der Netzspannung erzeugt. Solche Bauelemente sind, auch mit optischer Isolation, am Markt verfügbar. Der Synchronisationsimpuls beim Nulldurchgang der Netzspannung wird in einen der Timer-Eingänge eingegeben. Im Funktionsaufruf wird der Ausgabewert mit einer Auflösung von 16 bit zur Bildung einer Verzögerungszeit benutzt, die proportional dem Ausgabewert ist. Nach dem Funktionsaufruf wird an einem der beiden Zähler-Zeitgeberausgänge ein Impuls von ca 25 µs Dauer ausgegeben oder ein Signal, das bis zum nächsten Nulldurchgang aktiv ist, wobei das Erscheinen des jeweiligen Signals um die oben beschriebene Zeit nach dem Nulldurchgang der Netzspannung verzögert ist. Zu beachten ist, daß der vom Anwendungsprogramm ausgegebene Wert nicht proportional zu einer durch einen Thyristor oder Triac gesteuerten Ausgabeleistung ist, sondern diese Leistung mit steigendem Ausgabewert abnimmt. Weiterhin ist darauf zu achten, daß, soll eine Dimmer-Funktion mit 50 Hz Netzfrequenz realisiert werden, bei

Verwendung eines Triacs in der Funktionsdeklaration die Einstellung von „Clock“ auf „0“, bzw. beim Einsatz eines Thyristors auf „1“ gesetzt werden sollte. Nur dann ist eine hohe Auflösung im Ausgabewert möglich. In [REFG 94] sind die möglichen Einstellungen der Zeitbasis angegeben. Als Anwendung sind Dimmerfunktionen und die Steuerung von Universalmotoren zu nennen.

9.4.15 Triggered Count Output

An einem der beiden Zähler- Zeitgeberausgänge (IO0, IO1) wird ein Signal ausgegeben, das so lange andauert, bis an einem Eingang (IO4 bis IO7) eine im Funktionsaufruf festgelegte Zahl von Impulsen erschienen ist. Die Impulszahl reicht von 1 bis 65535. Als Anwendungen sind Schrittmotorsteuerungen mit Positionsrückmeldung zu nennen. Denkbar sind auch Füllvorrichtungen für Kleinteile wie z. B. Schrauben oder Pillen, natürlich mit entsprechenden Vereinzelungsvorrichtungen und geeigneter Sensorik.

10 Interoperabilität

10.1 Von kompatibel bis Plug-And-Play

Offene Standards werden entwickelt, um Geräte und Systeme für verschiedene Anwendungen verwenden zu können. Dabei werden die einzelnen Komponenten nach Standards möglichst universell entwickelt, ohne die genaue Anwendung, in der sie später eingesetzt werden, zu kennen. Die Erwartungen von Anwendern und die Versprechen von Herstellern sind dabei meist nicht deckungsgleich. Eine Vielfalt von unterschiedlichen Begriffen erschwert eine objektive Aussage über das erreichbare Maß an Funktionalität des Gesamtsystems.

Damit Geräte mehrerer Hersteller in dem Gesamtsystem zusammen arbeiten können, ist es notwendig, über die Kommunikationsstandards hinausgehende Vereinbarungen zu treffen. Diese werden in Profilen festgelegt. Dabei werden für unterschiedliche Gruppen von Anwendungen meist auch verschiedene Profile vereinbart. Beispiele von realen Profilen werden im Kapitel 11 ausführlicher beschrieben. Bild 10-1 soll helfen, einige der am häufigsten verwendeten Begriffe einzuordnen. Dabei werden bewußt die englischsprachigen Begriffe verwendet, da diese in der Regel angewandt werden. Die Einordnung der Begriffe erfolgt nach einem Arbeitspapier der IEC [TC65 SC65C WG7 der IEC „Interoperability Definitions"]:

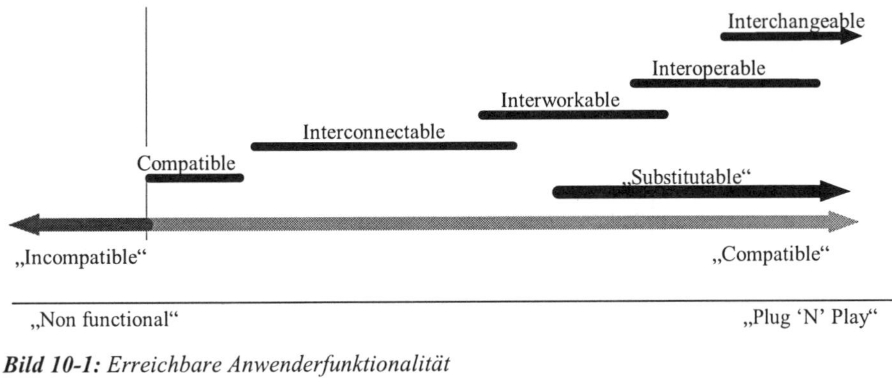

Bild 10-1: Erreichbare Anwenderfunktionalität

Auf der x-Achse im Bild 10-1 ist der gesamte Bereich an Anwendungsfunktionalität aufgespannt, der erreicht werden kann, wenn die einzelnen Komponenten des Systems eine Übereinstimmung mit immer genaueren Spezifikationen aufweisen. Sie nimmt von links nach rechts zu und reicht von „non functional" am untersten Ende bis zur Plug-And-Play Fähigkeit, bei der ein Gerät direkt nach dem Einbau benutzt werden kann. Darüber sind die durch die einzelnen Begriffe erreichten Bereiche an Anwendungsfunktionalität gekennzeichnet.

Das unterste Ende wird meist schlicht als *Incompatible* bezeichnet, während der gesamte darüber liegende Bereich als *compatible* angenommen wird. Das oberste Ende des kompatiblen Bereichs wird auch als *Substitutable* bezeichnet. Er erlaubt das Ersetzen eines Gerätes durch ein anderes Gerät mit ähnlicher Funktionalität. Zwischen *Incompatible* und *Compatible* gibt es jedoch meist viele bedeutende Abstufungen, entsprechend dem Grad der implementierten standardisierten Funktionen. Dabei sind die Begriffe selbst untereinander nicht scharf abgegrenzt.

Geht man von einem an das ISO-OSI-Modell angelehnten Kommunikationsmodell aus und erweitert es um Spezifikationen für die Anwendungen der einzelnen Geräte, so erreicht man, je nach Übereinstimmung von Methoden und Daten der einzelnen Geräte mit den Anforderungen der Systemanwendung, eine unterschiedliche Menge an verwendbaren gemeinsamen Funktionalitäten. Sie reichen von *Incompatible*, wenn keine Methoden und Daten gemeinsam sind, über *Compatible*, *Interconnectable*, *Interworkable* und *Interoperable* bis zu *Interchangeable,* d. h. bis zur Austauschbarkeit zweier Geräte.

Für welche Eigenschaften von zwei oder mehreren Geräten Absprache z. B. in Profile getroffen werden müssen, um eine bestimmte Funktionalität im System zu erreichen, ist in Tabelle 10-1 dargestellt:

Tabelle 10-1: *Voraussetzungen zum Erreichen einer bestimmten Funktionalität*

	Incompatible	**Compatible**	**Interconnectable**	**Interworkable**	**Interoperable**	**Interchangeable**
dynamisches Verhalten						gleich
Anwendungsfunktion					gleich	gleich
Bedeutung der Variablen					gleich	gleich
Definition der Variablen				gleich	gleich	gleich
Zugriff auf Variablen			gleich	gleich	gleich	gleich
Protokoll-Mapping			gleich	gleich	gleich	gleich
Protokoll (Layer 1-7)		gleich	gleich	gleich	gleich	gleich

Im einzelnen müssen Vereinbarungen über folgende Punkte getroffen werden:

- **Protokoll**
  Die Verwendung des gleichen Kommunikationsstandards ist die Grundvoraussetzung dafür, daß zwei Geräte überhaupt miteinander verbunden werden können. Dies betrifft alle Schichten des entsprechenden Protokolls. Da Standards meist mehrere Optionen für die verschiedenen Schichten erlauben, müssen Vereinbarungen getroffen werden, welche dieser Möglichkeiten in den einzelnen Geräten realisiert sein müssen, damit sie in einer Anwendung benutzt

werden können. So führt schon die Verwendung unterschiedlicher Stecker oder unterschiedlicher Übertragungsgeschwindigkeiten zur Inkompatibilität.

- **Protokoll-Mapping**
  In bezug auf das Protokoll-Mapping müssen Vereinbarungen darüber getroffen werden, wie die Möglichkeiten des Kommunikationsprotokolls genutzt werden. Hier werden Regeln für die Verwendung aller Dienste und deren Parameter getroffen. Dabei reicht es nicht aus, nur die Dienste zu berücksichtigen, die zur Datenübertragung dienen. Von besonderer Wichtigkeit sind auch Vereinbarungen über die Konfiguration der Geräte. Das Protokoll-Mapping kann auch Festlegungen über die verwendeten Telegrammtypen und Adressierungsarten enthalten.

- **Zugriff auf Variablen**
  Oft ist es erforderlich, über die im Protokoll-Mapping für die Datenübertragung getroffenen Vereinbarungen hinaus, weitere Regeln für den Zugriff auf Variablen zu treffen. Beispiele hierfür sind Regeln über Zugriffsrechte, Regeln über die Identifikation von Variablen oder die zu verwendenden Verbindungsarten. Hierzu gehören auch Vereinbarungen darüber, ob z. B. ein Sensor seinen Meßwert bei Veränderung aktiv versendet, oder ob dieser von seinem Kommunikationspartner abgefragt werden soll. Bei LON-Geräten muß vereinbart werden, daß ein bestimmter Meßwert als Netzwerkvariable verwendet wird.

- **Definition der Variablen**
  Die verwendeten Definitionen müssen für gleiche Variablen identisch sein. Bei Verwendung von Netzwerkvariablen in einem LON-System ist dies gegeben, wenn die Variablen fehlerfrei gebunden werden können.

- **Bedeutung der Variablen**
  Die bisherigen Vereinbarungen gewährleisten nur, daß der Wert einer Variablen fehlerfrei zur entsprechenden Variable in einem anderen Gerät übertragen werden kann. Dabei werden die Variablen z. B. nur anhand ihres Namens identifiziert. Damit zwei Anwendungen jedoch zusammenarbeiten können, müssen zusätzliche Vereinbarungen über die Bedeutung der Variablen für die Anwendung und deren Verwendung innerhalb der Anwendung selbst getroffen werden. Ein Beispiel hierzu sind bei Meßvariablen die zugehörige physikalische Größe, deren Einheit und die Genauigkeit des Meßwertes.

- **Anwendungsfunktion**
  Die bisherigen Vereinbarungen betrafen nur den Austausch des Inhalts einzelner Variablen zwischen verschiedenen Geräten. Damit ein System aus einzelnen Bausteinen und Geräten aufgebaut werden kann, muß auch die Funktion eines solchen Bausteins vereinbart werden. Dazu gehören die Beschreibung aller Variablen, aber auch der Algorithmen, die mit diesen Variablen arbeiten. Ein Beispiel für eine solche Anwendungsfunktion ist die Beschreibung einer Reglereinheit. Neben den Ein- und Ausgängen muß auch die Regelfunktion selbst vereinbart werden. Diese Vereinbarungen betreffen direkt das Anwendungsprogramm eines Gerätes und können daher meist unabhängig vom verwendeten Kommunikationsprotokoll festgelegt werden.

– **Dynamisches Verhalten**
  Das dynamische Verhalten umfaßt Vereinbarungen über den zeitlichen Ablauf. Diese betreffen z. B. die Aktualisierungsrate von Meßwerten oder die Zykluszeiten eines Reglers. In der Praxis sind meist zusätzlich Festlegungen über das Anlaufverhalten eines Gerätes und das zeitliche Verhalten bei der Wiederaufnahme der Funktion nach einem Fehler von Bedeutung.

Aus Tabelle 10-1 geht hervor, daß zwei Geräte, um *Compatible* zu sein, nur das gleiche Kommunikationsprotokoll verwenden müssen und sich nicht gegenseitig stören dürfen. *Interconnectable* erfordert zusätzlich die Verwendung der gleichen Optionen und Dienste des Protokolls zum Zugriff auf die Variablen der Anwendung. Sollen die Geräte *Interworkable* sein, müssen sie auch über eine gleiche Definition der Variablen verfügen. Erst wenn die Bedeutung der Variablen selbst und die Anwendungsfunktionen der Geräte gleich sind, können Geräte als *Interoperable* in bezug auf alle verteilten Anwendungen bezeichnet werden, die diese festgelegten Anwendungsfunktionen der beiden Geräte benutzen. Damit Geräte *Interchangeable* d. h., austauschbar sind, muß das dynamische Verhalten übereinstimmen.

10.2 Begriffsdefinitionen

Auf eine exakte Definition und Unterscheidung der Begriffe *Incompatible*, *Compatible* und *Interconnectable* wird an dieser Stelle verzichtet, da LonMark-Geräte bei korrekter Verwendung des LonTalk-Protokolls und der Netzwerkvariablen automatisch mindestens die Anforderung erfüllen, um *Interconnectable* zu sein. Wie aus Tabelle 10-1 hervorgeht, bedeutet dies jedoch noch nicht zwangsläufig, daß zwei Anwendungen sinnvolle Daten miteinander austauschen können, da jede eine völlig unterschiedliche Definitionen für dieselbe Information verwenden kann. So kann eine Anwendung einen Meßwert als Gleitkommazahl bereitstellen, die andere Anwendung diesen jedoch als einen Integer-Wert erwarten. Eine logische Verbindung dieser Variablen ist dann nicht möglich.

– **Interworkable**
  ist die Fähigkeit von zwei oder mehreren Geräten, unabhängig vom Hersteller, Daten austauschen zu können. Dabei müssen diese die gleichen Definitionen und die gleiche Abbildung von Variablen auf das Kommunikationssystem haben. Wird in einem System ein Gerät durch ein ähnliches ausgetauscht, so muß eine Anwendung, die auf die Variablen dieses Gerätes zugreift, gegebenenfalls an die geänderte Bedeutung der Variablen und das geänderte Zeitverhalten angepaßt werden.

– **Interoperable**
  ist die Fähigkeit von zwei oder mehreren Geräten, unabhängig vom Hersteller, in einer oder mehreren verteilten Anwendungen zusammenzuarbeiten. Dabei müssen sie dieselbe Sicht auf die Teilanwendung des jeweils anderen Gerätes benutzen. Die Variablen und Teilanwendungen auf den einzelnen Geräten sind dabei so festgelegt, daß beim Austausch eines Gerätes durch ein ähnliches eine verteilte Anwendung, die dieses Gerät benutzt, ohne Anpassungen weiter läuft. Dabei kann sich das zeitliche Verhalten dieser Anwendung ändern.

- **Interchangeable**
  ist die Fähigkeit von zwei oder mehren Geräten, unabhängig vom Hersteller, in einer oder mehreren verteilten Anwendungen zusammenzuarbeiten, die dieselben Teilanwendungen auf den einzelnen Geräten benutzen. Die Variablen und Teilanwendungen auf den einzelnen Geräten sind dabei so festgelegt, daß beim Austausch eines Gerätes durch ein ähnliches eine verteilte Anwendung, die dieses Gerät benutzt, ohne Änderungen weiter läuft. Dabei bleibt auch das zeitliche Verhalten unverändert.

10.3 Voraussetzungen und Nachweis für Interoperabilität

Standards definieren eine mögliche Menge von Funktionen und Protokollen, mit denen eine Anwendung realisiert werden kann. Wurden diese in einem Gerät fehlerfrei und in Übereinstimmung mit der Spezifikation implementiert, ist das Gerät „konform" zu diesen Standards. Diese Übereinstimmung wird in Konformitätstests nachgewiesen. Test und Methodik dieser Tests sind im ISO-Standard ISO 9646 für die ISO-Kommunikationsprotokolle beschrieben. Sie sind allerdings nicht auf Kommunikationsprotokolle beschränkt, sondern können z. B. auch für die Prüfung von Funktionen der Anwendungsschicht verwendet werden. Im allgemeinen wird die Einhaltung der angegebenen Spezifikationen getestet. Auch die Überprüfung, ob ein Gerät alle in einem Profil beschriebenen Funktionen richtig implementiert hat, ist ein Konformitätstest mit dem Ergebnis, daß das betreffende Gerät *konform* zu dem betreffenden Profil ist. Fälschlicherweise werden solche Test oft als Interoperabilitätstest bezeichnet.

Interoperabilität ist im Gegensatz zu Konformität kein Attribut, das einem Gerät alleine zugeordnet werden kann. *Interoperabel* sind zunächst nur alle Geräte untereinander, die zusammen eine bestimmte Anwendung realisieren können. Nimmt man ein Gerät aus einer solchen Anwendung heraus und verwendet es in einer anderen zusammen mit anderen Geräten, kann es seine Eigenschaft, *interoperabel* zu sein, verlieren.

Zur Erzielung eines größtmöglichen Grades an Interoperabilität in verschiedenen Anwendungen und mit verschiedenen anderen Geräten empfiehlt sich die Festlegung und Überprüfung folgender Schritte:

- Festlegung und Beschreibung der Anwendungsklasse, innerhalb der die Geräte *interoperabel* sein sollen. Wird diese Anwendungsklasse zu speziell definiert, führt dies zu einer großen Anzahl von verschiedenen Klassen von Geräten. Im Extremfall existiert pro Anwendung ein eigener Satz von Festlegungen. Der andere Extremfall tritt ein, wenn die Anwendung zu allgemein gewählt wird, da dann Anwendungen nicht sinnvoll realisiert werden können.

- Festlegung aller benötigten Funktionen und Vereinbarungen in Profilen, die mindestens notwendig sind, um die gewählten Anwendungen verwirklichen zu können. Festlegungen, die nicht für die gewählte Anwendungsklasse notwendig sind, sollten vermieden werden. Dabei gilt jedes Profil nur für eine Klasse von Anwendungen.

- Überprüfung der Profile und Spezifikationen auf Vollständigkeit und Widerspruchsfreiheit. Vorteilhaft ist hierbei die Verwendung von rechnergestützten Werkzeugen, sowohl bei der Erstellung wie auch bei der Validierung.

- Durchführung von *Konformitätstests* gegenüber den Kommunikationsstandards und den Profilen. Hierbei ist vor allem auch das systematische Testen von Fehlersituationen von Bedeutung (invalid behavior tests).

Bei geeigneter Wahl der Anwendungen und Profile sowie der Durchführung eines vollständigen Konformitätstests ergibt sich, daß die getesteten Geräte bezüglich der genannten Anwendungsklasse mit anderen, gleich getesteten Geräten interoperabel sind. In der Praxis ist es jedoch nicht möglich, diese Schritte vollständig zu durchlaufen. Daher hat es sich als sinnvoll erwiesen, abschließend einen Systemtest in einer festgelegten Anlage durchzuführen. Dieser Test kann jedoch keinesfalls die zuvor beschriebenen Schritte ersetzen, sondern sie nur ergänzen. Eine solche Anlage wird als *Multi-Vendor-Anlage* bezeichnet. Sie besteht aus mehreren Geräten verschiedener Hersteller, die zusammen eine beispielhafte Anwendung realisieren. Zur Überprüfung eines Gerätes wird der Prüfling im Austausch mit dem Gerät eines anderen Herstellers in die Anlage eingebracht und danach überprüft, ob die Anlage ihre Anwendung weiter fehlerfrei ausführen kann. Dabei wird vorwiegend das Verhalten eines Gerätes unter normalen Betriebszuständen verifiziert.

Um einen Markt für offene, interoperable LonWorks-basierende Systeme zu schaffen, hatte Echelon die Gründung einer weltweiten Organisation für Hersteller, Systemintegratoren und Nutzer zeitgleich mit der Einführung von LonWorks vorgesehen, die LonMark Interoperabitlity Association. Die LonMark Interoperability Association definiert Interoperabilität als „Eigenschaft, Produkte von vielen Herstellern in flexible, funktionale Systeme zu integrieren, ohne die Notwendigkeit, kundenspezifische Hardware, Software oder Werkzeuge zu entwickeln“.

In Arbeitsgruppen, den sogenannten Task Groups, werden für verschiedene Anwendungen „Empfehlungen“ erarbeitet, die bestimmte System- oder Geräteeigenschaften beschreiben und festlegen, so daß die Wahrscheinlichkeit der Interoperabilität erhöht wird. Diese Empfehlungen werden als „Functional Profiles“ von der jeweiligen Arbeitsgruppe veröffentlicht. Die zur Zeit vorhandenen Arbeitsgruppen sind in Tabelle 10-2 dargestellt.

Tabelle 10-2: *Task Groups der LonMark Interoperability Association*

Task Group	**Bedeutung**
Fire	Feueralarmsysteme
Network Management	Netz Verwaltungssysteme
Home/Utility	Hausautomationssysteme
Petrol Station	Tankstellensysteme
HVAC	Gebäudeautomationssysteme
Refrigeration	Kühlanlagen
Industrial	Industrielle Anwendungen
Security	Sicherheitssysteme
Intrinsic Safety	eigensichere Systeme
Sunblinds	Jalousiesteuerungen
Lighting	Beleuchtungsanlagen
System Integration	Systemintegration

Durch den Einsatz dieser Profile wird die Wahrscheinlichkeit eines fehlerfreien Zusammenarbeitens von Geräten und Systemen verschiedener Hersteller erhöht, was wiederum dazu führen kann, daß erfolgreich eingesetzte Profile für bestimmte Realisierungen fast den Charakter eines Standards erhalten können.

Werfen wir einen Blick auf die Voraussetzungen, die gegeben sein müssen, wenn ein LonWorks-Dimmer des Herstellers A eine LonWorks-Lampe des Herstellers B ansteuern soll, und was dabei zu beachten ist.

10.4 Konformität und Interoperabilität bei LonWorks

Konformität bei LonWorks bedeutet, daß das betrachtete Produkt den Protokollspezifikationen von LonTalk entspricht. Man kann daher diesen Knoten in das Feldbussystem integrieren, ohne daß hierdurch die Kommunikation zwischen anderen Knoten gestört wird, weil z. B. ein Spannungspegel nicht stimmt. Der einfachste Weg um Konformität zu erlangen, ist einen Mikrocontroller zu verwenden, der das LonTalk-Protokoll On-Chip hat und für den der Hersteller bereits den Nachweis der Konformität erbracht hat.. Der Neuron-Chip hat das Protokoll als Firmware unveränderbar implementiert, so daß dessen Konformität auf das gesamte Gerät übertragen werden kann. Man kann ihn als Host verwenden und seine Applikation direkt auf dem Neuron-Chip ausführen lassen oder ihn lediglich als Busankoppler verwenden, der dem eigentlichen Hostsystem Kommunikationsmöglichkeiten bereitstellt.

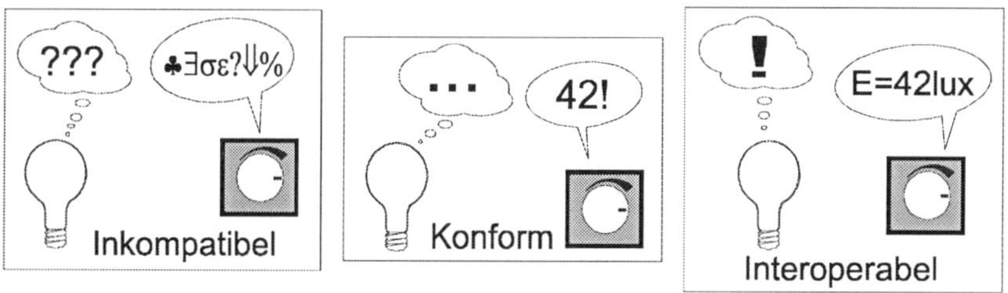

Bild 10-2: *Interoperabilität*

Die Protokollspezifikationen beschreiben jedoch verschiedene Möglichkeiten, wie zwei Geräte Daten miteinander austauschen können. Daher kann Konformität allein keineswegs gewährleisten, daß unser Dimmer die Lampe auch ansteuern kann (siehe Bild 10-2). Lampe und Dimmer müssen sich hierzu auf dieselbe Form des Datenaustausch einigen (d. h. *interconnectable* sein), die übertragenen Daten gleich interpretieren (d. h. *interworkable* sein) und sich zusätzlich darüber einig sein, welche Funktionen durch die Übertragung ausgelöst werden soll. Letzteres erst gewährleistet, daß die beiden Feldbusknoten interoperabel sind und so die Kommunikation zwischen ihnen sinnvoll ist. Die LonMark Interoperability Guidelines stellen eine Basis dar, auf der LonMark-Profile aufbauen können, die Interoperabilität gewährleisten.

10.4.1 Interoperabilität des Physical Layer

Die Interoperabilität eines LonWorks-Knoten in Hinblick auf Schicht 1 des OSI-Modells steht und fällt mit der Auswahl der verwendeten Transceiver. Dabei ist darauf zu achten, daß alle Geräte dieselbe Übertragungstechnik und Übertragungsrate verwenden und die Transceiver selbst konform sind.

In [LM_L194] werden eine Reihe LonMark-zertifizierter Transceiver aufgelistet und beschrieben, für die die Konformität nachgewiesen wurde:

- Transformer-Coupled Twisted Pair (TP/XF-78, TP/XF-1250)
- Twisted Pair (TP-RS485-39)
- Power-Line (PLT-10-DIFF, PLT-10-COMM)
- Link Power Twisted Pair (LPT-10-78)

Dabei werden Bitrate, Knotenanzahl und andere Leistungsmerkmale angegeben. Außerdem werden die Verlegungsart und andere hardwarespezifische Eigenschaften wie Abschlußwiderstände, EMV-Bedingungen und Temperaturbereiche genannt.

10.4.2 Interoperabilität der Layer 2 bis 6

Im Falle des Neuron-Chips gibt es eine Reihe von Channel-Parametern (preamble, beta1-time, beta2-time) die bei zwei interoperablen Knoten übereinstimmen müssen. Für die LonMark-zertifizierten Transceiver (siehe Abschnitt 10.4.1) gibt es bereits Tabellen, in denen alle Parameter vordefiniert sind, um sie mit dem LonBuilder-System zu verwenden. Zudem kann man sie mit einer #pragma-Direktive in Neuron C beeinflussen (siehe [NeuronC 95] und [LonTech 95]).

Zusätzlich werden noch Vorschriften zur Größe der Input Network Buffer (mindestens 66 Bytes, um Network Management Messages empfangen zu können) und der Output Network Buffer (so groß, damit das längste Paket der Applikation gesendet werden kann) gemacht. Die 66 Byte-Grenze ist auch für den Acknowledge- bzw. Request-response-Mechanismus von Bedeutung: Pakete, die länger als 66 Bytes sind, können nur Unacknowledged behandelt werden.

10.4.3 Interoperabilität des Application Layer

Der Grundbaustein der Schicht-7-Interoperabilität bei LonWorks ist das Konzept der Netzwerkvariablen (NV). NVs sind ein komfortabler Weg, Daten zwischen verteilten Anwendungen auszutauschen. Der Neuron-C-Programmierer, der NVs verwendet, braucht sich in keiner Weise um die Mechanismen der Kommunikation oder des Netzwerks zu kümmern, er schreibt und liest lediglich NVs. Diese werden gemeinsam mit Adreßinformationen und diversen anderen Attributen (Priorität, etc.) ins Netz gestellt und von den zugehörigen Knoten empfangen. NVs werden automatisch versendet und aktualisiert, worauf Prozeduren reagieren und aufgerufen werden können. Man muß die NV bloß korrekt definieren und die entsprechenden logischen Verbindungen (Bindings) zwischen den einzelnen NVs der Knoten herstellen (siehe Bild 10-3). Dieses Binding erfolgt durch Network-Management-Tools und kann nachträglich jederzeit verändert werden. Die Applikationen bleiben davon völlig unbehelligt. So kann man zum Beispiel einen interoperablen Temperatursensor der Klimaanlage zusätzlich mit einem Informationsknoten verbinden, der dann die Temperatur auf einem Display anzeigt. Die Originalapplikation berührt das nicht, und die Netzauslastung bleibt gleich. Verteilte Anwendungen finden dadurch ein bequemes Kommunikationsmittel, das wie eine normale Variable benutzt werden kann.

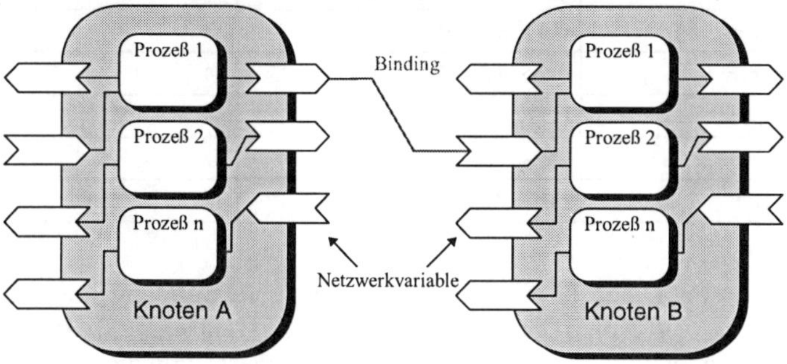

Bild 10-3: *Bindings*

Interoperable Kommunikation setzt aber voraus, daß Sender und Empfänger einander vollständig verstehen. Der Typ der NV muß im Sender und im Empfänger gleich sein. Wenn der Sender seinen Temperaturwert im 2er-Komplement codiert und der Empfänger eine BCD-Zahl erwartet, dann wird das gewisse Probleme aufwerfen, selbst wenn beide Werte z. B. 16 Bit-breit sind und beide Werte eine Temperatur darstellen. Dieses Problem wäre zwar keines der Übertragung, aber eines der Interpretation des Wertes. Aus diesem Grund wurden für zahlreiche physikalische Größen Standardnetzwerkvariablentypen (SNVTs) geschaffen, die die Einheit des übertragenen Wertes und dessen Format implizit beinhalten (siehe Bild 10-4).

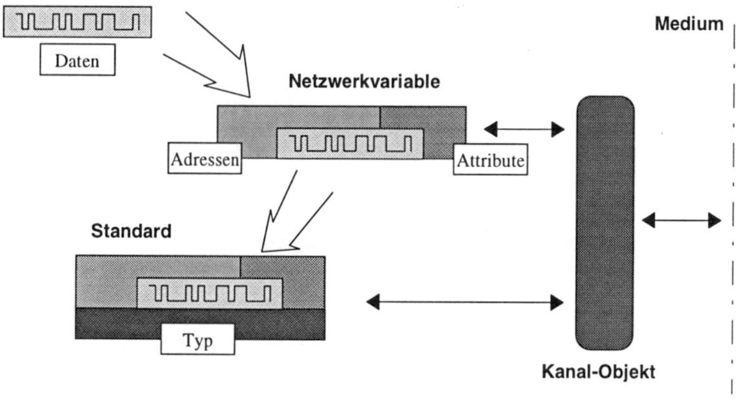

Bild 10-4: *Von Daten zu SNVTs*

So gibt es z. B. einen SNVT für die relative Luftfeuchtigkeit, für den Leistungsfaktor cos φ, für den Zustand eines Telephons, etc. (siehe Tabelle 10-3).

Tabelle 10-3: *Beispiele für SNVTs*

Größe	Name	Bereich (Auflösung)	SNVT#
Masse	SNVT_mass	0..6553.5g (0.1g)	23
	SNVT_mass_kilo	0..6553.5kg (0.1kg)	24
Geschwindigkeit	SNVT_speed	0..6553.5m/s (0.1m/s)	34
	SNVT_speed_f	-1E38..1E38m/s	62
Spannung	SNVT_volt	-3276.8..3276.7V (0.1V)	44

Die Verwendung standardisierten Typen ist für eine interoperable Anwendung unerläßlich. Kommerzielle LonWorks Software (LonWorks-DDE-Server [LonMan 95], Protokollanalysator und ähnliches) unterstützt SNVTs. Es besteht zwar die Möglichkeit, jeden beliebigen Variablentyp (Integer, Boolean, etc.) für eine Netzwerkvariable zu verwenden, was aber ein klares Indiz für einen unüberlegten Systementwurf darstellt. Mit SNVTs werden nur noch Engineering-Werte versendet, die jeder versteht. Es wird nicht der 16-bit-Wert, den ein A/D-Wandler an einen Knoten liefert, übermittelt, sondern der kalibrierte, gefilterte, linearisierte, formatierte und mit einer physikalischen Einheit versehene Wert. Bei unserem Dimmer würde man zum Beispiel 200 lux an die Lampe verschicken, die dann diesen Wert einstellt. Es wird nicht 74 % oder gar 88° Phasenanschnitt versendet, sondern der Benutzerwunsch in Engineering-Werten (Bild 10-5). Jede protokollanalysierende Software kann somit die übertragenen Daten im Klartext erkennen und darstellen.

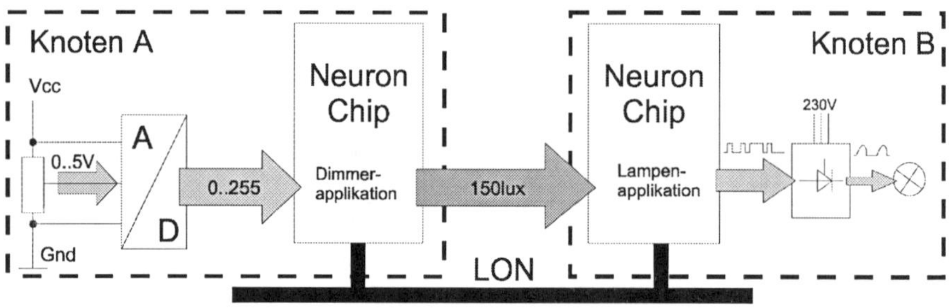

Bild 10-5: *Engineering-Werte werden versendet*

Die standardisierten Netzwerkvariablen und ihre Typen geben aber keinerlei Auskunft darüber, welchem Prozeß sie zugehörig sind. Eine übertragene Temperatur kann der Sollwert für einen Regler sein, aber genausogut der Meßwert eines Temperaturfühlers. Selbst wenn die Quelle der NV bekannt ist, kann man ohne detaillierte Dokumentation bzw. Beschreibung des Knotens keinerlei Aussage über dessen Funktion treffen. Ein interoperabler Knoten muß somit durch seine Definition und sein Interface bereits einen Hinweis auf seine Funktion und seine Anwendungsmöglichkeiten geben. Zu diesem Zweck wurde, basierend auf dem Konzept der Netzwerkvariablen, ein System erarbeitet, um eine verteilte Anwendung durch Anwendungsobjekte zu beschreiben.

10.4.3.1 Anwendungsobjekte

Einen LonMark-konformen Knoten mit mehreren Anwendungsobjekten zeigt Bild 10-6. Dies ist die übliche grafische Beschreibung einer Schnittstelle auf der Ebene der Anwendungsschicht, so präsentiert der Knoten sein Kommunikationsmodell den anderen Knoten gegenüber.

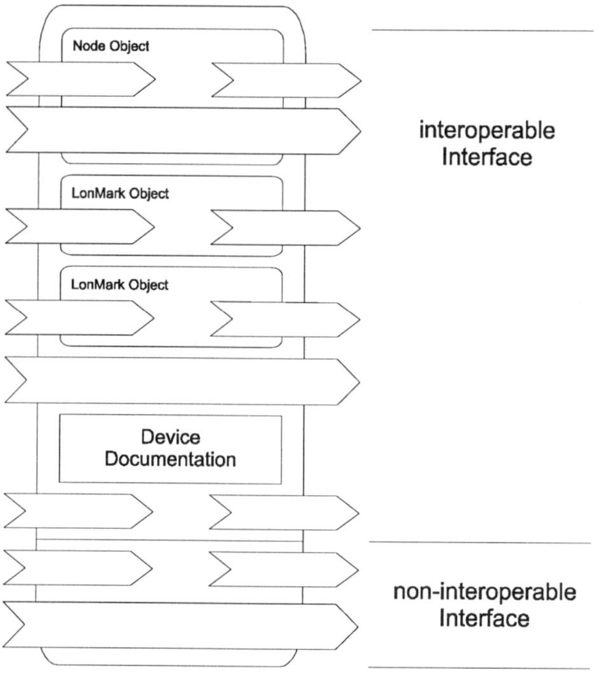

Bild 10-6: *Application Layer Interface*

Das Network Interface eines interoperablen Knotens besteht aus

- dem Node Object (für den Knoten an sich zuständig, LonMark Object#0),
- diversen anderen LonMark Objects (die Anwendungsobjekte),
- den Configuration Properties (für die Parametrisierungsdaten),
- der Device Documentation
- verschiedenen zusätzlichen NVs, deren Typen SNVTs sein müssen.

Die LonMark Objects repräsentieren Kommunikationsobjekte, die von den Applikationen genützt werden. Es gibt 5 verschiedene Anwendungsobjekte:

- Open Loop Sensor Object,
- Closed Loop Sensor Object,
- Open Loop Actuator Object,
- Closed Loop Actuator Object,
- Controller Object.

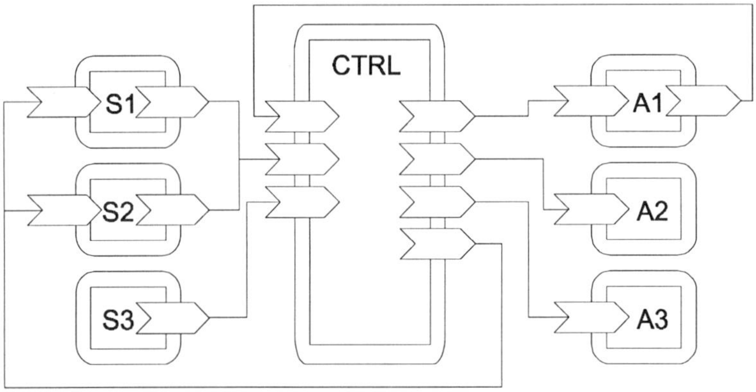

Bild 10-7: Verbundene Anwendungsobjekte

Mit diesen 5 Objekten lassen sich beliebige Anwendungsfunktionen realisieren. Die Sensor und Actuator Objects befassen sich mit Fragen des I/Os, die Control Objects stellen deren Verbindung her (Bild 10-7), berechnen die Reaktionen auf bestimmte Inputs, beinhalten Ablaufsteuerungen und anderes.

Die Anwendung und die Anpassung der Objekte an die Realität ergibt dann ein LonMark-Profil. Die genauere Beschreibung der LonMark Objects läßt sich [LM_App 96] entnehmen. Es folgt ein kurzer Überblick der LonMark-Objekte

Node Object, Object Type 0

Das Node Object (Bild 10-8) stellt Mechanismen zur Verfügung, die es ermöglichen, den Knoten als ganzen zu analysieren und zu beeinflussen. Es verwaltet alle anderen Objekte des Knotens und tritt in einem Knoten nur einmal auf. Es enthält keine Applikation, sondern kümmert sich einzig und alleine um den Knoten. Zu seinen Aufgaben zählen z. B. Network-Management-Funktionen, Statusberichte und das Wechseln in verlangte Objektmodi.

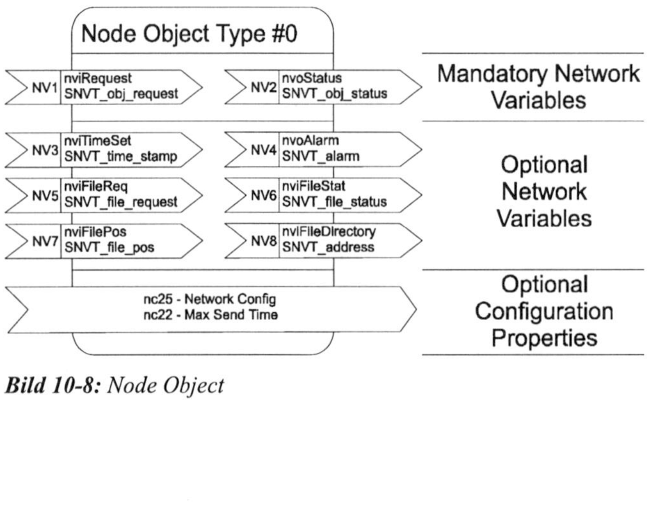

Bild 10-8: Node Object

So reagiert der Knoten zum Beispiel auf ein empfangenes RQ_UPDATE_STATUS in der Netzwerkvariable nviRequest mit einem Auffrischen des Wertes in nvoStatus, was zum Beispiel einen mechanischen Fehler anzeigen kann. Die Wertebereiche der Netzwerkvariablen und deren Verwendung sind in [Lon_SNVT 95] und [LM_App 96] beschrieben.

Sensor Object, Open and Closed Loop

Das Sensor Object findet bei allen Arten von Sensoren Anwendung, wie zum Beispiel Temperaturfühlern, Drucksensoren, Winkelgebern und selbst bei digitalen Eingängen. Der Ausgang kann entweder zu einem Actuator Object oder zu einem Control Object führen.

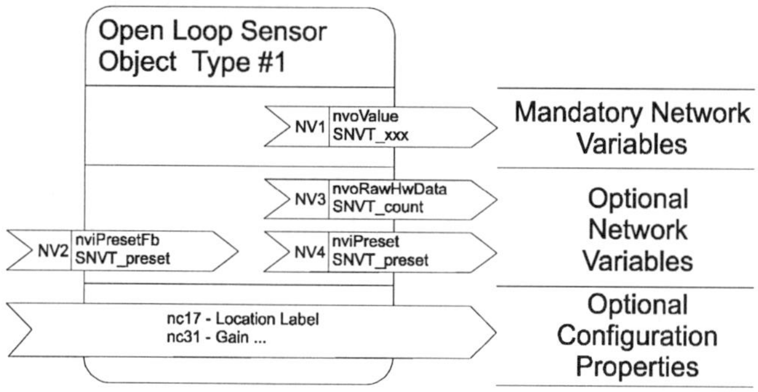

***Bild 10-9:** Open Loop Sensor Object*

Das Open Loop Sensor Object (Bild 10-9) wird für typische Sensoranwendungen verwendet. So kann ein Heizkörper in einem Raum im Netz als Aktorknoten erscheinen und ein Thermostat als Control Object. Der Thermosensor brauchte hier lediglich mit dem Control Object verbunden zu sein, um ihm den Ist-Wert der Temperatur zu liefern.

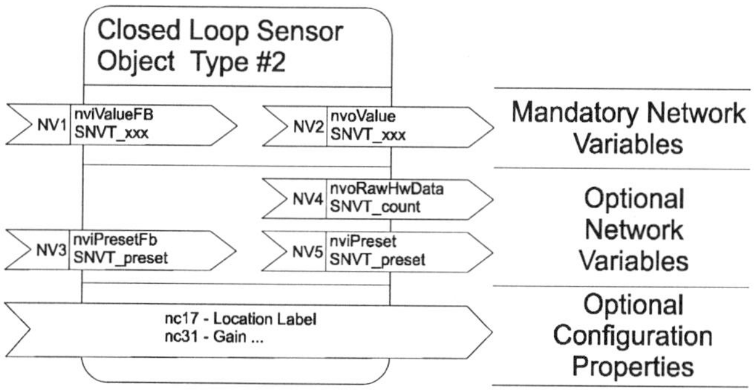

***Bild 10-10:** Closed Loop Sensor Object*

Das Closed Loop Sensor Object (Bild 10-10) hat zusätzlich noch Eingänge für eine Rückkopplungsfunktion (zum Beispiel nviValueFb für Value Feedback), die im Fall von mehreren Quellobjekten eine Synchronisierung und eine korrekte Reihenfolge der Nachrichten ermöglichen.

Man denke sich mehrere Sensoren, die einen Aktor beeinflussen, wie beispielsweise mehrere Taster eine Lampe. Die Taster schicken entweder „ON“ oder „OFF“ zur Lampe. Jeder Taster muß wissen, in welchem Zustand die Lampe gerade ist, um seine Funktion zu erfüllen. Dies kann auf zwei Arten erfolgen. Einerseits können die Tasterknoten den aktuellen Wert der Lampe erfahren, wenn diese ein Closed Loop Actuator Object ist, andererseits können sie diese Information auch von den anderen Tasterknoten erhalten (Bild 10-11).

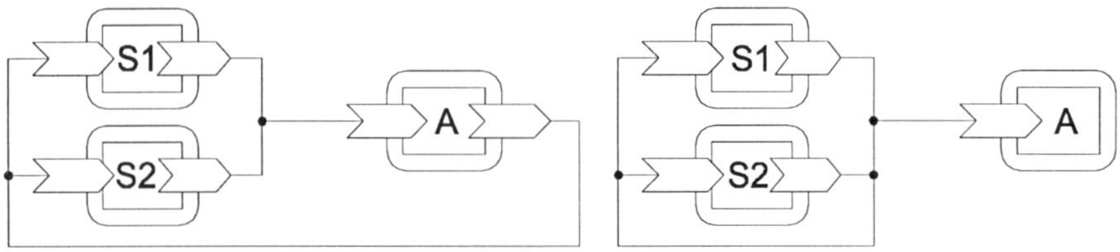

Bild 10-11: *Feedbackmöglichkeiten*

Die Tasterapplikation bleibt in beiden Fällen die gleiche. Es ändern sich lediglich die Verbindungen der Netzwerkvariablen.

Actuator Object, Open and Closed Loop

Actuator Objects steuern Ausgänge wie Motoren, Ventile, Hubmagnete, Pumpen, Strahlungsquellen und vieles mehr. Seinen Sollwert kann das Actuator Object entweder von einem Sensor Object oder einem Control Object erhalten. Ähnlich dem Sensor Object gibt es wieder einen Aktor mit offener und einen mit geschlossener Informationsschleife (Bild 10-12 und Bild 10-13).

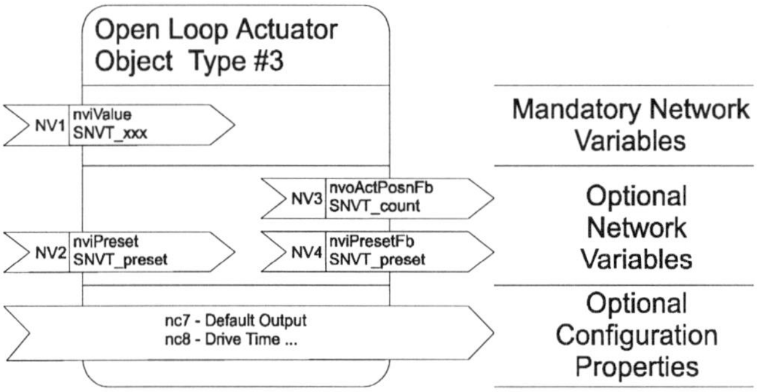

Bild 10-12: *Open Loop Actuator Object*

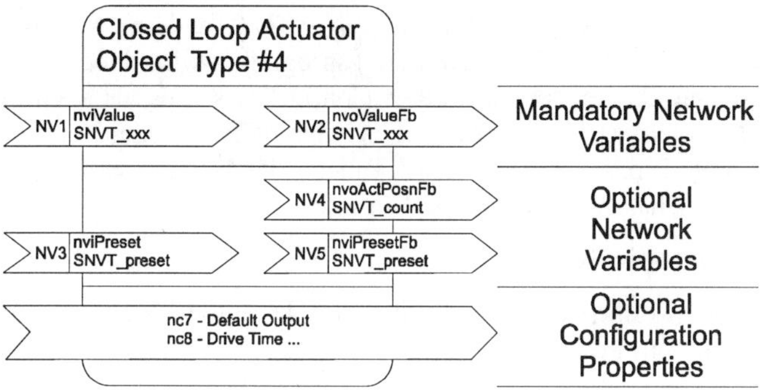

Bild 10-13: *Closed Loop Actuator Object*

Der Closed Loop Actuator erfüllt wiederum Anforderungen, die bei mehreren Sensoren bzw. Aktoren und bei Synchronisationsmechanismen vorkommen.

Controller Object

Die typische Aufgabe eines Controller Objects ist es, Sensoren mit Aktoren zu verbinden und Steuerungs- und Berechnungsaufgaben zu übernehmen. Regleralgorithmen, Abläufe und jede Art von abzuarbeitenden Programmen können hier untergebracht werden.

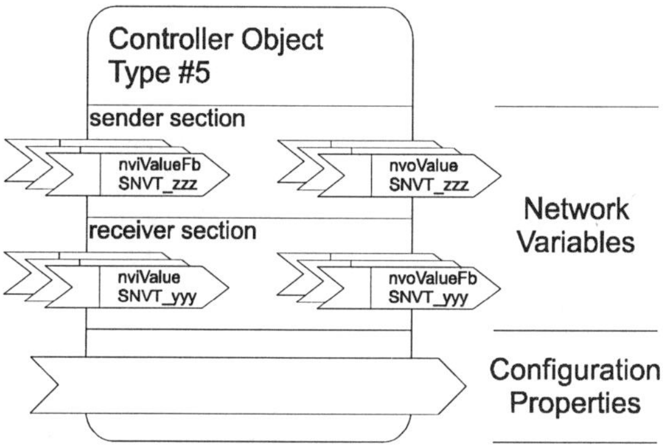

Bild 10-14: *Controller Object*

Als sinnvolles Minimum der Netzwerkverbindung muß ein Controller Object eine NV als Ausgang haben. Alle weiteren NVs sind optional. Das Control Object wird dabei in 2 Teile (Sections) unterteilt. Die Sender Section (Bild 10-14) steuert Aktoren an und überwacht deren Feedback-Ausgänge, sofern welche vorhanden sind. Die Receiver Section empfängt Werte von Sensoren und bietet für Closed Loop Sensor Objects einen Feedback-Ausgang zu Synchronisationszwecken an.

10.4.3.2 Configuration Properties

Die Configuration Properties ermöglichen es dem Anwender, die Funktion des Knotens zu beeinflussen, ohne den Knoten durch einen Code-upload o. ä. zu verändern. Man parametrisiert lediglich die Applikation neu und kann so den Alarmwert eines Temperatursensors für einen Wohnraum von $T_{MAX} = 45$ °C auf $T_{MAX} = 7$ °C ändern, weil der Sensor für einen Kühlschrank benötigt wird. Das Anwendungsprogramm wird dabei nicht verändert. Die Konfigurationsdaten können sowohl mittels Config Class NVs als auch in Form von Configuration Parameters (CPs) übertragen werden. CPs werden mittels Standard Configuration Property Types (SCPTs, siehe Tabelle 10-4) [Lon_SCPT 95] definiert. Die Verwendung von CPs hat drei wesentliche Vorteile:

- CPs können beliebig lang sein. NVs haben maximal 31 Bytes.
- CPs haben einen höheren Informationsgehalt, da deren Definition bereits deren Verwendungszweck und -art beschreibt.
- Die Verwendung von NVs verringert die Anzahl der am Knoten verfügbaren NVs (max. 63).

Tabelle 10-4: *Beispiele für SCPTs*

Configuration Property	**SCPT**	**Äquivalenter SNVT (SNVT#)**	**SCPT#**
Drive Time	SCPT_drive_t	SNVT_elapsed_tm (87)	8
Location Label	SCPT_location	SNVT_str_asc (36)	17
Send on Delta	SCPT_snd_delta	SNVT_xxx	27
Gain	SCPT_gain	SNVT_muldiv (91)	31
Max Send Time	SCPT_max_snd_t	SNVT_elapsed_tm (87)	22
Network Config	SCPT_nwrk_cnfg	SNVT_config_src (69)	25

Größere Konfigurationsdatenmengen werden mit dem LonTalk File Transfer Protocol übertragen. Damit werden das Configuration Parameter Template File und das Configuration Parameter Value File durch ein Installations-Tool vom Knoten gelesen und zum Knoten geschrieben.

10.4.3.3 Device Documentation

Die Device Documentation bietet an, den Knoten selbstdokumentierend zu gestalten. Die sprachunabhängige Dokumentation beinhaltet den Hersteller, den Typ des Gerätes, die eindeutige Neuron-ID, Funktionsprofile, die der Knoten unterstützt, die verwendeten LonMark-Objekte, deren Objekttyp und mehr. Diese Informationen werden in einem External Interface File (XIF) gesammelt und ermöglichen eine reibungslose Installation.

Node Self Documentation:

Mit einer #pragma-Anweisung (eine Neuron-C-Direktive) kann man einem Neuron-Chip einen Node Self Documentation String zuweisen, der folgende Form haben kann:

```
#pragma set_node_sd_string "&3.0@0, 1Tinnen, 1Taussen, 4Heiz, 5;
Inst-Text"
```

„&3.0@" bedeutet Objektbeschreibung laut Interoperability Guidelines V3.0. Danach folgt eine Auflistung der verwendeten Objekte (ein Node Object: Type#0, zwei Open Loop Sensor Objects: Type#1 etc.), die auch Namen in Form von ASCII-Text (z. B. Tinnen für die Bezeichnung eines Temperaturfühlers in einem Raum) beinhalten kann. Danach kann ein beliebiger Text folgen, der für die Installation genutzt werden kann.

Um eine sprachunabhängige Dokumentation zu bieten, kann man statt des ASCII-Namens auch einen Zeiger auf eine Zeile in einem sprachunabhängigen Resource File anführen.

Außerdem gibt es eine Standard Program ID, die den Hersteller und das Gerät an sich identifiziert:

```
#pragma set_std_prog_id fm:mm:mm:cc:cc:ss:ss:nn
```

„fm" gibt das Format des Strings an und mm die Manufacturer ID, die von der LonMark Interoperability Association vergeben wird. Danach folgen Device Class, Device Subclass und Model Number. Die genauen Richtlinien dafür erhält man über die LonMark-FTP-Site ftp.lonmark.org.

Der Node Location String dient der Beschreibung des physischen Ortes, an dem sich der Knoten befindet.

Network Variable Self Documentation:

Um eine Netzwerkvariable einem Knotenobjekt zuzuordnen, kann man bei der Definition der NV einen String angeben. Wenn zum Beispiel eine Netzwerkvariable der ersten NV (NVs sind laut Objektdefinition numeriert) des zweiten Objektes (laut Node Self Documentation String) entspricht, würde der sd_string folgendermaßen lauten:

```
network input sd_string ("@2|1;Tinnen") SNVT_temp nviValue
```

Zusätzlich kann man auch Configuration Network Variables mit sd_strings versehen, die auf SCPTs verweisen.

11 Profile

In vielen Fällen ist die Anzahl der Dienste, die ein Protokoll der Schicht 7 des ISO/OSI-Referenzmodells zur Verfügung stellt, erheblich umfangreicher, als sie der Anwender für seine Applikation braucht. Auch besteht die Möglichkeit, daß dieselbe Anwendungsfunktion über verschiedene Dienste realisiert wird, so daß ein Zusammenarbeiten (interworking) der beiden Partner erschwert oder sogar unmöglich wird. Sollen nun verschiedene offene Kommunikationssysteme, die auf demselben Kommunikationsstandard basieren, erfolgreich miteinander arbeiten, so müssen detaillierte Verabredungen getroffen werden, um den Anforderungen der Anwendung gerecht werden zu können (siehe auch Kapitel 10); diese Verabredungen werden „Profile" eines Stapels von Protokollen genannt.

In diesem Kapitel werden die Profile und ihre verschiedenen Arten erläutert, der aktuelle Stand der LonMark-Profile vorgestellt und der Aufbau der Profile an einem Beispiel erläutert.

11.1 Profil und Standard

Es gibt drei Kriterien, die die Beziehung zwischen einem Standard und einem ihm zugehörigen Profil kennzeichnen: Auswahl, Beschränkung und Konformität.

Ein Profil ist eine Auswahl aus einem oder mehreren Standards, die für eine gegebene Anwendung in einer gegebenen Umgebung am besten geeignet ist. Dabei können die Optionen des Standards benutzt und für das Profil vorgegeben werden.

Ebenso ist ein Profil eine Beschränkung von Diensten, Objekten, Parametern usw. eines Standards, um die Auswahlmöglichkeiten für die Realisierung von bestimmten Funktionen zu verringern und damit die Wahrscheinlichkeit des erfolgreichen Zusammenarbeitens zwischen verschiedenen Systemen zu erhöhen. Diese Beschränkungen dürfen natürlich nicht dem zugrundeliegenden Standard widersprechen.

Anforderungen an die Konformität eines Profils sind wesentlich detaillierter und eingeschränkter als bei dem entsprechenden Standard selbst. Der Konformitätstest eines Profils muß jedoch losgelöst von dem Konformitätstest des Standards betrachtet werden, weil zwar der erfolgreiche Test des Standards Voraussetzung für den erfolgreichen Test des Profils ist, aber nicht umgekehrt.

11.2 Klassen von Profilen

Für den Bereich Automationstechnik werden Profile häufig in die Klassen Schnittstellen-, Geräte-, Anwendungs- und Branchenprofile eingeteilt.

Schnittstellen-Profile legen nur das Interface zwischen der Bitübertragungsschicht und dem Übertragungsmedium fest. Sie betreffen also nur die Bitübertragungsschicht und eventuell die Teilschicht 2a, den Medium Access Layer. Geräteprofile beschreiben das Verhalten eines bestimmten Gerätes aus Sicht der Kommunikation; sie sind daher sehr spezifisch und müssen Änderungen des Gerätes immer angepaßt werden.

Ein Anwendungsprofil beschreibt ein komplexes Gerät oder eine einfache Anwendung bestehend aus mehreren Geräten. In der LonMark Interoperability Association wird in den verschiedenen Arbeitsgruppen hauptsächlich diese Art von Profilen spezifiziert; sie werden dort „Functional Profiles“ genannt. Ein Branchenprofil spezifiziert die Dienste, Objekte, Parameter usw. eines Kommunikationssystems für eine Menge von Anwendungen, die typisch für eine Branche sind, wie z. B. die Gebäudeautomation. Zusätzlich werden anwendungsspezifische Vereinbarungen über die Bedeutung der Kommunikationsfunktionen sowie die Interpretation von Status- und Fehlermeldungen getroffen.

11.3 LonMark Functional Profiles

Wie im vorigen Abschnitt bereits erwähnt, gehören die LonMark Functional Profiles zur Gruppe der Anwendungsprofile. Sie beschreiben applikationsspezifische Objekte mit bestimmten Funktionalitäten. Mit Hilfe dieser Profile sollen komplexere Geräte und Anwendungen wie aus Bausteinen zusammengestellt werden können. Dies ist zum einen einfacher, als ein Gerät vollständig neu zu spezifizieren, und erhöht zum anderen die Wahrscheinlichkeit des fehlerfreien Zusammenarbeitens der verschiedenen Komponenten.

11.4 Profile im LonTalk-Protokoll

Die Profile im LonTalk-Protokoll der Anwendungsschicht basieren auf sechs Objekttypen, nämlich Node Object, Open Loop Sensor Object, Closed Loop Sensor Object, Open Loop Actuator Object, Closed Loop Actuator Object und Controller Object. Die Objekte sind in der Tabelle 11-1 aufgelistet.

Die Objekte bestehen aus *Standard Network Variable Types* (*SNVT*), die in Sender- und Empfängergruppen aufgeteilt werden, wobei eine Sendergruppe mit einem Sensorobjekt verbunden ist und eine Empfängergruppe mit einem Aktorobjekt. Diese Objekte sind sehr allgemein gehalten und können in allen möglichen Anwendungsbereichen eingesetzt werden.

Tabelle 11-1: *Liste der Standardobjekte*

Standardobjekte	**Verwendungszweck**
Node Object	Beobachtung von Funktionen innerhalb eines Knotens; Abfrage von Status- und Alarminformationen
Open Loop Sensor Object	Erfassende Geräte, Messung absoluter Werte ohne Rückmeldung (z. B. Temperatursensoren, digitale Kontakte)
Closed Loop Sensor Object	Erfassende Geräte mit Rückmeldung, Kontrolle eines Aktorobjekts durch mehrere Sensorobjekte oder umgekehrt
Open Loop Actuator Object	Agierende Geräte ohne Rückmeldung (z. B. Motoren, Ventile)
Closed Loop Actuator Object	Agierende Geräte mit Rückmeldung
Controller Object	Regelalgorithmen

Um jedoch speziellen Anforderungen aus bestimmten Bereichen, wie zum Beispiel der Gebäudeautomation, genügen zu können, und um die Wahrscheinlichkeit eines erfolgreichen Zusammenarbeitens von verschiedenen Herstellersystemen zu erhöhen, ist es sinnvoll, Profile für diese Anwendungen zu spezifizieren. Innerhalb der LonMark Interoperability Association wurden bereits einige Profile, sogenannte Functional Profiles, definiert, die in der Tabelle 11-2 aufgelistet sind.

Tabelle 11-2: *LonMark-Profile*

Functional Profile	**Nummer**	**Status**
Analog Input	0520	Version 1.0
Analog Output	0521	Version 1.0
Temperature Sensor	1040	Version 1.0
Relative Humidity Sensor	1050	Version 1.0
CO_2 Sensor	1070	Version 1.0
VAV Controller	8010	Version 1.0
Fan Coil Unit (FCU)	8020	Version 1.0
Roof Top Unit (RTU)	8030	Version 1.0
Chiller	8040	Version 1.0
Heat Pump with Temperature Control	8051	Version 1.0
Thermostat	8060	Version 1.0
Damper Actuators	8110	Version 1.0

Während die Profile Analog Input und Analog Output in Tabelle 11-2 der Gruppe der industriellen Profile (Industrial Profile) zuzuordnen sind, gehören die unteren Profile in den Bereich Gebäudeautomation, d. h., sie wurden von der LonMark Task Group HVAC erarbeitet und verabschiedet.

Die in der Tabelle aufgeführten Profile sind mit Sicherheit noch nicht die letzten gültigen Versionen. Aber die Anwendung dieser Profile in der Praxis wird eventuelle

Schwachstellen und Fehler aufdecken und zu Verbesserungen beitragen. Wegen der relativ kurzen Zeit, in der die Profile erstellt worden sind, gibt es einige Profile mit sehr ähnlichen Funktionen (wie z. B. VAV Controller, Roof Top Unit und Fan Coil Unit), aber verschiedenen Variablen. Bezieht man dies auf die Definitionen in Kapitel 10, so befinden sich die Profile der LonMark Interoperability Association zur Zeit noch mehr im Bereich von „Interworkable", werden sich aber im Laufe der Zeit zum Bereich „Interoperable" hin entwickeln.

Einen weitereren Grund dafür, daß diese Profile noch nicht ihren endgültigen Stand erreicht haben, stellt auch der Umstand dar, daß z. B. ein Teil der HVAC Profile sehr genau an die Eigenschaften und Funktionalitäten bestimmter Geräte angepaßt worden ist, so daß man in diesem Fall eher von einem Geräteprofil als von einem Anwendungsprofil sprechen kann.

11.5 Beispiel eines Functional Profiles

Im folgenden wird beispielhaft ein Profil aus dem Bereich der Gebäudeautomation vorgestellt. In diesem Anwendungsbereich wird das LonTalk-Protokoll häufig in Einzelraumregelsystemen eingesetzt, in denen die klimatischen Verhältnisse eines Raumes den individuellen Bedürfnissen seiner Benutzer angepaßt werden können (zum Thema „Einzelraumregelung" und VAV-Regelung siehe [Kran 95], Kapitel 14). Eine der komplexesten Methoden dabei ist die volumenstromabhängige Luftregelung, die in der Regel durch kleine Automationsstationen bzw. Controller erfolgt. Für diesen Anwendungsfall wurde das Functional Profil 8010 mit dem Titel „VAV Control" in der LonMark HVAC Task Group spezifiziert, das im folgenden näher erläutert wird.

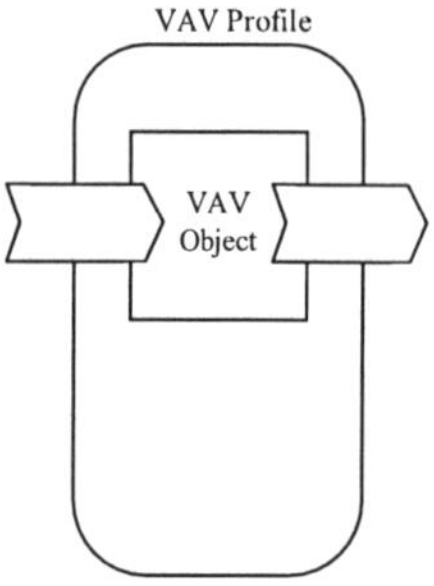

Bild 11-1: *Functional Profile VAV Controller*

Functional Profile VAV Controller

Dieses Profil beschreibt einen VAV Controller, der eigene Ein- und Ausgänge für Sensoren und Aktoren besitzt, so daß er selbständig Kontroll- und Regelfunktionen ausüben kann. Mit einem VAV-Objekt können durch Raumtemperatur-Regelung eine Lüfterklappe, ein Ventilator und Ausgänge für die Heizung geregelt werden. Ein Eingang für einen Raumtemperatur-Sensor ist zwingend notwendig. Der Sensor selbst kann entweder direkt hardwaremäßig angeschlossen oder optional im Netz vorhanden sein, wobei in diesem Fall der Eingang eine Netzvariable ist. Für die optionale Flußregelung ist ein integrierter Flußsensor erforderlich. Das VAV-Objekt kann über seine Ausgänge Lüfter, Vorwärmeinrichtungen und Ventilatoren direkt ansteuern.

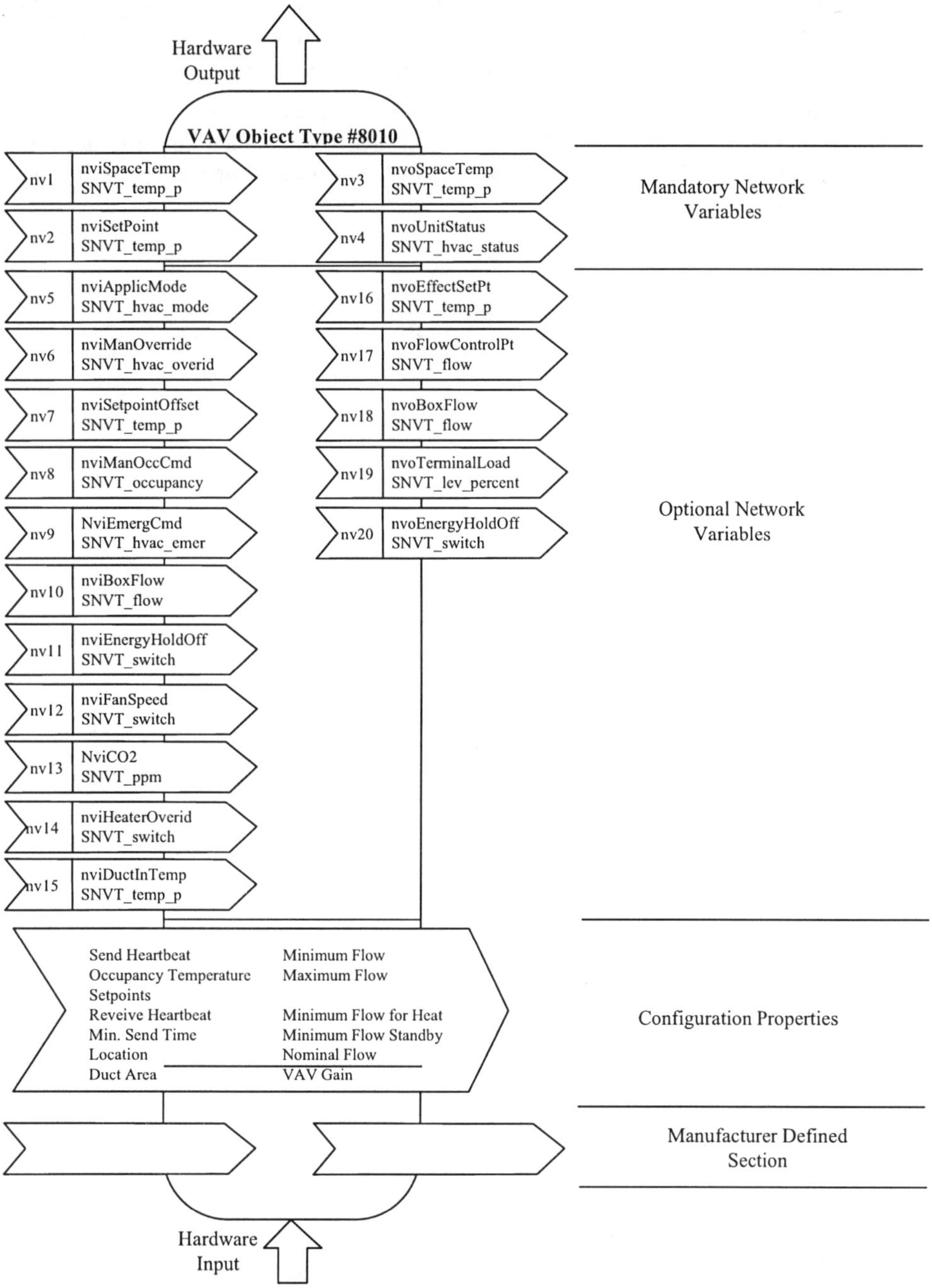

***Bild 11-2:** VAV Control mit Objekt-Details*

Im Bild 11-2 ist das VAV-Controller-Objekt mit allen Eingangs- und Ausgangsvariablen dargestellt. Das Objekt benötigt Netzwerkvariablen, davon unbedingt zwei Eingangs- und zwei Ausgangsvariablen, die übrigen optional, zwingend notwendige und optionale Konfigurationsparameter und eventuell vom Hersteller vorgegebene Informationen. Die genaue Bedeutung und Funktion der einzelnen Variablen und Parameter kann dem LonMark Functional Profile „VAV Controller" entnommen werden.

Anhand dieses Beispiels wird deutlich, wie komplexe Anforderungen aus der Automationstechnik in ein Profil für das LonTalk-Protokoll umgesetzt werden können, und somit die Grundlage für das erfolgreiche Zusammenwirken von Komponenten verschiedener Hersteller bilden können.

12 Dekomposition einer verteilten Anwendung anhand eines Beispiels

Die Dekomposition einer verteilten Anwendung beschreibt die Umsetzung der im Kapitel 1 in den Abschnitten 3 und 4 angegebenen Konzepte zur Realisierung einer dezentralen Steuerung. Als Beispiel dient eine Anwendung aus dem verfahrenstechnischen Bereich, die als Versuchsanlage im Fraunhofer-Institut IITB realisiert wurde (Bild 12-1). Diese Anlage enthält viele Teilvorgänge, wie sie in der Verfahrenstechnik vorkommen, wie z. B. Pumpen, Mischen, Erhitzen, Kühlen, Neutralisieren. Der gesamte Ablauf erfolgt in einzelnen Prozeßschritten. Die Anlage ist reich instrumentiert, das heißt, nicht alle Meßgeräte werden zur Steuerung benötigt. Die Anlage ist etwa 6 m breit, 3,5 m hoch und 1 m tief. Die Behälter B11 und B12 fassen 50 l, die Behälter B21 und B31 je 100 l. Die Pumpen haben eine Leistung von 0,55 KW bei 50 Hz, die Durchflüsse liegen bei etwa 500 bis 1200 l/h, die Drücke im Bereich von 1 bar, die Temperaturen betragen zwischen 10 °C und etwa 50 °C. Die Anforderungen an die Reaktionszeit der Steuerung sind z. T. im Sekundenbereich, teilweise aber auch im Bereich von 10 bis 100 ms. Neben der reinen Ablaufsteuerung sind zwei Regelstrecken für Durchfluß, sowie zwei kaskadierte Temperaturregelungen realisiert.

Die Anlage enthält: 7 Temperaturmeßgeräte, 4 Pegelmeßgeräte, 4 Druckmeßgeräte, 3 Durchflußmeßgeräte, 1 pH- Wertmeßgerät, 13 Magnetventile, 2 geschaltete Pumpen, 2 über Frequenzumrichter gespeiste Pumpen, 1 Durchlauferhitzer sowie einen Rührer.

Zur Prozeßbedienung und -Beobachtung ist das PC-gestützte Leitsystem Intouch von Wonderware eingesetzt. Das Leitsystem steuert keine Abläufe. Der Operator kann die Anlage in drei Modi fahren:

- automatisch: Es wird lediglich ein Startkommando ausgegeben, und die Ablaufsteuerung führt die einzelnen Prozeßschritte nacheinander durch.
- halbautomatisch: Die Ablaufsteuerung hält nach jedem Prozeßschritt an und führt den nächsten Schritt erst nach Eingabe eines Start-Kommandos durch.
- manuell: Der Operator kann die Aktoren von Hand bedienen.

12.1 Prozeßablauf

Anhand des Prozeßfließbildes (Bild 12-1) können die im folgenden Abschnitt beschriebenen Prozeßschritte nachvollzogen werden. Die Bezeichnungen der Instrumentierung sind in Tabelle 12-1 angegeben.

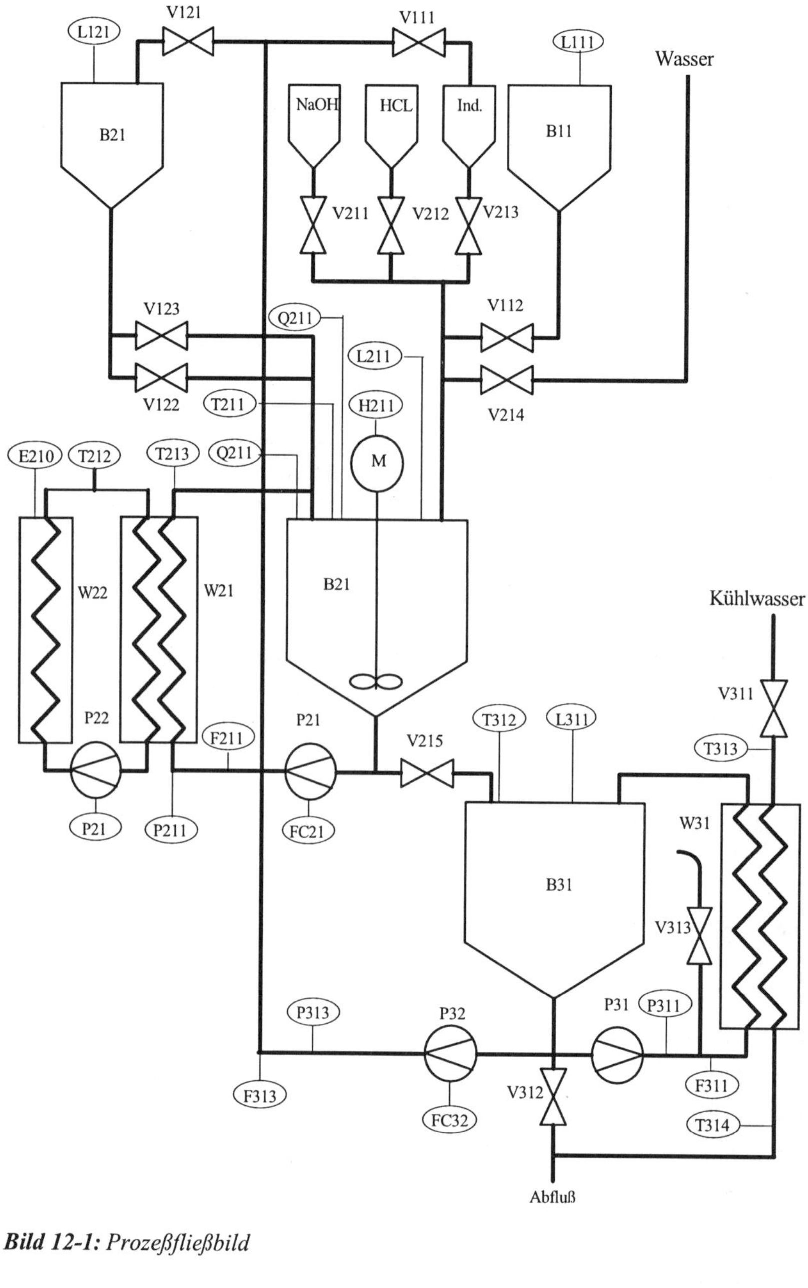

Bild 12-1: *Prozeßfließbild*

Tabelle 12-1: *Bezeichnungen der Instrumentierung der Versuchsanlage*

Bxy	Behälter		E210	Elektrischer Durchlauferhitzer		Fxyz	Durchflußmeßgerät
FCxy	Frequenzumrichter		H211	Rührer		Lxyz	Pegelmeßgerät
M	Motor		Pxy	Pumpe		Pxyz	Druckmeßgerät
Q211	pH-Wertmeßgerät		Txyz	Temperaturmeßgerät		Vxyz	Ventil
Wxy	Wärmetauscher						

12.1.1 Prozeßschritte (Aktionen)

Ausgangslage: Die Behälter B11, B12, B31 sind leer, In B21 befindet sich Wasser.

1. Prozeßschritt: Durch Nachfüllen oder Ablassen wird ein zuvor durch das Leitsystem vorgegebenes Volumen Wasser in B21 hergestellt.

2. Prozeßschritt: Die Hälfte des Volumens in B21 wird nach B11 gepumpt.

3. Prozeßschritt: Der Rest in B21 wird nach B12 gepumpt.

4. Das Wasser in B11 wird nach B21 abgelassen.

5. Prozeßschritt: Durch Zugabe von NaOH wird basisches Wasser (pH-Wert ≈ 9,5) hergestellt.

6. Prozeßschritt: Der Inhalt von B21 wird nach B11 gepumpt.

7. Prozeßschritt: Es wird mit frischem Wasser nachgespült und das Spülwasser in den Abfluß entleert.

8.-11. Prozeßschritt: Die Schritte 4 bis 7 werden analog mit B12 und HCL (pH-Wert ≈ 2,5) durchgeführt.

12. Prozeßschritt: Erst wird B11 nach B21 entleert, dann B12 zunächst mit V122 grob zudosiert, dann mit V123 fein, bis Neutralität (pH-Wert = 7,0) erreicht ist. Gleichzeitig wird die Prozeßflüssigkeit bis auf eine zuvor vom Leitsystem vorgegebene Temperatur erhitzt.

13. Prozeßschritt: B21 wird nach B31 entleert und gekühlt.

14. Prozeßschritt: Alle Prozeßflüssigkeit wird in B21 gesammelt.

Alle Prozeßschritte sind flüchtige Status, am Ende eines Prozeßschrittes erreicht die Anlage stets einen stationären Zustand. Die Aufteilung der Prozeßschritte ist willkürlich, einige Prozeßschritte wären weiter zergliederbar, aber diese „Atomisierung" wurde als nicht vorteilhaft angesehen.

12.1.2 Prozeßzustände

Jeder stationäre Zustand der Anlage ist von den Stati und Meßwerten der Instrumentierung, von Subfunktionen (z. B. Regler), dem vorhergehenden Zustand (Historie) und dem Ablauf eventueller Zeitglieder beschrieben. Jeder Prozeßschritt wird durch Ausgaben an die Aktoren eingeleitet. Die Prozeßzustände können als Graph dargestellt werden (Bild 12-2).

12.1.3 Parallele Abläufe

Innerhalb der einzelnen, im Bild 12-2 angegeben Aktionen sind zeitgleiche oder teilweise als zeitgleiche Teilabläufe identifizierbar:

- Aktion 2: Wasser in B11 pumpen, dosieren. Die Aktion enthält die Teilabläufe B21 nach B31 entleeren und das Pumpen nach B11.
- Aktion 3: entspricht Aktion 2 mit der Ausnahme, daß das Wasser nach B12 gepumpt wird.,
- Aktion 12: neutralisieren und heizen,
- Aktion 13: B21 in B31 entleeren und kühlen.

Bild 12-2: *Zustandsgraph des chemotechnischen Prozesses*

12.1.4 Funktionshierarchie

Es sind im Gesamtablauf der Steuerung an drei Stellen hierarchische Funktionsaufteilungen möglich:

- Beim Prozeßschritt 12 „neutralisieren und erhitzen" bilden der Durchlauferhitzer E210 mit seinem Aktorknoten und das Temperaturmeßgerät T212 einen Zweipunktregler, der von der Ablaufsteuerung ein- bzw. ausgeschaltet wird. Dieser Zweipunktregler übernimmt ebenfalls die Steuerung der Pumpe P22 und die Einbeziehung des Druckmessers P212 als Einschaltbedingung für E210.
- Ebenfalls im Prozeßschritt 12 wird die Durchflußregelstrecke P21 mit dem Frequenzumrichterknoten R211 als Regler und dem Durchflußmeßgerät F211 als Istwertgeber von der Ablaufsteuerung geschaltet.

- Die Pumpe P32 mit dem Frequenzumrichterknoten R321 als Regler und dem Durchflußmesser F313 wird als quasibinärer Aktor[1] von der Ablaufsteuerung geschaltet.

12.2 Elemente der Steuerung

12.2.1 Zuordnung von Knoten und Knotentypen

Die LonWorks-Technologie läßt eine sehr flexible Aufteilung von Funktionen auf reale Knoten zu. So können ohne weiteres Sensor-, Aktor- und Controllerfunktionen auf einem Knoten vereint sein. Grenzen sind aus dieser Sichtweise lediglich durch Ressourcen des Neuron-Chips gegeben. Für eine sinnvolle Aufteilung der Gesamtfunktionen einer realen Anlage auf einzelne Knoten sind also geographische Gegebenheiten oder die Einheitlichkeit von Knotentypen vielleicht die wichtigsten Entscheidungskriterien.

Im vorliegenden Fall war es opportun, alle Sensoren mit jeweils eigenen Knoten auszustatten. Dafür sprachen die jeweils vorhandenen eigenen Gehäuse zum Unterbringen der Knotenelektronik, die Entfernung zwischen den einzelnen Sensoren von einigen Metern, die gute Auslastung der Knoten speziell bei den Durchflußmeßgeräten, die zur Regelung benutzt werden, sowie bei den Pegelmessern, die sehr umfangreiche Filterungen durchführen. Außerdem sind die zur Steuerung benutzten Meßgeräte mit Funktionen wie der Erkennung bzw. Erzeugung von Ereignissen ausgestattet, die eine schnelle Reaktion erfordern. Damit verbieten sich zahlreiche und laufzeitintensive Tasks in diesen Knoten, wodurch sich die Reaktionszeit verlängern würde.

Alle in der Anlage verwendeten Aktoren sind binäre Aktoren. Da es vom Hardwareaufwand nicht vertretbar wäre, für jeden simplen binären Aktor einen eigenen Knoten zu verwenden, wurden mehrere Aktoren einem Knoten zugeordnet. So werden insgesamt drei Aktorknoten eingesetzt. Die beiden Frequenzumrichter können als quasibinäre Aktoren verstanden werden, da die Durchflußregelung in ihnen implementiert ist. Dies macht Sinn, weil dadurch die ständige Übertragung von Stellwerten über den Bus entfällt und die funktionale Schnittstelle nach außen sehr einfach wird. Die Frequenzumrichter werden deshalb von je einem eigenen Knoten (FC21, FC32)gesteuert.

Es bleiben die Ablaufsteuerung und Überwachung der Anlage. Diese Funktionen werden in eigenen Knoten implementiert, die sich in der Hardware von den anderen dadurch unterscheiden, daß sie keine physikalische Verbindung zu Prozeßein- und -Ausgaben besitzen. Sie kommunizieren ausschließlich über den Bus mit den Sensor-/Aktorknoten. Es werden drei solcher Knoten verwendet, zwei zu Steuerungszwecken und einer für die Überwachung der Anlage.

---

[1] Quasibinär bedeutet, daß der Knoten von der Steuerung zwar nur geschaltet wird, aber den zugehörigen Aktor analog ansteuert.

12.2.2 Funktionalität der Knotentypen

12.2.2.1 Sensorknoten

Alle Sensorknoten, ausgenommen die Temperatursensoren, besitzen eine analoge 4- bis 20-mA-Schnittstelle. Der eingeprägte Strom, den diese Sensoren liefern, wird mittels eines seriellen Analog-Digitalwandlers mit 12 bit Auflösung über das Neurowire-Eingabeobjekt als digitaler Rohwert in den Neuron-Chip geschrieben. Bei den Temperatursensoren wird ein eingeprägter Strom durch den als Sensorelement eingesetzten PT100 und durch einen in Reihe zum Sensor geschalteten Referenzwiderstand geleitet. Die Spannungen am Sensor und Referenzwiderstand werden mit einem Relais abwechselnd einem Spannungs-Frequenzwandler zugeführt, der eine Rechteckschwingung erzeugt, die ihrerseits über das „Pulsecount"-Eingabeobjekt im Neuron-Chip in einen Rohwert gewandelt wird. Durch das wechselweise Umschalten der Spannungen und deren Vergleich wird die Temperaturabhängigkeit des Spannungs-Frequenzwandlers eliminiert. Der Neuron-Chip übernimmt die Steuerung des Relais und die Wandlung der Eingabefrequenz in einen Temperaturwert. Diese Meßmethode und A/D-Wandlung kostet etwa 1,7 s Zeit, ist aber bei langsam veränderlichen Meßwerten wie Temperaturen anwendbar.

Die Funktionalität der Sensorknoten umfaßt:

- zyklische Wandlung des Analogwertes in einen digitalen Rohwert,
- Filterung durch Mittelwertbildung. Speziell bei den Pegelmeßgeräten (gemessen wird der Druck der Flüssigkeitssäule) findet eine Mittelwertbildung über 200 Meßwerte statt, da die Wellenbildung an der Oberfläche und Erschütterungen der Anlage sonst als Druckschwankungen interpretiert würden.
- nur bei den Pegelmeßgeräten: Umwandlung des gefilterten Druckwertes mittels einer Eichkurve in einen Volumenwert (kugelförmige Behälter),
- Umrechnung des gefilterten Rohwertes in die der zugehörigen SNVT entsprechenden Maßeinheit und Darstellung,
- „send on delta"[2],
- „max_send_time"[3] = 10 Sekunden,
- Senden einer Netzwerkvariablen (NV) als Ereignis, wenn ein zuvor übergebener Nominalwert erreicht wird. Das so detektierte Ereignis wird nur einmal gesendet, hat also nicht die typische Alarmfunktion, sondern diese Funktion ist im Zusammenhang mit der Ablaufsteuerung zu sehen, weil dadurch die Abfrage in der Ablaufsteuerung vermieden und das Steuerprogramm einfacher wird. Zusätzlich kann das „delta" in der „send on delta"-Funktion gröber eingestellt sein, da es nur noch zur Prozeßvisualisierung dient. Dies entlastet den Bus.

---

[2] Es werden dann Meßwerte übertragen, wenn sie sich vom vorher übertragenen Wert um einen Mindestbetrag (delta) unterscheiden.

[3] Darunter wird die Zeit verstanden, die höchstens verstreichen darf, ohne daß ein Meßwert gesendet wird.

12.2.2.2 Binäre Aktorknoten

Es sind insgesamt drei Aktorknoten in der Demoanlage vorhanden, die insgesamt 17 binäre Aktoren, nämlich 13 Magnetventile, zwei Pumpen, einen Durchlauferhitzer und einen Rührer ansteuern. Im Sinne einer funktionalen Dezentralisierung werden Timer-Funktionen, die sonst in der Steuerung untergebracht wären, in die Aktorknoten ausgelagert. Die Timer steuern die Verzögerungszeit, mit der die Aktoren zu bedienen sind, sowie die Dauer des Schaltzustandes. Außerdem ist der Schaltzustand (ein, aus) wählbar.

Als Beispiel sei angenommen, daß der Durchlauferhitzer nach einer Verzögerungszeit von 5 s für 20 s eingeschaltet werden soll. Der Aktorknoten läßt unmittelbar nach dem Erhalt der entsprechenden NV einen Timer von 5 s ablaufen und schaltet dann den Erhitzer für 20 s ein.

Gemäß der Strategie der Steuerung durch Ereignisse wird ein Schaltvorgang unmittelbar nach Ausführung vom Aktorknoten per NV gemeldet. Dies ist wichtig für die Steuerung, da andernfalls die beiden Timer-Funktionen in der Steuerung nicht einzusparen wären. Außerdem stellt diese Meldung eine Bestätigung auf Anwendungsebene dar. Die Aktoren selbst verfügen über keinen Mechanismus zur Bestätigung der Funktionsausführung, vielmehr wird die ensprechende Rückmeldung in der gleichen „When"-Bedingung des Aktorknotens ausgelöst, in der der Aktor geschaltet wird.

12.2.2.3 Frequenzumrichterknoten

Als Frequenzumrichter werden relativ einfache Geräte verwendet, die eine veränderbare Gleichspannung zwischen -10 V und +10 V als Steuergröße am Eingang akzeptieren und eine dreiphasige Wechselspannung am Ausgang liefern. Parameter wie z. B. Rampensteilheit sind nur über Potentiometer einstellbar und können nicht über den Knoten beeinflußt werden. Die Frequenz der Ausgangsspannung ist proportional zur Eingangsspannung, die Amplitude der Ausgangsspannung ist proportional zur Frequenz.

Der Knoten, der den Frequenzumrichter ansteuert, muß als Stellwert eine veränderliche Gleichspannung erzeugen. Dies geschieht über das Pulslängen-Ausgabeobjekt; es wird eine Rechteckspannung konstanter Frequenz mit einem dem Ausgabewert proportionalen Tastverhältnis erzeugt. Diese Rechteckspannung wird dem Frequenzumrichter über einen Tiefpaß als veränderliche Gleichspannung zugeführt.

Im Knoten ist ein PID-Regelalgorithmus implementiert, der Istwerte von einem Durchflußmeßgerät sowie seinen Sollwert über das Netz empfängt, wobei der Knoten wie ein quasibinärer Aktor betrieben wird, d. h., der Regler wird unter Angabe des Sollwertes ein- bzw. ausgeschaltet. Der Knoten liefert, wie die anderen binären Aktoren, eine Rückmeldung nach dem Ein- bzw. Ausschalten. Der vom Regler berechnete Stellwert wird als NV zur SCADA (Supervision Control and Data Acquisition) gesendet. Auf dem Bildschirm des Leitsystems wird der Stellwert zur Visualisierung des Regelvorgangs zusammen mit dem Durchfluß und dem Pumpendruck als zeitabhängige Kurve in einem Fenster dargestellt.

12.2.2.4 Controllerknoten

Die Ablaufsteuerung der Versuchsanlage läuft in zwei Knoten, die keinerlei Verbindung zum physikalischen Prozeß haben, sondern ausschließlich über NV mit den anderen

Knoten kommunizieren. Die Aufteilung der Steuerung ist dabei so gewählt, daß ein Controllerknoten hierarchisch höher angesiedelt ist als der andere. Der untergeordnete Knoten führt eine Temperaturregelung und Pumpenüberwachung aus, die vom übergeordneten Knoten initiiert wird. Dieser erhält von der SCADA die Betriebsart, die ihn veranlaßt, entweder auf den Empfang des Startkommandos hin automatisch Schritt für Schritt den gesamten Ablauf durchzufahren oder nach jedem Prozeßschritt anzuhalten und erst nach Erhalt des nächsten Startkommandos einen Schritt auszuführen. Vor Beginn des Ablaufes können noch Prozeßparameter in diesen Knoten geladen werden, die den Ablauf beeinflussen.

12.2.2.5 Monitorknoten

Es gibt, wie bei fast jedem technischen Prozeß, Zustände, die durch irgendwelche Fehler auftreten, und die für die Anlage schädlich sein können. Solche Zustände zu verhindern, ist Aufgabe der Monitorknoten. Es soll an dieser Stelle keine sicherheitsphilosophische Betrachtung angestellt werden, da für eine reale Anlage diese Art der Überwachung nicht ausreichend wäre; elementare festverdrahtete Verriegelungen müßten hinzukommen, aber es können exemplarisch die Überwachungsmöglichkeiten gezeigt werden, die mit der LonWorks-Technologie sehr einfach realisierbar sind.

In unserem Fall werden alle vier Behälter auf Überfüllung geprüft, die Überfüllung wird durch Schließen des Zuflußventils verhindert; durch Öffnen des Abflußventils wird der Überfüllzustand beseitigt. Der aktive Eingriff des Monitorknotens in den Prozeßablauf macht nur Sinn, wenn anderen Instanzen, die möglicherweise den Fehler verursacht haben, der Zugriff auf die entsprechenden Aktoren verwehrt wird. So besitzen alle Aktorknoten eine sogenannte „Lock"-Liste, die nur vom Monitorknoten beschrieben werden kann und diejenigen Aktoren vom Zugriff durch die Controllerknoten oder SCADA sperrt, die den Fehlerzustand hervorgerufen haben.

12.2.2.6 SCADA-Anschluß

Als SCADA-System wird „Intouch" von der Firma Wonderware eingesetzt. Als Verbindung zum Kontrollnetzwerk dient die PCLTA-Karte von Echelon. In der gesamten Demoanlage ist dies der einzige sogenannte „Host Based Node", d. h., ein LON-Knoten, der kein Anwendungsprogramm auf dem Application Processor benutzt, sondern über das „MIP" (Mikroprozessor-Interface-Programm) mit einem Host-Prozessor verbunden ist, auf dem die Applikation läuft. Dieser Host-Prozessor ist ein PC, und die Applikation umfaßt:

- grafische Darstellung aller Meßwerte der Demoanlage,
- manuelle Bedienung der Aktoren und die grafische Darstellung der Wirkung,
- Eingabe von Prozeßparametern,
- Kurvendarstellung von ausgewählten Meßwerten über der Zeit mit verschiedener Auflösung der Abszisse,
- Auswahl der Betriebsart „automatik", „halbautomatisch" oder „manuell",
- Darstellung der Betriebszustände.

Die Verbindung zwischen dem „Intouch"-System und dem „MIP" bildet der DDE-Server. Die Herstellung der logischen Verbindungen zwischen dem LON und der SCADA geschieht über die LON-Datenbasis, die in konvertierter Form dem DDE-Server zur Verfügung gestellt werden muß.

„Intouch" stellt neben der Bedien- und Beobachtungsfunktion („Window Viewer") eine teilweise grafische Entwicklungsumgebung („Window-Maker") zur Verfügung. Darin werden die zu visualisierenden Prozeßabläufe gezeichnet und die Zuordnung von LON-Netzwerkvariablen zu sogenannten „Tags" definiert. Mit diesen Tags wird Intouch programmiert. Nach der Erstellung das Programms im „Window-Maker" erzeugt der Compiler und Linker ein lauffähiges Programm, mit dem im „Window-Viewer" gearbeitet wird.

12.2.3 Ereignisse

Die einzelnen Schritte des Gesamtprozesses werden im automatischen Ablauf dadurch ausgelöst, daß ein bestimmter Prozeßstatus erreicht wird. Jeder Prozeßstatus wird durch eine Kombination von einzelnen Status der Sensoren und Aktoren, sowie des vorangegangenen Status beschrieben. In einzelnen Fällen kann auch das Erreichen eines bestimmten Meßwertes (z. B. Temperatur oder Pegel) den Status mitbestimmen.

Da in der Ablaufsteuerung konsequent auf jede Art der zyklischen Abfrage (Polling) verzichtet wird, muß, falls erforderlich, das Erreichen eines Meßwertes als Ereignis übermittelt werden. Dies geschieht dadurch, daß ein Sensorknoten von der Steuerung per NV einen „Nominalwert" erhält, dessen Erreichen der Sensorknoten der Steuerung wiederum per NV als Ereignis sendet. Da dies nur einmal nach Erhalt des Grenzwertes geschehen darf, muß dafür gesorgt sein, daß die Detektion und das Senden dieses Ereignisses zuverlässig erfolgt. Andererseits darf ein Ereignis, das nicht stattgefunden hat, auch nicht detektiert werden.

Kritisch ist das Erkennen eines leeren Behälters. Es fallen die Meßgrenze und der intern im Sensorknoten zum Vergleich abgelegte Grenzwert zusammen und eine geringe Drift des Sensors reicht aus, um den Grenzwert nicht zu erreichen.

Das Problem wird dadurch gelöst, daß nach Öffnen des Ablaufventils der Pegel zusammen mit der Ableitung des Pegels nach der Zeit innerhalb des Sensorknotens laufend gemessen wird. Verschwindet die zeitliche Ableitung des Pegels und liegt dessen Absolutwert unterhalb einer gewissen Schranke, so wird der Behälter als leer erkannt. Das Verschwinden der zeitlichen Ableitung ist das Ergebnis einer Rechnung und wird nicht unmittelbar gemessen. Es kann sehr sicher erkannt werden, auch wenn der Sensor Nullpunktfehler aufweisen sollte, da bei leerem Behälter der Pegelmeßwert auf jeden Fall konstant bleibt.

12.3 Umsetzung von Steuerungsabläufen in Neuron-C-Programme

Es soll an dieser Stelle darauf hingewiesen werden, daß die gewählte Realisierung der Anlagensteuerung ein Beispiel ist. Es war und ist aus Aufwandsgründen nicht möglich, Alternativen zu realisieren und gegenüberzustellen. Die Möglichkeiten sind so mannigfaltig, daß man sich für eine der vielen Varianten entscheiden muß. Der Beweis dafür, die optimale Lösung gewählt zu haben, kann nicht geführt werden; allein die Definition der optimalen Lösung dürfte schwierig genug sein, denn Entwicklungszeit, Hardwareaufwand, Zeitverhalten der Steuerung und Anzahl der Netzknoten sind nur einige der vorstellbaren Kriterien, nach denen optimiert werden kann.

In diesem Fall wurde versucht, den Umfang und die Komplexität der Steuerungssoftware zu minimieren. Dem liegt der Gedanke zugrunde, daß die Steuerung einer verfahrenstechnischen Anlage für jede Anlage stets neu programmiert werden muß, während Sensoren und Aktoren nur konfiguriert und parametriert werden. Daher wurden alle Funktionen, die nicht unbedingt in den Steuerungsknoten vorhanden sein müssen, in die Sensor- und Aktorknoten ausgelagert.

12.3.1 Netzwerkvariable

Die Kommunikation in der Versuchsanlage geschieht über Netzwerkvariablen. Da in einem verteilten Steuerungssystem alle für die Steuerung relevanten Daten für alle Teilnehmer verfügbar sein müssen, müssen auch alle relevanten Daten über das einzige „zentrale" Element des Systems, den Bus, übertragen werden. Für die Steuerung, Bedienung und Beobachtung sind relevant: Kommandos, Parameter, Status der Sensoren und Aktoren, Status der Gesamtanlage, Meßwerte.

12.3.1.1 Kommandos, Parameter

Als erstes Kommando ist das „Modus-Start"-Kommando (nv_SCADA_Mode_Start vom Typ SNVT_count) von der SCADA an den Controllerknoten zu nennen, der die Ablaufsteuerung durchführt. Diese Variable kann vier Werte annehmen:

„0" = manueller Betrieb

„1" = automatischer Betrieb

„2" = halbautomatischer Betrieb

„3" = Start

In der Steuerung der Knoten ist nach dem Hochlaufen der Betriebsspannung oder dem Rücksetzen default-mäßig auf „manuellen Betrieb" eingestellt, bei dem das Start-Signal unwirksam ist. Zuerst wird von der SCADA bzw. vom Operator der Modus übergeben, danach der aktuelle Status der Anlage (nv_SCADA_StateNr vom Typ SNVT_count) und dann erst der eigentliche Start-Befehl. Die Anlage ist nicht so instrumentiert, daß allein aus den Meßwerten und Einzelstatus der Knoten eindeutig der Status der Gesamtanlage ableitbar wäre. Der Operator kann durch manuellen Betrieb einen undefinierten Anlagenstatus herstellen. Entsprechend muß er vor dem automatischen oder halbautomatischen Betrieb einen definierten Status erzeugen, den er der Steuerung mitteilt.

Die drei Aktorknoten und die beiden Frequenzumrichterknoten (für die Pumpen) werden von der Steuerung mit der folgenden Netzwerkvariablen angesprochen (Deklaration 12-1):

```
network output struct nv_command {
unsigned char actuator_name [MAXELEMENT];
unsigned int on_off;
unsigned long int delay_time;
```

```
unsigned long duration time;
unsigned int speed;
        } nv_command_A1, nv_command_A2,
          nv_command_A3, nv_command_pump;
```

Deklaration 12-1: *Netzwerkvariable zur Steuerung binärer und quasibinärer Aktoren*

Zur Erinnerung: Im Abschnitt 12.2.2.2 wurde beschrieben, daß drei Aktorknoten insgesamt 17 binäre Aktoren steuern, also jeder Aktorknoten mehrere Aktoren. Daraus und aus der Auslagerung von Timerfunktionen ergibt sich die Verwendung der in der Deklaration 12-1 angegebenen Struktur als NV. Die Struktur enthält den Aktornamen, die Schaltfunktion (ein/aus), die Schaltverzögerung und die Schaltdauer. Zusätzlich müssen die beiden Pumpen, die als quasibinäre Aktoren betrieben werden, mit einem Sollwert des Durchflusses versorgt werden, daher die Komponente „speed“, die von den binären Aktoren nicht verwertet wird.

Die Entscheidung, mehrere Aktoren in der angegebenen Form von einem Aktorknoten mittels Netzwerkvariablen zu steuern, hat folgende Konsequenzen:

- Vereinfachung der Steuerungssoftware,
- Ersparnis an Hardwareaufwand,
- Es können maximal drei Aktoren mit einer Netzwerkvariablen bedient werden:

  5 Bytes für den Aktornamen, 1 Byte für Ein/Aus, 2 Bytes für die Verzögerungszeit und 2 Bytes für die Zeitdauer ergeben zusammen 10 Bytes.

Es stehen für eine NV maximal 31 Bytes zur Verfügung. Ist es in einer Steuerung nötig, mehr als drei binäre Aktoren absolut gleichzeitig zu schalten, so muß anders vorgegangen werden: Man verzichtet auf die Timerfunktionen und kann dann acht Aktoren gleichzeitig bedienen. Dies ist jedoch derzeit die absolute Obergrenze, will man nicht umfangreiche externe Hardware einsetzen.

Im vorliegenden Fall kann nur ein Aktor von einem Aktorknoten innerhalb einer „When“-Bedingung geschaltet werden. Nur wenn die Aktoren verschiedenen Knoten zugeordnet sind, können sie quasi gleichzeitig, das heißt innerhalb derselben „When“-Bedingung im Controllerknoten, bedient werden. Die quasigleichzeitige Bedienung von mehreren Aktoren, die einem einzigen Aktorknoten zugeordnet sind, wird dadurch erreicht, daß die Statusmeldung eines Aktorknotens zum Einsprung in eine „When“-Bedingung benutzt wird, innerhalb der der nächste Aktor desselben Aktorknotens bedient wird. Man erreicht dadurch auch eine definierte Reihenfolge der Schaltvorgänge. Die Verzögerungszeiten zwischen den Schaltvorgängen bestehen aus zwei Busübertragungszeiten und zwei Schedulerdurchläufen.

Neben der Auslagerung von Timerfunktionen aus den Steuerungsknoten in die Aktorknoten ist eine weitere Besonderheit in der Steuerung zu nennen. Es werden keine Meßwerte im Controllerknoten verarbeitet. Das „normale“ Vorgehen wäre, im Controllerknoten beim Eintreffen eines Meßwertes (When (nv_update_occurs()) diesen mit einem internen Referenzwert zu vergleichen und daraus eine Entscheidung abzuleiten. Der Controllerknoten müßte bei jeder Meßwertänderung diese „When“-Bedingung durchlaufen. Das würde seine Reaktionszeit für Ereignisse (Events) verschlechtern. Der Meßwertvergleich wird in die Sensorknoten verlagert. Dies erfordert eine NV laut Deklaration 12-2 vom Controllerknoten an die Sensorknoten mit folgender Struktur:

```
network output struct nv_nominal_value
      {
      unsigned char sensor_name [MAXELEMENT];
      unsigned long nominal_value;
      } nv_nom_lev, nv_nom_pres_ph_fl, nv_nom_temp;
```

Deklaration12-2: *Netzwerkvariablen zur Übergabe eines Referenzwertes an einen Sensorknoten*

Die Variable beinhaltet „nominal_value" denjenigen Wert, den der Sensorknoten bei Erreichen bzw. Durchlaufen als Ereignis einmalig an die Steuerung zurückmeldet, weil dadurch eine Reaktion innerhalb der Steuerung ausgelöst wird.

Es werden alle Pegelmesser, alle Temperatursensoren und die Druck-, Fluß- und der pH-Wert-Sensorknoten mit jeweils eigenen NVs angesprochen.

Weitere Kommandos der Steuerung sind:

network output SNVT_count nv_reset_all_nodes;

network output SNVT_count nv_heat;

Beim Übergang vom halb- oder vollautomatischen Betrieb auf manuellen Betrieb werden alle Knoten zurückgesetzt (nv_reset_all_nodes). Dies ist notwendig, um gegebenenfalls noch laufende Aktionen zu beenden.

Der Primärkreislauf des Wärmetauschers für die Erhitzung der Prozeßflüssigkeit, bestehend aus dem Durchlauferhitzer E210, der Pumpe P22, dem Drucksensor P212 und dem Temperatursensor T212, wird von einem eigenen Controllerknoten gesteuert und mit der Netzwerkvariablen nv_heat ein- und ausgeschaltet.

Zu Beginn des halb- oder vollautomatischen Betriebs werden von der SCADA Parameter an die Steuerung entsprechend der Deklaration 12-3 übergeben:

```
network input SNVT_temp nv_T211_soll, nv_T212_soll, nv_T312_soll;
network input SNVT_vol nv_L211_soll;
network input SNVT_flow_mil nv_F211_soll;
```

Deklaration 12-3: *Netzwerkvariablen zur Parameterübergabe an die Ablaufsteuerung*

Die Bedeutung dieser Werte ist:

- T211_soll = Sollwert der Temperatur der Prozeßflüssigkeit nach dem Erhitzen,
- T212_soll = Sollwert der Temperatur des Primärkreislaufes nach dem Erhitzen der Prozeßflüssigkeit,
- T312_soll = Sollwert der Temperatur der Prozeßflüssigkeit nach dem Kühlen,
- L211_soll = Sollwert des Volumens der Prozeßflüssigkeit bei Beginn des Gesamtablaufs,
- F211_soll = Sollwert des Förderstroms der Pumpe P21.

12.3.1.2 Status der Sensoren und Aktoren

Entsprechend zur Ausgabevariablen des Controllers „nv_nominal_value" ist die Statusmeldung der Sensoren bei Erreichen des „nominal_value" als Eingabevariable gemäß Deklaration 12-4 definiert.

```
network input struct nv_nominal_is
       {
       unsigned char sensor_name [MAXELEMENT];
       int is_value;
       } nv_nom_lev_is, nv_nom_temp_is, nv_nom_pres_ph_fl_is;
```

Deklaration 12-4: *Netzwerkvariable zur Übergabe des Sensorstatus*

Der Wert „is_value" hat booleschen Charakter und hat, wenn er vom Sensor gesendet wurde, den Wert „1". Da die Aktoren ihre Stellbefehle mit Zeitparameter erhalten, müssen sie ihren Schaltzeitpunkt zurückmelden, da sonst die Steuerung die gleichen Timer-Funktionen durchführen müßte. Diese Rückmeldung ist im übrigen auch als Bestätigung auf Applikationsebene anzusehen. Die zugehörigen Netzwerkvariablen sind gemäß Deklaration 12-5 definiert.

```
network input struct state
       {
       unsigned char actuator_name [MAXELEMENT];
       int state;
       } nv_state
```

Deklaration 12-5: *Netzwerkvariable zur Übergabe des Aktorstatus*

12.3.1.3 Status der Gesamtanlage

Sowohl die SCADA als auch evtl. vorhandene weitere Controllerknoten benötigen, um Steuerungsabläufe korrekt durchzuführen, den jeweils gültigen Anlagenstatus, da sich aus jedem Anlagenstatus eindeutig die nächste Aktion ableitet. Die Übertragung dieses Status' ist also eine grundlegende Voraussetzung für die Verteilung der Steuerung in mehrere Knoten. Der Knoten, der einen neuen Status der Anlage detektiert, muß diesen über das Netzwerk senden. Die zugehörige Netzwerkvariablendeklaration ist (Deklaration 12-6):

```
network output SNVT_count nv_state_nr
```

Deklaration 12-6: *Netzwerkvariable „Anlagenstatus"*

12.3.1.4 Meßwerte

Alle Sensoren senden ihre Meßwerte entsprechend der in 12.2.2.1 beschriebenen Strategie in Form von SNVTs. Die Zuordnung der Variablen zu den Variablentypen ist wie folgt:

nv_F211, nv_F311, nv_F313	SNVT_flow_mil
nv_L111, nv_L121, nv_L211, nv_L311	SNVT_vol
nv_T211, nv_T212, nv_T213	SNVT_temp
nv_P211, nv_P212, nv_P311, nv_P313	SNVT_press
nv_Q211	SNVT_sound_db

Die Zuordnung eines Schallpegels zu einem pH-Wert kann man zwar als exotisch betrachten, allein es gab keinen SNVT für einen pH-Wert. Vom Wertebereich her gesehen paßt dieser Variablentyp.

12.3.2 Programmstruktur

Zunächst wird die eindeutige Zuordnung von Anlagenzuständen und Prozeßschritten fixiert, wie sie im Zustandsgraph beschrieben ist. Dazu wird bei Eintreffen des von der SCADA gesendeten Zustandes im Controllerknoten per NV jedem Zustand (state_nr) ein Prozeßschritt (action_nr) zugeordnet. Zusätzlich wird der Zustand über den Bus anderen Knoten bekanntgemacht.

Innerhalb der einzelnen Prozeßschritte werden eine Anzahl von Aktoren bedient und beteiligten Sensoren „nominal_values" übergeben. Die einzelnen „Ausgabeblöcke" werden als Funktionen programmiert und in einem Headerfile zusammengefaßt. Gibt es in einer „action_nr" mehrere Ausgaben, so werden sie durch den Zusatz eines Parameters „P" unterschieden. Ein einfaches Beispiel soll dies verdeutlichen:

action_nr8 (): Der Behälter B11 wird nach B21 entleert.

Der Anlagenstatus ist: state_nr = 7

Nach dem Start-Befehl verzweigt die Switch/case-Auswahl in die Funktion action_nr8(). Die Deklaration 12-7 zeigt den Code einer solchen Funktion. Es werden innerhalb dieser Funktion drei verschiedene Ausgaben getätigt:

- V112 öffnen,
- V111 öffnen,
- V112 schließen.

Welche der Ausgaben stattfindet, hängt vom Parameter P ab, der den „Zwischenzustand" innerhalb eines Prozeßschrittes markiert.

```
void action_nr8 (void)
{
if (! P)                        // P=0
       {
       strcpy (nv_nom_lev.sensor_name, "L111");
       nv_nom_lev.nominal_value = 0;
       //Nominalwertübergabe: L111=0, damit rückgemeldet wird,
       //wenn L111 leer ist.
       strcpy (nv_command_A3.actuator_name, "V112");
       nv_command_A3.on_off = OPEN;
       nv_command_A3.delay_time = 0;
       nv_command_A3.duration_time = 0;
       // V112 wird ohne Verzögerung für unbestimmte Zeit geöffnet.
       }
else if (P == 1)                      //event:V112 ist geöffnet
       {
       strcpy (nv_command_A2.actuator_name, "V111");
       nv_command_A2.on_off = OPEN;
       nv_command_A2.delay_time = 0;
       nv_command_A2.duration_time = 0;
       // V111 wird zur Belüftung geöffnet
```

```
        }
else if (P == 2)                            //event: L111 = 0
        {
        strcpy (nv_command_A3.actuator_name, "V112");
        nv_command_A3.on_off = CLOSE;
        nv_command_A3.delay_time = T071; // T071 = 7 Sekunden
        nv_command_A3.duration_time = 0;
        // V112 wird nach 7 Sek. geschlossen
}
```

Deklaration 12-7: *Code einer Ausgabefunktion*

In den „When“-Bedingungen der für die Steuerung relevanten Ereignisse, wie den „nv_update_occurs“, steht ein hierarchischer Sprungverteiler[4], der auf die Ausgabefunktionen verweist. Das folgende Beispiel zeigt die einheitliche „When-Bedingung“ für alle Pegelmesser. Die erste Hierarchiestufe des Sprungverteilers unterscheidet die Pegelmesser, die zweite Stufe unterscheidet die Prozeßschritte und die aktuellen Situationen innerhalb dieser Prozeßschritte, und die dritte Stufe erzeugt Verzweigungen innerhalb der Prozeßschritte. Die Deklaration 12-8 zeigt einen Teil des Codes der „When“-Bedingung für die Pegelmesser.

```
when (nv_update_occurs (nv_nom_lev_is) // der gewählte Pegel ist
                                        // erreicht
{
if (!strcmp (nv_nom_lev_is.sensor_name, "L211"))
        {
        switch (action_nr) {
        case 2: P = 1, action_nr2 ();
        break;
        case 19: P = 1, action_nr19 ();
        break;
        case 21: if (P == 0) {P = 5, action_nr21 () ;}
                     else   {P = 3; action_nr21 () ;}
        break;
        case 23: P = 1; action_nr23 ();
        break;
        case 25: if (P == 0) {P = 5, action_nr25 () ;}
                     else   {P = 3, action_nr25 () ;}
        break;
        case 33: P = 3; action_nr33 ();
        break;
        }
         else
if (!strcmp nv_nom_lev_is.sensor_name ; "L111"))
{
        switch (action_nr) {
        case.......
}
}
```

Deklaration 12-8: *Code der „When“-Bedingung für die Pegelmesser*

---

[4] Man kann mehrstufige geschachtelte Sprungverteiler auch als hierarchische bezeichnen.

Die Verkettung der einzelnen Prozeßzustände und Prozeßschritte erfolgt in der „When“-Bedingung, die beim letzten zu erwartenden Ereignis durchlaufen wird. In dieser Klausel wird der neue Prozeßzustand gesendet. Zusammen mit der „Start“-Bedingung wird der nächste Prozeßschritt eingeleitet.

12.4 Anlagenüberwachung

Sowohl während des Betriebs als auch während der Inbetriebnahmephase der Pilotanlage war und ist es notwendig, die Anlage vor Schäden zu bewahren. Das Konzept dazu sieht vor, einen eigenen Knoten mit dieser Aufgabe zu betrauen.

12.4.1 Monitorknoten

Dieser Knoten hat von seiner Funktionsweise her die Eigenschaften eines Controllerknotens, da er keine physikalische Verbindung zum Prozeß hat, sondern ausschließlich über den Bus kommuniziert. Im Unterschied zum Controllerknoten jedoch ist er unmittelbar nach dem Einschalten aktiv und ist nicht in seiner Funktion vom Operator oder der SCADA zu beeinflussen. Der Monitorknoten beobachtet permanent die Pegel der vier Behälter und die Temperatur des primären Heizkreislaufs. Überschreitet einer der beobachteten Meßwerte die voreingestellte Alarmgrenze, so wird als erstes eine Netzwerkvariable an die Aktorknoten gesendet, die solche Aktoren steuern, die den Alarmfall durch falsche Bedienung ausgelöst haben könnten. Diese NV nimmt Einträge in die sogenannte „Lock“-Liste vor, die die Aktoren für weitere Zugriffe von SCADA oder Operator sperrt. Erst danach werden die Aktoren per NV vom Monitorknoten abgeschaltet. Im dritten Schritt wird durch Betätigen anderer Aktoren (Ablaufventile) versucht, den Alarmzustand zu beseitigen. Ist der Alarmzustand beseitigt, werden im vierten Schritt die Einträge in der „Lock“-Liste der Aktorknoten zurückgenommen. Damit ist die Zugriffssperre an den Aktoren beendet. Im fünften Schritt werden schließlich die Gegenmaßnahmen, wie das Öffnen der Abflußventile, aufgehoben. Der Eintrag in die „Lock“-Liste wird vom Controllerknoten, sofern er dazu in der Lage ist, erkannt und dazu benutzt, den manuellen Modus einzustellen. Es ist klar, daß nach einem solch schweren Fehler die Anlage in einem undefinierten Zustand ist und erst durch den Operator wieder in einen definierten Zustand gebracht werden muß. Dazu muß der manuelle Betrieb eingestellt sein, damit alle Knoten im Netz zurückgesetzt werden, so daß eventuell noch laufende Vorgänge in Sensorknoten, wie das Vergleichen mit Nominalwerten, abgebrochen werden.

12.4.2 Zugriffsrechte auf Aktoren

Das Prinzip, bestimmten Knoten den Schreibzugriff auf Aktoren oder auch Sensoren in bestimmten Betriebszuständen zu verwehren, kann in Redundanzkonzepten eine große Rolle spielen. Auf diese Weise könnten z. B. redundante Controllerknoten die Aufgaben ausgefallener anderer Knoten übernehmen, so daß nicht nur ein Sicherheitsgewinn, sondern auch eine höhere Zuverlässigkeit bzw. Verfügbarkeit erreichbar wäre.

12.5 Bustopologie

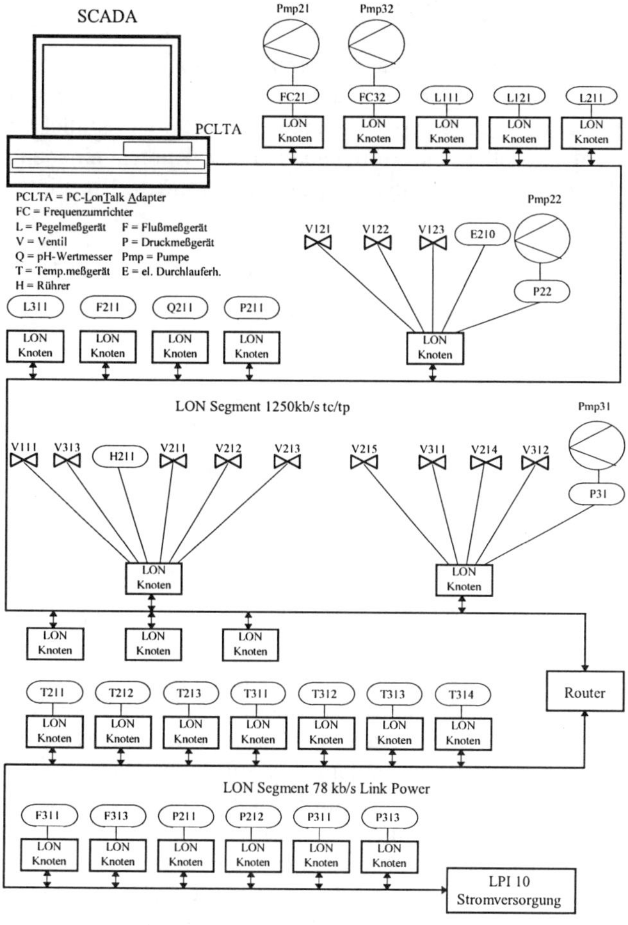

Bild 12-3: *Topologie des LON-Netzwerks*

In der Versuchsanlage ist das Netzwerk durch einen Router in zwei Segmente aufgeteilt, das eine mit 1250 kbit/s Übertragungsrate, das andere ist ein Link-power-Segment mit 78 kbit/s Übertragungsrate. Die Unterteilung hat keine zwingenden technischen Gründe, wenn man davon absieht, daß die beiden Durchflußregelstrecken nicht in den selben Segmenten liegen. Sie würden sich im normalen Betrieb nicht stören, da sie nicht gleichzeitig aktiv sind; wenn jedoch im manuellen Betrieb beide Regler eingeschaltet und der Router als Repeater konfiguriert ist, so wird das Link-power-Segment, an dem der Durchflußmesser F313 als Istwertgeber für den Frequenzumrichter FC32 angeschlossen ist, mit Telegrammen aus dem anderen Segment „überschwemmt" und die Regelqualität läßt deutlich nach. Es wurden mit dem LonBuilder-Entwicklungswerkzeug bis zu 300 Telegramme pro Sekunde auf dem Link-power-Segment gemessen. Das entspricht einer Busauslastung von ca. 40 %. Bild 12-3 zeigt die Topologie des Netzwerks.

12.6 Anwendungsgrenzen

12.6.1 Grenzen durch die Adreßtabelle

Bei der Kommunikation über NVs sind der Vielfalt an Kommunikationsbeziehungen in einem LON durch bestimmte Randbedingungen Grenzen gesetzt. Besonders in Anwendungen, bei denen Meßwerte oder Status von Sensoren oder Aktoren parallel von mehreren Instanzen benutzt werden, stellen die Adreßtabellen der Knoten eine enge Grenze dar. In diese Tabellen können je 15 Einträge vorgenommen werden. Ein Eintrag erfolgt:

- im Sender für jedes einzelne Ziel,
- bei Gruppenadressierung in jedem Mitglied der Gruppe

Daraus folgt:

Die Kommunikation „many to one“ ist unkritisch, da in jedem Sender nur ein Adreßtabelleneintrag erfolgt. Hier greift nur die Begrenzung im Empfangsknoten von 62 NVs in einem neuron-basierten Knoten bzw. 4096 NVs in einem „Host Based Node“.

Die Kommunkation „one to one“ ist beschränkt auf 15 Zielknoten (nicht Variablen!), da dann die Adreßtabelle des sendenden Knotens belegt ist. Es können also vom Sender aus gesehen insgesamt 15 Zielknoten mit jeweils bis zu 62 NVs angesprochen werden.

Die Kommunikation „one to many“ durch Gruppenadressierung verbraucht bei jedem Mitglied einer Gruppe einen Adreßtabelleneintrag. Betroffen sind davon hauptsächlich Knoten mit Datensammelfunktion wie z. B. SCADAs, die die gleichen NVs benutzen wie Controllerknoten. Jede Netzwerkvariable verursacht beim Sender und bei allen Empfänger einen Adreßtabelleneintrag. Wenn also Meßwerte und Gerätestatus von SCADA und Controllerknoten über dieselbe Netzwerkvariable empfangen werden, so können nur 15 solche Eingangsnetzwerkvariable bei SCADA oder Controllerknoten empfangen werden. Ausgangsnetzwerkvariable sind dann schon nicht mehr möglich. In solchen Fällen ist es besser, die Empfänger mit verschiedenen NVs anzusprechen, da dann die Begrenzung bei 62 bzw. 4096 Netzwerkvariablen liegt. Eine andere Lösung, die speziell für SCADA-Systeme anwendbar ist, besteht in der Möglichkeit, zusätzlich eine Busmonitorschnittstelle zu realisieren, bei der keine NVs gebunden wird. Gebunden werden mit der SCADA nur solche NVs, die ausschließlich zur Visualisierung benutzt werden, da sie keinen Adreßeintrag in der SCADA verursachen.

Die Gruppenadressierung ist dann vorteilhaft anwendbar, wenn kein Knoten Mitglied mehrerer Gruppen ist.

12.6.2 Grenzen durch Reaktionszeiten

Wenn man als Reaktionszeit die Zeit betrachtet, die vergeht von der Detektion eines äußeren Ereignisses, wie z. B. das Schließen eines Näherungsschalters, bis zur Ansteuerung eines Aktors, wie z. B. der Aktivierung eines Bremsmagnets, ohne die mechanische Reaktionszeit einzubeziehen, so setzt sich diese Zeit aus folgenden Einzelzeiten zusammen:

- Zeit T1 vom Auftreten des äußeren Ereignisses bis zum Einsprung in die „When“-Bedingung des Sensorknotens,
- Bearbeitungszeit T2 der „When“-Bedingung,
- Verweilzeit T3 der Ausgangsnetzwerkvariablen in den Puffern des Sensorknotens,
- Übertragungszeit T4 auf dem Bus,
- Verweilzeit T5 der Eingangsnetzwerkvariablen in den Puffern des Aktorknotens,
- Bearbeitungszeit T6 der „When“-Bedingung im Aktorknoten.

Wenn keine unmittelbare Bindung zwischen Sensorknoten und Aktorknoten besteht, sondern die Reaktion mittelbar über einen Controllerknoten geschieht, dann kommen noch die Bearbeitungszeit einer „When“-Bedingung im Controllerknoten und hinzu zwei Verweilzeiten in den Puffern des Controllerknotens und eine Busübertragungszeit.

Die Zeit T1 hängt zunächst stark vom Zufall ab; daher muß man die mittlere oder maximale Zeit betrachten. Diese ist abhängig von der Zahl der „When“-Bedingungen in dem Knoten, der Wahrscheinlichkeit, mit der die „When“-Bedingungen erfüllt sind, und der mittleren Bearbeitungszeit der „When“-Bedingungen im Sensorknoten.

Die Zeit T3 wird von der Senderate und dem Zeitintegral der Differenz von Erzeugungsrate und Senderate von Netzwerkvariablen bestimmt. Die Senderate wiederum hängt ab von der Busbelegung und der Übertragungsrate.

Die Übertragungszeit T4 auf dem Bus ist umgekehrt proportional zur Übertragungsrate.

Die Verweilzeit T5 im Eingangspuffer entspricht etwa der Zeit T1 für die Verhältnisse im Aktorknoten bzw. im Controllerknoten.

Maßnahmen zur Verringerung von Reaktionszeiten sind:

- keine „When“-Bedingung mit langer Bearbeitungszeit programmieren,
- nicht zu viele „When“-Bedingungen in einen Knoten packen, vor allem nicht, wenn die Einsprungbedingungen häufig erfüllt sind,
- die Busbelegung nicht so hoch treiben, daß in den Sendepuffern mit ausreichender Wahrscheinlichkeit Wartezeiten entstehen (ab etwa 30 - 40 %), daher Segmentierung des Netzwerks zur lokalen Abtrennung von Busbelegung,
- Verwendung der „Priority-when“-Klausel, aber nur ein bis zwei solcher Klauseln pro Knoten, da priorisierte „When-Bedingungen“ zu Lasten der nicht priorisierten gehen,
- höhere Übertragungsrate.

Die erzielbaren Reaktionszeiten für ein LON-Netzwerk liegen im Bereich von 10 bis 100 ms.

13 Werkzeuge

13.1 Übersicht

Da LonWorks in vielen Produkten und Branchen eingesetzt wird, müssen auch die Entwicklungsabläufe jedes verteilten Systems an die branchenüblichen Gegebenheiten angepaßt werden. Im gleichen Maße, wie sich der Entwicklungsprozeß für ein Massenprodukt der Unterhaltungselektronik von der Planung und der Baustellenmontage eines Großkraftwerkes unterscheidet, muß sich auch die Vorgehensweise beim Aufbau des jeweiligen LonWorks-Systems unterscheiden. Nachfolgend werden alle insgesamt notwendigen Arbeitsgänge in der Systematik ihrer logischen Abfolge beschrieben, sie haben aber in jeder Branche ein anderes Schwergewicht. Während beim einen Massenprodukt der Hard- und Softwareentwurf für Embedded Systems mit Hilfe geeigneter Emulatoren dominiert, spielen bei einem Kraftwerk die Werkzeuge für Projektierung und Baustelleninstallation die Hauptrolle.

Die Bedeutung der einzelnen Entwurfsschritte für die in der Tabelle 13-1 dargestellten Branchen richtet sich unter anderem danach,

- ob Hardware und Software produktspezifisch neu entwickelt oder nur in Form gekaufter Standardkomponenten zusammengefügt wird,
- welche Tätigkeiten im Entwicklungslabor, im Planungsbüro oder vor Ort auf der Baustelle ausgeführt werden,
- ob Hard- und Software-Entwicklung, Projektierung, Montage und Inbetriebnahme arbeitsteilig von unterschiedlichen Personengruppen und Firmen ausgeführt werden oder in einer Hand liegen.

Unabhängig davon, wie diese Arbeitsteilung in den einzelnen Branchen auch organisiert ist, erfordert der Einsatz eines LonWorks-Systems eine Vielzahl von Personen mit unterschiedlicher Ausbildung. Hardware- und Softwarespezialisten entwickeln Baugruppen und Betriebssoftware, Architekten ergänzen Baupläne durch Leitungen und Knotenfassungen, Elektriker montieren die Elemente und Leitungen und Netzwerk-Fachkräfte nehmen das System in Betrieb. Alle brauchen unterschiedliche, angepaßte Werkzeuge, welche in den unterschiedlichsten Ausprägungen von zahlreichen Anbietern am Markt verfügbar sind. Diese Vielfalt ist notwendig, da der Planer im Büro ein PC-gestütztes CAD-System hoher Leistung benötigt, während der Monteur auf der Baustelle nur mit einem Handheld-Gerät arbeiten kann [DeVa 95].

Tabelle 13-1: *Einsatzbereiche für LonWorks-Systeme und ihre spezifischen Entwurfsbedingungen*

Geräteautomation große Stückzahl, geringer Stückpreis Massenproduktion vieler identischer Exemplare (Kopien) eines Gerätetyps	**Konsumgüter** Haushaltgeräte, Unterhaltungselektronik **Fahrzeuge** PKW, LKW, Landmaschinen	Software und Hardware der elektronischen Ausrüstung wird speziell für das jeweilige Gerät entwickelt (Embedded Systems) Entwicklung, Teilefertigung, Endmontage, Inbetriebnahme finden vollständig im Herstellerwerk statt.
Aggregatautomation Mittlere Stückzahlen und -preise; Kleinserienfertigung mit zahlreichen Kunden-wunschvarianten	**Maschinen** Verpackungsmaschinen, Druckmaschinen **Verkehrsmittel** Flugzeuge, Bahnen **Medizintechnik** Analyseautomaten, Tomographen	Software und Hardware der elektronischen Ausrüstung enthält sowohl gekaufte Standardkomponenten als auch Embedded Systems Entwicklung, Fertigung, Montage und Inbetriebnahme im Herstellerwerk, danach Zerlegung und erneuter Aufbau am Montageort
Anlagenautomation Einzelstücke mit hohem Preis Jede Anlage wird als Unikat entworfen, projektiert, montiert und in Betrieb genommen	**Fließgut (Prozeßautomation)** Verfahrenstechnik, Kraftwerkstechnik, Gebäudetechnik **Stückgut (Fertigungsautomation)** Fertigungstechnik, Verkehrsleittechnik **Chargen (Fließ- und Stückgut)** Pharmazie, Tankstellen, Schiffe	Elektronische Ausrüstung besteht aus einer Vielzahl käuflicher Standardkomponenten. Durch Projektierungsleistungen entsteht das Gesamtsystem als Unikat Entwicklung und Fertigung der Standardkomponenten in Spezialbetrieben Projektierung durch Ingenieur- und Planungsbüros, Entwicklung zugeschnittener Software in geringem Umfange, Montage und Inbetriebnahme nur vor Ort

Da konkrete Produktbeschreibungen den vorgesehenen Rahmen sprengen würden, soll das folgende Kapitel die grundsätzlichen Werkzeugtypen und ihre Anwendungsmöglichkeiten darstellen. Tabelle 13-2 gibt aber zumindest Hinweise, welche Podukte des Systemanbieters Echelon welche Werkzeugtypen enthalten.

Der LonBuilder ist für den Systementwurf konzipiert. Er ist ein integriertes Programmier-, Projektier-, Integrations- und Diagnosesystem. Er besteht aus einer Hardware-Box mit Einschüben für Emulatoren, Protokollanalysatoren usw. und arbeitet mit einem handelsüblichen PC als Host zusammen, auf dem umfangreiche Software mit einer komfortablen, fensterorientierten Bedienoberfläche läuft. Er kann bis zu 24 Netzknoten gleichzeitig emulieren und debuggen sowie zusätzlich mehrere hundert Remote-Netzknoten betreiben (Tabelle 13-2). Der NodeBuilder ist für den Entwurf eines einzelnen Knotens konzipiert. Er ist im Vergleich zum LonBuilder eine preiswerte Alternative mit deutlich reduziertem Funktionsumfang [HeuS 95, Flür 95].

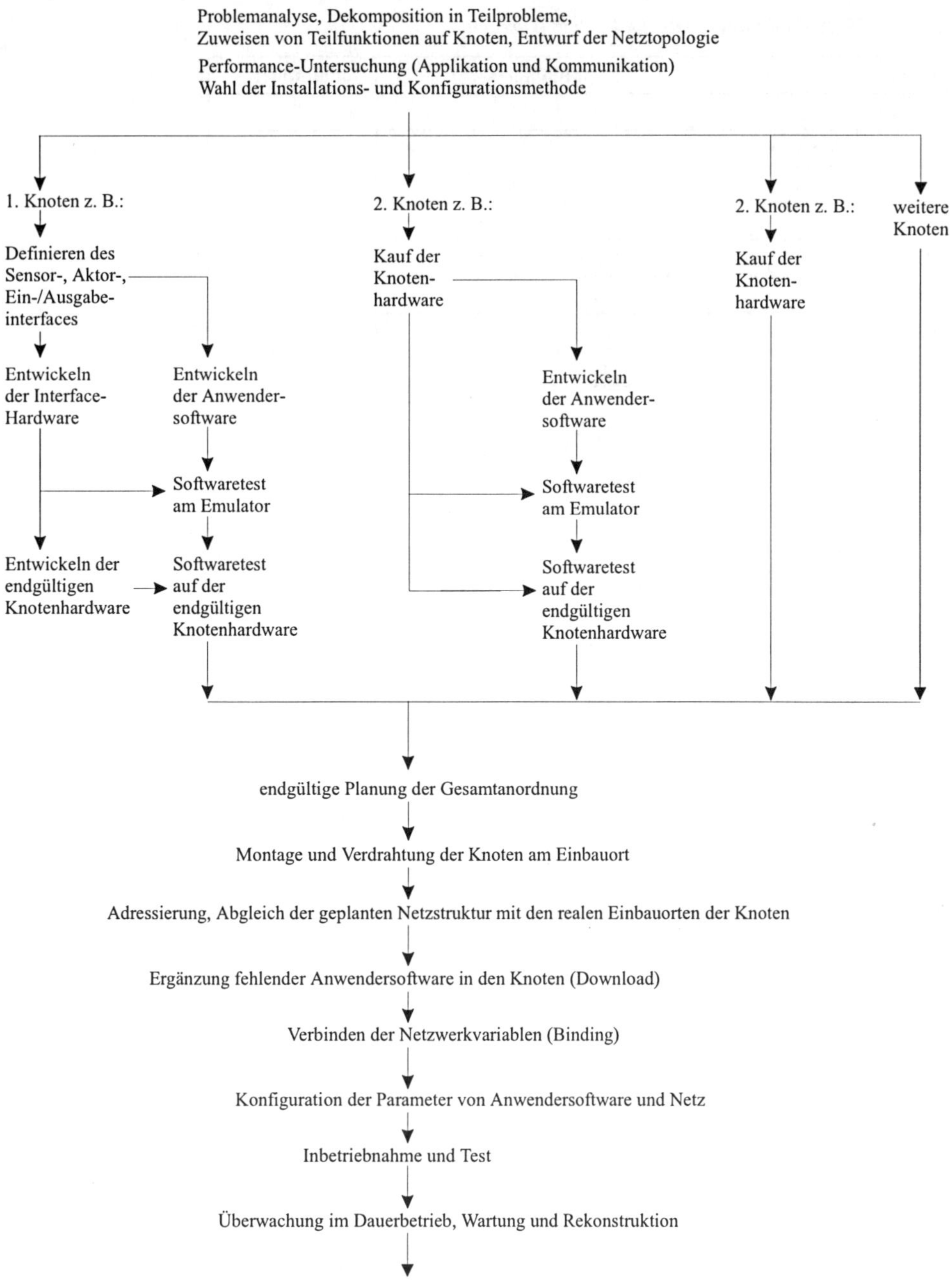

***Bild 13-1:** Arbeitsschritte beim Aufbau eines LonWorks-Systems*

Tabelle 13-2: *Funktionen gebräuchlicher Werkzeuge*

Funktionen	**LonBuilder**	**NodeBuilder**
Programm-Editor	ja	ja
Neuron-C-Compiler	ja	ja
Neuron-C-Debugger	für 24 Knoten	für 1 Knoten
Emulatoren	max. 24	nein
Router	max. 8	nein
Binder	ja	extern
Protokollanalysator	ja	nein
Network Manager	ja	nein

Tabelle 13-3: *Einsatzmöglichkeiten des LonBuilders*

Funktion	**Editor, Compiler**	**Debugger, Emulator**	**Protokoll-analysator**	**Network Manager**
Laborentwicklung von Komponenten	X			
Labortest von Einzelkomponenten		X	X	
Labortest von Gesamtsystemen		X	X	X
Installation, Konfiguration				X
Inbetriebnahme und Endtest			X	X
Überwachung im Dauerbetrieb				X
Wartung			X	X

13.2 Entwurfswerkzeuge

13.2.1 Programmentwurf für Einzelknoten

Die für die Neuron-Chips vorgesehenen Neuron-C-Programme werden üblicherweise mit einem Texteditor erfaßt und durch entsprechende Übersetzungswerkzeuge zu lauffähigem Maschinencode verarbeitet. Beim Neuron-C-Übersetzer des LonBuilders werden z. B. Compiler, Linker und Lader durch ein einziges Kommando aufgerufen, verbinden den Maschinencode mit diversen Firmwarebibliotheken, laden den Code in den Knoten und starten ihn. Zur Definition eines Knotens gehören auch die Beschreibung der Speicherbestückung und andere Hardware-Konfigurationsangaben. Es existieren auch grafische Datenfluß-Programmierwerkzeuge nach der internationalen Norm IEC 1131-3, die in Verbindung mit einer Laufzeitbibliothek auf dem Knoten entsprechende Funktionen implementieren können. Diese Norm bildet die Grundlage für moderne, grafische SPS-Programmiersprachen [DeVa 95, NeuG 95].

Während der Komponentenentwicklung werden bereits beim Schreiben des Anwenderprogramms für jeden Knoten die Input- und Output-Netzwerkvariablen definiert. Die Verbindung einer Output-Variable des einen Knotens mit den Input-Variablen eines anderen Knotens wird jedoch in einem getrennten Arbeitsgang während späterer

Planungsphasen festgelegt. Diese Trennung in zwei Arbeitsgänge berücksichtigt die Tatsache, daß die meisten Knoten als Standardprodukte in großen Stückzahlen gefertigt werden und als generische Funktionsbausteine [Kab 87] in verschiedensten Anwendungen zum Einsatz kommen sollen. Die Funktionen eines solchen Knotens werden vom Hardwareentwickler und vom Programmierer meist noch recht allgemeingültig festgelegt, ohne alle spezifischen Einsatzbedingungen am konkreten Einsatzort zu kennen. Die endgültige Funktion wird erst später bestimmt: einerseits durch das Setzen von Konfigurationsparametern und andererseits durch die Art und Weise, wie dieser Knoten durch logische Variablenverbindungen mit anderen Knoten zu einem Gesamtnetzwerk und zu einer Gesamtfunktion verknüpft wird.

Sowohl die Eigenschaften und Datenblätter der entwickelten Hardwarebaugruppen als auch die für sie entwickelten Softwaremodule werden daher in einer Produktdatenbank abgelegt, um während späterer Projekte mit Hilfe der für Datenbanken typischen Suchfunktionen immer wieder darauf zugreifen zu können. Übertragungsspezifische Parameter, die für alle Knoten auf einem bestimmten physikalischen Übertragungsmedium gleich sind, werden ebenfalls als „Kanaldaten" des zugehörigen Transceivers in der Produktdatenbank verwaltet. Diese spielt damit zugleich die Rolle eines umfassenden Produktkatalogs für die Hard- und Software aller einschlägigen Komponentenhersteller, deren Erzeugnisse alle Planer in ihren Projekten verwenden können.

13.2.2 Festlegung von Projektierungseinheiten

Die Planung jedes größeren Systems beginnt damit, bestimmte Strukturen und Hierarchien festzulegen und zu benennen, in welche die einzelnen Elemente (hier also z. B. die Knoten) eingeordnet werden sollen. Dabei sollten Knoten eigentlich mindestens nach folgenden drei Gesichtspunkten in gemeinsamen Strukturen zusammengefaßt werden (Bild 13-2):

- Knoten, die eine gemeinsame *Funktion* ausführen sollen (z. B. Heizung, Einbruchsicherung),
- Knoten, die in *räumlicher Nachbarschaft* angeordnet sind (z. B. im gleichen Haus, in der gleichen Etage),
- Knoten, die an das gleiche *Netzsegment* (Kanal) angeschlossen sind.

Bei komplexen, gewerkeübergreifenden Projekten führt jedes Ordnungskriterium zu völlig verschiedenen Resultaten, d. h., räumlich benachbarte Knoten müssen nicht zwangsläufig im gleichen Netzsegment liegen und erst recht nicht gemeinsame Funktionen ausführen. In den verschiedenen Werkzeugen wird daher meist ein Kriterium bevorzugt genutzt und die anderen nur sekundär beachtet.

Kern der Planungssoftware ist nunmehr eine Projektdatenbank, in der alle Netzwerkinformationen des Projekts knotenweise Schritt für Schritt gespeichert werden. Die grafischen Oberflächen zur Benennung der Strukturen stellen je nach dem gewählten Ordnungsprinzip z. B. Anlagenschemata (Funktion), Gebäudegrundrisse (räumliche Nachbarschaft) oder eine stilisierte Netzleitung (Netzsegment) dar. In diesen Bildern werden mausgestützt die Namen der geplanten Strukturen editiert und schrittweise alle Details bis zu den einzelnen Knoten benannt. Dabei können alle Informationen zur Knotenhardware und zu den dazu verfügbaren Anwenderprogrammen aus der Produktdatenbank durch „Drag and Drop“ entnommen werden.

Elemente auf dem Bildschirm **Bedeutung**

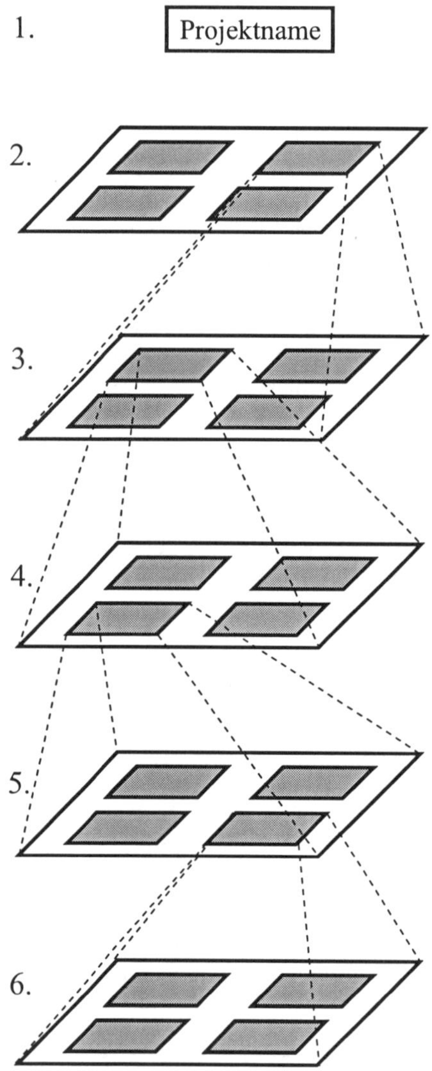

1. Fabrik, Gebäudekomplex
2. Hallen, Gebäude
   Funktion: Aggregate (Heizung, Zutrittsschutz ...)
3. Ort: Etagen (Keller, Erdgeschoß ...)
   Segmente: Netzleitungen (Power-Line, Funk ...)
4. Knoten (Temperatursensor, Motorsteuerung ...)
5. Tasks (Meßwerterfassung, Handbedienung ...)
6. Neuron-C: Funktionen (Kalibrierung, Regelung ...)
   IEC 1131: Funktionsbausteine (Kalibrierung, Regelung ...)

Ebenen 1, 2, 3: Planung
Ebenen 2, 3, 4: Installation
Ebenen 5, 6: Programmentwicklung

Bild 13-2: *Hierarchie der Projektierungseinheiten eines Entwurfswerkzeugs*

13.2.3 Montageplanung

Damit steht fest, an welchem Ort welcher Hardwarebaustein montiert und an welchen Kanal er angeschlossen werden soll. Mit seiner Funktion steht auch fest, mit welcher Software und mit welchen Sensoren und Aktoren er ausgestattet sein muß. Entweder aus diesen Daten oder per Hand wird nun ein Montageplan erstellt. Nach diesem Plan müssen auf der Baustelle alle Knoten mit ihrer Sensor- und Aktorperipherie montiert, alle Kanäle (z. B. Kabel) verlegt sowie die Stromversorgung angeschlossen werden. Damit sind auch Zahl, Art und Verlegung aller Netzsegmente, ihre Belegung mit Knoten, ihre Verknüpfung durch Router und somit auch die Netzhierarchie bereits vollständig festgelegt. Dieser Plan könnte sogar die Neuron ID jeder zu montierenden Baugruppe vorschreiben. Das setzt voraus, daß diese auf einem Baugruppen-Etikett für den Monteur leicht erkennbar ist und eine perfekte Baustellenlogistik alle Baugruppen geordnet bereitstellt. In der Regel werden aber nur typgleiche Baugruppen montiert und die Neuron ID erst später berücksichtigt.

13.2.4 Zuordnung definierter Knoten

Mit den Planungswerkzeugen können alle bisher genannten Arbeitsschritte off-line im Büro des Projektanten geschehen. Erst für das „Joining", das übertragen des virtuell am Bildschirm entworfenen Netzes auf das inzwischen montierte, reale Netzwerk auf der Baustelle, muß er sich vor Ort begeben. Über eine serielle Schnittstelle schließt er dazu auf der Baustelle einen PC ,welcher den im Büro entworfenen Plan enthält, an das fertig montierte Netz an.

Jeder Neuron-Chip enthält seinerseits zur Unterstützung dieses Vergleichs verschiedene Hilfsmittel, z. B. seine 48-bit-Identifikationsnummer (Neuron ID) und umfangreiche Network-Management-Funktionen in der Firmware. Sofern diese Neuron ID bereits im Montageplan exakt vorgeschrieben war und die entsprechende Baugruppe bereits am richtigen Ort montiert wurde, braucht diese Zuordnung nur noch überprüft zu werden. Ansonsten ordnet der Projektant auf der Baustelle den logischen Knoten seines Projekts die physikalischen Knoten vor Ort zu (Akquisitions- oder Zuordnungsoperation). Spätestens jetzt muß die Toolbox also das reale Netzwerk kennenlernen. Dazu wird das komplett montierte Netz in den PC eingelesen („gescannt") und alle tatsächlich vorhandenen Knoten mit ihren eventuell bereits vorhandenen Namens- und Typangaben, Location Strings, Programm-, Kanal- und Neuron IDs in einer Netzwerkliste abgelegt. Dies kann durch Nutzer-Ortsangaben unterstützt werden, z. B. „Raum23". Den tatsächlichen Einbauort kann das Werkzeug auf diese Weise noch nicht feststellen, sondern braucht dazu die Hilfe eines Monteurs, der sich der folgenden Methoden bedienen kann.

Query ID Network Management Message

Ein solches Telegramm wird als Broadcast-Nachricht versandt, worauf z. B. alle noch nicht konfigurierten Knoten mit einem Telegramm antworten, das ihre Neuron ID und (falls vorhanden) ihre Program ID enthält. Antworten mehrere Knoten, so kann das Management-Tool meist nur eine Antwort verarbeiten, so daß anschließend für den Rest die Prozedur wiederholt werden muß. Schließt der Monteur dabei jeweils nur einen Knoten physikalisch neu an das Netz an, so ergibt sich die Zuordnung von konkretem Einbauort und Adresse des Knotens auf einfache Weise von selbst.

Service Pin

Für den Fall, daß alle Knoten schon fest mit der Netzleitung verbunden sind, enthalten die Baugruppen einen speziellen Ein- und Ausgang für Servicezwecke (Service Pin). Wird der Service Pin eines Knotens auf der Baustelle als Eingang benutzt und von Hand mit Masse verbunden, sendet der Neuron-Chip eine Broadcast-Nachricht, die seine Neuron ID und Program ID enthält und identifiziert damit sich und seinen Einbauort. Ist der Service Pin von Hand nur schwer erreichbar, so wird er als Ausgang benutzt, meldet über die angeschlossene Leuchtdiode (Service LED) den Zustand des Knotens und erleichtert so das Suchen des Knotens (siehe Kapitel 3).

Find and Wink

Ist der betreffende Knoten auf der Baustelle zunächst nicht auffindbar, kann auch einer seiner Ausgänge zur Suche benutzt werden. Dann durchsucht das Installations-Tool das Netz nach unkonfigurierten Knoten und sendet auf Wunsch des Bedieners eine Wink-Nachricht an den ersten Knoten aus, der sich meldet. In Abhängigkeit vom Anwendungsprogramm macht ein Knoten nach dem Empfang der Wink-Nachricht auf verschiedene Weise auf sich aufmerksam (optische Blinkzeichen, akustische Signale, Stellgliedbewegungen) und erleichtert so dem Monteur die Zuordnung der Adresse zum Einbauort.

Manuelle Eingabe

Schreibt der Monteur vor der Montage die Neuron ID von Hand auf jeden Knoten oder wird bei der Baugruppenfertigung ein Barcode-Etikett mit dieser ID aufgeklebt, so kann die Nummer nach der Montage von Hand oder mit Hilfe eines Barcode-Lesers in den Installationsplan übernommen werden.

Nach der Identifizierung der Knoten und der entsprechenden Vervollständigung der Projektdatenbank und aller Pläne besitzt das Tool ein konsistentes Abbild der tatsächlichen, physikalischen Netzstruktur. Nunmehr können den Knoten auch logische Adressen gemäß der vorgesehenen Netzhierarchie zugeordnet werden. Die dadurch definierten Zugehörigkeiten zu Domains, Subnets und Groups muß das Tool selbständig verwalten und damit die Eindeutigkeit und Konsistenz der Adreßvergabe garantieren. Für die notwendigen Kommandos an die Knoten werden Network-Management-Botschaften benutzt, welche stets Explicit Messages sind. Das allererste Management-Telegramm an einen Knoten, das ihm Subnet- und Domain-Adressen zuweist, darf nur mit dessen Neuron ID adressiert sein.Den Transmit Transaction Timer Value muß man dabei angemessen erhöhen, um die langen Zeiten zum Schreiben auf das EEPROM zu berücksichtigen.

13.2.5 Zuordnung einer definierten Funktion

Ist der Installateur mit der Zuordnung der virtuellen Knoten seines Projekts zu den realen Knoten auf der Baustelle einverstanden, so werden die dafür projektierten Anwender-Programme aus der Projektdatenbank in die realen Knoten kopiert. Bei diesem Vorgang wird z. B. jeder Knoten vom Werkzeug automatisch mit dem Vermerk „uninstalled" auf dem Bildschirm angezeigt und die in der Projektdatenbank für ihn vorgesehene Software zum Download vorgeschlagen, worauf der Installationsvorgang bestätigt werden muß. Selbstverständlich können manuell auch andere zum Baustein passende Softwareversionen aus der Produktdatenbank abgerufen und im Knoten installiert werden. Da viele Baugruppenhersteller zu ihrer Hardware verschiedene Softwarevarianten vorgefertigt in dieser Datenbank anbieten, besteht ein solcher Vorgang nur aus dem Mausklick im Auswahlfenster des Installationstools.

13.2.6 Verbinden

Die Netzplanung geht davon aus, daß alle Knoten bei der Auslieferung, spätestens aber auf der Baustelle, mit ihrem individuellen Anwenderprogramm versehen worden sind. Als nächste Aufgabe bleibt nun, viele derart vorkonfektionierte Knoten so zu einem Gesamtsystem zu verbinden, daß alle vom Anwender gewünschten Funktionen erfüllt werden. Entweder bei der Planung im Büro oder spätestens bei der Installation auf der Baustelle muß man deshalb mit Hilfe eines geeigneten Werkzeugs die Kommunikationsverbindungen zwischen den Knoten, vor allem also zwischen ihren Netzwerkvariablen, festlegen. Dieser Arbeitsgang wird Verbinden oder Binden (engl. binding) genannt, wobei man größere Projekte mit zahlreichen Knoten nur noch mit Hilfe leistungsfähiger Werkzeuge beherrschen kann, ohne den Überblick zu verlieren.

Zentrales Element eines Binding-Werkzeugs ist wieder die am Bildschirm verfügbare Arbeitsfläche. Im einfachsten Fall bieten die Tools aus den Angaben der Produktdatenbank ein Fenster mit den Output-Variablen des Knotens A und ein zweites Fenster mit den Input-Variablen des Knotens B an. In einem Zuordnungsfenster werden durch Mausklick die gewünschten Zuordnungen zusammengestellt (Bild 13-3). Dabei erfolgt schon hier eine Typ- und Längenprüfung der miteinander zu verbindenden Netzwerkvariablen, so daß unerlaubte Verbindungen nicht erzeugt werden können.

Ein anderer Grundgedanke für grafische Binding-Werkzeuge ist es, solche vorkonfektionierten Knoten als Elemente einer Datenflußdarstellung aufzufassen. Diesen Knotentypen entsprechen dann grafische Icons mit festgelegter Funktionalität, deren vom Hersteller bekanntgegebene Daten als Templates in der Produktdatenbank hinterlegt sind. In einem Bibliotheksmodus werden diese Knoten gemäß der Projekt-Datenbank-Struktur abgerufen und mittels Drag and Drop auf der Arbeitsfläche plaziert. Die zum Modul gehörenden Netzwerkvariablen sind dabei als Ein- und Ausgänge der Icons dargestellt. Zusätzlich zum frei wählbaren Modulnamen kann der Projektant zu jedem Modul weitere Informationen ablegen. Im Verbindungsmodus wird ebenfalls wieder mittels Drag and Drop die Verbindung dieser Netzwerkvariablen mit denen anderer Knoten und damit das konkrete Zusammenwirken der Knoten innerhalb des Gesamtsystems definiert. Diese Festlegung kann jetzt grafisch durch Verbindung der einzelnen Netzwerkvariablen bzw. Icons mittels Datenflußlinien geschehen, wobei mit der Maus entsprechend der Datenflußrichtung die Eingangsvariablen der Zielknoten den Ausgangsvariablen der Quellknoten zugewiesen werden.

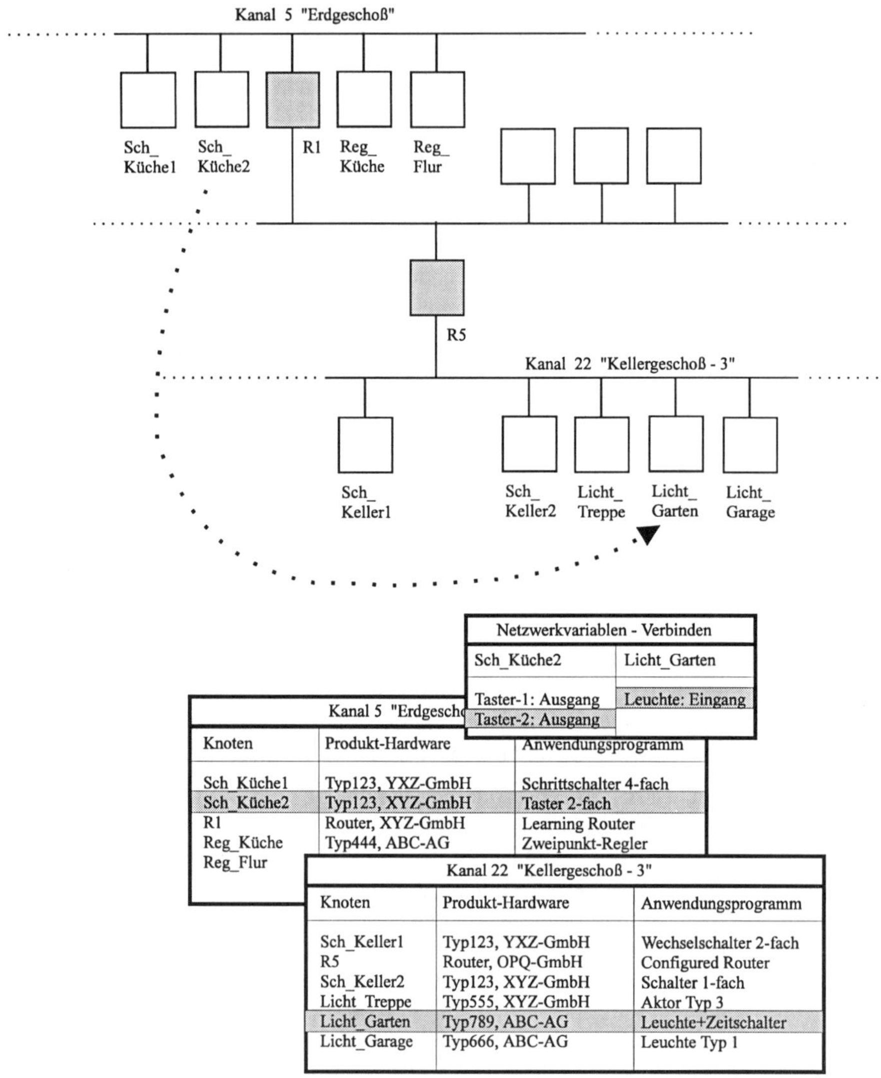

Bild 13-3: *Editieren von Strukturen und Verbindungen in Tabellenform (unten) für ein Beispiel aus der Gebäudeautomation (oben)*

Alle erzeugten Verbindungen werden zunächst in der Projektdatenbank gespeichert. Anschließend werden vom Werkzeug mit Hilfe von Network-Management-Telegrammen automatisch alle für die jeweilige Verbindung notwendigen Eintragungen in den entsprechenden EEPROM-Adreßtabellen der Neuron-Chips beider Knoten vervollständigt (Domain, Subnet, Node, Variable). Dabei muß beachtet werden, daß eine Input-Variable an mehreren Verbindungen beteiligt sein kann (Overlapping Connections, Bild 13-4). Befinden sich andererseits mehr als eine Input-Variable in der Verbindung, so muß das Werkzeug eine Multicastübertragung für alle Komponenten dieser Verbindung organisieren. Während der Installation vervollständigt das Werkzeug – wenn vorhanden – auch die Routing-Tabellen zwischen beiden Knoten liegender Router.

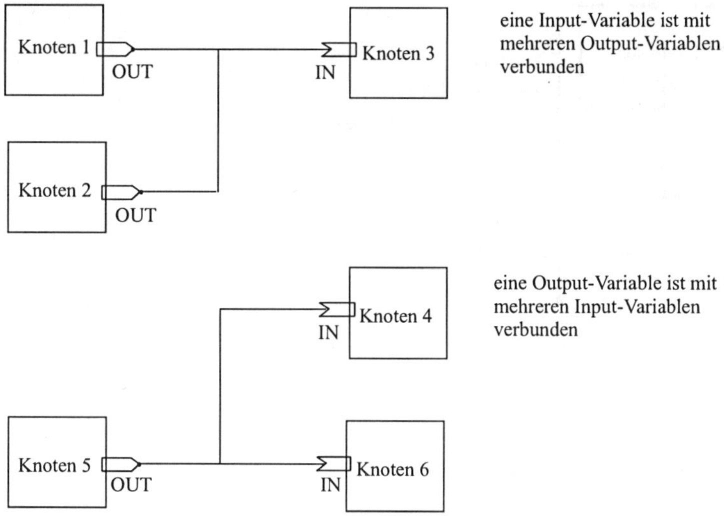

Bild 13-4: *Mehrfachverbindungen von Netzwerkvariablen (Overlapping Connections)*

13.2.7 Benutzung generischer Module

Viele Werkzeuge können die Tatsache ausnutzen, daß in einem Projekte einzelne Systemteile beinahe deckungsgleich mehrfach vorkommen, z. B. identische Aggregate in einer Fabrikhalle, identisch ausgestattete Räume und Etagen in einem Gebäude. Hier kann Editierarbeit durch Kopierfunktionen eingespart werden, in dem man anschließend in der neu erzeugten Kopie nur die Namen entsprechend modifiziert.

Ist die Funktionalität nur teilweise deckungsgleich, so sucht der Planer nach mehrfach benötigten, identischen Gruppen (Inseln) von Knoten mit vorwiegend lokaler Kommunikation untereinander, aber nur wenig Kommunikation nach außen, die eine gemeinsame Funktionalität nach außen aufweisen. Diese können im Sinne einer Hierarchiebildung auf der Planungsebene zu „Hyperknoten"-Objekten zusammengefaßt werden. Ihre innere Detailfunktionalität wird durch die enthaltenen Knoten und ihre Kommunikationsverbindungen untereinander festgelegt und ihre globale Funktionalität spiegelt sich in den Kommunikationsschnittstellen nach außen wider [PriLo 94]. Damit ist es dem Planer gestattet, in Hierarchien zu denken und nicht benötigte Informationen in solchen Hyperknoten zu „verstecken", da sie sich wie beliebige Knoten präsentieren: mit einer internen Funktion und explizit festgelegten Schnittstellen nach außen. Grafisch läßt sich das auf der Arbeitsfläche dargestellte Teilnetz komprimiert in Form eines Icons mit entsprechenden Ein- und Ausgabeanschlüssen darstellen (Bild 13-5). Verbindungen innerhalb eines Hyperknotens können per Mausklick als extern deklariert werden und stehen dann am Interface des Hyperknotens genauso wie die Netzwerkvariablen eines Neuron-Knotens zur Verfügung.

Bei Bedarf kann man in der nächstniedrigeren Hierarchiestufe jederzeit auf die Interna eines solchen Hyperknotens zugreifen. Ein einmal erstellter Hyperknoten wird als wiederverwendbarer Baustein aufgefaßt und ist damit beliebig innerhalb des Projektes sowie nach außen kopierbar. Die Projekthierarchie läßt sich als Baumstruktur darstellen und erleichtert in dieser Form die Navigation und das Auffinden bestimmter Teile des Projektes.

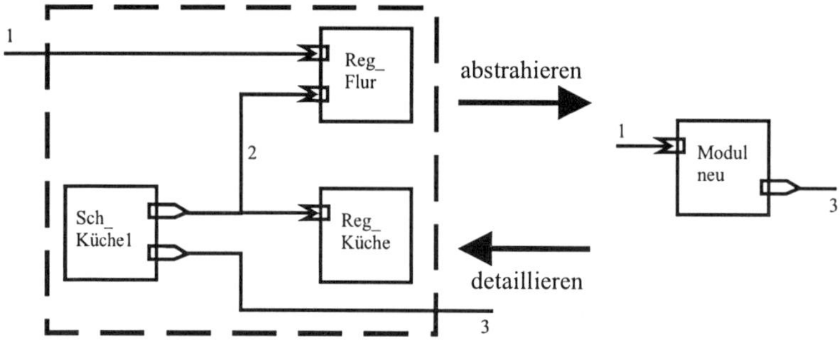

Bild 13-5: Abstrahieren (Vergröbern) und Detaillieren (Verfeinern) einer Verbindungsdarstellung mit Hilfe generischer Module

13.2.8 Konfiguration und Überprüfung

Beim Konfigurationsvorgang ordnet man nun den vorhandenen Knoten und Anwendungsprogrammen zusätzliche, spezifische Einstellparameter zu und definiert so endgültig ihr Verhalten im System. Einerseits muß die Arbeit aller Anwendungsprogramme durch anwendungsbezogene Parameter präzisiert werden, z. B.:

- Arbeitspunkte,
- Kalibrierdaten,
- Linearisierungstabellen.

Andererseits muß Performance und Sicherheit der Datenübertragung durch netzwerkbezogene Kommunikationsparameter für alle Knoten optimiert werden, z. B.:

- LonTalk-Priorität,
- Nutzung der LonTalk-Authentications-Dienste,
- Location String des Knotens,
- Timeout-Zeitkonstanten der Protokolle,
- Zahl bzw. Größe der Nachrichtenpuffer in den verschiedenen Protokollschichten.

Auch bei diesem Arbeitsgang werden z. B. alle Knoten vom Werkzeug automatisch auf dem Bildschirm angezeigt und die in der Projektdatenbank für sie vorgesehenen Parameter zum Download vorgeschlagen, worauf der Konfigurationsvorgang ausgelöst werden kann.

Die interne Software der Knoten ist auf die Übertragung und Änderung anwendungsbezogener Parameter während der Inbetriebnahme bzw. später während des laufenden Netzbetriebes entweder durch Configuration Network Variables oder Standard Configuration Parameters vorbereitet. Diese sind in einem besonderen File im Knoten gespeichert und können dort durch das Konfigurationswerkzeug gelesen und geschrieben werden. In bestimmten Grenzen läßt sich auch eine Selbstdokumentation der Anwendungsprogramme im Chip speichern und deren Zustand später über Network-Management-Kommandos wieder auslesen.

Das Werkzeug kann anschließend einen ersten Test der Systemfunktionen unterstützen, indem es Testtelegramme an Aktoren aussendet, deren Auswirkungen dann vor Ort vom Montagepersonal beobachtet und überprüft werden. Umgekehrt werden so Schalter und Sensoren manipuliert (Temperaturfühler z. B. durch Kältespray) und im Werkzeug die entsprechenden Veränderungen der Netzwerkvariablen verfolgt.

13.2.9 Installationsvarianten

Abhängig davon, ob die oben beschriebenen Arbeitsschritte im Büro, im Labor oder auf der Baustelle ausgeführt werden, unterscheidet man verschiedene Installationsszenarien. Sie stellen an die Qualifikation der arbeitsteilig handelnden Spezialisten verschiedene Anforderungen und unterscheiden sich voneinander in ihrer Flexibilität und Geschwindigkeit, ihrem Automatisierungsgrad und ihrer Anfälligkeit gegen Bedienfehler:

Pre-Installed Systems werden bereits während der Fertigung der Knoten komplett installiert und in dieser Form zum Montageort ausgeliefert. Diese wenig flexible Methode wird bei der Ausrüstung von Maschinen in der Serienproduktion mit Knoten eines Herstellers angewendet, vorzugsweise also bei der Geräte- und Aggregatautomation (Tabelle 13-1). Daß dabei identische Kopien desselben Netzes mit gleichen Knoten- und Variablennamen erzeugt werden, stört hier nicht und birgt keine Kollisionsgefahr, da eine Verbindung mit anderen Netzen nicht vorgesehen ist. Erlauben manche Knoten zumindestens die Auswahl aus einigen Varianten durch manuelles Einstellen von Schaltern, Jumpern usw. am Knoten, so spricht man von *Self-Installed Nodes*. Das Anwenderprogramm kann dort also die Network Configuration Data Structures des eigenen Knotens manipulieren, jedoch keine Management-Nachrichten zu anderen Knoten senden. Eine übersichtliche Einstellung durch Schalter und Jumper ist allerdings nur für eine sehr geringe Zahl von Varianten gegeben.

Im *Automatic-Installation*-Szenario konfigurieren sich alle Knoten scheinbar „von selbst“. Im Wahrheit enthält ein Kontrollpaneel ein kleines, eingebettetes Installationswerkzeug, das alle Aufgaben automatisch ausführt. Dafür ist umfassende Systemkenntnis erforderlich, was nur in sehr einfachen Single-Vendor-Systemen realisierbar ist.

Das *Engineered-System*-Szenario (auch *Predefined Components Installation* genannt) besteht aus zwei Schritten. Im Definitionsschritt (Definition Stage) werden alle Informationen mit dem PC in die Projektdatenbank eines Installationswerkzeugs editiert, ohne daß das eigentliche Netz bereits physisch vorhanden sein muß. Im Zuordnungsschritt (Commissioning Stage) wird dieses Werkzeug an das physische Netz angeschlossen und alle gespeicherten Installationsdaten in dieses Netz geladen. Die Hauptarbeit findet also im Büro statt, unter Baustellenbedingungen sind nur wenige Handgriffe schnell und fehlerarm auszuführen. Deshalb wird dieses Verfahren bei großen Projekten der Anlagenautomation bevorzugt (Tabelle 13-1).

Das *Ad-hoc-System*-Szenario besteht aus einem Schritt. Hier trifft der Installateur seine Entscheidungen über Knoten und Verbindungen unmittelbar vor Ort, das Installationswerkzeug erfaßt alle Projektinformationen dialogorientiert und lädt sie sofort in die Knoten. Dabei werden teilweise auch sehr einfache Werkzeuge für eingeschränkte Installationsaktivitäten benutzt. Im Unterschied zum Engineered System müssen also die

Daten unter Baustellenbedingungen editiert und sofort in das physikalischesche Netz geladen werden. Deshalb eignet sich dieses Verfahren nur für des Labor oder für sehr einfache Systeme. Man behält aber bis zum Schluß maximale Flexibilität.

Bei der Auswahl des Installationsszenarios ist jeweils auch ein Kostenkompromiß erforderlich. Bei der Self-Installation müssen in allen Knoten Management-Funktionen implementiert werden. Sowohl die Schalter und Jumper als auch der Speicherplatz für den separaten Programmcode verursachen daher in jedem Knoten Extrakosten. Beim Engineered System investiert man einmalig in ein einziges, aber leistungsfähiges Installationswerkzeug, und kann dafür alle anderen Knoten niedrig halten. Natürlich lassen sich die einzelnen Verfahren auch geeignet kombinieren.

13.2.10 Systempflege

Selbstverständlich werden Installationswerkzeuge auch in den späteren Lebensphasen zur Wartung, Instandhaltung, Reparatur, Erweiterung und Modifikation (Re-Engineering) benötigt. Da im Gegensatz zu konventionellen Systemen die funktionelle Verbindung der Knoten nicht durch die Verkabelung oder andere Hardwaregegebenheiten festgelegt ist, kann sie durch Änderung der logischen Kommunikationsbeziehungen jederzeit verändert und erweitert werden. Auch für die z. B. im Rahmen des Facility-Managements, nach einigen Jahren stets erforderlichen Veränderungen sind die Installationswerkzeuge geeignet, weil sie eine logische „Neuverdrahtung“ sehr erleichtern:

- Entfernung bzw. Austausch defekter Knoten,
- Laden neuer Knotensoftware,
- Anpassung von Funktionen an veränderte Nutzerwünsche,
- Erweiterung um neue Funktionen,
- Hinzufügen neuer Knoten (auch von anderen Herstellern),
- Änderungen und Erweiterungen der Netzwerkstruktur.

Um die Übersicht zu behalten, beziehen auch diese Werkzeuge ihre Informationen, wie:

- Daten der Knoten-Hardware,
- Anwendungsprogramme,
- Knotenspezifikationen,
- Kanalparameter und Topologie,
- Router-Konfigurationen.

aus der bei der Errichtung aufgebauten Datenbank. Wurden damals alle für offene Systeme festgelegten Standards eingehalten (Konformität, Interoperabilität), so legen die Datenbank sowie die aus ihr erzeugten Projektunterlagen alle notwendigen Informationen über die Anlage offen, so daß sich später beliebiges Fachpersonal schnell einarbeiten kann.

Erst hier zeigen sich für den Betreiber die Vorteile eines offenen Kommunikationskonzepts, denn für all diese Arbeiten kommt nicht mehr nur die Firma in Frage, die das ursprüngliche System geplant und errichtet hat, sondern auch jede andere mit hinreichender LonWorks-Kompetenz:

- Auch für die Folgeprojekte sind Ausschreibungen und Preisverhandlungen wieder ergebnisoffen; die ursprüngliche Partnerfirma erwirbt kein De-facto-Monopol für alle Folgeaufträge.
- Es sinkt die Gefahr, daß durch den Weggang von Erfahrungsträgern oder Insolvenz der ursprünglichen Partnerfirma Insiderwissen verlorengeht und niemand mehr die laufende Anlage beherrscht.

Da jederzeit auf einfache Weise Rekonfigurationen möglich sind, brauchen nicht wie in herkömmlichen Systemen alle Baugruppen und die komplette Verkabelung demontiert und erneuert zu werden, wenn das System seine Aufgaben ändert oder wächst. Werden während späterer Wartungsphasen defekte Knoten ausgetauscht oder andere Änderungen vorgenommen, so sind mit Hilfe des Installationswerkzeugs natürlich die Planungsunterlagen entsprechend zu aktualisieren.

13.2.11 Werkzeugeigenschaften

Soll ein Werkzeug durchgängig für alle Arbeitsgänge von der Planung bis zur Wartung einsetzbar sein, so muß es für verschiedene Nutzergruppen verschieden detaillierte Bedienebenen besitzen und jedem Personenkreis die Funktionen anbieten, die er braucht. Die Ebenen mit dem tiefsten Detaileinstieg müssen durch Paßwörter geschützt werden. Ein Gesamtwerkzeug enthält demnach folgende Komponenten: Das *physikalische Interface* verbindet das Werkzeug mit dem Netz. Die *Projektdatenbank* enthält alle Zuweisungs-, Konfigurations- und Verbindungsinformationen. Die *Installationsfunktionen* enthalten Algorithmen zur Festlegung von Netzwerkadressen, logischen Verbindungen, Netzwerk-Timer-Konstanten und anderen Netzressourcen. Sie nutzen die Informationen der Datenbank und senden bzw. empfangen Nachrichten über das physikalische Interface. *Anwendungsspezifische Funktionen* setzen auf den elementaren Funktionen zur Installation usw. auf und erfüllen zugeschnittene Aufgaben der speziellen Anwendung. Im einfachsten Fall erlaubt ein Browser das Beobachten und Manipulieren beliebiger Netzwerkvariablen jedes Knotens in einem Fenster am Bildschirm des PCs. Bei steigendem Komfort können schrittweise auch alle Diagnosefunktionen (siehe Abschnitt 13.3) sowie die vom Leitsystem bekannten Beobachtungs- und Bedienfunktionen in das Werkzeug integriert werden. Ein Werkzeug sollte also folgende Funktionen anbieten:

Knoten-Installation

Zuordnung von Netzwerkadressen, Kommunikations-, Konfigurations- und Authentication-Parametern zu Knoten, Versetzen eines Knotens in den Online- oder Offline-Zustand, Knoten-Reset, Empfang von Service-Pin-Nachrichten, Importieren der Selbst-Dokumentations- und Selbst-Identifikationsinformationen eines Knotens, Importieren externer Interface-Files eines Knotens, Abfragen und Setzen von Knoteneigenschaften.

Modifizieren, Austauschen, Entfernen von Knoten

Umbenennen von Knoten, Ändern ihrer Nutzungsrechte bezüglich priorisierter Telegramme, Austausch eines defekten Knotens durch einen neuen, logisches Entfernen eines

Knotens aus dem Netzwerk, Suche nach neuen Knoten, die dem Netz physikalisch hinzugefügt wurden.

Laden der Anwendungen

Prüfen der Kompatibilität von Zielknoten und Anwendungsprogramm und Laden der Anwendung in den Knoten (Download), Kopieren der Inhalte von Configuration Network Variables von einem Knoten zum anderen.

Verbindungsinstallation und -instandhaltung

Erstellen und Löschen von Verbindungen zwischen Netzwerkvariablen und Telegrammquellen und -senken.

Management und Analyse der Topologie

Analysieren der Netzwerktopologie und Erzeugen der Routing-Tabellen, Finden redundanter Router, Finden von Router-Konflikten, Berechnung von Protokoll-Timern auf Basis der Netzwerktopologie, Zuordnung eines Knotens zu einer zweiten Domain, Netzwerk-Dekonfiguration.

Management des Netzwerk-Interfaces

Setzen und Festlegen von Puffergrößen und Zählern, Warteschlangenlängen und Zeitparametern, Setzen des Online- oder Offline-Zustands im Interface.

Funktionen des Nachrichtenverkehrs

Senden und Empfangen von Nachrichten, Berechnen von Transaktions-Timern, Übersetzen von Datenbank-Record-Namen in Netzwerkadressen.

Überwachung und Kontrolle

Decodieren und Codieren von Daten in das Standardnetzwerkvariablen-Format zur bequemen Interpretation, für das Lesen, Schreiben, Anzeigen und Manipulieren der Werte von Netzwerkvariablen an jedem Datenpunkt des Netzwerks.

Datenbank-Management

Erzeugen, Ändern und Entfernen von Records, Suchen in Listen, Retten und Restaurieren des Kontexts, Starten, Abbrechen bzw. Vollenden (Commit) von Transaktionen.

13.3 Test- und Diagnosewerkzeuge

13.3.1 Debugger für gesteuerte Abarbeitung

Debugging einzelner Funktionen und Tasks

Zum Test einfacher Einzelprogramme kann der Programmierer mit Hilfe von Neuron-C-Quellcode-Debuggern und Knotenemulatoren zunächst Haltepunkte (Breakpoints) an geeigneter Stelle in den C-Programmtext einfügen (instrumentieren). Startet man dieses Programm anschließend, so läuft es nur bis es die Stelle mit dem gesetzten Haltepunkt und bleibt dann stehen. Der Programmierer kann dann nach Belieben Speicher- und Variableninhalte usw. untersuchen oder manipulieren und anschließend die Fortsetzung des Programms bis zum nächsten Haltepunkt veranlassen. Die dabei gemachten Beobachtungen sind direkt auf den Betrieb ohne Haltepunkte übertragbar, da das Programm in gleicher Weise abläuft wie im nicht instrumentierten Fall. Bei identischen Ausgangsdaten ist der Programmlauf beliebig oft exakt reproduzierbar [Gro 95, Flür 95].

Der Quellcode-Debugger kann nur mit Emulator-Knoten zusammenarbeiten, nicht mit sonstigen Anwenderknoten. Der zum LonBuilder passende Emulator enthält einen kompletten Knoten auf 3150-Basis mit einer Speicherausstattung von 64 Kbyte für Code und Daten und erlaubt den Test der Anwendersoftware, bevor die zugeschnittenen Ziel-Hardwareboards fertiggestellt sind. Der Speicher des Emulators ist als Dual-Port-RAM ausgelegt, so daß die Anwendersoftware ohne Performanceverlust abgearbeitet wird. Zusätzlich ist wird folgende Hardware unterstützt (Bild 13-6):

- Eine Hardware für schnelles Download von Anwenderprogrammen,
- einen 64-KByte-Control-RAM für Hardware-Breakpoints, der über alle 64 KByte adressierbar ist und Source Level Breakpoints oder Einzelschritte für jede Neuron-C-Anweisung ohne Modifikation im Maschinencode unterstützt und mit der Speicher-Schutzverwaltung zusammenwirkt,
- Komponenten zur Unterstützung von Reset-, Start- und Stopp-Kommandos,
- Treiberhardware für die LonBuilder-Backplane, Anschlußmöglichkeiten für nutzerdefinierte Netzwerkadapter sowie Möglichkeiten für den Anschluß nutzerdefinierter Ein- und Ausgabehardware.

Im Emulator wird der EEPROM- und Flash-Speicher durch RAM nachgebildet. Somit ist ein direkter Zugriff möglich. Dadurch sind im Emulator einige im realen Knoten verbotene Operationen ausführbar, z. B. ein direkter Schreibzugriff über Pointer. Während der Installation wird jedoch die später gültige Speicherbelegung definiert (Read Write Protect Map) und alle mit ROM oder Flash belegten Speicherbereiche können schreibgeschützt, alle gänzlich freibleibenden Bereiche auch lese- und schreibgeschützt werden. Die Emulator-Hardware kann unerlaubte Lese- oder Schreibzugriffe erkennen und das Anwenderprogramm anhalten (Read Protect Error, Write Protect Error). Sie verfügt dazu über eine Schreib-, Lese- und Schutzverwaltung für den Speicher, die über alle 64 KByte adressierbar ist und Speicherzugriffe außerhalb des für den Chip erlaubten Memory Map identifiziert. Diese ist für die verschiedenen Memory Maps aller Neuron-Chip-Typen geeignet und steuert auch den Zugriff zu den Variablen [Flür 95].

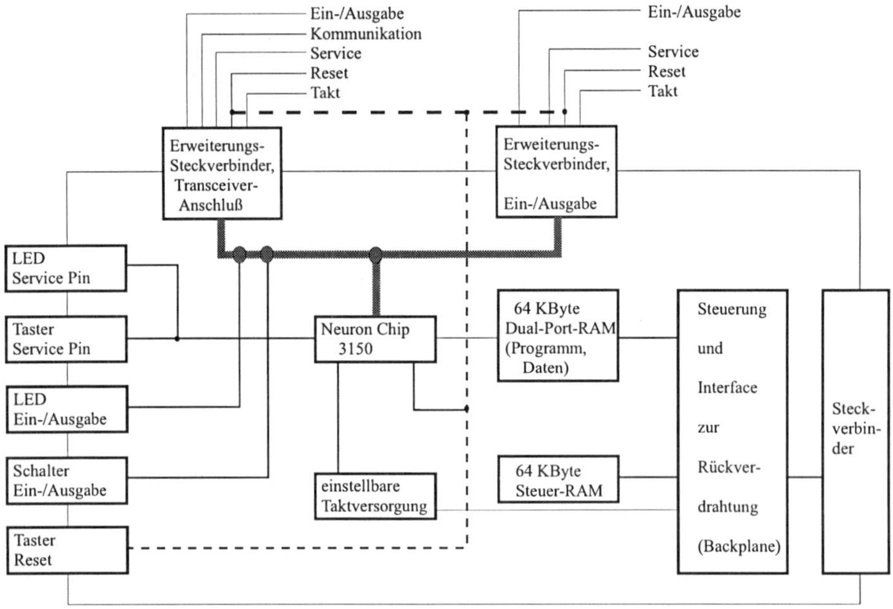

Bild 13-6: *Neuron-Emulator für den LonBuilder*

Debugging paralleler und verteilter Systeme

Der zum LonBuilder gehörende Neuron C Source Level Debugger kann auch parallel laufende Anwendungsprogramme auf mehreren Emulatoren debuggen, um den Fehler auf einen Knoten einzugrenzen. Auch hier werden die aus dem Anwenderprogramm vertrauten Knoten- und Variablennamen benutzt (symbolischer Debugger). Die LonBuilder Developers Workbench umfaßt ein Multiknoten-Enwicklungssystem für 6 Emulatoren, wobei bis zu 4 LonBuilder kaskadiert und so gleichzeitig maximal 24 Knoten emuliert werden können (Bild 13-7). Die Emulatoren können über Transceiver und das Backplane-Netzwerk des LonBuilders mit einer Datenrate von 1,25 Mbit/s nicht nur untereinander, sondern auch mit dem Protokollanalysator und dem Network Manager zusammenarbeiten. Jeder dieser Knoten kann durch zusätzliche Transceiver auch zur Kommunikation mit einem externen Netzwerk befähigt werden. Darüber hinaus können LonBuilder Router auch die Verbindung der Backplane zu externen Netzen mit beliebigen Transceivern herstellen, so daß auf diesem Wege verschiedene Kommunikationsmedien und mehrere hundert Knoten mittelbar am Test beteiligt sein können [LonW 95].

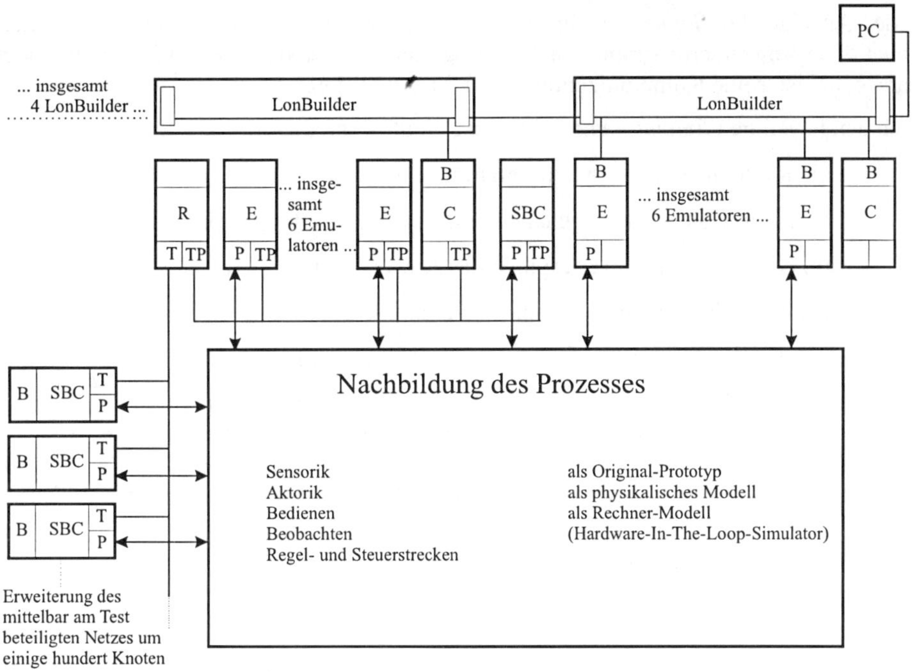

Bild 13-7: *Test verteilter Systeme mit dem LonBuilder*

Die im Bild 13-7 verwendeten Abkürzungen für Knoten und Anschlüsse finden sich in Tabelle 13-4.

Tabelle 13-4: *Verwendete Abkürzungen für Knoten und Anschlüsse*

Knoten	**Anschlüsse**
C: Control Processor	B: Backplane Transceiver
E: Emulator	T: Transceiver je nach Anwendung (auch Power Line, Funk, Lichtwellenleiter etc.)
R: Router	P: anwendungsspezifische Peripherie (I/O Evaluation Board)
SBC: Single Board Computer	

Will man einen derart ausgestatteten LonBuilder nunmehr zum Test verteilter Systeme benutzen, müssen zunächst in mehrere Emulatoren die für sie vorgesehenen Anwenderprogramme geladen werden. Von diesen Knoten lassen sich jetzt auch mehrere (bis zu 24) für das Debuggen vorbereiten, indem z. B. in ihren Anwenderprogrammen Haltepunkte gesetzt werden. Mit dem Kommando „Go“ starten alle Knoten gleichzeitig ihre Programme an den gegebenen Reset-Startpunkten.

Das Debugger-Fenster zeigt dabei allerdings immer nur den C-Quelltext eines Knotens an, den man zuvor als „aktiv“ ausgewählt hat. Nur diesen aktiven Knoten kann man während des Laufes direkt durch Tastaturkommandos wie „Halt“ oder „Reset“ beeinflussen. Mit dem „GoTo“-Kommando lassen sich jedoch auch die anderen Knoten aktivieren, das aktive Fenster also auf diesen Knoten umschalten.

An der Anzeige des *Status* der einzelnen Knoten erkennt der Programmierer, welcher Knoten ohne Anwenderprogramm, nicht konfiguriert, im Sleep Mode, offline, online oder gerade dabei ist, seine Kommunikationspuffer zu aktualisieren.

Durch den jeweiligen *Emulatorstatus* wird angezeigt, wenn dieser:

- nicht mit einem Anwenderprogramm geladen ist,
- an einem Haltepunkt angehalten (auch im Single-Step-Betrieb) ist,
- im Grundzustand (am Startpunkt des Anwenderprogramms) ist,
- beim Abarbeiten eines Anwenderprogramms ist,
- durch einen Read-Protect- bzw. Write-Protect-Fehler gestört ist.

Erreicht eines der laufenden Programme einen *Haltepunkt* (Breakpoint) oder wird es manuell angehalten (Kommandos „Step", „Halt", „Trace"), wird im Debuggerfenster automatisch der entsprechende Ausschnitt aus dem C-Quelltext zur Anzeige gebracht und die Timer des Neuron-Chips stoppen. Startet man das Programm später wieder, so laufen auch die Timer weiter. Die Programme werden stets angehalten, bevor sie die Anweisung abarbeiten, auf die der Haltepunkt gesetzt war.

Mit dem Debugger lassen sich nun die Inhalte von Variablen und Speicherzellen anzeigen oder manipulieren. Für Netzwerkvariablen, Timerwerte, Pointervariablen und die Adressen statischer Variablen gelten noch zusätzliche Einschränkungen. Auch die Anzeige oder Manipulation von erweiterten Ein-/Ausgabe-Ports (Memory Mapped, siehe Kapitel 3) ist nicht möglich, da der Emulator einen eigenen Speicher benutzt und die Ports deshalb gar nicht erreicht.

Eine Manipulation von Werten ist grundsätzlich nur erlaubt, nachdem der Knoten angehalten wurde, also nach Haltepunkten, im Einzelschrittmodus oder nach dem Haltkommando. Stattdessen erfolgt die Anzeige globaler Variablen auch kontinuierlich bei laufendem Anwenderprogramm (*Watch-Betrieb*) und wird dort etwa jede Sekunde aufgefrischt. Bei der Beobachtung längerer Felder und Datenstrukturen in laufenden Knoten sind im Watch-Betrieb vorübergehend nicht aktuelle Anzeigen unvermeidbar. Sie entstehen gelegentlich, wenn der Debugger die Struktur aus dem Knotenspeicher liest, während das Anwenderprogramm gerade deren Inhalte verändert. Bei der nächsten Auffrischung wird die Anzeige wieder korrigiert.

Der Debugger kann für den jeweils ausgewählten Emulator gleichzeitig bis zu sechs Anzeigefenster darstellen. Durch einfaches Umschalten lassen sich auch die anderen Emulatoren bzw. Knoten beobachten. Dabei wird die gewählte Konfiguration von bis zu 20 Fenstern unterschiedlicher Emulatoren im PC gespeichert, so daß beim erneuten Zurückschalten auf diese Knoten das zuvor eingestellte Erscheinungsbild des Fensters wieder sichtbar wird.

Im Einzelschrittbetrieb (*Single Step*) hält der Debugger nach jeder Anweisung des C-Quelltextes an. Man kann durch Weiterschalten mit dem Kommando „Step" also den Kontrollfluß durch das Programm beobachten und die Abarbeitungsreihenfolge der Tasks durch den Scheduler entsprechend der erfüllten When-Bedingungen nachvollziehen. Werden im Einzelschrittbetrieb Funktionsaufrufe abgearbeitet, so erreicht der nächste Schritt sofort den auf die Funktion unmittelbar folgenden Befehl, der Funktionskörper wird also ohne Halt abgearbeitet. Enthält der Funktionskörper jedoch einen Haltepunkt, wird dieser selbstverständlich beachtet.

Die zweite Einzelschritt-Betriebsart (*Trace Step*) führt stattdessen auch das Innere der Funktionskörper in einzelnen Schritten aus, bei mehrfach ineinander verschachtelten Funktionsaufrufen verliert man sich also leicht in den Verzweigungen dieser Aufrufhierarchie.

Diese Aufrufhierarchie (Current Call Sequence) läßt sich für den aktiven Knoten mit dem Kommando „Display Stack" am Bildschirm darstellen, wobei die höchste Hierarchieebene stets eine Task sein muß.

Der *aktuelle Kontext* eines Knotens (Current Context) besteht aus den lokalen Variablen und Parametern der gerade bearbeiteten Funktion oder Task sowie den statischen Variablen, soweit deren Namen nicht mit denen lokaler Variablen oder Parameter identisch sind. Am Bildschirm können der aktuelle Kontext einer Funktion angezeigt und alle Variablenwerte modifiziert werden.

Die Auswahl der für die Kontextanzeige gewünschten Funktion ist am Bildschirm anhand ihrer Aufrufhierarchie (Current Call Sequence) möglich. Dabei wird der im Debugger wirksame Haltepunkt weder beeinflußt noch verändert. Der aktuelle Kontext, dessen Lage im C-Quelltext durch einen Doppelpfeil-Kursor angezeigt wird, muß also nicht mit dem Haltepunkt identisch sein, an dem der Prozessor gerade stehengeblieben ist.

Die Auffrischung lokaler Variablen und Parameter im Watch-Betrieb ist allerdings nur möglich, wenn der Knoten angehalten wurde und die Funktion, welche die Variable enthält, Bestandteil des aktuellen Kontextes ist. Beim Verlassen dieses Kontextes werden daher alle Variablen am Bildschirm gekennzeichnet, deren Auffrischung zur Zeit nicht möglich ist.

Der Minimalumfang (Starter Kit) beinhaltet zwei Emulatoren sowie einen als Network-Management-Knoten genutzten Control Processor und erlaubt bereits das Testen kommunizierender Anwenderprogramme, wenn die Entwicklung der zugehörigen Hardware noch gar nicht begonnen hat. Dieser Aufbau kann schrittweise auf einige hundert Knoten erweitert werden (Bild 13-7). Er bietet beim Test verteilter Systeme gegenüber herkömmlichen Debuggern den Vorteil, daß sich Haltepunkte im gesamten System „verteilen" lassen. Hauptvorteil beim Test eines umfangreichen und über alle Knoten verteilten Gesamtalgorithmus ist jedoch, auch deren Datenfluß systemweit nachvollziehen zu können, indem man die Netzwerkvariablen beobachtet und gegebenenfalls manipuliert. So kann der Fluß einer verteilten Anwendung leicht von einer Eingabe der Sensorhardware auf einem Emulator, der Übertragung des neuen Sensorzustandes über das Netzwerk in den zweiten Emulator, der Berechnung einer geeigneten Antwort darauf in diesem Emulator bis zu deren Ausgabe an dessen Aktorhardware verfolgt werden.

Hardwaretestbett für Echtzeitfunktionstests

Die Fehlersuche auf Anwenderebene muß viele Möglichkeiten berücksichtigen. Öffnet oder schließt ein Aktor nicht mehr, so können z. B. Aktor, Motor, Leistungselektronik, Controllerhardware, Controllersoftware und Netzabläufe, aber auch deren Abstimmung auf die zu steuernde Maschine oder Anlage fehlerhaft sein. Ein Echtzeittest ist hier nur möglich, wenn man sowohl die Ein- und Ausgabeumgebung als auch die Netzwerkumgebung des Knotens geeignet nachbildet. Während letzteres über den Transceiver-Anschluß und einen Dummy-Kommunikationspartner auch mit Standardkomponenten realisierbar ist, wird das Ein-, Ausgabeinterface stets sehr anwendungsspezifisch sein und muß prototypisch aufgebaut werden. Ein derart durch seine Peripheriehardware komplettierter Knoten wird *Custom Node* genannt. Dessen Gesamttest vor dem endgültigen Entwurf der Knotenhardware ist unverzichtbar (Rapid Prototyping) und wird bei Benutzung des Emulators dadurch erleichtert, daß hier flexible Erweiterungsanschlüsse und -karten bereits vorbereitet sind. Der Emulator kann auch zum Test extern aufgebauter Knoten genutzt werden. Basieren diese Knoten auf Echelon-Control-Modulen, werden sie abgezogen und an die Steckverbinder ein kompatibler Adapter angebracht, der zum Emulator führt. Bei allen anderen Knoten muß der Neuron-Chip aus seiner Fassung entfernt und durch ein Adapter Interface zum Emulator ersetzt werden, der dann die Aufgaben des Chips übernimmt.

Der Single Board Computer (SBC) ist ein kompletter Einplatinenrechner, der entweder innerhalb des LonBuilders oder als Remote Node arbeitet. Da auf ihn auch die bereits am Emulator benutzten Ein-, Ausgabe- und Transceiver-Module steckbar sind, dauert der Umstieg vom Emulator zum SBC oft nur Minuten. Der Programmierer kann nach Inbetriebnahme der Software am Emulator diese nicht nur in den SBC laden, sondern ihn dann auch aus der Enwicklungsstation nehmen und an anderer Stelle wieder in Betrieb setzen. Dadurch bietet sich die Möglichkeit, mit derselben Hardware „gleitend“ in die reale Anwendungsumgebung überzuwechseln. Die direkte Verwendung des LonBuilders inklusive Personalcomputer an Produktionsstätten oder bei Gebäudeinstallationen ist bekanntlich sehr unhandlich, so daß hier Handheld-Werkzeuge unter Verzicht auf die umfangreichen Debug-Möglichkeiten bevorzugt werden [HeuRo 95, HeuS 95, Flür 95].

Die Ausrüstung von Gebäuden, Produktionsanlagen, Aggregaten oder Konsumgütern mit verteilten Rechnersystemen führt zu bisher unbekannten Problemen, weil nunmehr ein komplexer Gesamtalgorithmus über Rechnergrenzen hinweg und im Zusammenwirken mit den Anlagen in Betrieb genommen werden muß. Dieses Zusammenwirken kann während der Programmentwicklung nur selten rechtzeitig untersucht werden, weil die meisten Maschinen und Anlagen zu diesem Zeitpunkt bestenfalls auf dem Papier existieren. Aber selbst an bereits real existierenden Anlagen dürfen viele Störfälle und Gefahrenzustände gar nicht absichtlich herbeigeführt werden. Entsprechende Tests sind zwar aus Sicht der Programmierer zwingend notwendig, stellen für den Betreiber aber ein zu hohes Gefahrenrisiko dar oder verursachen zumindest wirtschaftlichen Schaden durch verdorbene Produkte oder Produktionsstillstand.

Die vernetzten Knoten mit ihrer Ein- und Ausgabeperipherie müssen in solchen Fällen beim Programmtest also durch eine geeignete Nachbildung der realen Anlage und ihrer Umgebungsbedingungen ergänzt werden (Bild 13-8). Diese Verbindung von originaler Knotenhardware mit Nachbildungen wird auch Hardware-in-the-loop-Testbett genannt und ist besonders beim Test geschlossener Regelkreise (Closed Loop) gebräuchlich [Kab 87, Mew 95, Kab 96]. Die Nachbildungen müssen insbesondere dem Echtzeitverhalten der Originalanlagen hinreichend entsprechen. Sie werden in Gestalt von physikalischen Modellen oder durch Echtzeit-Simulationsrechner mit gespiegelten Ein- und Ausgangssignalen implementiert und unterstützen dann wirksam folgende Untersuchungen:

- frühzeitiger Nachweis der korrekten Funktion von Hardware und Software (Algorithmen, Abläufe, Qualitätskenngrößen) unter realistischen Betriebsbedingungen, auch wenn die reale Anlage noch gar nicht existiert,
- Verhaltensuntersuchungen bei extremen Betriebsbedingungen und Störeinflüssen ohne Gefährdung von Anlage oder Personal und ohne wirtschaftlichen Schaden,
- korrektes Zusammenwirken (Konformität, Interoperabilität, Austauschbarkeit) von Feldbusteilnehmern verschiedenster Anbieter (Vendors) an einer Multi-Vendor-Anlage,
- Echtzeitfähigkeit (Nachweis der notwendigen Rechtzeitigkeit und Performance des Rechnerverhaltens im Zusammenwirken mit der Umgebung).

Simulatoren bieten zusätzlich einen problemlosen Ein- und Überblick über den Verlauf aller im System vorkommenden Größen, auch wenn diese in der Realität schwer meßbar sind. Es gibt verschiedene Konzepte mit leistungsfähigen Prozessoren (auch Signalprozessoren), Multiprozessor-Architekturen und -Bussystemen (z. B. Transputer-Felder, VME-Bus) und flexiblen Simulationswerkzeugen [Kif 95, Ott 96].

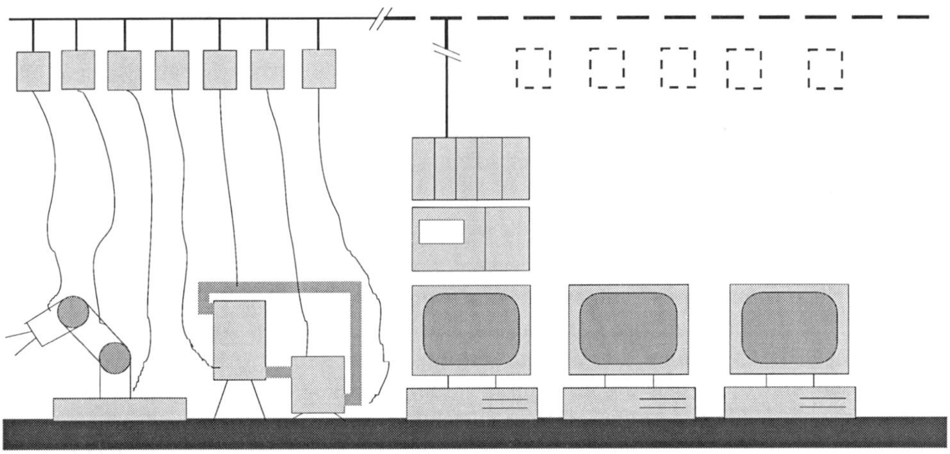

Bild 13-8: *Aufbau eines Echtzeit-Testbettes*

Leistungsgrenzen von Debuggern für gesteuerte Abarbeitung

Nachteil der bisher beschriebenen Haltepunkttests ist, daß das reproduzierbare Verhalten der Programme mit und ohne Haltepunkt nicht mehr vorausgesetzt werden kann, sobald mehrere parallele Tasks oder sogar mehrere Knoten am Test beteiligt sind. Vielmehr stellen sich hier Ablaufreihenfolgen ein, die unter anderem abhängig sind von

- Prioritäten der Tasks (When-Bedingungen)
- Belastungen und Prioritäten auf den LonWorks-Kanälen,
- Zugriffen auf gemeinsam genutzte Ressourcen,
- Zeitverhalten der gesteuerten Anlage und der von dort kommenden Eingabesignale und Ereignismeldungen.

Die Ergebnisse eines Tests mit Haltepunkt-Unterstützung sind also kaum repräsentativ für das Verhalten der verteilten Anwendung im freien Lauf, weil jeder Haltepunkt das zeitliche Gefüge zwischen den Tasks und ihrer Umgebung erheblich verzerrt und die Reihenfolgen der Taskabarbeitung nicht durch die Programmstrukturen allein, sondern auch durch die Synchronisations- und Kommunikationsbeziehungen zwischen den Tasks bestimmt werden [Kab 87].

13.3.2 Monitore für freie Aufzeichnung

Grundprinzip der freien Aufzeichnung

Wesentlich vorteilhafter sind Testmethoden, die denTestablauf kaum behindern und deshalb mit dem Begriff der freien Aufzeichnung (Tracing) umschrieben werden.

Die ablaufenden Programme, Netzprotokolle und Hardwareaktivitäten senden über spezielle Diagnoseschnittstellen Ereignismeldungen (Events) an die Testumgebung. Diese werden dort in chronologischer Reihenfolge gesammelt und stehen für eine spätere Off-line-Auswertung zur Verfügung. Zur Erzeugung von Events können auch an geeigneten Stellen (Testpunkten) im Programmtext Befehle eingefügt werden. Das als Datei z. B. auf einer Festplatte verfügbare Resultat einer solchen Aufzeichnung wird auch als Spur oder History bezeichnet.

Ziel dieses Verfahrens ist es, Fehler, die im Zusammenwirken der Tasks entstehen, zu lokalisieren und ihre Ursachen aufzudecken. So können beispielsweise Ursachen für Hängenbleiben von Tasks aufgespürt und sogar Post-mortem-Fehleranalysen nach Systemabstürzen vorgenommen werden. Die Methode der freien Aufzeichnung hat den Vorteil, daß die Messung am System erfolgt, ohne seinen Ablauf wesentlich zu beeinflussen und ohne daß die Ereignisse ihren Zeitbezug verlieren. Damit wird das Entstehen von Fehlern kontinuierlich beobachtbar, wenn es gelingt, den Aufzeichnungsvorgang auf das Auftreten deutlicher Fehlersymptome zu konzentrieren. Die History enthält dann meist den gesamten Vorgang von der Fehlerursache bis zur Manifestation der Störung [Kla 95]. Ein Monitor zur freien Aufzeichnung muß dazu über folgende Komponenten verfügen:

Online-Messung
Das Eventinterface muß möglichst ohne große Hardwareänderungen an verschiedene Meßpunkte adaptierbar sein. Es soll in der Lage sein, nacheinander Daten von mehreren Meßpunkten aufzunehmen.

Zeitstempelung
Die gewonnenen Daten müssen mit einem skalierbaren Zeitstempel versehen werden, der

später bei der Visualisierung und Auswertung zum chronologischen Ordnen der Events benutzt wird.

Temporäre Aufzeichnung und Zwischenspeicherung im Puffer
Der Datenpuffer, der meist als Ringpuffer organisiert ist, hat die Aufgabe, die gemessenen Daten temporär zu speichern.

Permanente Aufzeichnung im Massenspeicher
Die Aufzeichnung auf die Festplatte erfolgt meist ebenfalls nach dem Ringpufferprinzip, d. h., ältere Daten werden ständig durch aktuelle überschrieben. Auf der Platte bleibt somit nur ein begrenztes Zeitfenster der jüngsten Vergangenheit (History) gespeichert.

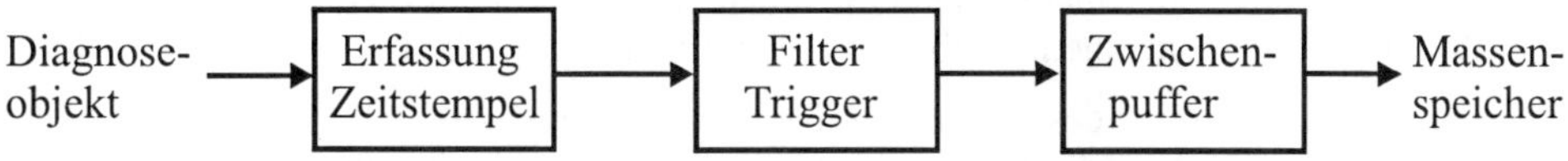

Bild 13-9: *Blockschaltbild eines Monitorsystems zur freien Aufzeichnung*

Triggern und Filtern

Bei der praktischen Arbeit mit Monitoren zeigen sich schnell zwei Probleme:

- Die von den meisten Signalquellen gelieferten Datenmengen werden sehr groß. Das kann die Kanalkapazität der Meßwertübertragungssysteme und die Schreibgeschwindigkeit der Speicher überfordern.
- Weil oft nach transienten und selten auftretenden Fehlern gesucht wird, sind lange Meßzeiten notwendig, damit die aufgezeichneten Meßwertdateien die fehlerhaften Abläufe überhaupt enthalten. Da sich der zur Aufzeichnung benötigte Speicherplatz aus dem Produkt aus Datenrate und Meßzeit bestimmt, sind die Grenzen üblicher Massenspeicher schnell erreicht.

Filter sind Geräte oder Algorithmen, die aus einem Signal Information nach bestimmten Kriterien gewinnen. Sie müssen so entworfen sein, daß sie die gewünschte Information weiterleiten und die unerwünschte zurückhalten können. Zur Reduzierung der Datenrate wird das Filter hier so ausgelegt, daß es nicht mehr alle Meßdaten zum Diagnoserechner weiterleitet, sondern nur solche, die für die spätere Auswertung wirklich relevant sind. Das Filter muß also unmittelbar nach Entstehung jedes Meßwertes (on-line) über dessen Relevanz entscheiden. Dazu erhält es vor Beginn der Messung vom Meßpersonal entsprechende Vorschriften.

Trigger sind Geräte oder Algorithmen zur Beobachtung von Meßwertverläufen und zur Ableitung aktiver Handlungsanweisungen daraus. Zur Reduzierung der Meßzeit verzichtet man auf eine kontinuierliche Aufzeichnung des gemessenen Datenstroms, sondern zeichnet nur solche Zeitabschnitte zusammenhängend auf, die für die spätere Auswertung wirklich relevant sind. Die aktive Handlungsanweisung des Triggers bewirkt also das Ein- und Ausschalten des Aufzeichnungsvorganges. Auch der Trigger muß deshalb unmittelbar nach Entstehung jedes Meßwertes (on-line) erneut über die Relevanz des nachfolgenden Datenstromes entscheiden und erhält dazu vor Beginn der Messung entsprechende Vorschriften [KaHa 96].

13.3.3 Protokollanalysatoren und Netzwerkmonitore

Ein Protokollanalysator ist ein Monitor zur freien Aufzeichnung des Telegrammverkehrs im Netz, d. h., er weist die im Abschnitt 13.3.2 beschriebenen Grundeigenschaften aller Monitore auf, indem er Telegramme als Events registriert. Dadurch werden Fehler auf Netzebene diagnostizierbar, z. B. wenn sich durch Datenverlust eines EEPROMs eine Netzwerkvariablenverbindung gelöst oder ein Knoten sich sogar logisch völlig vom Netz getrennt hat.

Mittelbar unterstützt er natürlich auch die Beobachtung, Analyse und Diagnose des Netzverhaltens kommunizierender Anwendungsprogramme, indem er Telegramme des Netzwerkverkehrs auf einem Kanal sammelt und chronologisch sowie mit einem Zeitstempel versehen in einem Logbuch-File (Active Log) speichert.

Für jede laufende Instanz des Analysator-Tools ist nur eine aktive Log-Datei möglich. Da aber auf einem Rechner mehrere Instanzen gleichzeitig laufen dürfen, können auch mehrere Log-Dateien aktiv sein. Der für die Log-Dateien reservierte Speicher ist konfigurierbar und mit 5 MByte voreingestellt. Ist er gefüllt, so wird die Aufzeichnung gestoppt. Alternativ dazu kann ein Ringpufferbetrieb (Monitor Mode) gewählt werden. Dann wird ständig aufgezeichnet und in zyklischen Abständen die Bildschirmanzeige erneuert. Nach Ende der Messung ist die Sicherung der Dateien auf einem Massenspeicher möglich.

Diese Aufzeichnungen können später off-line vom Entwickler betrachtet und ausgewertet werden. Anzeige- und Auswertewerkzeuge arbeiten mit der jeweils aktuellen Log-Datei (Current Log), wobei insgesamt nur eine aktuelle Log-Datei möglich ist. Das Auswertungswerkzeug stellt den Telegrammverkehr nicht als Rohdaten dar (auf Bit- oder Hexadezimalniveau), sondern visualisiert die Telegramme so, daß der Entwickler ihren Inhalt auf der Ebene der bei der Installation vereinbarten Klartextnamen von Knoten, Protokolldiensten und Netzwerkvariablen interpretieren kann. Die Namensinformation entnimmt er einer durch Management-Tools erstellten Netzwerk-(Installations-)-Datenbank. Das Installations- oder Management-Tool selbst ist dazu nicht notwendig. Dabei dürfen Netzwerkvariablen sowohl den im Sendeknoten definierten Variablennamen als auch den im Empfangsknoten verwendeten Namen tragen.

Die Auswertung bietet dem Benutzer drei spezielle Gruppen von Analysefunktionen: Protokollanalyse, Verkehrsanalyse und Netzwerkdiagnose [Lon 96].

Filtern

Die Telegramme durchlaufen nacheinander bestimmte Filteralgorithmen, die den Datenstrom nach folgenden Kriterien durchsuchen und nur Telegramme mit definierten Eigenschaften aufzeichnen:

- bestimmte Telegrammtypen (z. B. Acknowledged Message) oder Adreßtypen (z. B. Node ID) sowie bei fehlerhaften Telegrammen bestimmte Fehlertypen (z. B. CRC-Fehler, Timeout-Fehler),
- Telegramme zwischen bestimmten Knoten (definierte Liste von Sende- und Empfangsknoten),
- an bestimmte Netzwerkvariablen gerichtete Telegramme,
- Telegramme, die bestimmte LonTalk-Protokoll-Dienste benutzen.

Als letzte Filterstufe kann der Anwender selbst beliebige C-Programme (Custom Filter) formulieren, die den Datenstrom analysieren und selektieren. Die einzelnen Bestandteile jeder Filterdefinition lassen sich in üblicher Weise logisch verknüpfen (UND bzw. ODER), was einer Reihen- bzw. Parallelschaltung der Filterstufen entspricht. Man kann das definierte Filter entweder als Durchlaßfilter betreiben (nur die der Definition entsprechenden Telegramme werden aufgezeichnet) oder alternativ als Sperrfilter benutzen (nur die nicht der Definition entsprechenden Telegramme werden aufgezeichnet). Selbstverständlich lassen sich komplexe Filterdefinitionen als File speichern und später bei Bedarf wieder aufrufen und benutzen.

Protokollanalyse (Protocol Analysis)

Hier können die Log-Dateien in Kurzform am Bildschirm dargestellt werden (je Zeile ein Telegramm). Welche der Informationen tatsächlich am Bildschirm angezeigt werden, kann man in einem Konfigurationsdialog beliebig festlegen. Es werden auch fehlerhafte Telegramme unter Angabe des Fehlers dargestellt, z. B. fehlerhaftes CRC, Timeout, eine Präambel ohne nachfolgende Daten, zu kurzes oder zu langes Telgramm. Es lassen sich verschiedene Zeitabschnitte derselben oder einer anderen Log-Datei am Bildschirm auch in mehreren Fenstern nebeneinander darstellen, vorwärts oder rückwärts scrollen und vergleichen. Zur Erleichterung der Interpretation und Analyse kann der Nutzer auch bei der Visualierung der Logs ein Filter (Match Criterium) definieren. Es zeigt zutreffende (matched) Telegramme in derselben Farbe an, z. B. bei gleichen Knotennamen, Netzwerk-Variablen-Namen oder Nachrichten-Codes (Message Codes). Die dem Match Criterium entsprechenden Telegramme können auch herausgesucht und in einer neuen Datei abgelegt werden, die danach den aufgezeichneten Datenverkehr in einer definiert verdichteten Form enthält. Selbstverständlich lassen sich Teile der aufgezeichneten Log-Datei auch ausdrucken oder in beliebige DOS- oder Windows-Werkzeuge (z. B. Excel, Access) exportieren.

Verkehrsanalyse (Traffic Analysis)

Der Protokollanalysator ist auch in der Lage, das Netzwerkverhalten zu beobachten und statistische Momentanwerte anzuzeigen, z. B.:

- Gesamtzahl der übertragenen Telegramme, nach Telegrammtypen geordnet,
- Zahl der fehlerhaften Telegramme, nach Fehlertypen geordnet,
- mittlere Netzauslastung.

Die Bildschirmanzeigen werden während der Messungen laufend aktualisiert, lassen sich aber zur besseren Auswertung auch vorübergehend anhalten, wobei die Messung weiterläuft. Dabei ist einerseits eine kumulative Berechnung der statistischen Daten vom Beginn der Messung an möglich, bis alle Daten durch einen manuellen Befehl zurückgesetzt werden. Alternativ dazu ist auch ein zeitzyklischer Neubeginn der Berechnung einstellbar, die dann die Momentanwerte während des letzten Zeitintervalls liefert (Snapshot).

Mehrere Kopien (Instances) des Statistik-Tools können gleichzeitig laufen, um z. B. kumulative Werte und Momentanwerte gleichzeitig aufzunehmen und zu berechnen.

Netzwerkdiagnose (Network Diagnostics)

Die hier integrierte Netzwerkdiagnostik testet bei Wartungsarbeiten die Funktionstüchtigkeit jedes Knotens und lokalisiert dadurch schnell entsprechende Probleme. Das Werkzeug

- überprüft, ob Knoten und Router noch arbeiten und mit dem Diagnose-Tool kommunizieren können,
- fragt die internen Fehlerzähler und Statistikregister der Knoten ab und zeigt ihre Inhalte an,
- versetzt die Knoten in den Offline-Modus und isoliert so Problemknoten vom Netz,
- setzt die Knoten zurück,
- setzt die internen Fehlerzähler und Statistikregister der Knoten zurück,
- lokalisiert und identifiziert die Knoten, wenn diese auf ein Wink-Kommando antworten,
- gibt den zuletzt von der Firmware registrierten Fehler an,
- zeigt die Ursache für den letzten Chip-Reset, z. B. Power Up, Watchdog, Reset Pin, Software (Anwendung, Firmware, Network-Management-Kommando).

Zur Lokalisierung von Störungen wird also beobachtet, welche Knoten bevorzugt in fehlerhafte Protokollabläufe verwickelt sind. Fehler lassen sich auch einkreisen, wenn man systematisch alle Knoten durch Telegramme stimuliert. Man beginnt mit der schrittweisen Stimulation bei den Knoten in unmittelbarer Nachbarschaft des Protokollanalysators und setzt sie immer weiter fort, bis z. B. die Ursache einer Unterbrechung gefunden ist.

Netzwerkmonitor

Ein Netzwerkmonitor ist ein Knoten, der Anwendungstelegramme oder Netzwerkvariablen-Updates von anderen Knoten empfängt. Da das prinzipiell jeder Knoten kann, ist im weiteren Sinne also auch jeder für Monitoraufgaben geeignet. Im engeren Sinne bezeichnet man so aber nur solche Knoten, die ausschließlich zur passiven Beobachtung des Netzverkehrs in das System eingefügt wurden. Diese Monitore können zunächst immer nur den Verkehr empfangen, der auch an sie adressiert ist (max. 400 Pakete/s). Deshalb wird ein Monitor meist mit einem Management-Tool kombiniert, da so Bediener-Interface und Datenbank mit allen Knoten- und Variablenadressen mitbenutzt werden kann [Gro 95, Pow 96].

Auch nach der Erstinbetriebnahme müssen Netze ständig überwacht sowie hinsichtlich der Performance und Fehlverhalten einzelner Knoten kontrolliert werden. Netzwerkmonitore und mit ihnen verbundene Management-Funktionen werden daher nicht nur während der Installation und zur gelegentlichen Systempflege genutzt, oft sieht man dafür dauerhaft im Netz verbleibende Knoten vor. Auch diese Diagnosewerkzeuge brauchen also Bibliotheken, die alle wesentlichen Managementfunktionen enthalten und eine Bedienoberfläche, die dem Nutzer die Ausführung dieser Funktionen ermöglicht, z. B.:

- Netzknoten online/offline setzen,
- neue Applikationsprogramme in die Netzknoten laden,

- Netzwerkvariablen auf beliebigen Knoten verändern (Stimulation von Knotenapplikationen) oder neu verbinden,
- Senden expliziter Nachrichten an einen beliebigen Knoten,
- Verändern von Knoten-Protokoll-Timern.

13.3.4 Integrierte Diagnosesysteme

Messung in allen Systemebenen und Signalklassen

Ein automatisiertes System besteht aus zahlreichen Komponenten, die im Bild 13-10 nach ihrer Nähe zum Prozeß in Systemebenen geordnet sind und in denen jeweils verschiedene Signalklassen meßbar sind.

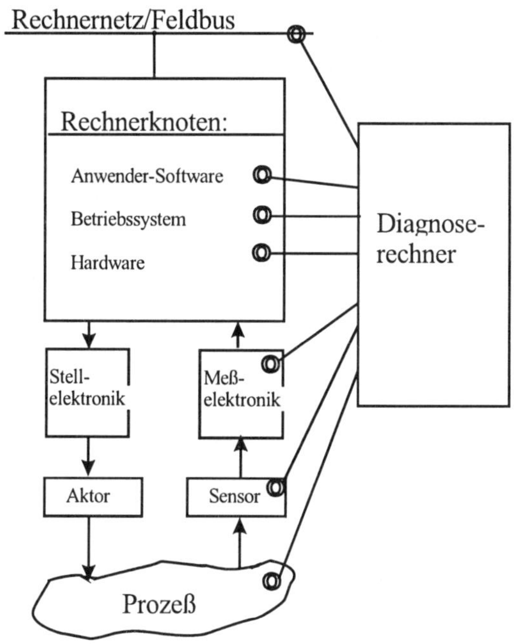

Bild 13-10: *Typische Systemebenen, Signalklassen und Fehlerorte*

Die Fehlersuche in derart komplexen Systemen erfordert fast immer die Messung vielfältiger Signalklassen in allen vorhandenen Systemebenen, da der in einer bestimmten Systemebene lokalisierte Fehler sich auch durch ein Fehlverhalten in ganz anderen Systemebenen manifestieren kann. Der schrittweise Test einer Einzelkomponente führt hier nur selten zum Ziel, da Fehler oft erst durch das Zusammenwirken verschiedener Komponenten entstehen. Besonders schwierig wird die Diagnose in komplexen Systemen mit geschlossenen Ursache-Wirkungs-Kreisen (Closed Loop), wie sie für Regelungsaufgaben typisch sind.

Zusätzlich zu den Daten aus Hardware und Software kann es in solchen Fällen notwendig sein, weitere Daten aus dem Umfeld in die Betrachtungen einzubeziehen (z. B. Temperatur, Betriebsspannung usw.). Eine solch umfassende Historyaufzeichnung muß die Aktivitäten aller im System beteiligten Komponenten aufnehmen und so den Gesamtablauf vollständig dokumentieren. Die klassische Diagnoseaufgabe wird also jetzt in dem Sinne erweitert, daß das Verhalten aller erreichbaren Systemebenen nunmehr an möglichst vielen Zugangspunkten des fehlerhaften Diagnoseobjekts gemessen werden soll, um aus dem Vergleich unterschiedlichster Meßsignale Fehler zu eruieren [KaHa 96].

Zeit in verteilten Systemen

In räumlich verteilten Diagnoseobjekten erfolgt auch die Erfassung der Diagnosedaten durch räumlich verteilte Sensoren, Meßgeräte bzw. Rechner, welche lokale Uhren besitzen und den Meßwerten lokale Zeitstempel zuordnen. Diese lokalen Uhren weisen Gangunterschiede auf und lassen sich auch von zentraler Stelle nicht beliebig genau synchronisieren [Wan 95]. Die zeitliche Differenz zwischen dem Auftreten eines Ereignisses am Ursprungsort und dem Eintreffen der zugehörigen Ereignismeldung am Wirkungsort heißt *zeitliche Unschärfe*. Werden später im zentralen Auswerterechner die einzelnen Signalwerte über ihre mitgeführten Zeitstempel zu globalen Zustandsabbildern zusammengefaßt, so sind sie aufgrund dieser nichtdeterminierten Zeitverschiebungen nicht mehr konsistent. Da somit eine konsistente Beobachtung verteilter Systeme prinzipiell unmöglich ist, müssen Unschärfen bei der diagnostischen Interpretation von Systemzuständen und Ereignisreihenfolgen stets beachtet werden, um Fehldeutungen zu vermeiden [Kla 95].

Suchen nach transienten Fehlern durch Triggern und Filtern

Auf großen Baustellen entstehen die meisten Fehler durch mangelnde Abstimmung der meist zahlreichen, kleinen Subunternehmen, durch nachträglich eingebrachte Änderungen sowie den Zeitdruck gegen Ende der Bauzeit, der speziell die Elektrogewerke trifft. Dabei sind transiente Fehler besonders heimtückisch und werden während der Inbetriebnahme nur selten bemerkt, da sie nicht permanent beobachtbar sind und die Anlagen trotzdem scheinbar ordnungsgemäß arbeiten. Sie bleiben daher als potntielle Gefahrenquellen zurück, entfalten ihre Wirkung (z. B. Absturz) plötzlich, unerwartet, nichtdeterminiert nach Wochen, Monaten oder Jahren und haben schon im nächsten Moment all ihre Spuren im System verwischt. Im Fehlerfalle ist nur selten qualifiziertes Personal zur Beobachtung der Abläufe anwesend, zudem geht alles meist sehr schnell und ist mit bloßem Auge an den Meßgeräten nicht mehr zu verfolgen. Nachträglich stellt sich meist heraus, daß schon lange vor der Störung mehrfach kleinere Unregelmäßigkeiten beobachtet wurden, die unbeachtet blieben, da sie „von selbst“ wieder verschwanden. Diese Fehler können daher erst durch eine Langzeitaufzeichnung des Zusammenwirkens aller Prozeßgrößen, Software- und Hardwareaktivitäten entdeckt werden.

Um die Entstehungsgeschichte eines solchen Fehlers zu ermitteln, sollten sich Monitoraufzeichnungen auf die zeitliche Umgebung dieses Fehlers konzentrieren. Dazu braucht man eine A-priori-Anfangsvermutung, welche Stellen der gemessenen History so aufschlußreich sein könnten, daß es sich lohnt, sie aufzuzeichnen und genauer zu inspizieren. Es sind aber keine Vorabkenntnisse über die eventuellen Fehler*ursachen* notwendig. Wer im Ablaufgeschehen von Soft- und Hardware nur die zeitliche Umgebung eines möglichen Fehlers erkennen will, braucht stattdessen lediglich Anhaltspunkte, wie dieser Fehler sich auswirkt, nachdem er aufgetreten ist. Dabei baut diese Aufzählung von Fehler*wirkungen* meist auf den Beobachtungen von Personen auf, die das Fehlverhalten mehr oder weniger zufällig festgestellt haben. Sie beschreiben also das äußere Erscheinungsbild der sekundären Spätfolgen, die beobachtbar sind, nachdem die primären Ursachen den eigentlichen Fehler bereits einige Zeit früher ausgelöst haben.

Visualisierung und Auswertung der History

In der Regel begnügt man sich während der Messung mit der On-line-Aufzeichnung in eine History-Datei und verlagert Visualisierung und höherwertige Weiterverarbeitung der Daten in die Off-line-Phase nach Abschluß der Messung, weil

- die Originalabläufe meist schneller als das subjektive Beobachtungsvermögen des Menschen sind und on-line von ihm gar nicht mehr wahrgenommen werden könnten,
- jede Aufzeichnung so mehrmals betrachtet und nacheinander mit den verschiedensten Auswerteverfahren untersucht werden kann,
- Off-line-Verarbeitungsalgorithmen keine harten Echtzeitbedingungen mehr erfüllen müssen und ihre Mächtigkeit somit keinerlei Beschränkungen unterliegt,
- alle Aufzeichnungen zu Vergleichszwecken beliebig archiviert werden können.

Selbstverständlich muß die Visualisierung dem neuen Anspruch eines integrierten Diagnosesystems nach Einbeziehung aller Systemebenen und Signalklassen gerecht werden. Von einem integrierten Visualisierungs-Tool wird deshalb eine zeitkohärente Darstellung aller unterschiedlichen Signalklassen erwartet, wobei sich die Nutzung der Fenstertechnik anbietet (Bild 13-11). Dabei stellt der allen Daten gemeinsame Zeitstempel das verbindende Element der verschiedenen Signalhorizonte dar. In der Oberfläche kommt dies durch einen einheitlichen Zeitkursor zum Ausdruck, der z. B. das zeitkohärente Scrollen aller Signale erlaubt. Die Benutzung grafischer Darstellungsverfahren unterstützt außerdem das menschliche Vermögen, bildliche Zusammenhänge trotz hoher Komplexität zu erfassen, wiederzuerkennen und Abweichungen vom "normalen", fehlerfreien Systemverhalten schnell zu lokalisieren.

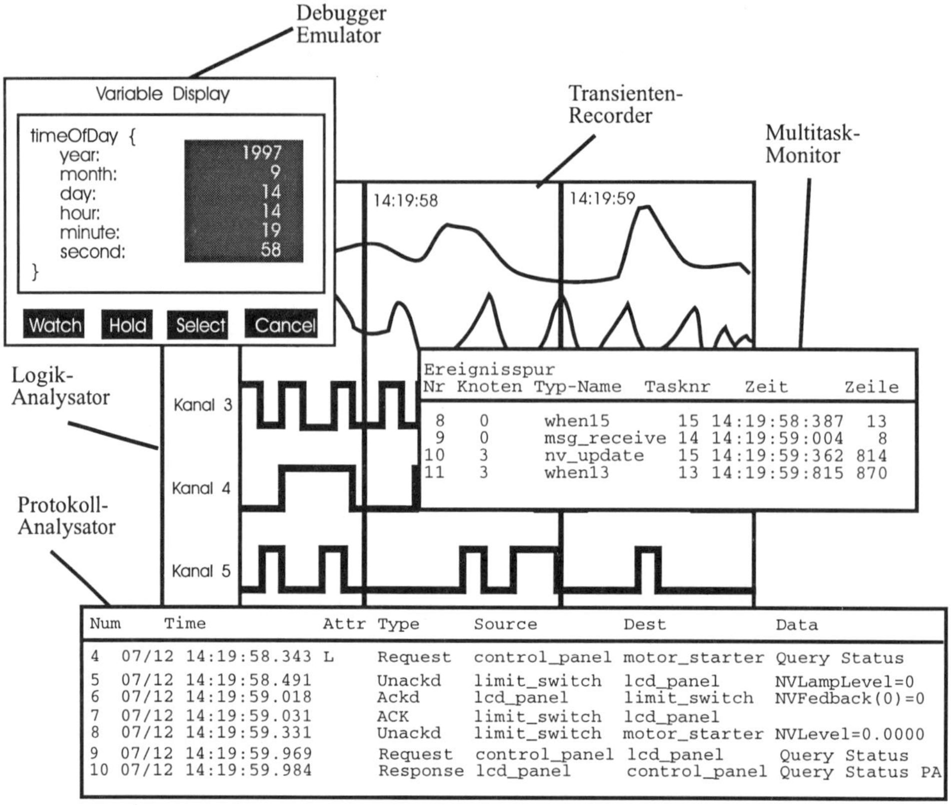

Bild 13-11: *Zeitkohärente Darstellung verschiedener Signalklassen in Fenstertechnik*

Die Suche nach speziellen Fehlerszenarien bleibt aufwendig, wenn unter Benutzung der Scroll-Funktion die gesamte History durchsucht werden muß. Leistungsfähige Diagnosewerkzeuge bieten daher zusätzliche Inspektionsfunktionen an [KaHar 96]:

- Formulierung von Selektionsanfragen zur Suche nach Ereignissen und Ereignisfolgen in der History,
- alle durch solche Recherchen aufgefundenen Abläufe können farbig gekennzeichnet, exportiert und gedruckt werden,
- Algorithmen für die Extraktion charakteristischer Merkmale, Symptome und deren automatischen Vergleich.

13.4 Hilfsmittel zur Werkzeugentwicklung

Zahlreiche Systemanbieter wollen eigene, zugeschnitte Werkzeuge entwickeln, deren Algorithmen mehr oder weniger auf elementaren Network-Management-Funktionen aufsetzen. Dabei handelt es sich meist um Bediener-Interfaces und andere Host-Anwendungen der Leittechnik zur Prozeßvisualisierung, Protokollierung, Überwachung und Beeinflussung. Diese Mensch-Maschine-Interfaces sind stets auf die speziellen Anwenderforderungen für Gebäudemanagement, Prozeßautomation oder Fertigungsautomation zugeschnitten und liefern auch die Verbindung zu den dort üblichen Datenbanken von automatischen Abrechnungs- und Lagerhaltungssystemen usw. Sie müssen den in diesen Anwendungsbereichen vorherrschenden Aktualisierungsprinzipien gerecht werden, z. B. Polling für zyklische oder ereignisgesteuerte Routineanzeigen für schnelle Reaktionen bei geringer Netzbelastung. Zumindest für die Anbindung eines LonWorks-Netzes an solche Host-Rechner gibt es jedoch vorgefertigte Werkzeuge.

13.4.1 Adaption an Host-Rechner

PC-Adapter

Einerseits gibt es handelsübliche PC-Bus-kompatible Schnittstellensteckkarten, die einen kompletten LonWorks-Knoten enthalten und den PC direkt an das LonWorks-Netz ankoppeln (z. B. PCLTA LonTalk-Adapter an den PC-ISA-Bus). Für PC-freie Anwendungen oder PCs ohne passenden Slot gibt es Adapter im separaten Gehäuse, die LonWorks an eine RS232-Schnittstelle koppeln und damit indirekt an jeden Rechner anschließbar machen (SLTA) [LonW 95].

Der Anschluß der Adapter wird durch Treiber erleichtert, die diese Karten an PC-Betriebssysteme anbinden (z. B. MS-Windows über DDE, OLE). Dynamic Data Exchange (DDE) ist ein Standard, um Informationen miteinander zu teilen. Jedes Anwendungsprogramm, das DDE unterstützt, kann jetzt z. B. den Wert jeder Netzwerkvariablen anzeigen und modifizieren sowie Explicit Messages senden und empfangen. Der LonManager-DDE-Server nutzt dazu die Adreß- und Namensinformationen der bei früheren Arbeiten aufgebauten Datenbank, z. B. aus dem Installations-Tool oder dem LonBuilder. Wenn ein Client ein Request sendet, um einen Austausch zu beginnen, „sehen“ alle DDE-Server auf dem PC diese Message. Um die Message an einen speziellen Server zu richten, adressiert der Client die Message nach einer zweistufigen Hierarchie (Application, Topic). Ist die DDE-Verbindung hergestellt, kann der Client die Werte der Items im Topic lesen und schreiben. Man kann auch Verbindungen zu anderen LonManager-DDE-Servern herstellen, das Item spezifiziert dann die Netzwerkvariable oder Explicit Message, die der Client anzeigen oder ändern will. Typische DDE-Services sind z. B. Initiate, Terminate, Request, Advise oder Poke.

Microprocessor Interface Program (MIP)

In anwenderspezifischer Hardware kann auch die Verbindung zu Rechnerkernen anderer Art erforderlich sein. Während sonst ein Neuron-Chip alle Kommunikations- und Verarbeitungsaufgaben allein bewältigt, wird hier aus Performance- oder Migrationsgründen ein anderer Prozessor für die Verarbeitung vorgesehen, so daß sich der Neuron-Chip ausschließlich der Kommunikation widmen kann. Vorgefertigte Lösungen sehen vor, die Protokollschichten 1 bis 5 dem Neuron-Chip zu überlassen. Für die Schichten 6 und 7 wird eine Treiberbibliothek für den entsprechenden Host-Prozessor angeboten, so daß man auch auf diesem die Kommunikation in gewohnter Weise über Netzwerkvariablen abwickeln kann [LonW 95].

13.4.2 Network-Management-Bibliotheken

Management-Bibliotheken wie das Application Programming Interface (API) setzen auf PC-Adaptern auf und sind deshalb zugleich die Basis für viele weiter oben diskutierte Einzelwerkzeuge. Das LonManager-API ist sowohl unter DOS verfügbar als auch in Form einer Windows Dynamic Link Library (DLL) benutzbar, so daß von allen windowsbasierten Werkzeugen mit den geeigneten Datentypen zugegriffen werden kann. Mehrere Tools können windows-typisch kooperativ-konkurrent auf dieselbe Bibliothek zugreifen, maximal 8 Anwendungen können ein einzelnes Netzwerk-Interface öffnen.

Der Aufruf ihrer vorgefertigten Dienste löst zahlreiche Nachrichten aus und setzt oft bis zu hundert einzelne Netzwerktelegramme und Datenbankzugriffe in Bewegung. So ist z. B. zur Verbindung von zwei Variablen das Zuweisen der Netzwerkressourcen, das Aufbauen, Senden und Verarbeiten der Netzwerknachrichten, die Fehlerprüfung und das Recovery sowie Ergebnisrückmeldung zum Host notwendig. Auch hier muß eine integrierte Datenbank Netzwerk-, Adreß-, Konfigurations- und Knotenressourcen speichern. Dazu werden durch das API Records erzeugt und verändert, um die Datenbank konsistent zu halten [Lon 95].

13.4.3 Integrierte Softwarearchitektur

Neue Anforderungen zur Unterstützung von Tool-Entwicklern ergeben sich dann, wenn mehrere Werkzeuge am gleichen Netz betrieben werden sollen und diese sogar von verschiedenen Anbietern stammen. Tatsächlich werden häufig während der Bauzeit zur Planung und Installation andere Tools benutzt als später zur Diagnose und Wartung. Das Leitsystem zur Bedienung und Beobachtung der Anlage durch den Betreiber in der täglichen Arbeit ist wiederum ein eigenständiges Werkzeug mit völlig anderen Aufgaben, es wird vielleicht durch ein Tool zur Ferndiagnose und Fernmanipulation durch den Anlagenerrichter ergänzt. Die Praxis hat gezeigt, daß somit in der Regel spezialisierte Tools im parallelen Betrieb erforderlich sind. Solche Werkzeuge dürfen sich einerseits nicht gegenseitig stören und müssen andererseits jederzeit im Netz einen aktuellen und konsistenten Zustand aller Netzwerksystemdaten vorfinden und hinterlassen.

Zugleich brauchen aber alle Werkzeuge den Zugriff auf alle Komponenten des Netzes und als Voraussetzung dazu den Lese- und Schreibzugriff auf die Datenbank mit der in ihr abgelegten Netzstruktur. Sollen Werkzeuge verschiedenster Hersteller in beliebiger Kombination am gleichen Netz interoperabel sein, so sind zwei Probleme zu lösen:

- Unabhängigkeit vom konkreten Datenbankprodukt durch vereinheitlichte Zugriffsdienste,
- konfliktfreie Organisation der parallelen Zugriffe verschiedener Tools auf diese Datenbasis, wobei diese nach jedem Zugriff für alle Benutzer stets sowohl aktuell als auch konsistent sein muß.

Die LonWorks *Network-Services-Architektur (LNS)* hält die Datenbasis in einheitlicher Weise auf einem *Network-Services-Server (NSS),* der auch Mehrfachzugriffe auf seine Daten und Dienste verwalten kann. Ein *Network-Services-Interface (NSI)* stellt die Verbindung zwischen Server und Netz her.

14 Leistungsaspekte

Um Aussagen über das Leistungsverhalten eines Feldbussystems unter Beachtung bestimmter Randbedingungen treffen zu können, sind die Leistungsaspekte des Systems zu ermitteln. Für diese Leistungsanalyse, als die Untersuchung und Bewertung wichtiger Systemeigenschaften, stehen eine Reihe von Methoden zur Verfügung, die je nach Art des Analyseziels auszuwählen sind.

Im Kapitel Leistungsaspekte werden zuerst die Methoden der Leistungsanalyse für Feldbussysteme erläutert, Kenngrößen und Benchmarks definiert und in weiterer Folge diese Erkenntnisse auf LonWorks angewendet.

14.1 Methodik

Die Ermittlung der Leistungsaspekte für Kommunikationssysteme und im speziellen für Feldbussysteme kann mit Hilfe unterschiedlicher Methoden durchgeführt werden, die je nach Art des Analyseziels auszuwählen sind. In der Tabelle 14-1 sind die einzelnen Einsatzgebiete der Leistungsanalyse den Analysemethoden gegenübergestellt und für den praktischen Einsatz bewertet [Lang 92].

Tabelle 14-1: *Analysemethoden und Einsatzgebiete der Leistungsanalyse*

Analysemethoden/ Einsatzgebiete	**Kenngrößen, Leistungsmaße**	**Benchmarks**	**Math. Analyse, Simulation**	**Messung, Monitoring**
Systementwurf	geeignet	nicht geeignet	sehr gut geeignet	nicht geeignet
Inbetriebnahme, Optimierung	nicht geeignet	geeignet	gut geeignet	sehr gut geeignet
Systemplanung, Systembewertung	gut geeignet	sehr gut geeignet	sehr gut geeignet	geeignet

Für den Systementwurf und die Entwicklung von neuartigen Feldbussystemen scheiden alle Analysemethoden aus, die Messungen an funktionsfähige Komponenten zur Datenermittlung voraussetzen. Die Kenngrößenmethode bietet dem Entwickler einen Überblick über den Stand der Technik. Eine Analyse der für einzelne Teilaspekte möglichen Varianten erleichtert die Auswahl und kann durch Aufzeigen der Einschränkungen und Grenzen zu Systemverbesserungen Anlaß geben. Das entwickelte System kann in die bestehende Feldbuslandschaft eingeordnet werden. Als zusätzliche Hilfestellung kommen auch Berechnungs- und Simulations-Tools in Betracht, die mit geringem Aufwand auf die entsprechende Aufgabenstellung adaptierbar sein müssen.

Für Inbetriebnahme und Optimierung einer Feldbusapplikation ist ein Monitoringsystem von großer Bedeutung, das Hinweise auf die systemspezifische Parameterwahl und deren Auswirkung auf die Gesamtanlage liefern kann.

Das Hauptaugenmerk dieser Arbeit richtet sich auf die Systemprojektierung und Planung, wo eine Bewertung und ein Leistungsvergleich der unterschiedlichen Feldbussysteme gefordert wird. Je nach Applikationswissen können hierfür die einzelnen Methoden der Leistungsanalyse herangezogen werden. Das Spektrum reicht von einer Liste der einsetzbaren Feldbussysteme bis zur fundierten Machbarkeitsuntersuchung. Je genauer die individuellen Anforderungen und das zu erwartende Kommunikationsaufkommen definiert werden können, um so genauer kann die Hilfestellung bei der Systemauswahl erfolgen (Bild 14-1).

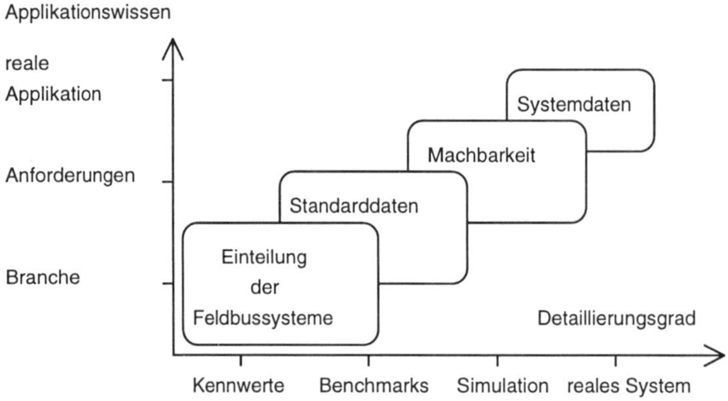

Bild 14-1: *Leistungsaspekte in Abhängigkeit vom Applikationswissen und vom Detailierungsgrad*

Wie das Bild 14-1 zeigt, werden die Leistungsaspekte bei zunehmendem Detailierungsgrad des zugrundeliegenden Modells und der daraus resultierenden Analysemethodik immer spezifischer und erfordern auch einen höheren Aufwand bei der Applikationsbeschreibung wie z. B. der einwirkenden Last. Unter Applikationswissen ist jene Information über das Umfeld des zu untersuchenden Systems zu verstehen, die sich aus anwendungsspezifischen Aspekten bis hin zur exakten Beschreibung des Kommunikationsaufkommens zusammensetzen kann. Die dimensionslosen Achsen im Bild 14-1 verweisen auf die Möglichkeit, noch zusätzliche Aspekte bei der Betrachtung des Feldbussystems zu berücksichtigen, die auf die eigentliche Funktionsfähigkeit und Güte keinen Einfluß haben. Man denke an Kosten, Bedienfreundlichkeit, Verfügbarkeit und ähnliches. Solche Kriterien sind sehr schwer objektiv zu beurteilen und nicht der eigentliche Gegenstand eines Leistungsvergleichs.

14.1.1 Leistungsmessung

Eine Methode der Leistungsanalyse ist die Leistungsmessung. Unter der Voraussetzung eines real existenten Systems, einer Meßvorschrift und der entsprechenden Meßumgebung werden die gewünschten Leistungskennwerte durch Messungen ermittelt. Mehrere Punkte sind zu beachten:

- Das Meßziel muß mit den möglichen Meßzugangspunkten des Systems in Einklang gebracht werden. Besteht zum Beispiel kein direkter Meßzugangspunkt für das Zeitverhalten des Protokolls in einem Feldbusknoten, kann das Meßziel nicht durch direkte Messung erreicht werden, und es müssen zusätzliche Analysemethoden Anwendung finden.
- Die Charakteristika der im Meßaufbau eingesetzten Systeme (System under Test) gehen als Randbedingungen in die Messung ein. Es ist somit bei der Interpretation, Portierung und Verallgemeinerung der Meßergebnisse auf diese Randbedingungen Rücksicht zu nehmen.
- Bei einer Leistungsmessung kann es zur Beeinflussung des zu untersuchenden Systems durch die Meßmethode kommen [Funk 92]. Die durch meßbedingte Zeitstempelgenerierung und Lasterzeugung verursachten Verfälschungen des realen Zeitverhaltens sind im Meßergebnis zu berücksichtigen.
- Systemzustände, die während des Meßzeitraums nicht aufgetreten sind und nicht ausgelöst werden können, sind bei den Meßergebnissen nicht berücksichtigbar.

Der Vorteil der Leistungsmessung ist die Gewinnung von realitätsnahen Ergebnissen, die nicht nur für eine Leistungsbewertung, sondern auch zur Validierung von Simulations- und Analysemodellen herangezogen werden können.

14.1.2 Simulation

Um eine Leistungsanalyse für Systeme durchführen zu können, die nicht als reale Anlage verfügbar sind, ist die Methode der Simulation von entscheidender Bedeutung. Bei der Simulation eines Systems wird das modellierte Abbild des Feldbussystems mit realitätsnahen Ereignissen überprüft und das Systemverhalten, zumeist echtzeitmäßig entkoppelt, durchgespielt. Die Simulation hat den Vorteil der Flexiblität bei der Wahl der Systemeinflußgrößen, um so auch worst-case-Aussagen treffen zu können.

14.1.3 Mathematische Analyse

Die mathematische Analyse einer Feldbusanwendung setzt ein Modell voraus, das sich durch geschlossene Ausdrücke oder Wahrscheinlichkeitsaussagen beschreiben läßt. Die Komplexität und Heterogenität im Feldbusbereich erfordert im allgemeinen ein hohes Abstraktionsniveau und ein großes Maß an Vereinfachungen, um Feldbussysteme der mathematischen Analyse zugänglich zu machen. Bei begrenzten Anforderungen an die Genauigkeit der Ergebnisse ist mit dieser Methode eine gute Abschätzung der Systemleistung erzielbar.

14.1.4 Benchmarks

Der ursprüngliche Begriff „Benchmark“ bezeichnet die Marken und Einkerbungen, die ein Handwerker auf seiner Werkbank (Workbench) zur Längenmessung anbringt [Lang 92]. In der Technik haben Benchmarks eine Tradition bei der Leistungsmessung von Rechner- und Computeranlagen. Ein Benchmark ist eine festgelegte Aufgabenstellung, die jedes der zu untersuchenden Systeme zu bewältigen hat, um die reale Leistung bestimmen und die

Meßergebnisse vergleichen zu können. Benchmark-Tests liefern relativ einfach Ergebnisse von Systemen, deren interne Protokollstruktur z. B. nicht bekannt oder nicht zugänglich ist. Für branchenspezifische Benchmark-Tests können allgemeine Benchmarks mittels speziellen Randbedingungen adaptiert werden.

Benchmark-Tests können in folgende Gruppen eingeteilt werden

- Benchmarks für das Zweiknotensystem,
- Benchmarks für das Mehrknotensystem,
- Benchmarks für das belastete System,
- Benchmarks für das gestörte System,
- Benchmarks für Sonderfunktionen.

Die für die Messungen im Abschnitt 14.2.2 benötigten Benchmarks werden hier exemplarisch vorgestellt. Sie gehören zur Gruppe der Benchmarks für das Zweiknotensystem und können aber auch bei definiertem Lastprofil ohne Änderung für das belastete System eingesetzt werden. Für diese Benchmarks wird nur die Funktionalität festgelegt, so daß von einer möglichst effizienten oder gängigen Implementierung ausgegangen wird.

Maximale Input-Output-Update-Rate

Die maximale Input-Output-Update-Rate ist jene maximale Frequenz, die beim Eingang eines Quellknotens A mit jeder Taktflanke das Versenden eines Datenpakets auslöst, was am Ausgang des Zielknotens B durch eine Pegeländerung mit gleicher Frequenz erkennbar wird.

Maximale Counter-Output-Update-Rate

Die maximale Counter-Output-Update-Rate ist jene Frequenz, die am Ausgang des Zielknotens B durch eine Pegeländerung erkennbar ist, wenn ein interner, frei laufender Zähler im Quellknoten A durch jede Wertänderung das Versenden eines Datenpakets zum Knoten B auslöst.

Maximale Antwort-Update-Rate (Hardware oder Software)

Die maximale Antwort-Update-Rate ist jene maximale Frequenz, die beim Eingang eines Quellknotens A mit jeder Taktflanke das Versenden eines Datenpakets auslöst, was beim Zielknoten B auch ein Versenden eines Datenpakets bewirkt und durch das eine Pegeländerung mit gleicher Frequenz am Ausgang des Knotens A erkennbar wird. Aufgrund der Antwortgenerierung in der Applikations- oder Protokollsoftware des Knotens B oder durch eine externe Verbindung zwischen Ein- und Ausgangsport unterscheidet man eine maximale Antwort-Update-Rate für Hardware und für Software.

Quell- und Zielknotenbelastung

Die Quell- und Zielknotenbelastung ist der Prozentwert des Verhältnisses zwischen der Ausgangsfrequenz des belasteten zu der des unbelasteten Knotens. Diese Ausgangsfrequenz wird durch eine zusätzliche Task in der Applikationssoftware erzeugt, indem ein Ausgang des Knotens geändert wird. Die Belastung des Knotens erfolgt durch die unter maximale Input-Output-Update-Rate angegebene Vorschrift, wodurch auch die Unterscheidung in Quell- oder Zielknotenbelastung nach Art des eingesetzten Knotens gegeben ist.

14.1.5 Leistungsmaße und Kenngrößen

Leistungsmaße als allgemeingültige, grundlegende Vergleichswerte bei bestimmten Randbedingungen können in drei Gruppen eingeteilt werden:

- Effektivitätskriterien, die auch externe Leistungsmaße genannt werden, dienen zur Ermittlung der tatsächlichen Wirkung eines Systems. In diesen Bereich fallen alle Kriterien wie Antwort- und Reaktionszeiten sowie Datendurchsätze [Beil 91].
- Effizienzkriterien werden auch interne Leistungsmaße genannt und dienen zur Betrachtung der produktiven Ausnutzung eines Feldbussystems. Dazu gehören Kriterien wie Auslastung und Overhead [Beil 91].
- Zuverlässigkeitskriterien, die auch globale Leistungsmaße genannt werden, dienen zur Ermittlung der Fehlertoleranz eines Systems. In diesen Bereich fallen alle Kriterien wie Redundanz, Empfindlichkeit und Fehlerkorrektur [Schm 93].

Neben der Übergabe-, Bearbeitungs-, Lauf- und Übertragungszeit für zwei unterschiedliche, beliebige Schnittstellen, sind als grundlegende Effektivitätskriterien folgende Leistungsmaße von Bedeutung.

Reaktionszeit

Die Reaktionszeit t_R ist die Zeitspanne zwischen dem Zeitpunkt des Beginns eines Auftrags an einer Schnittstelle S_A und dem Zeitpunkt der vollständigen Reaktion an einer Schnittstelle S_B.

Zur Angabe einer konkreten Reaktionszeit sind die Schnittstellen in der Form $t_R(S_B\text{-}S_A)$ anzugeben, wobei die Bezeichner A und B die jeweilige Schnittstelle genauer definieren. Die Schreibweise $t_R(S_B\text{-}S_A)$ impliziert eine Richtung, bei der die Schnittstelle B (Ziel) nach der Schnittstelle A (Quelle) erreicht wurde.

Antwortzeit

Die Antwortzeit t_A ist die Zeitspanne zwischen dem Zeitpunkt des Beginns eines Auftrags an einer Schnittstelle S_A und dem Zeitpunkt der vollständigen Vorlage einer Antwort an der selben Schnittstelle.

Bei der Angabe einer konkreten Antwortzeit in der Form $t_A(S_A, S_Q)$ sind die betrachtete Schnittstelle S_A und die logisch am entferntesten liegende Schnittstelle S_Q zu nennen, in der die Antwort generiert wurde.

Im allgemeinen wird die Antwortgenerierung vom Partnersystem in der gleichwertigen Schicht zum Quellsystem erfolgen, so daß in der Antwort Nutzdaten enthalten sind, im Gegensatz zur reinen Bestätigung, die auch in unterlagerten Schichten erfolgen kann.

Durchsatz

Der Datendurchsatz d_D *ist die Anzahl der übertragenen Daten in Bits oder Bytes pro Zeiteinheit durch eine bestimmte Schnittstelle* S_A *[Funk 92].*

Der Nutzdatendurchsatz d_{ND} *ist die Anzahl der übertragenen Nutzdaten in Bits oder Bytes pro Zeiteinheit durch eine bestimmte Schnittstelle* S_A*.*

Der Nachrichtendurchsatz d_N *ist die Anzahl von Dateneinheiten pro Zeiteinheit in frames/s, die eine Schnittstelle* S_A *passieren [Funk 92].*

Zur Angabe eines konkreten Durchsatzes ist die betrachtete Schnittstelle S_A in der Form $d_X(S_A)$ anzugeben, wobei der Bezeichner A die Schnittstelle genauer spezifiziert. Werden Datendurchsätze für eine gedankliche Schnittstelle im Übertragungsmedium festgelegt, muß keine Schnittstellenbezeichnung angeführt werden.

Der Nutzdatendurchsatz berücksichtigt nur die Nutzinformationen, die zwischen den einzelnen Busteilnehmern ausgetauscht werden. Diese Kenngröße wird im allgemeinen Sprachgebrauch als Durchsatz bezeichnet.

Kenngrößen, wie sie als „Datenblattangaben" für die einzelnen Feldbussysteme vorliegen, definieren die Randbedingungen für die meßtechnischen Untersuchungen im Bereich der Leistungsmaße und Benchmarks und ermöglichen eine Grobeinteilung der unterschiedlichen Systeme [Schm 95].

14.2 Analyse

Wie bereits an anderer Stelle erläutert, ist LonWorks ein Feldbussystem, bei dem die dezentralen intelligenten Einheiten durch sogenannte Neuron-Chips gebildet werden, die über unterschiedliche Medien miteinander vernetzt werden können und als gemeinsame Sprache das LonTalk-Protokoll benutzen. Der Neuron-Chip besteht aus drei 8-bit-Prozessoren, CPU 3 für die Applikation, CPU 2 für die Protokollbearbeitung der Schichten 6-3 und CPU 1 für Schicht 2 und 1 des OSI-Modells. Die Applikation wird in Neuron-C verfaßt, einem Derivat der Programmiersprache ANSI-C, wobei der Anwender im allgemeinen mittels Netzwerkvariablen mit den Partnerknoten kommuniziert. Netzwerkvariablen werden wie übliche Variablen behandelt, nur wird bei einer Zuweisung der neue Wert im gesamten Netzwerk bekanntgegeben und ist somit für alle interessierten Knoten verfügbar. Um die Kommunikationsbeziehungen zwischen den Knoten festzulegen, muß eine Konfiguration des Systems (Binding) vorgenommen werden.

Kenngrößen für die verwendeten 5-MHz-LonWorks-Knoten:

Knotenanzahl pro Segment	32
Gesamtausdehnung	1200 m (bei 78 kbit/s), 200 m (bei 625 kbit/s)
Übertragungsraten	4,883 9,766 19,53 39,06 78,13 156,3 312,5 625 kbit/s
Buszugriffsverfahren	predictive p-persistent CSMA
Topologie	Bus, Baum
Ein-/Ausgabe-Punkte	11 digitale I/O-Pins pro Knoten
Datenpaketlänge	Netzwerkvariable: 1-31 byte, Explicit Message: 1-229 byte
Medium	RS-485

14.2.1 Meßszenario

Der Meßaufbau für die folgenden Leistungsmeß- und Benchmark-Bestimmungen ist im Bild 14-2 dargestellt. Ein LonWorks-Knoten (Quellknoten), der peripherieseitig mit dem Funktionsgenerator verbunden ist, wird als Nachrichtenquelle eingesetzt. Der Zielknoten ist an der Peripherie mit dem Frequenzzähler verbunden und dient als Nachrichtensenke. Weitere Knoten am Bussystem werden bei Bedarf zur reproduzierbaren Lastgenerierung herangezogen, wobei der Datenentstehungszeitpunkt und die Paketlänge definierbar sind. Als Busmonitor und Protokollanalysator wird das Entwicklungssystem, der sogenannte LonBuilder, eingesetzt, der ebenso wie der Logikanalysator mit dem Busmedium verbunden ist.

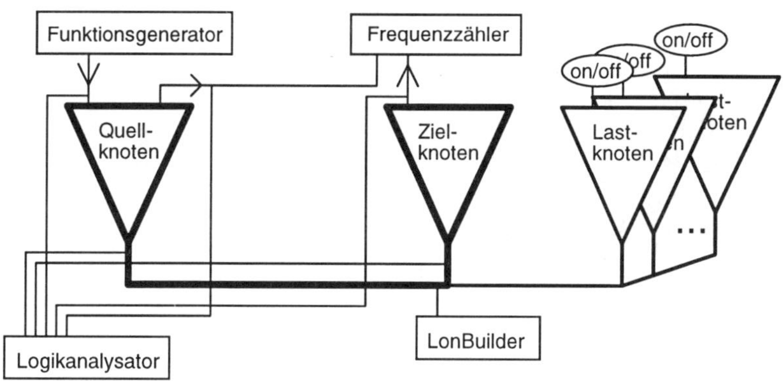

Bild 14-2: *Meßaufbau für die Leistungsanalyse*

Die im Bild 14-2 durchgezogen eingezeichneten Verbindungen zu den Meßgeräten dienen zur Ermittlung der vom Quell- zum Zielknoten definierten Kenngrößen und Benchmarks und basieren somit auf einer Reaktion im Partnerknoten. Für die Detektion des Antwortverhaltens im Quellknoten ist die Leitungsführung zu den Meßgeräten entsprechend den gestrichelten Linien im Bild 14-2 zu erweitern.

Bei LonWorks wird das predictive p-persistent CSMA als Buszugriffsverfahren eingesetzt. Bei diesem Arbitrierungsverfahren wird in Abhängigkeit vom geschätzten Kommunikationsaufkommen, was der erwarteten Verkehrslast entspricht, eine unterschiedliche

Anzahl von Zeitschlitzen bereitgestellt. Die Auswahl eines Zeitschlitzes für den Zugriff auf das Übertragungsmedium erfolgt zufällig [Eche 92].

Zwei Lastkenngrößen werden vom Protokollanalysator, der Bestandteil der Entwicklungsumgebung LonBuilder ist, ermittelt und im integrierten Busstatistik-Tool angezeigt.

$$\text{Effektive Last [\%]} = \frac{\text{Anzahl der erkannten Bits pro Sekunde}}{\text{Datenübertragungsrate}} * 100$$

$$\text{Bandbreitennutzung [\%]} = \frac{\text{Anzahl der erkannten Pakete pro Sekunde}}{\text{Anzahl der verfügbaren Zeitschlitze pro Sekunde}} * 100$$

14.2.2 Leistungsmaße und Benchmarks

Reaktionszeit

Bei einer maximalen Datenübertragungsrate von 625 kbit/s (5 MHz getakteter Neuron-Chip), einer Leitungslänge kleiner 10 cm und einem Nutzdatenbyte beträgt die mittlere Reaktionszeit für den unbestätigten Datendienst 20 ms. Dieser Wert wurde gemäß der Meßvorschrift in Abschnitt 14.1.4 und dem Meßaufbau nach Bild 14-2 ermittelt. Wird der bestätigte Datenübertragungsdienst eingesetzt, erhöht sich die Reaktionszeit bei gleichen Randbedingungen im Mittel auf 25 ms.

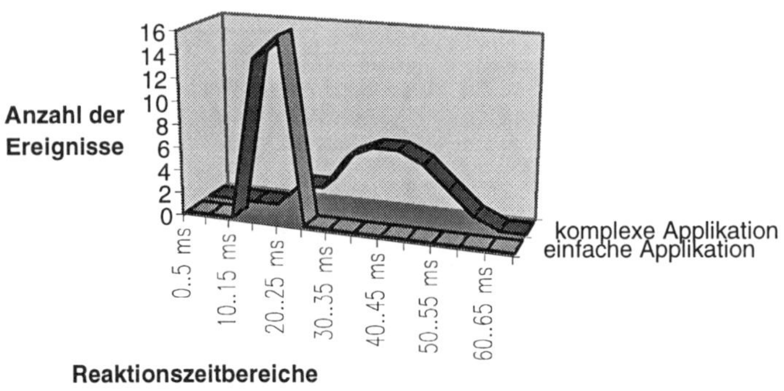

Bild 14-3: Reaktionszeiten bei unterschiedlicher Anwenderprogrammlänge

Die gemessenen Reaktionszeiten beim unbelasteten Zweiknotensystem variieren in einem relativ großen indeterministischen Zeitfenster, das durch die Anwenderprogrammbearbeitung im Neuron-Chip verursacht wird (Bild 14-3). Das Reaktionsverhalten auf ein äußeres Ereignis ist abhängig vom aktuellen Programmbearbeitungszustand und kann bei zunehmender Komplexität des Anwenderprogramms nur mehr statistisch erfaßt werden.

Durchsatz

Der maximale Datendurchsatz von 18 kByte/s wird durch ein Lastaufkommen erzielt, das sich aus Datenpaketen der Längen 11 und 41 Byte zusammensetzt, die im Verhältnis 1:1 am Übertragungsmedium auftreten. Der maximale Nachrichtendurchsatz beträgt 720 Pakete/s, wobei für diese Messung nur Pakete mit minimaler Länge (11 byte) transferiert wurden.

Maximale Input-Output-Update-Rate

Für die Messung der maximalen Input-Output-Update-Rate wird der Quellknoten mittels frequenzveränderbarem Funktionsgenerator an einem Eingangspin angeregt, um bei jeder Flankenänderung eine Netzwerkvariable mit dieser Bit-Information an den Zielknoten zu senden. Am Ausgangspin des Zielknotens wird das Toggel-Signal mittels Frequenzzähler erfaßt. Die maximale Input-Output-Update-Rate beträgt 62 Hz. Auf dem Übertragungsmedium sind somit 124 Datenpakete pro Sekunde mit je einer Länge von 11 Byte anzutreffen. Eine Erhöhung der Kabellänge von 10 cm auf 200 m hatte keinen Einfluß auf die maximale Input-Output-Update-Rate. Auch eine Erhöhung der Last hat erst ab einer Bandbreitennutzung von 56 % ein Absinken der maximalen Input-Output-Update-Rate zur Folge.

Maximale Counter-Output-Update-Rate

Im Anwenderprogramm des Quellknotens wird der Wert einer 8-bit-Variablen kontinuierlich erhöht und über das Übertragungsmedium an den Zielknoten versendet. Eine zusätzliche When-Bedingung ermöglicht das Starten und Stoppen des Vorgangs über einen externen Taster. Die maximale Counter-Output-Update-Rate, als Toggel-Frequenz des Zielknotens, wird mit 59 Hz bestimmt, wobei maximal 118 Pakete pro Sekunde übertragen werden. Die effektive Last beträgt dabei 1 % und die Bandbreitennutzung 18%.

Maximale Antwort-Update-Rate bei Hardware-Rückkopplung

Um die maximale Antwort-Update-Rate bei Hardware-Rückkopplung zu bestimmen, wird der Ausgangspin des Zielknotens mit einem Eingangspin desselben Knotens verbunden, um die empfangenen Daten sofort wieder an den Quellknoten zurückzusenden. Die maximale Antwort-Update-Rate bei Hardware-Rückkopplung, als Toggel-Frequenz des Quellknotens beträgt 43 Hz. Am Netzwerk werden somit 172 Datenpakete pro Sekunde mit je einer Länge von 11 Byte übertragen.

Maximale Antwort-Update-Rate bei Software-Rückkopplung

Für die Bestimmung der maximalen Antwort-Update-Rate bei Software-Rückkopplung werden die empfangenen Daten im Zielknoten sofort wieder an den Quellknoten zurückgesendet. Man erreicht eine Frequenz von 48 Hz. Sind Quell- und Zielknoten über einen Router voneinander getrennt, so erhöhen sich die Antwortzeiten um ca. 10 ms, was einer Routerverzögerung von 5 ms entspricht, da dieser 2 mal durchlaufen wird.

Quell- und Zielknotenbelastung

Zur Bestimmung der Quell- und Zielknotenbelastung wird eine zusätzliche Task in das Anwenderprogramm aufgenommen, die einen eigenen Ausgangspin toggeln soll. Diese Frequenz bildet die Grundlage für die Kenngrößenermittlung. Die Eingangsfrequenz des

Quellknotens wird in zu versendende Pakete bei positiver und negativer Eingangsflanke umgcsctzt.

Bei der Quellknotenbelastung kommt es ab einer Eingangsfrequenz von ca. 50 Hz zu einer Erhöhung der Toggel-Frequenz, ein Indiz dafür, daß ab diesem Belastungszeitpunkt nicht mehr Eingangsflanken verarbeitet und somit nicht mehr Pakete versendet werden können. Dieses Faktum ist auch im Verhalten des Zielknotens erkennbar, er erreicht bei der konstanten Paketankunftsrate sein Belastungsmaximum.

Tabelle 14-2: *Quell- und Zielknotenbelastung*

Eingangs-frequenz (Hz)	**0**	**10**	**20**	**30**	**40**	**50**	**60**	**70**	**80**	**90**	**100**	**200**
Quellknoten-toggelfrequenz	118	105	94	82	70	58	60	69	69	69	70	87
Zielknoten-toggelfrequenz	118	100	82	67	47	42	42	42	42	42	42	42

14.2.3 Analyse der Reaktionszeiten

Auf Grund der beschränkten Anzahl von Meßzugangspunkten werden Leistungsmaße und Benchmarks für die Analyse des Zeitverhaltens eines Feldbussystems eingesetzt. Sind hingegen auch detailliertere Messungen möglich und ist das Kommunikationsprotokoll wie bei LonWorks bekannt, kann z. B. die Reaktionszeit genauer untergliedert werden. Eine typische Zeitaufteilung wird im Bild 14-4 für eine Kommunikationsverbindung zwischen zwei Knoten bei bestätigtem Datendienst dargestellt.

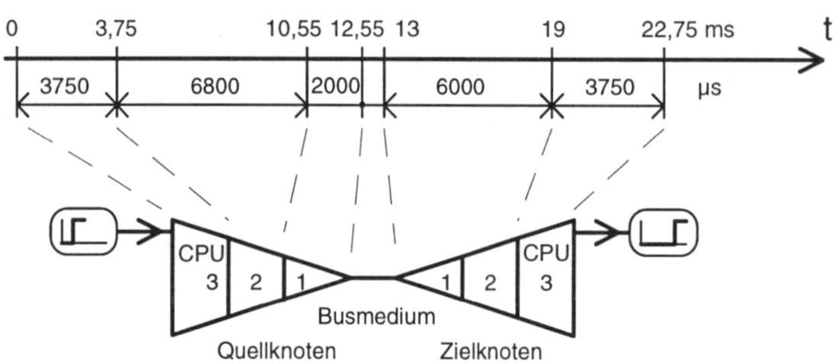

Bild 14-4: *Typische Zeitaufteilung einer Reaktionszeit für den bestätigten Datendienst*

Nach dem Eingangsereignis an der Peripherie des Quellknotens erfolgt die Applikationsbearbeitung in CPU 3 (Application Processor). Die CPU 2 (Network Processor) bearbeitet die Protokollschichten 7-3 und übergibt die Daten an die CPU 1 (MAC Processor). Hier wird in Abhängigkeit von der zu erwartenden Last die Anzahl der Zeitschlitze mit der Länge Beta 2 festgelegt, über die der zufällige Buszugriff erfolgt. Ebenso wird die Einhaltung der Ruhezeit (Beta 1) und die Vergabe der priorisierten Zeitschlitze geregelt. Die Zykluszeit CT für den 5-MHz-LonWorks-Knoten beträgt 1,2 µs und die Raw-Daten RDx werden vom LonBuilder bei der Kanaldefinition berechnet [LonT 94, LonW 95].

$$beta2 = CT * (40 + 20 * RD3) \qquad \text{Formel 14-1}$$

$$beta2 = 1{,}2 \cdot 10^{-6} s * (40 + 20 * 0) = 48 \mu s$$

$$beta1 = CT * (583 + 40) = 748 \mu s \text{ (direct mode)} \qquad \text{Formel 14-2}$$

Das Datenpaket (Paketlänge P) am Übertragungsmedium besteht aus der Präamble und einer vom verwendeten Dienst, der Adressierungsart und der Nutzdatenlänge abhängigen Anzahl von n Byte.

$$preamble = CT * (219 + 32 * RD1) \qquad \text{Formel 14-3}$$

$$preamble = 1{,}2 \cdot 10^{-6} s * (219 + 32 * 1) = 301 \mu s$$

$$P = preamble + \frac{n * 8}{data\ rate} \qquad \text{Formel 14-4}$$

$$P = 301 \cdot 10^{-6} s + \frac{12 * 8}{625000\ 1/s} = 455 \mu s$$

Die Laufzeit t_L am Übertragungsmedium kann bei Leitungslängen l in der Größenordnung von l = 1 m gegenüber der Bitdauer und somit für die Reaktionszeit vernachlässigt werden.

$$t_L = \frac{l}{\frac{2}{3} * c} \qquad \text{Formel 14-5}$$

$$t_L = \frac{1 m}{\frac{2}{3} * 3 \cdot 10^8 m/s} = 5\ ns$$

Im Zielknoten wird das Datenpaket ausgewertet (Protokollbearbeitungszeit) und nach Abarbeitung der Applikationsbearbeitungszeit das entsprechende Ausgangssignal generiert.

Der gesamte Paketzyklus für den unbestätigten Datendienst, bestehend aus der Beta-1-Zeit, der mittleren Anzahl von 8 Beta-2-Slots und dem Datenpaket beträgt 1,57 ms. Die theoretische Abschätzung für den Paketdurchsatz beträgt somit 635 Pakete/s, was dem gemessenen Werten für den mittleren Datendurchsatz annähernd entspricht.

Literaturverzeichnis

Kapitel 1

[Bagi 94]	Baginski, A.; Müller, M.: Interbus-S; Grundlagen und Praxis. Hüthig 1994
[Bend 90]	Bender, K.: PROFIBUS, Der Feldbus der Automation. München Wien: Carl Hanser Verlag 1990
[Bonf 92]	Bonfig, K.-W.: Feldbus Leistungsanalyse von Feldbussystemen. Expert Verlag 1992
[Borst 92]	Borst, W.: Der Feldbus in der Maschinen- und Anlagentechnik. Franzis Verlag 1992
[Bött 94]	Böttcher, J.: Bussysteme in der Automatisierungstechnik. Hrsg. G. Schnell. Vieweg 1994
[Bött 95]	Böttcher, J.: Applikationsspezifische Auswahlmethodik. Schweiz: MegaLink Feldbus-Systeme Nr. 15-1995
[Färb 84]	Färber, G.: Bussysteme. Oldenbourg 1984
[Hjs 197]	Schweinzer, H.-J.: Transmitting Voice in LonWorks Networks. Boston: FieldComms International 1997
[Hjs 297]	Schweinzer, H.-J.: Transmitting Control Data and Voice by LonTalk. Wien: FeT'97 Springer Verlag 1997
[Hjslo 97]	Schweinzer, H.-J., Loy, D.: LonText - Ein TV-Manager für die Home Automation. Wien: FeT'97 Springer Verlag 1997
[Loy 97]	Loy, D.: Implication for the Future of Control. Boston: FieldComms International 1997
[Schm 96]	Schmalek, R.: Leistungsanalyse von Feldbussystemen. Wien: Dissertation Institut für Computertechnik der TU Wien 1995
[Schn 94]	Schnell, G.: Bussysteme in der Automatisierung. Vieweg 1994
[Tane 90]	Tanenbaum, A.: Computer-Netzwerke. Wolfram's Fachverlag 1990

Kapitel 2

[An 96]	Anuff, E.: JAVA Sourcebook. ISBN 0-471-14859-8 Wiley Computer Publishing 1996

[BK 93] Blome, W., Klinker, W.: Der Sensor/Aktorbus - Theorie und Praxis des INTERBUS-S. ISBN 3-478-93090-1 Verlag Moderne Industrie 2. Aufl. 1993

[Bli 91] Blieberger, J.: Vorlesungsskriptum Entwurf von Automatisierungssystemen mit Ada. TU Wien: Institut für Automation Oktober 1991

[DIN455000] DIN 455000 (HiFi Norm), Deutsches Institut für Normung

[Ech 92] Echelon Corporation: Neuron C Programmer's Guide. ECHELON Corporation Inc. Revision 2 1992

[EIA 83] EIA: TR-30.1 Subcommittee on Signal Quality. EIA Recommended Standard RS-485 1983

[Ens 78] Enslow, P.H.: What is a Distributed Data Processing System. Computer January 1978, S. 13-21

[Fis 95] Fischer, P.: Europäische Protokollstandards für die Gebäudeautomation. Technik am Bau-MSR 10/95, Bertelsmann Verlag

[Hac 89] Hac, A.: A Distributed Algorithm for Performance Improvement Through File Replication, File Migration, and Process Migration. IEEE Trans. on Software Engineering November 1989, Vol. 15, No. 11, S. 1459-1470

[Heg 93] Hegering, H.G., Abeck, S.: Integriertes Netz und Systemmanagement. Addison-Wesley 1993

[IEC908] International Electrical Commission: Compact Disc Digital Audio Standard. CEI IEC 908

[ISO7498] International Standards Organisation: Basic Reference Model for Open Systems Interconnection. ISO 7498 1983

[Kaf 96] Kafka, G.: Sprachkompression: Digital Telefonieren mit hoher Qualität und niedrigen Bitraten. VDE-Verlag ntz 4/1996, S. 26-31

[Ker 91] Kerner, H.: Rechnernetze nach ISO/OSI. Addison-Wesley 1991, zweite Auflage

[LNS 96] Echelon Corporation, LNS Developer's Kit. ECHELON Corporation Inc. Pre-Release 0.50 1996

[Lo 97] Loy, D.: Implication for the Future of Control. Boston: FieldComms International 1997

[LONM 92] Echelon Corporation: LonMark Program Guidelines. ECHELON Corporation Inc. 1992

[LONM 93] Echelon Corporation: LonMark Interoperability Guidelines. ECHELON Corporation Inc. Ver. 1.3 1993

[LONM 95] Echelon Corporation: LonMark Interoperability Guidelines. ECHELON Corporation Inc. Ver. 3.0 1995

[LONT 92] Echelon Corporation: LonWorks-Training. ECHELON Corporation Inc. 1992

[LONW 95] Motorola Inc.: LonWorks - Technology Device Data. USA: 1995

[MKS 89] Magee, J., Kramer J., Soloman M.: Constructing Distributed Systems in Conic. IEEE Transactions on Software Engineering; Vol. 15, No. 6, June 1989, S. 663-675

[MOT 93] Semiconductor Products Sector: LonWorks Training by Motorola. Motorola Inc. 1993

[MS 92] Mühlhhäuser, M., Schill, A.: Software Engineering für verteilte Anwendungen. ISBN 3-540-55412-2 Springer Verlag 1992

[New 96] Newman, M.: Integrating Building Automation and Control Products using the BACnet. ASHRAE Journal November 1996, S. 36-42

[RDP 92] Rössler, R., Dietrich, D., Penning, K.-E.: Transputer. ISBN 3-7785-2114-4 Hüthig Verlag 1992

[Sch 96] Schmalek, R.: Leistungsanalyse von Feldbussystemen. Dissertation Institut für Computertechnik TU Wien 1996

[Sims 69] Sims, H.,V.: Principles of PAL Colour Television and Related Systems. ISBN 0-592-05970-7 Newnes-Butterworths 1969 (reprinted 1970, 1974)

[SK 87] Soloman, M., Kramer, J.: Distributed systems and computer networks. ISBN 0-13-215864-7 Prentice-Hall International 1987

[Tan 89] Tanenbaum, A.S.: Computer Networks. ISBN 0-13-165183-8 Second Edition, Prentice-Hall Inc 1989

[Tan 94] Tanenbaum, A.S.: Distributed Operating Systems. ISBN 3-9304436-23-X Prentice-Hall Inc. 1995

Kapitel 3

[Tan 94] Tanenbaum, A.S.: Moderne Betriebssysteme; Wien: Carl Hanser Verlag München 1994

Kapitel 4

[Hals 96] Halsall, F.: Data Communications. Computer Networks and Open Systems, Fourth Edition, USA: Addison-Wesley Publishing Company 1996

[Kern 93] Kerner, H.: Rechnernetze nach OSI. Addison-Wesley 1993

[Lonm 96] LonMark: Layer 1-6 Interoperability Guidelines. Version 3.0, Palo Alto: 1996

[LonT 96] Echelon: LonTalk Protocol Specification., Version 3.0, Palo Alto: 1996

[Lonw 95] Motorola: LonWorks - Technology Device Data. USA: 1995

[Lonw 96] Motorola: LonWorks - Technology Device Data. USA: 1996

[Losch 95] Loy, D., Schmalek, R.: Thoughts about Redundancy in Fieldbus Systems Anchored in OSI Layer-4 and Applied to the LonTalk Protocol on Neuron Based Network Nodes. Switzerland: IEEE International Workshop on Factory Communication Systems 1995

[Neurc 95] Echelon: Neuron C Programmers Guide. Revision 4, Palo Alto: 1995

[Prinz 93] Prinz, J.: IGL – Intelligente grafische Leitstelle, Diplomarbeit, Juni 1993, TU-Wien

[Schw 94] Schweinzer, H.-J.: Netzwerk Management Knoten, Diplomarbeit, September 1994, TU-Wien

[Swee 91] Sweeney, P.: Error Control Coding. Prentice Hall 1991

Kapitel 5

[Lbhg 95] Echelon: LonBuilder Hardware Guide. USA: 1995

[Lont 96] Echelon: LonTalk Protocol Specification. Version 3.0

[Lonw 96] Motorola: LonWorks - Technology Device Data. USA: 1996

[LoRo 97] Loy, D., Rössler, P.: A High-Speed LonWorks Receiver. Barcelona: European Microelectronics Applications Conference 1997

[Loy 97] Loy, D.: Implication for the Future of Control. Boston: FieldComms International 1997

Kapitel 6

[Ech 95] Echelon: Neuron Chip Data Book. USA: January 1995

[Lonm 96] LonMark Interoperability Association: Interoperability Guidelines. Version 3.0 1996

[Mot 96] Motorola: LonWorks - Technology Device Data. USA: 1996

Kapitel 7

[Bonek 93] Bonek, E.: Wellen und Leitungen. TU-Wien: Vorlesungsskriptum am Institut für Nachrichentechnik 1992

[Cryp 94] Schneier, B.: Applied Cryptography. USA: Wiley 1994

[Hals 95] Halsall, F.: Data Communications, Computer Networks and Open Systems. Fourth Edition, USA: Addison-Wesley Publishing Company 1996

[Http 96] Graham, I.S.: HTML Sourcebook 2nd Edition.USA: Wiley Computer Publishing 1996

[LoAs 94] Loy, D., Aster, R.: PROFILON, ein Profibus-LON Gateway. PIK 17 1994, S. 20-25

[Lont 96] Echelon: LonTalk Protocol Specification. Version 3.0

[Lont93] Motorola, 'LonWorks - Technology Device Data', EB 161/D USA, 1995

[Lonw 95] Motorola: LonWorks - Technology Device Data. USA: 1995

[Motb 94] Motorola: BR 1108/D. Austin: 1994

[Neurc 95] Echelon: Neuron C Programmers Guide. Revision 4, Palo Alto: 1995

[Prog 96] Andrews, M.: C++ Windows NT Programming 2nd Edition. USA: M&T Books 1996

[Rout 95] Echelon: LonWorks Router User´s Guide. Revision 3, USA: Echelon Corporation Palo Alto 1995

[Sec 95] Stallings, W.: Internet Security Handbook. Großbritannien: McGraw-Hill 1995

[Trönd 87] Tröndle, K., Söder, G.: Optimization of Digital Transmission Systems. ISBN 0-89006-225-0, Boston and London: Artech House 1987

[Wini 96] Schreiber, S.B.: Internet Downloading via wininet.dll. USA: Windows Developer Journal Vol. 7, Nr. 11, Miller Freeman San Francisco 1996, Seite 19

Kapitel 8

[Api 97] Echelon: LNS Host API Programmer's Guide. Doc. Nr. 39730, Palo Alto: 1997

[Com 96] Brockschmidt, K.: Versionsverwaltung mit dem COM. Microsoft System Journal 6/96, Deutschland: Redmond Verlag 1996, S.68

[Cont 95] Denning, A.: OLE Controls Inside Out. USA: Microsoft Press Redmond 1995

[Dev 96] Dai, L.: Developing Device Type Specific Software for Windows with LNS. USA: Echelon Corporation Doc. Nr. 39313 1996

[Hand 96] Raji, R.S.: Developing a Hand-Held Network Tool with LNS. USA: Echelon Corporation Doc. Nr. 39314 1996

[Heg 93] Hegering, H.G., Abeck, S.: Integriertes Netz und Systemmanagement. Addison-Wesley 1993

[Heg96] H. G. Hegering, B. Neumair, Managementarchitekturen als Lösungsansätze für ein Netz- und Systemmanagement in heterogener Umgebung,

Informationstechnik und Technische Informatik 38, 1996, R. Oldenbourg Verlag

[HostAp 93] Echelon: LONWORKS Host Application Programmer's Guide. Revision 2 Document No. 29400 1993

[IEEE8026] IEEE802.6: DQDB Subnetwork of a MAN. 1990

[Int 95] Milsner, M.S.: LCA Application Interface Specification. USA: Echelon Corporation 1995

[ISO7498-4] International Standards Organisation: Basic Reference Model for Open Systems Interconnection. ISO 7498 1983

[Lca 97] Echelon: LCA Object and Data Server Programmer's Guide. USA: Doc. Nr. 39810 1997

[Lns 96] Rabbie, H.: Developing Interoperable Applications and Systems with LNS. USA: Echelon Corporation Doc. Nr. 39311 1996

[LONTALK] Echelon: LonTalk Protocol Specification. Version 3.0

[LONTR 93] LONWORKS Training: Course Manuscript Echelon Corporation 1993

[LONW 96] Motorola: LonWorks - Technology Device Data. USA: 1996

[MoZ 93] Mowbray, T.J., Zahavi, R.: The Essential CORBA. John Wiley & Sons Inc. 1995

[Net 96] Blomseth, R.: Developing a Network Tool for Windows Using LNS. USA: Echelon Corporation Doc. Nr. 39312 1996

[Nsi 96] Echelon: NSI Firmware User's Guide. USA: Echelon Corporation Doc. Nr. 39740 1996

[Nss 97] Echelon: NSS-10 and NSI-10 Module User's Guide. USA: Echelon Corporation Doc. Nr. 39700 1997

[Obj 97] Schwarz, M.: Moment, ich verbinde.... Deutschland: Magazin für Computertechnik Nr. 3/97 Heise Verlag 1997

[Ole 95] Brockschmidt, K.: Inside OLE. USA: Microsoft Press Redmond 1995

[Small 96] Guzikowski, R. T.: Managing Small Networks with LNS. USA: Echelon Corporation Doc. Nr. 39315 1996

[Spec 95] Capolongo, W.: LCA Object Server Specification. USA: Echelon Corporation 1995

[Strat 96] Lund, J.: The LonWorks Network Services (LNS) Architecture Strategic Overview. USA: Echelon Corporation Doc. Nr. 39305 1996

[Tech 96] Blomseth, R. et al.: The LonWorks Network Services (LNS) Architecture Technical Overview. USA: Echelon Corporation Doc. Nr. 39310 1996

Kapitel 9

[I2C 95] The I^2C-bus and how to use it. Philips Semiconductors 1995

[Lwdd 95] Motorola: LonWorks Technology Device Data. Q2/95 DL159 Rev 0

[Lweb 92] LonWorks Engineering Bulletin: Scanning a Keypad with the Neuron Chip. 1992

[Lweb 95] Echelon: LonWorks Engineering Bulletins 1995

[Lwsr 95] Echelon: LonWorks Solution Roadmap 1995

[Propf 94] Profos, Pfeifer (Hrsg): Handbuch der industriellen Meßtechnik. 6. Auflage Verlag Oldenbourg 1994

[Refg 94] Echelon Corporation: Neuron C Reference Guide. Doc. Nr. 29350 1994

[Tms 95] Dallas: Book of DS19xx Touch Memory Standards. Dallas Semiconductor Corporation Edition 2.0 1995

Kapitel 10

[LM_App 96] LonMark: Application Layer Interoperability Guidelines. Version 3 USA: LonMark Interoperability Association 1996

[LM_L 194] LonMark: Layers 1-6 Interoperability Guidelines. Version 1.3 USA: 1994

[Lon_SCPT 95] Echelon: The SCPT Master List. USA: Echelon Corporation January 1995

[Lon_SNVT 95] Echelon: The SNVT Master List and Programmer´s Guide. USA: Echelon Corporation January 1995

[LonMan 95] Echelon: LonManager, DDE-Server User´s Guide. Version 1.5 USA 1995

[LonTech 95] Motorola: LonWorks Technology Device Data. USA: 1995

[NeuronC 95] Echelon: The Neuron-C Programmer´s Guide. USA: Echelon Corporation 1992

[Thal 95] Thaller, K., Prinz, J., Schweinzer, H.-J.: Interoperabilität – Realisierung bei LonWorks, FeT'95, September 1995, ÖVE 1995

Kapitel 11

[Kern 93] Kerner, H.: Rechnernetze nach OSI. 2. Aufl. Bonn: Addison-Wesley 1993

[Kran 95] Kranz, H. R.: Building Control - Renningen-Malmsheim. Expert-Verlag 1995

[Lonm 94] Echelon: LonMark Layers 1-6 Interoperability Guidelines. Version 1.3 078-0120-01A, USA: 1994

[Lonm 95] Echelon: LonMark Application Layer Interoperability Guidelines Version 2.0, 078-020-01B, USA: 1995

[Lonp 94] Echelon: LonMark Product Conformance Review Guidelines. 070-0102-01B, USA: March 1994

[Lons 95] Echelon: LonMark The SNVT Master List and Programmer´s Guide. 005-0027-01F, USA: January 1995

[Lonw 92] Echelon LonWorks Engineering Bulletin: Enhanced Media Access Control with Echelon´s LonTalk Protocol 005-0001-01B. USA: April 1992

[Lonw 93] Echelon LonWorks Engineering Bulletin: LonTalk Protocol. 005-0017-01C, USA: April 1993

[Stall 93] Stallings, W.: Networking Standards. Addison-Wesley 1993

[VDI3814] VDI 3814: Blatt 1, Gebäudeleittechnik (GLT) - Strukturen, Begriffe, Funktionen. Berlin: Beuth Juni 1990

Kapitel 13

[Dem 96] Demel, V.: Alto - ...the way to handle complexity. LNO-Brief Nr. 8 Oktober 1996, S. 16 - 19

[Deme 96] Demel, V.: Kundenspezifisches Netzwerk-Management mit Alto. LNO-Brief Nr. 7 April 1996, S. 20 - 21

[DeVa 95] Demel, V.; Vack, G.-U.: Inbetriebnahme von LON-Netzwerken. Tagungsband Workshop „Automatisierungskonzepte mit dezentraler Intelligenz“, TU Dresden: 1995

[Flür 95] Flür, M.: LonWorks-Entwicklungsumgebung, Test- und Installationstools. Tagungsband Workshop Automatisierungskonzepte mit dezentraler Intelligenz, TU Dresden: 1995

[Gro 95] Große-Puppendahl, J.: Werkzeuge für Design und Analyse dezentraler Automatisierungsnetze. Tagungsband Workshop Automatisierungskonzepte mit dezentraler Intelligenz, TU Dresden: 1995

[Har 96] Harwardt, S.: LON - Lokal operierende Netzwerke. ISBN 3-928943-72-3, Berlin: Wissenschaft und Technik Verlag 1996

[HeuRo 95] Heusinger, P.; Ronge, K.; Stock, G.: LON-Testdrive - Einsteiger-Kit für LON. Teil 1, Übersicht und Tools: ELRAD (1995) H. 3, S. 66 - 69; Teil 2, Applikationsbeispiel mit Design-Flow: ELRAD (1995) H. 4, S. 76 - 79; Teil 3, Implementierung des Applikationsbeispiels: ELRAD (1995) H. 5, S. 75-79; Teil 4, Hardware und Implementierung: ELRAD (1995) H. 7, S. 58 - 61

[HeuS 95] Heusinger, P.; Ronge, K.; Stock, G.: Gordischer Knoten - Der Node-Builder für LON. ELRAD H. 4 1995, S. 66 - 69

[Kab 87] Kabitzsch, K.: Mikrorechner in der Automatisierungspraxis. ISBN 3-05-500243-1, Akademie-Verlag Berlin 1987

[KaHa 95] Kabitzsch, K., Hartenstein, D.; Holzmüller, T.: Fehlersuche in verteilten Anwendungen. Elektronik Heft 12 1995, S. 118 - 126

[KaHa 96] Kabitzsch, K.; Hartenstein, D.; Wurlitzer, T.: Integrierte Diagnose von Anlagen mit vernetzten Automatisierungssystemen. Vortrag GMA-Kongreß 96, Baden-Baden: Sept. 1996, VDI-Berichte Nr. 1282, S. 517 - 526, VDI-Verlag Düsseldorf 1996 (ISBN 3-18-091282-0)

[KaHar 96] Kabitzsch, K.; Hartenstein, D.: Nutzung und Erweiterung von PC-Standardtechniken zur Diagnose verteilter Automatisierungssysteme. Kongreßband Echtzeit 96, Karlsruhe: Juni 1996, S. 20 - 26

[Kif 95] Kiffmeier, U.: Multi-DSP-Power auf Knopfdruck. Elektronik H. 3 1995, S.65 - 69

[Kla 95] Klar, R. et al.: Messung und Modellierung paralleler und verteilter Rechensysteme. ISBN 3-519-02144-7, Stuttgart: B. G. Teubner 1995

[Lon 95] Echelon: LonManager API Programmer"s Guide for Windows. Firmenschrift Nr. 078-0030-01 Echelon Corp. 1995

[Lon 96] Echelon: LonManager Protocol Analyzer. Model 33100, Firmenschrift, Echelon Corp. 1996

[LonW 95] Motorola: LonWorks Technology Device Data. Firmenschrift DL 159/D. Motorola Inc. 1995

[Mew 95] Mewes, H.-J.: Prüfung der Anwendersoftware in Automatisierungssystemen mit Feldbustechnik. Tagungsband Workshop Automatisierungskonzepte mit dezentraler Intelligenz, TU Dresden: 1995

[Mö 96] Möller, G.: Projektierung von LonWorks-Netzwerken mit RESPONSE, LNO-Brief Nr. 6 Februar 1996, S. 4 - 5

[Möl 96] Möller, G.: LonWorks-Netze von 3 bis 30.000 Knoten. LNO-Brief Nr. 8 Oktober 1996, S. 11 - 12

[NeuG 95] Neumann, P.; Grötsch, E.; Lubkoll, C.; Simon, R.: SPS-Standard IEC 1131 - Programmierung in verteilten Automatisierungssystemen. Wien: R. Oldenbourg Verlag München 1995

[Ott 96] Otterbach, R., Kiffmeier, U.: Eine neue Generation hochleistungsfähiger Echtzeitsimulatoren auf der Basis des Alpha AXP-Prozessors. Tagungsband 10. Symposium Simulationstechnik ASIM 96 Dresden, September 1996

[Pow 96] PowerNodes für die Kommunikation. Systeme H. 1 1996, S. 84 - 85

[PriLo 94] Prinz, J., Loy, D.: Gut verknotet, Konfigurationssoftware für LON-Systeme. Elektronik H. 4 1994, S. 108 - 110

[Wan 95] Wannemacher, M.; Halang, W.A., Witte, M.: Ein Zeitgeber zur hochgenauen Einhaltung von Zeitanforderungen in verteilten Rechnersystemen. Tagungsband Workshop Automatisierungskonzepte mit dezentraler Intelligenz, TU Dresden: 1995

Kapitel 14

[Beil 91] Beiler, H.: Leistungsanalyse von Rechensystemen. Fernuniversität-Gesamthochschule-Hagen 1991

[Eche 92] Enhanced Media Access Control with Echelon´s LonTalk Protocol. LonWorks Enginieering Bulletin, Echelon Corporation 1992

[Funk 92] Funke, A.: Machbarkeitsanalyse von Feldbusanwendungen. VDI-Verlag GmbH 1992

[iNet 92] iNet'92. Kongreß-Vorträge Conference Proceedings, Sindelfingen: 1992, S. 436

[iNet 93] iNet'93. Kongreß-Vorträge Conference Proceedings, Karlsruhe: 1993, S. 49-66

[Lang 92] Langendörfer, H.: Leistungsanalyse von Rechensystemen. Wien: Carl Hanser Verlag 1992

[Li 93] Li, Y.: Bewertung der Echtzeitfähigkeit von Feldbus-Systemen. VDI-Verlag GmbH 1993

[LonT 94] Echelon: LonTalk Protocol Specification. Version 3.0, USA: 1994

[LonW 95] LonWorks Technology Device Data. Motorola Inc. 1995

[Schm 93] Schmalek, R.: Leistungskenngrößen für den Feldbusbereich. AT Zeitschriftenverlag Aarau: Elektroniker 5/1993, S. 25-26

[Schm 95] Schmalek, R.: Einteilungsprinzip für Feldbussysteme. Sonderheft Megalink 1995, AT Zeitschriftenverlag, Aarau: 1995

[Schm 96] Schmalek, R.: Leistungsanalyse von Feldbussystemen. Dissertation, TU Wien: Institut für Computertechnik 1996

Sachwörterverzeichnis